中国职业技术教育学会
智慧旅游职业教育专业委员会推荐用书

专家指导委员会主任 / 韩玉灵
总主编 / 康　年
副总主编 / 卓德保

| 葡萄酒文化与营销系列教材 |

葡萄酒文化与风土

Wine Culture & Terroir

李海英　陈　思　李晨光◎编著

立体化教学资源

北京·旅游教育出版社

葡萄酒文化与营销系列教材
专家指导委员会、编委会

专家指导委员会

主　　任：韩玉灵

委　　员：杜兰晓　闫向军　魏　凯　丁海秀

编委会

总 主 编：康　年

副总主编：卓德保

执行总主编：王国栋　王培来　陈　思

编　　委（按姓氏笔画顺序排列）：

马克喜　王书翠　王立进　王根杰　贝勇斌　石媚山　邢宁宁
刘梦琪　许竣哲　孙　昕　李晓云　李海英　李晨光　杨月其
杨程凯　吴敏杰　张　洁　张　晶　张君升　陆　云　陈　曦
苗丽平　秦伟帅　袁　丽　梁　扬　梁同正　董书甲　翟韵扬

《葡萄酒文化与风土》
编委会

编　　著：李海英　陈　思　李晨光

总序 PREFACE

近年来，我国葡萄酒市场需求与产量逐步扩大，葡萄酒产业进入快速发展的新阶段。我国各葡萄酒产区依托资源和区位优势，强化龙头带动，丰富产品体系，助力乡村振兴，形成了集葡萄种植采摘、葡萄酒酿造、葡萄酒文化旅游体验于一体的新发展模式，葡萄酒产业链更加完整和多元。

葡萄酒产业发展不断升级，新业态、新技术、新规范、新职业对人才培养提出了新要求。上海旅游高等专科学校聚焦葡萄酒市场营销、葡萄酒品鉴与侍酒服务专门人才的培养，开展市场调研，进行专业设置的可行性分析，制定专业人才培养方案，打造高水平师资团队，于2019年向教育部申报新设葡萄酒服务与营销专业并成功获批，学校于2020年开始新专业的正式招生。为此，上海旅游高等专科学校成为全国首个开设该专业的院校，开创了中国葡萄酒服务与营销专业职业教育的先河。2021年，教育部发布新版专业目录，葡萄酒服务与营销专业正式更名为葡萄酒文化与营销专业。2021年，受教育部全国旅游职业教育教学指导委员会委托，上海旅游高等专科学校作为牵头单位，顺利完成了葡萄酒文化与营销专业简介和专业教学标准的研制工作。

新专业需要相应的教学资源做支撑，葡萄酒文化与营销专业急需一套与核心课程、职业能力进阶相匹配的专业系列教材。根据前期积累的教育教学与专业建设经验，我们在全国旅游职业教育教学指导委员会、旅游教育出版社的大力支持下，开始筹划全国首套葡萄酒文化与营销专业系列教材的编写与出版工作。2021 年 6 月，上海旅游高等专科学校和旅游教育出版社牵头组织了葡萄酒文化与营销核心课程设置暨系列教材编写研讨会。来自全国开设相关专业的院校和行业企业的近 20 名专家参加了研讨会。会上，专家团队研讨了该专业的核心课程设置，审定了该专业系列教材大纲，确定了教材编委会名单，并部署了教材编写具体工作。同时，在系列教材的编写过程中，我们根据研制中的专业教学标准，对系列教材的编写工作又进行了调整和完善。经过一年多的努力，目前已经完成系列教材中首批教材的编写，将于 2022 年 8 月后陆续出版。

本套教材涵盖与葡萄酒相关的自然科学与社会科学的基础知识和基础理论，文理渗透、理实交汇、学科交叉。在编写过程中，我们力求写作内容科学、系统、实用、通俗、可读。

本套教材既可作为中高职职业教育旅游类相关专业教学用书，也可作为职业本科旅游类专业教学参考用书，同时可作为工具书供从事葡萄酒文化与营销的企事业单位相关人员借鉴与参考。

作为全国第一套葡萄酒文化与营销系列教材，难免存在一些缺陷与不足，恳请专家和读者批评指正，我们将在再版中予以完善与修正。

总主编：康年

2022 年 8 月

前言 FOREWORD

2019 年，教育部发布《普通高等学校高等职业教育（专科）专业目录》，“葡萄酒营销与服务”专业成为新增专业，2021 年，根据教育部发布的职业教育专业目录更新，后更名为“葡萄酒文化与营销”专业。通过查询全国职业院校专业设置管理与公共信息服务平台，截至 2022 年，全国已陆续有山东旅游职业学院、上海旅游高等专科学校、无锡职业技术学院、青岛酒店管理职业技术学院、黑龙江旅游职业技术学院等 11 家高校开设了此专业，专业发展逐步步入正轨。此次编写《葡萄酒文化与风土》一书正是为该专业写作的国内第一套系列教材之一。

作为葡萄酒文化与营销专业核心课程的教材研发，《葡萄酒文化与风土》一书的编写凝聚了编者 10 多年葡萄酒一线教学的心血积累，此书是我本人继 2009 年翻译出版《与葡萄酒的相遇》、2021 年出版个人专著《葡萄酒的世界与侍酒服务》之后，联合国内葡萄酒行业资深专家与头部旅游院校编写的又一部葡萄酒系列教材。

有关独立开设“葡萄酒文化与风土”的课程，始于 2018 年山东旅游职业学院“酒店管理 Wine&Sommelier 方向班”（国内高职院校首开）的组建，至 2022 年 8 月，该课程已为 4 届葡萄酒专业学生循环开设。课程除落地一线课堂之外，我们在教学中还积极开展了各类课程配套的研发工作，一方面制定了详尽的课程标准，另一方面还积极申报了各类“教改课题”，进行了理论提升，近年收获成果众多，积累颇丰。这些为该教材的启动编写与顺利结稿奠定了坚实的基础，本书的很多教学设计也源于对该课程的深入理解与教学实践。后文中有关本“内容提要与思路设计”的介绍正是对这些年教学实践的总结，这些包含了各类教学目标、章节训练、知识与技能性检测表及章节小测等内容的设计将会为本教材、为高校教学应用与教学实施提供思路参考。

“风土”是葡萄酒世界里永恒的主题，该词译自法语“Terroir”。在法国葡萄酒术语中，我们常见的“Climat”“Clos”“Cru”等词汇均与“风土”一词有密切的关联，这些词汇成为那时人们对“一方水土”深入考究与探索的最好历史见证。葡萄酒大师杰西斯·罗宾逊（Jancis Robinson）在《葡萄酒牛津辞典》（The Oxford Companion to Wine）中对此定义为“任意种植区自然环境的总和”，它包括土壤类型、气候、地理位置、地形、光照条件、降水量、昼夜温差和微生物环境等一切可能影响葡萄酒风格的自然因素。从OIV（国际葡萄与葡萄酒组织）关于“风土”的定义中看，风土则被解释为：独定的土壤、地形、气候、景观特征及生物多样性（Soil，Topography，Climate，Landscape characteristics and Biodiversity features）。伊恩·塔特索尔与罗布·德萨勒在其所著的《葡萄酒的自然史》中指出：“风土最基本的概念是指葡萄生长地的特点，但这些不能完全解释风土，除了物理和生物因素，它还应包括文化和传统：当地几百年来的葡萄种植和酿酒实践如何影响到了每片土地的最终产品。”从这一解释中，我们可以把风土理解为：自然与人力共同作用的产物。另外，翻阅我国史书文献，早在战国末期《晏子使楚》这一散文中，便有这样的记载：“橘生淮南则为橘，生于淮北则为枳，叶徒相似，其实味不同。所以然者何？水土异也。”从以上解释中，我们不难理解“风土”的真正含义。本书的主要内容正是从“风土”一词着手，对世界主要葡萄酒产区进行解读，从欧洲、亚洲、非洲、美洲与大洋洲等主要葡萄酒产国切入，全面解析各产区地理位置、气候、土壤、地形、光照、降水、昼夜温差等自然因素，以及葡萄栽培、酿酒与历史传统等人为因素对葡萄酒风格形成的影响，在分析“是什么”的同时，解决“为什么”的疑问，理解这些因素对葡萄酒风味形成的微妙影响，可以很好地为葡萄酒风格指标寻找出更多线索来源，从而解决葡萄酒品鉴、进购、侍酒服务与营销推介等真实场景中的实际工作难题，这正是本书结构框架设计的思路所在。

书名中“文化”一词的加入是本专业国家教学标准修订时旅游行业专家的提议，“文化”一词与“风土”结合，从一方面看，它恰恰契合了葡萄酒作为一种古老的酒精饮品的历史内涵。欧亚葡萄种属的发源地位于今天的格鲁吉亚与亚美尼亚等地，欧亚葡萄从中亚向西传播到小亚细亚，再至地中海沿岸国家，进而又遍及整个欧洲内陆；同时，又向东穿越丝绸之路进入我国新疆（古称西域）一带，沿着河西走廊又直至华北；最后，通过新大陆的开辟，传遍非洲、美洲与大洋洲等世界各个角落。从这一传播路径上不难看出，葡萄酒不仅能完美表达世界各地风土的多样性与丰富性，同时也极大承载着世界各地历史、人文、宗教、政治、军事、艺术及饮食等文化的方方面面，从这一点看来，葡萄酒的文化内涵与外延都是极广的，从某种角度上来说，它正是历史文化的最好吸纳者与承载者。从另一方面看，我国近年一直在着力推动各产业的文化建设，本教材将葡萄酒风土与文化进行结构性植入编著，用文化吹响葡萄酒产业融合的“集结号”，符合国家推动文化产业与相关产业融合发展的政策背景，契合我国深入实施“葡萄酒＋战略”的发展理念与思路。葡萄酒产业具有典型的一二三产融合属性，葡萄酒＋文化旅游、葡萄酒＋餐饮住宿、葡萄酒＋休闲体育、葡萄酒＋康养度假等都将是我国葡萄酒产业发展的未来之路。本教材内容从设计之初，就对各产区葡萄酒与当地历史、葡萄酒与旅游资源、葡萄酒与饮食文化等进行了有机融合（以二维码拓展阅读方式呈现），将“文化”渗透于每个教学章节之内。在教学实施时这将会是很好地能够帮助梳理该章节“葡萄酒文化与风土”关系的教学引导材料。希望通过该内容的设计可以让读者更好地理解世界各产区葡萄酒的“人文思想”内涵。

总的来看，本书内容设计具有以下几个特点：

一、注重教材与行业的衔接性

本教材实行校企双元开发，联合上海斯享文化传播有限公司创始人李晨光老师（国内最早的一批资深葡萄酒教育专家）深入合作，精益研发。同时，还充分发挥了“政行校企四位一体”作用，与国内主要葡萄酒产区宏观调控部门——烟台、河北、宁夏、桓仁葡萄酒局等政府单位密切合作（资源库建设与图文案例提供等），并与国内多位行业侍酒师、品酒师（文字校审与案例提供）、行业协会及50余家中国最具代表性精品酒庄企业（酒标原图与案例提供）深入联合，共同研发。他们为本书提供了大量的“拓展对比”“思政案例”、酒标彩色原图（近150幅）等信息，并为本书做了校审与教学资源库建设等工作。因此，本书十分注重与行业企业和职业岗位的衔接，确保了本教材的专业性与实用性。

二、突出教材的时效性

本教材充分体现了葡萄酒产区不断发展变化这一特征，正文内容最大限度地来源于葡萄酒市场最权威、最新参考文献与书籍。而且，本书中各类表格数据与文本案例均引自企业（酒庄、酒局等提供）最新数据的案例信息，最大程度地突出了本书的实际应用价值，确保教材使用的时效性。另外，本书尽量多地将葡萄酒术语类文字进行了双语编写，最大限度地满足学习之需，提升了教材的实用价值。

三、注重教材的创新性

市场上有关“葡萄酒产区风土”的书籍，大多单纯介绍该产区地理风土、葡萄品种、栽培与酿造风格等理论知识。但在本教材研发中，我们积极创新教材内容与形式，在正文中设计了【产区名片】【拓展对比】【章节训练与检测】等内容，同时在章尾部分还设计了以二维码呈现的【酒标图例】【葡萄酒 & 旅游】【葡萄酒 & 美食】等内容。这些内容一方面迎合了新型教材的建设需要，另一方面，也方便读者拓展学习视野与思路。通过多角度呈现，让读者更好地领会该产区葡萄酒发展的方方面面，培育学生的综合分析与创新思维能力。

四、注重教材的思想性

为落实立德树人根本任务，本教材紧跟当前教材建设要求，重点提炼了章节思政目标，并在正文之中对应附加了思政案例，以此内化课程思政教学方法，实现德育目标。另外，本书在每章节还创新设计了【拓展对比】的案例教学板块。该内容主要为与所学章节有关联的中国产区或精品酒的对比案例，通过案例拓展，培育学生对比分析与辩证思维的同时，厚植学生大国三农精神，提振对我国葡萄酒产业的自信，同时深化葡萄酒产业对乡村振兴的作用，挖掘产业优势，增强我国葡萄酒大国强国信心。具体思政目标详见《内容提要与思路设计》一文描述。

五、突出中国葡萄酒产区内容

作为一本介绍世界葡萄酒产区风土的综合性书籍，本教材首次将中国 10 大葡萄酒产区全面纳入高职葡萄酒专业教学之中，重点将我国山东、河北、宁夏、新疆四大核心产区的风土环境、产区历史、主要品种、栽培酿造、子产区风格等进行了详细阐述，并配套了高清图片、酒标图例（二维码）与案例等内容。加强教材内容建设的同时，突出中国葡萄酒文化信念，树立中国葡萄酒产业信念，培养我国葡萄酒 + 战略人才。

六、注重教材资源库的配套性

除基本教材编写外，本教材还充分运用信息化手段，配套建设了教学资源库，这包括课程教学 PPT、视频链接与图文资料等资源，以此丰富教材展现形式，方便教学落地实施。

七、注重教材的适用性

本教材吸收借鉴了国内外葡萄酒产区风土相关的最新研究成果与案例数据，契合国际标准与规范，紧贴行业需求。除适用于葡萄酒文化与营销专业（建议第二学期使用）之外，也适用于本、专科的酒店管理、旅游管理、餐饮管理、工商管理、会展管理、应用法语等专业。同时，对我国中高端餐饮酒水行业、葡萄酒教育及葡萄酒贸易等行业从业者，尤其对品酒师、侍酒师、培训讲师等岗位同样具有较强的适用性，是一本全面介绍世界葡萄酒产区文化与风土的综合性工具书。

本教材拥有资深撰写团队，由山东旅游职业学院葡萄酒文化与营销专业负责人李海英老师、上海旅游高等专科学校葡萄酒文化与营销专业负责人陈思老师及上海斯享文化传播有限公司创始人李晨光老师共同编著完成。具体分工上，陈思老师主要负责了美洲、非洲、大洋洲产国的地理概况、自然环境、历史文化等内容写作，李晨光老师负责了全篇章节的主要品种、主要产区葡萄酒风格部分的写作，我本人负责了欧洲、亚洲部分地理概况、自然环境、分级制度、酒标阅读、主要品种、栽培酿造等内容的编写，同时整部教材的统稿整合、思路设计、教学目标、思维导图、案例、拓展对比、拓展阅读、酒标图例等均由我本人完成。本书还得到了蓬莱葡萄与葡萄酒产业发展服务中心、怀来葡萄酒局、昌黎县葡萄酒产业发展促进中心、宁夏贺兰山东麓葡萄酒产业园区管委会、新疆葡萄酒协会、桓仁满族自治县重点产业服务中心等政府单位的大力支持，在此特别感谢各省市酒局、协会的宋英晖老师、崔钰老师、李如意老师、侯秀伟老师、王莹秘书长等老师们的直接对接，他们对本教材中国葡萄酒产区部分提供了大量的图文案例，并对该部分做了文本校审与各类协调工作。本书中的高清图片与酒标图例由我学习葡萄酒的入门恩师韩国波尔多葡萄酒学院崔燻院长及国内近 50 余家优秀的精品酒庄提供（包括图文使用授权书），酒庄对接老师们也为本书部分内容做了文本校审工作。本书还邀请了北京风土酒馆（Terrior）主理人李涛（Bruce）老师、诺莱仕（上海）外滩游艇会（Noahs Yacht Club）首席侍酒师张聪老师做了缜密的通稿校审，同时，澳大利亚墨尔本光年酒屋创始人阿光老师对澳大利亚葡萄酒产区部分做了文稿校审！在此，对各行业老师们的大力支持与无私帮助深表感谢。此外，旅游教育出版社的领导与编辑老师们一直对本书的出版给予大力支持，在此一并致以诚挚的谢意。

由于编者水平有限，本书难免有不足与疏漏，敬请各位专家老师与读者朋友们批评指正。

李海英
2022 年 8 月于泉城济南

内容提要与设计思路

一、整体内容设计思路

该教材主要讲述了欧亚非美洲以及大洋洲等主要代表性产国葡萄酒相关知识，欧洲国家主要包括法国、德国、意大利、西班牙、葡萄牙、希腊以及东欧、南欧等产国；亚洲重点讲述了中国葡萄酒与格鲁吉亚葡萄酒；非洲以南非为核心进行阐述；美洲主要包括了美国、加拿大、智利、阿根廷及巴西、墨西哥、乌拉圭及秘鲁等；大洋洲则主要讲述了澳大利亚与新西兰葡萄酒。

每个产国介绍主要包含了两大部分内容，即为该国葡萄酒概况与主要产区，前者主要囊括了国家地理概况、历史、自然环境、法律法规、栽培酿造及产区划分等内容，同时增加了历史故事、知识链接、拓展对比与思政案例模块，通过对该国历史故事及知识链接等内容的展现，可以更好地洞悉这个国家葡萄酒发展的方方面面；后者主要从该国子产区地理风土、主要品种、栽培酿造特点及产区风格特性等方面进行了表述，同时增加及拓展阅读内容，通过对当地美食、葡萄酒旅游等内容设计，增加学生阅读量，提升学生综合思维。

章节之后为训练与检测部分，理论学习需与实践训练相结合，一为产区营销口头讲解表述能力训练，二为技能性产区酒风格品鉴能力训练，三为酒标识别与酒单推介能力训练，最后为章节小测，检测学生对整章知识掌握情况。有关该书章节内容思维导图如下，以做认知参考：

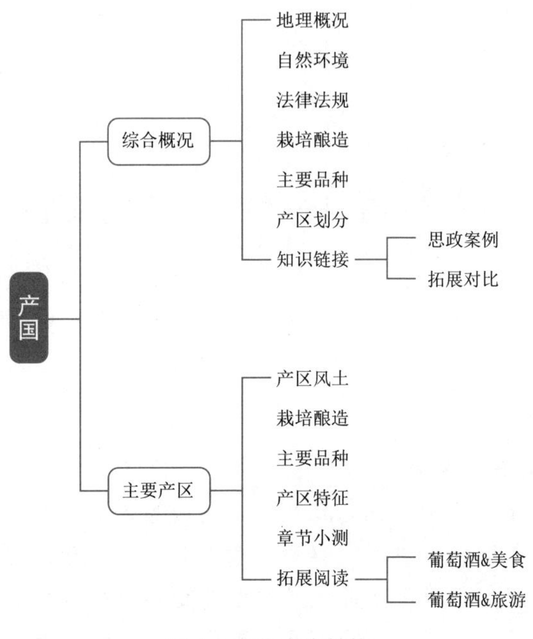

图 1　章节内容结构

二、章节学习目标与要点

在该教材中篇章开始均对该章节学习目标进行了详细描述，尤其对每章思政目标进行了重点提炼。同时，对章节学习的具体目标要求进行了详尽的文字性总结，让学生明确学习要点，以更好地完成学习任务。从整体上看，本教材的教学目标详解如下：

1. 知识目标

本书的知识目标，主要包括以下几个方面：通过本课程学习，要求了解世界主要产酒国葡萄酒历史人文、自然环境、葡萄酒旅游环境、当地美食以及主要品牌等内容；掌握该国葡萄酒分级制度、酒标阅读、主要品种、栽培酿造及主要子产区风格特征等知识，同时理解各产国产区葡萄酒风格形成的主要因素，规范对产国、产区葡萄酒特性等知识点的掌握。

2. 技能目标

本教材主要凝练了三类技能目标：一能识别世界主要产国、产区名称与地理坐标，运用所学理论，能够对世界主要葡萄酒产国、产区的理论知识进行讲解与推介，并能科学分析世界重要产区葡萄酒风格形成的风土及人文因素；二能够对世界代表性产区葡萄酒风格进行对比辨析与品尝鉴赏，具备一定的质量分析与品鉴能力；三能在工作情境中，掌握对世界葡萄酒的识别、选购、配餐与服务等技能性应用能力。针对这三类技能目标，后文配套了三种能力训练模板以供读者参考使用。

3. 思政目标

本教材紧跟当前教材建设要求，在基本通识性素质目标之外，尤其突出课程思政目标的提炼。前者主要旨在培养学生良好的品德、心理素质及文化修养，要求学生具备积极进取及工匠精神，培养学独立思考问题、分析问题及解决问题的能力，同时启发学生创新创业思维，培育综合素养。后者则根据葡萄酒产区课程特征与各章节内容，重点提炼了几条重要的思政目标，主要包括葡萄酒的历史文化与人文思想、对比分析与辩证思维，栽培与酿造规律与科学精神、专注专业的职业精神与职业素养、敬业勤业的匠人精神、科技创新与国际视野、生态农业与环保理念、葡萄酒＋战略与乡村振兴、大国三农精神、中国葡萄酒产业自信等。主要的基本素养与课程思政目标汇集如下：

（1）具有良好的思想品德、较强的社会责任感、荣誉感和进取精神；

（2）具有较强的文化素质修养，善于协调人际关系；

（3）具有较强的心理与身体素质，勇于克服困难，能适应艰苦工作需要；

（4）具备独立思考问题、分析问题、解决问题的学习能力；

（5）具有较强的创新创业能力，培育综合素养；

（6）具有较强的葡萄酒历史文化与人文素养；

（7）具有对葡萄酒产区的对比分析与辩证思维素养；

（8）具有葡萄栽培与酿造的匠人精神与科学精神；

（9）具有科技创新思维与国际视野；

（10）具有大国三农精神，培育我国葡萄酒大国强国信念。

4. 学习要点

本课程根据每章知识点，还总结了具体章节性学习要点，每个章节知识点通常有1~5项，对本章内容起到重点内容的提示作用，方便教学组织，同时强化学生对章节知识点的总结分析与综合运用能力。

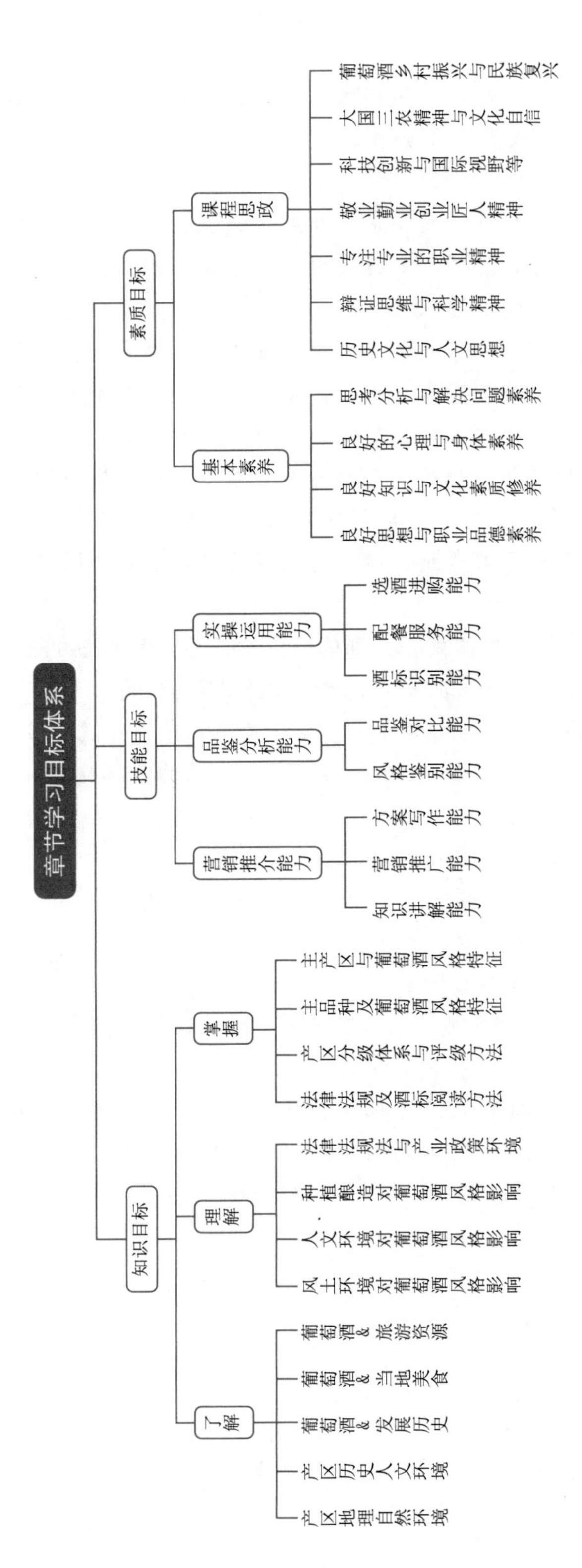

章节学习目标体系
素质目标
课程思政
葡萄酒乡村振兴与民族复兴
大国三农精神与文化自信
科技创新与国际视野等
敬业勤业创业匠人精神
专注专业的职业精神
辩证思维与科学精神
历史文化与人文思想
基本素养
思考分析与解决问题素养
良好的心理与身体素养
良好知识与文化素质修养
良好思想与职业品德素养
技能目标
实操运用能力
选酒进购能力
配餐服务能力
酒标识别能力
品鉴分析能力
品鉴对比能力
风格鉴别能力
营销推介能力
方案写作能力
营销推广能力
知识讲解能力
知识目标
掌握
主产区与葡萄酒风格特征
主品种及葡萄酒风格特征
产区分级体系与评级方法
法律法规及酒标阅读方法
理解
法律法规法与产业政策环境
种植酿造对葡萄酒风格影响
人文环境对葡萄酒风格影响
风土环境对葡萄酒风格影响
了解
葡萄酒&旅游资源
葡萄酒&当地美食
葡萄酒&发展历史
产区历史人文环境
产区地理自然环境

图2 章节学习目标体系

三、章节检测与训练

该部分为章节后检测与训练内容，可通过以下三种形式进行相关测评。

1. 知识训练

知识训练主要指通过本章学习，能够对本章知识点进行的系统梳理与理论训练，可通过简答或报告制作等形式考查学生的学习情况。由于世界产区知识中一个学习重点为对该产国产区的地理知识的学习，可要求学生手绘产区示意图，学生可根据此进行针对性理论记忆与训练，掌握各产区名称与地理分布，从而明晰各产区独特的风土特征。另外，为了增强学生的辩证思维能力与综合对比分析能力，在知识训练部分本教材创设了“与我国产区的对比分析训练题”，并以二维码形式配套了中国代表性酒标图例，学生可以根据该酒标图例，对本章所学知识进行对比分析论述，以提升学生对知识的综合分析与运用能力。另外，通过中国葡萄酒案例解析，深植中国葡萄酒文化学习，从而激发学生对中国葡萄酒的文化自信，这也契合了当前课程思政的教学所需。

2. 能力训练

有关这一部分，本教材主要归纳了三类能力训练，一是归纳制作产区知识汇总表及产区理论讲解检测单，分组对原产地历史渊源、风土环境、主要品种、栽培酿造及葡萄酒特性进行讲解训练；二是设定一定的服务情景，根据客人需要，进行识酒、选酒、推介及配餐的场景服务训练；三是对每章重点产区葡萄酒进行品鉴训练，制定品酒记录单，写出品酒词并评价酒款风味与质量，锻炼学生的对比分析能力。根据这三个主要能力要求，本教材制定了如下三种训练方式。

（1）葡萄酒推介能力训练

主要指根据本章所学内容进行的知识类训练（产区营销推广能力），要求学生能够根据内容框架制作产区思维导图，并对导图进行口头讲解训练，训练模式可分团队式与个人式两种形式，通过该知识训练，检测学生知识掌握情况，提升讲解推介能力，培育团队精神。产区风土理论讲解测评表见表1。

表1　产区风土理论讲解测评表（100分）

测试要求：限时讲解　　　　　　　　　　　　　　　　　　成绩：

序号	测评内容	具体要求	分值	得分
1	仪容仪表	面部清洁，画淡妆，头发盘起，工装整洁，鞋袜服务要求，无指甲涂抹，无装饰物佩戴，面带微笑	10	
2	历史风土	产区所在地历史人文、气候、土壤、河流等	10	
3	法律法规	产区相关法律法规、分级制度、酒标阅读等	10	
4	种植酿造	产区主要品种、栽培与酿造等	20	
5	产区特征	主要子产区名称及葡萄酒风格	20	
6	营销/配餐及综述	产区营销点、葡萄酒配餐及市场发展情况总结	20	
7	综合评价	良好的反应与应变能力；语言组织流畅、清晰洪亮；无知识性错误；良好的精神面貌等	10	
小计				

成绩划分：

A档：85~100分　介绍完整、无知识性遗漏及错误、语言流畅、仪容整洁、团队合作强

B档：75~85分　介绍大概完整、少量错误及遗漏、较好的团队合作

C档：60~75分　有一定错误及知识点遗漏、团队水平不一

D档：60分以下　不能完整介绍内容、无团队意识、有较多错误及遗漏

（2）对比品鉴能力训练

这一能力训练主要指根据章节内容所进行的品鉴技能性训练，可根据本章内容，水平或垂直对比品尝，要求学生制作品酒记录表，能够写出酒的评价词并评价酒款风味与质量。同时，能运用品尝技能，具备酒水鉴赏能力，并能在葡萄酒进购、销售、餐饮、酒水服务及营销推广中进行运用。对比品鉴能力训练请参考表2、表3。

表2　葡萄酒品鉴记录表

<table>
<tr><td colspan="2">产区：　　　　　　　年份：　　　　　　　品种：
酒精：　　　　　　　价格：　　　　　　　品鉴时间：</td></tr>
<tr><td rowspan="3">外观
Appearance</td><td>颜色（色度、色调）</td></tr>
<tr><td>澄清度</td></tr>
<tr><td>其他</td></tr>
</table>

续表

香气 Nose	干净与否	
	浓郁度	
	香气特征	
	缺陷	
口感 Plate	描述	糖分
		酸度
		酒精
		单宁
		酒体
	协调性与结构	
	香气类型及浓郁度	
	其他	
总结 Conclusions	结论（质量 / 年份 / 品种 / 产地）：	
	风格特征：	
	陈年潜力：	
	侍酒配餐：	
	营销点评：	

表 3　葡萄酒对比品鉴评分表（20 分制）

分类	主要测评内容	分值	酒 1 得分	酒 2 得分
视觉 Appearance	透明度、清洁度 Clear or hazy	0~2		
	色泽与色度 Colors and intensity	0~2		
嗅觉 Nose	干净与否 Clean or not 果香、酒香（果香持续性、层次）Fruity/flowers/spices/oak flavors/other	0~4		
味觉 Plate	糖度、酸度、单宁、酒精、酒体、余韵等 Sweetness/acidity/tannin/alcohol/body/length	0~7		
总结 Conclusions	平衡、复杂性与余韵 Balance，Complexity and length 坏的、差、可以接受、好、良好、优秀 Faulty-poor-acceptable-good-very good-outstanding	0~5		

（3）酒标识别与酒单推介训练

产区的学习重点之一在于对产区地理坐标与酒风格特征的识别，酒标识别与酒单推介是最有效的检测方法。酒标识别训练可以借助本产区重要的酒庄酒标图例进行口头回答式检测，也可借用本教材里中国精品酒的酒标图例对学生进行讲解训练。酒标图例主要检测内容包括：产国、产地、酒庄、品牌名（酒名）、法定等级符号、年份、酒精含量、容量、陈年情况、其他酒标符合以及该酒口味风格。酒单推介也是一种很好的能够检测学生对该产区掌握情况的方法，本教材制作的配套资源库中收纳了国内部分优秀的高端酒店餐厅的酒单，这些酒单较全面地收录了世界主要经典产区葡萄酒，学生可根据此，找出所学章节酒单酒款，并对酒单进行场景式推介训练。训练内容可采用表 4 进行。

表 4　酒单推介检测表（100 分）

测试要求：限时讲解　　　　　　　　　　　　　　　　成绩：

序号	测评内容	具体要求	分值	得分
1	仪容仪表	面部清洁，画淡妆，头发盘起，工装整洁，鞋袜符合服务要求，无指甲涂抹，无装饰物佩戴，面带微笑，精神面貌良好	10	
2	酒单内容	包括本款酒产国、产地、酒庄、品牌、法定等级、年份、栽培酿造特点等	25	
3	风味特征	包括本款酒外观、香气、口感与综合评价等内容	25	
4	服务与配餐	包括本款酒服务与配餐建议	25	
5	综合评价	良好的反应与应变能力；语言组织流畅、声音清晰洪亮；无知识性错误；良好的精神面貌等	15	

3. 章节小测

这一部分为章节理论性检测题，每个章节为 1~10 道左右，通过客观性理论测试，考评学生对该章节掌握情况。

第一篇　欧洲葡萄酒

第一章　法国葡萄酒 …… 3
　第一节　法国葡萄酒概况 …… 3
　第二节　波尔多产区 …… 8
　第三节　勃艮第产区 …… 22
　第四节　卢瓦尔河产区 …… 36
　第五节　阿尔萨斯产区 …… 44
　第六节　罗讷河谷产区 …… 48
　第七节　香槟产区 …… 57

第二章　德国葡萄酒 …… 65
　第一节　德国葡萄酒概况 …… 65
　第二节　主要产区 …… 73

第三章　奥地利葡萄酒 …… 86
　第一节　奥地利葡萄酒概况 …… 86
　第二节　主要产区 …… 91

第四章　匈牙利葡萄酒 ………………………………………………………… 100
第一节　匈牙利葡萄酒概况 ………………………………………………… 100
第二节　主要产区 …………………………………………………………… 103

第五章　意大利葡萄酒 ………………………………………………………… 110
第一节　意大利葡萄酒概况 ………………………………………………… 110
第二节　西北产区 …………………………………………………………… 115
第三节　东北产区 …………………………………………………………… 120
第四节　中部产区 …………………………………………………………… 126

第六章　西班牙葡萄酒 ………………………………………………………… 134
第一节　西班牙葡萄酒概况 ………………………………………………… 134
第二节　主要产区 …………………………………………………………… 142

第七章　葡萄牙葡萄酒 ………………………………………………………… 156
第一节　葡萄牙葡萄酒概况 ………………………………………………… 156
第二节　主要产区 …………………………………………………………… 162

第二篇　亚洲葡萄酒

第八章　中国葡萄酒……………………………………………………………… 175
第一节　中国葡萄酒概况 …………………………………………………… 175
第二节　山东（胶东）产区 ………………………………………………… 185
第三节　河北产区 …………………………………………………………… 194
第四节　宁夏产区 …………………………………………………………… 203
第五节　新疆产区 …………………………………………………………… 217
第六节　其他产区 …………………………………………………………… 230

第三篇　非洲葡萄酒

第九章　南非葡萄酒……………………………………………………………… 247
第一节　南非葡萄酒概况 …………………………………………………… 247
第二节　主要产区 …………………………………………………………… 251

第四篇 美洲葡萄酒

第十章 美国葡萄酒 …… 261
第一节 美国葡萄酒概况 …… 261
第二节 主要产区 …… 266

第十一章 智利葡萄酒 …… 284
第一节 智利葡萄酒概况 …… 284
第二节 主要产区 …… 290

第十二章 阿根廷葡萄酒 …… 300
第一节 阿根廷葡萄酒概况 …… 300
第二节 主要产区 …… 304

第五篇 大洋洲葡萄酒

第十三章 澳大利亚葡萄酒 …… 315
第一节 澳大利亚葡萄酒概况 …… 315
第二节 主要产区 …… 320

第十四章 新西兰葡萄酒 …… 334
第一节 新西兰葡萄酒概况 …… 334
第二节 主要产区 …… 338

附 录 …… 347
附录 1 世界主要葡萄酒产区中英对照 …… 347
附录 2 世界主要酿酒葡萄品种中英对照 …… 357
附录 3 中国主要产区红白葡萄品种统计 …… 359
附录 4 中国主要精品酒庄葡萄品种统计 …… 361
附录 5 2021 年宁夏贺兰山东麓列级酒庄 …… 365
附录 6 1855 梅多克列级酒庄 …… 365
附录 7 1855 苏玳 - 巴萨克分级 …… 365
附录 8 1959 格拉夫列级酒庄 …… 365

附录 9　2022 圣爱美隆列级酒庄 …………………………………………… 366
附录 10　2020 年梅多克中级庄名单 ……………………………………… 366
附录 11　勃艮第特级葡萄园 ………………………………………………… 366

鸣　谢 ………………………………………………………………………………… 367

第一篇
欧洲葡萄酒
European Wine

本篇导读

本篇主要讲述了欧洲国家主要产酒国，包含了法国、德国、意大利、西班牙、葡萄牙、希腊以及东欧、南欧等国家。产国介绍主要包含了两大部分内容，即国家葡萄酒概况与主要产区，并在内容之中附加与该章节有关联的产区名片、拓展案例、拓展对比（中国葡萄酒知识）、拓展阅读（葡萄酒 & 美食、葡萄酒 & 旅游）及章节训练与检测等内容，以供学生深入学习。

思维导图

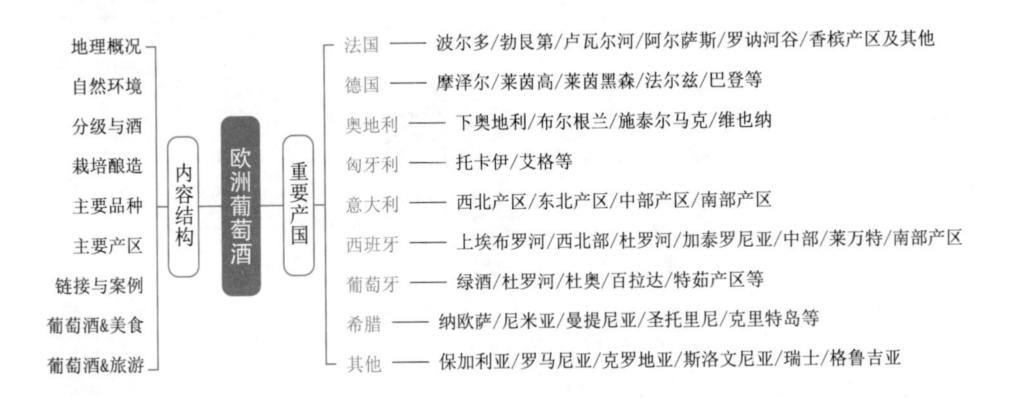

学习目标

知识目标：了解欧洲主要葡萄酒产国历史人文环境、自然环境、葡萄酒旅游环境、当地美食及代表性酒庄等内容；掌握欧洲各国葡萄酒法律法规、主要品种、栽培酿造及主要子产区风格特征等知识，理解产区风格形成的因素，构建知识结构体系。

技能目标：能识别欧洲主要产区产国名称与地理坐标，运用所学理论，能够对欧洲葡萄酒的理论知识进行讲解与推介；能够科学分析欧洲重要产区葡萄酒风格形成的风土及人文因素；能够对欧洲代表性产区葡萄酒风格进行对比辨析与品尝鉴赏，具备一定的质量分析与品鉴能力；能在工作情境中，掌握对欧洲葡萄酒的识别、选购、配餐与服务等技能性应用能力。

思政目标：通过学习欧洲传统产酒国历史文化和人文思想，借鉴吸收西方葡萄栽培与酿酒理念，丰富学生历史文化素养与人文精神；通过对本篇代表性产区葡萄酒对比品鉴训练，锻炼学生的唯物辩证思维和科学探索精神，培养学生专注、客观、公正、标准的职业素养；通过拓展对比，解析我国葡萄酒产业在传统文化融合、风土研究、品种结构优化与品种多样性挖掘方面的发展与提升，建立学生对中国葡萄酒产业自信，激发学生振兴民族葡萄酒产业的热情。

第一章
法国葡萄酒 *French Wine*

第一节　法国葡萄酒概况　*Overview of French Wine*

【章节要点】

- 了解法国葡萄酒历史发展脉络及人文环境
- 能够列出法国各产区的名称以及代表性葡萄品种
- 理解法国建立 AOC 体系以及分级标准
- 列出法国代表性红白葡萄品种，并能识别法国主要产区名称及地理坐标

一、地理概况

法国属西欧国家，地处北纬 43°~51° 之间，与比利时、卢森堡、德国、瑞士、意大利、西班牙、安道尔、摩纳哥接壤。法国国土呈六边形，三面临水，南临地中海，西濒大西洋，西北隔英吉利海峡与英国相望，科西嘉岛是法国最大岛屿。该国地势东南高西北低，主要山脉有阿尔卑斯山脉、比利牛斯山脉、汝拉山脉等，法意边境的勃朗峰海拔 4810 米，为阿尔卑斯山脉最高峰。主要河流有卢瓦尔河（约 1012 千米）、罗讷河（约 812 千米）、塞纳河（约 776 千米）。

二、自然环境

法国从地图上看呈现近似规则的六边形，东西、南北跨度约为1000千米。东部有莱茵河、汝拉山及阿尔卑斯山；西临大西洋，西北隔海与英国相望；西南部与西班牙以比利牛斯山为界；法国南部及罗讷河谷地带则被地中海包围；中南部为中央高原；北临德国。整个国家濒临北海、英吉利海峡、大西

图 1-1　法国拉菲酒庄的葡萄园（秦晓飞供图）

洋和地中海四大海域，地中海上的科西嘉岛是法国最大岛屿。本土地势上东南高、西北低，地形上多山地、丘陵，气候有海洋性气候、地中海气候及大陆性气候，河流众多，主要有罗讷河与塞纳河、卢瓦尔河、吉龙德河、多尔多涅河等。土壤类型多样，包括黏土、石灰质土壤、砂土、砾石、泥灰岩、花岗岩、白垩土、鹅卵石等。气候特征上，法国西部属海洋性温带阔叶林气候，南部属亚热带地中海气候，中部和东部属大陆性气候，平均降水量从西北往东南为 600~1000 毫米。

三、分级制度

19 世纪 60 年代，一场根瘤蚜虫病几乎摧毁了欧洲大部分葡萄园。这场长时间持续的灾难严重影响了葡萄酒的供应，直接导致了假酒、掺水、冒用原产地等欺诈行为的增加。为了规范葡萄酒市场，1905 年，法国颁布了禁止滥用产地名称的相关法律。1923 年，法国罗讷河谷教皇新堡（Châteauneuf-du-Pape）地区最具影响力的酿酒师皮埃尔·勒罗伊（Baron Pierre Le Roy）为该地区葡萄的种植酿造起草了一系列规范性法规，这在后来成了法国 AOC 制度的原型和范本。1935 年，该制度正式发布，称为“法国原产地命名控制制度（Appellation d’Origine Controlée）”。该制度是法国葡萄酒产业的基本法律性规范，简称为 AOC 制度，对提高葡萄酒质量以及保护生产者与消费者双重利益起到了很大作用，也是欧洲各国法律制度效仿的最初模板。

该制度把法国葡萄酒分为优质葡萄酒与餐酒。优质葡萄酒有 AOC（Appellation d’Origine Controlée）与 VDQS（Vins Délimites de Qualité Supérieure），餐酒有地区餐酒 VDP（Vin de Pays）与日常餐酒 VDT（Vin de Table）。随着欧盟国家对于农产品分级制度的改革，该等级制度在 2009 年也进行了调整与优化，取消了 VDQS。

（一）日常餐酒 Vin de France

该级别为法国葡萄酒中限制最少的级别，允许较高的亩产量，不允许指

定原产地，品种与年份可以标示在酒标上，另外允许使用橡木条进行酿造。该类型约占法国葡萄酒的 20%。

（二）地区餐酒 VDP（IGP）

法国地区餐酒，相当于 PGI 葡萄酒，在法国对应为“Indication Geographique Protegee（IGP）”。在法国很多产区都有分布，但以法国南部产区朗格多克—鲁西雍最多，酒标上显示为“Pays d’oc”，也有很多酒庄使用“IGP”。地区餐酒没有 AOC 监管严格，要求相对宽松，大部分物美价廉，允许杂交品种的使用，允许品种标识，最少 85% 的葡萄须来自所标识产区。该类型葡萄酒约占法国葡萄酒 30% 的产量。

（二）法定产区 AOC（AOP）

字面意思为“受监控的原产地”，代表最优质的法国葡萄酒等级，约占法国葡萄酒 50% 的产量。该级别对葡萄酒原产地的葡萄品种、葡萄栽培与采摘、酿造过程、酒精含量等都有明文的法律法规，主要内容有：

①气候、土壤、地块等原产地条件（地块、特定区域）；

②葡萄栽培（单位面积种植密度、培育方法、施肥等）；

③葡萄酒残糖量及酒精度数（最低与最高酒精标准）；

④葡萄品种（允许使用品种、保护传统品种、使用比例等）；

⑤产量限制（单位面积产量）；

⑥酿造（可以使用的酿造工艺、陈年时间等）；

⑦ 100% 葡萄来自所标识的 AOC 名称；

⑧品酒鉴定等。

满足以上条件，政府会对当年这一葡萄酒产区进行原产地法定产区 AOC 资格的认证，同时在葡萄酒酒标上授予 AOC 的标志。这一制度对其他国家葡萄酒的基本制度影响深远。美国的 AVA 制度、意大利的 DOC 制度、西班牙的 DO 制度等大都借鉴于此。值得注意的是，AOC 葡萄酒虽然是法国最高等级，其数量也有几百个之多，质量差异很大，各产区 AOC 名称由低到高分别有大区级（Regional）、地区级（District）、村庄级（Commune）、葡萄园级（Cru，如一级园或特级园等，常见于勃艮第 AOC 分级名称），通常情况下原产地控制范围越小，相关的约束也越严格，品质越高。法国葡萄酒分级体系见图 1-2。

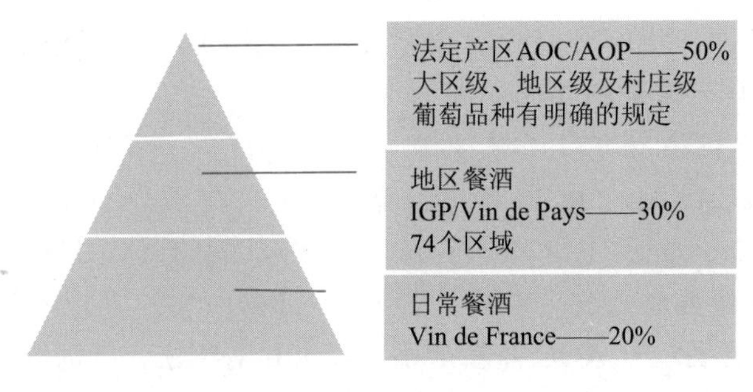

图 1-2　法国葡萄酒分级体系

四、酒标阅读

法国是世界上著名的葡萄酒生产国，酒标内容提供了相当完整的信息。法国酒标通常包括葡萄的采摘及酿造年份、产地、葡萄园、酒精度、容量、生产者、装瓶者、法定产区标识等信息。酒标内容非常丰富，且受原产地命名控制制度（AOC）的约束，酒标上显示内容分为必须标识项与选择标识项。法国酒标主要内容见表 1-1。

表 1-1　法国酒标主要内容

必须标识项	选择标识项
- 葡萄酒法定等级 - 酒精度 - 净含量 - 产地 / 产国 - 生产者（酿酒商） - 装瓶者名称 / 地址等 - 警示语 - 原料及辅料	- 葡萄酒类型 - 糖度残留（Sec/Demi-Sec/Doux） - 葡萄品种（Chardonnay） - 葡萄酿造方法（Vin sur lie/Vin de paille） - 葡萄采摘及酿造年份（Vintage） - 获奖情况 - 葡萄园名称 - 其他等级信息等

五、主要品种

法国有“葡萄酒王国”之称，酿酒葡萄品种种类繁多，世界主流品种几乎都可以在法国找到。这些品种大多属于欧亚种属（*Vitis Vinifera*），占总葡萄品种的 90% 以上。法国主要葡萄品种汇总见表 1-2。

表 1-2　法国主要葡萄品种汇总

红葡萄品种	白葡萄品种
赤霞珠 Cabernet Sauvignon	霞多丽 Chardonnay
美乐 Merlot	雷司令 Riesling
品丽珠 Cabernet Franc	琼瑶浆 Gewürztraminer
黑皮诺 Pinot Noir	长相思 Sauvignon Blanc
歌海娜 Grenache	白诗南 Chenin Blanc
西拉 Syrah	麝香 Muscat
佳美 Gamay	赛美蓉 Semillon
马尔贝克 Malbec	瑚珊 Roussanne
丹娜 Tannat	玛珊 Marsanne
慕合怀特 Mourvedre	莎斯拉 Chasselas
小味尔多 Petit Verdot	阿里高特 Aligote
皮诺莫尼耶 Pinot Meunier	灰皮诺 Pinot Gris
佳丽酿 Carignan	小芒森 Petit Manseng
神索 Cinsault	维欧尼 Viognier
马瑟兰 Marselan	鸽笼白 Colombard
	密斯卡岱 Muscadelle

六、主要产区

法国是一个同时受到大西洋与地中海影响的国家，位置独特且优异，这里几乎囊括了所有地理上的可能性，加上丰富的土壤类型，造就了法国独一无二的葡萄酒产区环境。法国几乎是一个全国上下种植葡萄的国家，全国划分为 11 个产区，分别为波尔多产区（Bordeaux）、西南产区（Sud-Ouest）、勃艮第产区（Bourgogne）、博若莱产区（Beaujolais）、阿尔萨斯产区（Alsace）、卢瓦尔河谷产区（Loire Valley）、香槟产区（Champagne）、罗讷河谷产区（Rhône Valley）、朗格多克—鲁西雍产区（Languedoc-Roussillon，即南法产区 Sud de France）、普罗旺斯—科西嘉产区（Provence et Corse）及汝拉和萨瓦产区（Jura et Savoir）。

【历史故事】

虽然有证据显示波尔多地区在罗马统治期间就开始了葡萄的种植，不过当地的葡萄园是从 4 世纪才真正发展起来的。并且，要等到 12—15 世纪，由英国统治的 300 年间，波尔多葡萄酒的美名才开始漂洋过海，传到他乡。

和现在的波尔多葡萄酒相比，当时的葡萄酒颜色浅淡，酒体单薄，被称为“Clairet”（深色桃红），但正是它们为这个地区带来了持久的繁荣。从文艺复兴时起，波尔多葡萄酒便成了爱尔兰、荷兰以及德国商人的摇钱树。这些商人建立了一套基于酒商、酒庄和经纪人的营销系统——酒商负责出售、酒庄负责生产、经纪人负责从中协调。该系统沿用至今，可以说这些商业上的创新对波尔多葡萄酒繁荣的贡献不亚于土壤与气候。

来源：米其林编辑部主编《法国葡萄酒之旅》

【章节训练与检测】

□ **知识训练**

1. 绘制法国葡萄酒产区示意图，掌握法国主要产区名称及地理坐标。
2. 介绍法国风土环境、分级制度、主要品种、主要产区及葡萄酒风格。

□ **能力训练**

法国酒标阅读与识别

第二节　波尔多产区 *Bordeaux*

【章节要点】

- 了解波尔多葡萄酒历史及波尔多重要的分级制度
- 理解波尔多气候对葡萄酒风格的影响
- 掌握波尔多主要使用葡萄品种与各子产区分布及风格特征
- 能识别波尔多主要子产区名称及地理坐标
- 归纳波尔多各子产区主要使用葡萄品种及葡萄酒类型

一、地理风土

波尔多是全世界典型的优质葡萄酒产区，其中 AOC 级葡萄酒占到总产量的95%以上，是法国产量最大的AOC葡萄酒产区。波尔多地理上位于法国西南部，西邻大西洋，吉龙德河穿城而过。温带海洋性气候的波尔多气候温和，朗德森林可以有效保护葡萄园不受过多的海洋风暴的影响，葡萄可以慢慢成熟。该地区受北大西洋暖流影响较大，受这股暖流的影响，欧洲西北部原本寒冷的地区变得温暖，洋流带来的暖湿气流沿着吉隆德河口溯流直上，深入波尔多产区内部，使得波尔多整个产区的气候相当温和。即使在冬季，波尔多产区也相对暖和，这为葡萄树的越冬提供了良好的气候条件。但该地降雨量非常大，年均850毫米左右，雨季多集中在冬季，葡萄年份差异大。波尔多的土壤系来自第三纪与第四纪的沉积岩。大约10万年前，比利牛斯山和法国中央山脉的冰河冲刷，造就了波尔多独特的砾石地质。由于排水性良好，葡萄藤能适度完美地汲取水分、充分生长。尤其在波尔多左岸，典型的砂砾石土壤造就了强健有力的赤霞珠，右岸以更多持水性好的黏土土质为主，适合早熟的美乐葡萄的生长。

图1-3 法国波尔多雄狮酒庄葡萄园的砂砾土壤（秦晓飞供图）

【产区名片】

产区位置：法国西南部，新阿基坦大区首府，吉伦特省省会

气候类型：温带海洋性气候，气候因其水道和靠近大西洋海岸而缓和，北大西洋暖流带来温暖的海水，使这里天气温和而潮湿，该地气候有雨霜威胁

土壤类型：波尔多每一个地区都以一种特定的土壤类型而闻名，这种土壤类型与当地某种特定葡萄相匹配，排水是关键

主要水源：吉龙德河、多尔多涅河、加龙河
种植酿造：葡萄采收季有雨水和霜冻威胁，典型的波尔多式混酿
主要土壤：砂砾、沙质、石灰质黏土等
气象观测点：波尔多巴里纳斯（Merignac）
年均降雨量：850 毫米
9 月采摘季降雨：70 毫米
7 月平均气温：20.3℃
纬度 / 海拔：44.50°N/60 米

二、栽培酿造

波尔多是世界闻名的混酿产区，尤其是红葡萄酒，波尔多左岸以赤霞珠为主，搭配美乐、品丽珠，三者的混酿通常被称为“波尔多混酿 Bordeaux Blend”。右岸葡萄酒酿造以美乐为主，搭配赤霞珠、品丽珠等。整体来看右岸酿造的葡萄酒由于美乐成分居多，口感相对柔美，左岸酿造的葡萄酒口感则会充满力量。红葡萄酒的酿造适合橡木桶陈年，单宁丰富，酒体浓郁，中高酸度，优质波尔多葡萄酒具有很强的陈年潜力，造就了诸如拉菲、玛歌、木桐、柏图斯等顶级酒庄。波尔多还是优质干白、甜白葡萄酒的主产区，干白葡萄酒主要使用长相思为主，调配少量赛美蓉酿造而成。通常入门级干白无橡木桶陈年，口感清爽明快，优质干白使用苹果酸乳酸发酵与橡木桶陈年，酒体浓郁，并保持清爽的酸度，果香饱满馥郁，层次感强，有很好的陈年潜力。甜白葡萄酒主要使用赛美蓉、长相思、密斯卡岱混酿而成。两海之间产区主要以酿造单一品种的长相思干白为主。波尔多主要葡萄酒类型及混酿比例见表 1-3。

表 1-3　波尔多主要葡萄酒类型及混酿比例

葡萄酒类型	常见混酿比例（各酒庄均有差异）
左岸红葡萄酒 Red Wines from Médoc	70% 赤霞珠、30% 美乐或少量品丽珠与小味尔多，通常在法国新橡木桶陈年
右岸红葡萄酒 Red Wines from Saint-Emilion and Pomerol	70% 美乐、30% 品丽珠，通常在法国橡木桶陈年
干型白葡萄酒 Dry White Wines from Graves and Entre-Deux-Mers	80% 长相思、20% 赛美蓉，低价位白葡萄酒多无橡木风格，优质白通常使用法国新橡木桶陈年
甜型葡萄酒 Sweet Wines from Sauternes	80% 赛美蓉、20% 长相思或少量密斯卡岱，大多使用法国新橡木桶陈年

三、主要品种

该地区葡萄品种非常多样，主要的红葡萄品种以赤霞珠、美乐为主，品丽珠、小味尔多、佳美娜、马尔贝克为辅；白葡萄品种主要有长相思、赛美蓉、密斯卡岱等。2021 年，法国国家原产地命名与质量管理局（INAO）正式批准通过 6 个可在波尔多种植酿造的新葡萄品种，四个红葡萄品种分别为艾琳娜（Arinarnoa）、国产多瑞加（Touriga Nacional）、马瑟兰（Marselan）和卡斯泰（Castets）；2 个白葡萄品种分别为阿尔巴利诺（Albarino）和丽洛拉（Liliorila）。

由于历史上天气的不稳定，波尔多选择种植多种葡萄来规避风险，因为不同的葡萄品种花期和采收期不同，即便有灾害天气也可免于颗粒无收，因此该地区的葡萄品种非常多样，是典型的混酿产区。波尔多法律允许种植多达十数种葡萄。但如今主要种植的是 3 种红葡萄和 3 种白葡萄，其中红葡萄占比 88%，白葡萄占比 12%。

（一）美乐（Merlot）

美乐是波尔多种植最广泛的葡萄品种，种植面积近 7 万公顷[①]，占红葡萄种植量的 60%，酒体饱满，单宁适中，是典型的早熟品种。美乐常与赤霞珠混调，能提供更加柔和的口感，同时从赤霞珠或品丽珠中补充果香、颜色和单宁。美乐在右岸相对凉爽潮湿的土壤上能很好地成熟，在优质的酒款中一般可占到 60% 左右的比例。美乐需要严格控制产量，否则常会显得缺少个性，这种柔和的特点使得美乐更适合用来酿造一些廉价的酒。美乐发芽、开花和成熟的时间比赤霞珠早一个星期，但也更易受到春季霜冻的影响，而且容易落果。

（二）赤霞珠（Cabernet Sauvignon）

作为一个色深粒小皮厚的品种，赤霞珠发芽和成熟时间都比较晚。波尔多为赤霞珠能够成熟的法国最北极限，种植面积约 25000 公顷，占红葡萄种植量的 1/4，主要分布在上梅多克（Haut-Médoc），但在整个左岸都比较重要。赤霞珠适合富含砾石的土壤，砾石可以反射热量以帮助赤霞珠成熟。完全成熟的赤霞珠单宁强劲，酸度高，酚类物质丰富。另外赤霞珠与橡木桶结合得非常好，且有着明显的黑醋栗风味以及数十年的陈年能力。

（三）品丽珠（Cabernet Franc）

品丽珠主要种植在圣埃美隆（Saint-Emilion），在左岸也有一定的种植量，但均不是当地最重要的品种。品丽珠与赤霞珠一样，喜欢排水性好的温暖土

① 1 公顷 =0.01 平方千米。

壤，但一般而言用品丽珠酿的葡萄酒与赤霞珠相比，缺少酒体，中等单宁，更细腻，成熟也更快，但也有例外。不成熟时有明显的生青和葡萄梗的味道，但成熟后会呈现出出色的芬芳，因此它经常参与调配。

（四）小味尔多（Petit Verdot）

小味尔多只在最炎热的年份成熟，能酿出颜色极深、单宁很高的酒，陈年能力很强。在波尔多，混酿中往往只占有很小一部分，但却能明显增加单宁、颜色和一些香料风味。

（五）赛美蓉（Semillon）

赛美蓉是种植最广泛的白葡萄品种，占白葡萄种植量的 49%，皮薄易受贵腐菌影响，常用来酿造甜酒。赛美蓉能给酒带来金色的色泽以及饱满的酒体，适合用橡木桶熟化，有很好的陈年能力。波尔多的赛美蓉无论是干型还是甜型，其饱满而富有质感的特点是独有的，低产、老藤加橡木桶造就了赛美蓉优秀的特征。

（六）长相思（Sauvignon Blanc）

波尔多的长相思占白葡萄种植量的 43% 左右，有着特殊的草本、青草和接骨木花的香气，市场越来越多的为单品长相思。在混酿中，高酸能平衡赛美蓉葡萄的饱满感，增加清新度，这在一些甜酒中尤其重要。

（七）密斯卡岱（Muscadelle）

密斯卡岱有着明显的葡萄和花香，在一些甜白和干白中扮演重要的辅助作用，但混合比例往往不高。年轻时香气突出，但陈年能力不强。

除以上品种外，红葡萄品种中马尔贝克（Malbec）和佳美娜（Carmenere）也允许种植，但越来越罕见。在当地，还有一些其他白葡萄品种，如阿尔巴利诺（Albarino）、小芒森（Petit Manseng）、丽洛拉（Liliorila）、鸽笼白（Colombard）、白美乐（Merlot Blanc）、白诗南（Chenin Blanc）、白福儿（Folle Blanche）、莫扎克（Mauzac）、昂登（Ondenc）和白玉霓（Ugni Blanc）等，不过这些品种比例很小，合计占到白葡萄总量的 2% 左右。

四、葡萄酒分级

波尔多葡萄酒遵循法国统一的以风土为基础的 AOC 制度，主要的法定名称分为三大类，分别是大产区级、地区级及村庄级。波尔多 AOC 葡萄酒分级体系见图 1-4。

最小范围AOC名称，质量优秀，著名的村庄有Pauillac、Margaux、Pomerol、Saint Julien、Saint Estephe、St Emilion等

如Haut Médoc AOC、Entre-Deux-Mers AOP

最大范围的产区名称，产量大；葡萄可以来自整个产区；可适用于红、白、甜型及干型葡萄酒

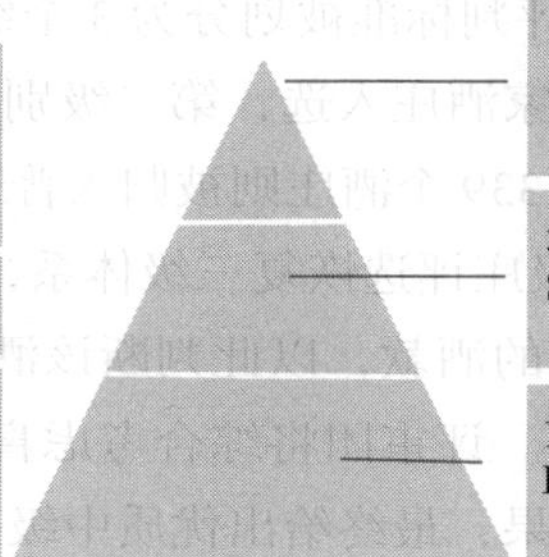

村庄级
Commune Appellation
（Pauillac AOC）

地区级
Sub-Regional Appellation
（Haut-Medoc AOC）

大区级
Regional Appellation
（Bordeaux AOP）

图 1-4　波尔多 AOC 葡萄酒分级体系

除法定分级之外，波尔多还有其他一些历史悠久的传统分级制度。这对于热衷波尔多葡萄酒的消费者来说似乎更加重要。主要的分级有 1855 年列级庄分级、1959 年格拉夫分级（Crus Classés de Graves）、圣埃美隆分级（Grands Crus de Saint-Émilion）以及法国中级庄分级制度（Cru Bourgeois）。

（一）1855 列级庄分级（Grands Crus Classés en 1855）

1855 年正值巴黎万国博览会之际，应拿破仑三世的要求订立此分级，旨在于巴黎世界博览会上向民众展示波尔多地区的葡萄酒。波尔多工商会将列级表的评定任务委派予波尔多交易所的商业经纪人联合会。后者根据多年的行业经验，制订出一份受到官方承认的列级表，以充分体现出各片风土的品质及每家酒庄的声誉。该分级于 1973 年进行了重新审核，就红葡萄酒而言，当年分为 5 个级别。目前有 5 家酒庄被评为一级名庄，另有 14 家二级名庄、14 家三级名庄、10 家四级名庄和 18 家五级名庄；这些酒庄大多分布于梅多克（Médoc）地区，仅有一家坐落于格拉夫（Graves）地区。就甜白葡萄酒而言，当年分为 3 个级别。1 家酒庄被评为特等一级名庄，另有 11 家一级名庄和 15 家二级名庄；这些酒庄位于苏玳（Sauternes）和巴萨克（Barsac）两个产区内。

（二）格拉夫分级（Crus Classés de Graves）

格拉夫分级制订于 1953 年，1959 年重新审核，依照红白两类划分，至今共有 16 家酒庄入选，这些酒庄多为家族所有，并遵循可持续发展战略。

（三）中级庄分级（Cru Bourgeois）

中级庄又称明星庄，"Bourgeois" 字面意思为 "中产阶级"，因此得名。中级庄分级制度起源于 19 世纪末，第一次官方分级出现在 1932 年，波尔多商会、农业部门及葡萄酒经纪人拟订了一张名单，共评选出了波尔多左岸梅多克地区的 444 家酒庄作为中级庄以进行商业推广，中级庄制度正式确立。444 家酒庄按评判标准被划分为 3 个级别，其中最高级别“Cru Bourgeois Exceptionne”仅 6 家酒庄入选，第二级别“Cru Bourgeois Supérieur”共 99 个酒庄入选，剩下的 339 个酒庄则被归入普通级别的“Cru Bourgeois”中。2020 年 2 月 20 日，中级庄评选恢复三级体系，评定制度改为五年一评，评审一次盲品同一酒庄 5 年的酒款，以此判断该酒庄品质的稳定性与陈年潜力，从而得出更全面的结论。评审团将综合考虑盲品分数以及对酒庄种植、酿造和市场等方面审核的结果，最终给出优质中级庄名单和特级中级庄的名单。

（四）圣埃美隆分级（Grands Crus de Saint-Émilion）

1955 年，应特级圣埃美隆命名保护行会的要求，国家原产地名命名管理局（INAO）对该产区酒庄级进行评级。此后排名每 10 年更新一次，现已公布 6 次分级排名。第六次分级排名即最新排名于 2012 年发布。2021 年 7 月，圣埃美的白马酒庄（Château Cheval Blanc）和欧颂酒庄（Château Ausone）已经确定不参与 2022 年圣埃美隆产区分级体系评定。

五、主要产区

波尔多产区有三条重要的河流，分别是吉龙德河（Gironde）、多尔多涅河（Dordogne）以及加龙河（Garonne）。来自中央山地的多尔多涅河和源自比利牛斯山的加龙河在波尔多交汇成吉隆特河后流入大西洋，三条河流呈现“人”字形分布，也因此把该地划分为了三个不同的区域。根据地理位置上的左右方向，当地习惯上将之称为左岸、右岸以及两海之间。左岸产区主要由梅多克（Médoc）与格拉夫（Graves）两大产区构成，该产区最优质的红葡萄酒出产自上梅多克产区及佩萨克—雷奥良（Pessac-Leognan）产区。这里葡萄酒的酿造以赤霞珠为主，优质葡萄酒单宁丰富，结构感强，并伴有较高的酸度，拥有非常好的陈年潜力。白葡萄酒主要分布在格拉夫产区，另外左岸还是著名的贵腐甜酒主要产区。右岸著名产区主要有圣埃美隆（Saint-Emilion）与波美侯（Pomerol），主要出产以美乐、品丽珠为主的混酿。两海之间产区主要出产风格清爽的长相思干白。

（一）梅多克与上梅多克（Médoc & Haut-Médoc）

1. 梅多克（Médoc）

梅多克也称为下梅多克（Bas-Médoc），产区只能酿造红葡萄酒，土壤以黏土为主，排水性相对较差，没有 1855 列级庄，葡萄酒以梅多克（Médoc AOC）出售。

2. 上梅多克（Haut-Médoc）

上梅多克产区只能酿造红葡萄酒，除了侯伯王庄园（Château Haut-Brion）之外所有1855列级酒庄均在此。这里也有许多中级庄，性价比高，质量出色。上梅多克产区由北到南有6个最具人气的村庄，分别为圣爱斯泰夫村（Saint-Estephe）、波雅克村（Pauillac）、圣朱利安村（Saint-Julien）、利斯塔克村（Listrac-Medoc）、莫里斯村（Moulis-eu-Médoc）、玛歌村（Margaux）。这些村庄葡萄酒风格各异，历史渊源较深，在国际市场上广受关注。

（1）圣爱斯泰夫村（Saint-Estèphe）

圣爱斯泰夫村是上梅多克次产区最北边的村庄级法定产区。土壤以黏土为底土，表面大量的砾石，排水性稍差，土壤更加凉爽，葡萄成熟较慢且酸度更高，喜欢比较干燥的年份。该地列级庄不多，葡萄酒风格以颜色深、结构强、年轻时略有艰涩而闻名。随着美乐种植比例的增加和酿造技术的改进，其风格在最近变得更加柔和饱满。这里最出色的酒庄为2个二级庄玫瑰山庄园（Château Montrose）和爱士图尔（Cos d'Estournel），此外还有些其他列级庄和中级庄，质量优异。

（2）波雅克村（Pauillac）

该产区有3个一级庄（拉菲、拉图及木桐酒庄）和众多非常出色的列级庄。这里土壤富含砾石，排水性极好，出产梅多克最浓缩的赤霞珠混酿葡萄酒，富含黑醋栗和橡木带来的雪茄盒和雪松风味，质量普遍较高。

（3）圣朱利安村（Saint-Julien）

圣朱利安村位于吉伦特河左岸，北部与波雅克村相邻。虽没有一级庄，但有大量列级庄，其中包含5个二级庄。列级庄的产量占到了全区的3/4。这里最大的特点是葡萄酒微妙、平衡且能保持传统，圣朱利安北部靠近波雅克的地块出产的葡萄酒更加强劲、壮硕，南部临近玛歌村的酒庄则以出产更加优雅、精致的葡萄酒而闻名。果香明显、典型而细腻是圣朱利安村葡萄酒最大的风格。

（4）利斯塔克村（Listrac）

利斯塔克村村内无列级庄，性价比较高。这里的土壤以黏土和石灰岩为主，美乐种植量比较大，但葡萄酒依然显得结构感比较强，浓郁度佳。

（5）莫里斯村（Moulis）

该村也称“Moulis-en-Médoc”，无列级庄，性价比较高，是梅多克6个村庄级产区中最小的产区。这里土壤类型比较丰富，有砾石、石灰岩和黏土等，因此既有很出色的酒庄，如忘忧堡酒庄（Château Chasse-Spleen），也有不少平庸的酒庄。

（6）玛歌村（Margaux）

玛歌村的葡萄酒除了风味浓郁之外，更具有优雅芬芳的香气和丝滑柔顺的口感。这里最知名的酒庄为玛歌城堡（Château Margaux）与宝马庄园（Château Palmer）。这里土壤类型多样，最优质的土壤富含砾石。玛歌村有超过20个列级庄，是拥有列级庄最多的村子。

图1-5　法国玛歌酒庄（韩国波尔多葡萄酒学院崔熿院长供图）

【产区名片】

地理坐标：波尔多以北，吉龙德河口沿岸

气候类型：温带海洋性气候

种植酿造：以赤霞珠为主调配酿造，以红葡萄酒为主

土壤类型：多砾石，具有良好的排水性能，非常适合种植赤霞珠

（二）格拉夫（Graves）

格拉夫产区红白葡萄均有种植，但红葡萄酒的产量更多，占到2/3。红葡萄主要种植在砾石土壤上，白葡萄以沙土为主。这里的红葡萄酒与梅多克的风格一致，但没有那么高的浓缩度和复杂度，美乐比例也往往更高，风格优雅，熟化速度更快。白葡萄酒多为长相思为主的不过橡木桶的风格，部分优质酒会使用橡木桶发酵或熟成。格拉夫（Graves AC）无论红白均为干型，半甜的产品需要标注为格拉夫超级（Graves Supérieures AC）进行销售。

隶属于格拉夫的佩萨克—雷奥良（Pessac-Léognan）法定产区，集中了

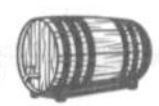

格拉夫最出色的葡萄园和所有的列级庄，土壤以砾石为主，适合赤霞珠。这里距离波尔多市区很近，也是最早建立酒庄的地区，包括侯伯王（Château Haut-Brion）、美讯酒庄（Château La Mission Haut-Brion）和克莱蒙教皇堡（Château Pape-Clement）等。这里以红葡萄酒为主，与上梅多克相比，酒体略清淡，风味芳香，常有些矿物质、烟熏和丁香的风味，熟化速度稍快一些。这里也有波尔多最优质的干白。这里的干白使用长相思（至少25%）和赛美蓉酿造，主要种植在偏沙质的土壤上，橡木桶发酵和熟成很普遍，有着复杂的果香、花香、酒泥和橡木以及烟熏风味，具有很长的陈年潜力。

【产区名片】

地理坐标：梅多克以南，围绕波尔多市
气候类型：温带海洋性气候
主要品种：长相思、赛美蓉、赤霞珠、美乐、品丽珠
种植酿造：以生产干白、干红为主，使用法国新橡木桶
子产区名称：佩萨克—雷奥良（Pessac-Léognan）
平均海拔：10~70 米
土壤类型：多砾石

（三）苏玳与巴萨克（Sauternes&Barsac）

波尔多左岸著名的贵腐甜酒产区，以赛美蓉为主酿造而成，常占到80%以上的比例，其他混酿品种有长相思与密斯卡岱。赛美蓉葡萄皮薄，很容易被贵腐菌感染，果糖高，为葡萄酒提供足够的糖分；长相思高酸，清爽，为葡萄酒则提供了新鲜酸度和果香，密斯卡岱能为葡萄酒增加一些异域果香，但种植难度高。贵腐葡萄的采收往往会持续几个星期，工人需多次往返葡萄园以挑选皱缩的葡萄，产量低，成本高且年份差异大，葡萄酒有独特的橙子酱、杏子、蜂蜜、香草和贵腐风味，陈年能力极强。最优质的酒款会经过精挑细选，并使用一定比例的新桶发酵，熟化时间通常为18~36个月。

【产区名片】

地理坐标：格拉夫以南，加龙河口左岸，紧临锡龙河
气候类型：温带海洋性气候
主要品种：赛美蓉、长相思、密斯卡岱
种植酿造：以生产贵腐甜酒著称，常使用法国全新橡木桶陈年
土壤类型：苏玳以富含砾石和鹅卵石的石灰岩与黏土为主，巴萨克以石

灰岩土壤为主

（四）两海之间（Entre-Deux-Mers）

在加龙河和多尔多涅河交汇之地，有一片广阔的石灰岩土地，呈三角地带形状，这里即两海之间产区。该产区布满钙化砂土和砾石，日照充分，温带海洋性气候共同构成了这里的风土条件。该地主要生产干白与美乐为主的简单红葡萄酒，白葡萄品种为长相思，占据着绝对的领导地位，其他还有赛美蓉与少量密斯卡岱。

【产区名片】

地理坐标：位于加龙河口与多尔多涅河之间的大片区域

气候类型：温带海洋性气候

主要品种：长相思、赛美蓉、密斯卡岱

种植酿造：以干白为主，很少使用橡木桶；少量红葡萄酒以波尔多 AOP 名称出售

产区名称：Entre-Deux-Mers AOC

土壤类型：肥沃淤泥

（五）圣埃美隆（Saint-Emilion）

圣埃美隆位于波尔多右岸，右岸区域是美乐的主要种植区，由于该地以石灰石与黏土的混合性土壤为主，远离海洋，气候较为凉爽，更适合该品种的生长。品丽珠是右岸边第二大种植品种，中等单宁，中高酸度。圣埃美隆是右岸产量最大的产区，可以分为三个区域。在西北边的高原上，土壤以温暖且排水性好的砾石和石灰岩为主，因此能使品丽珠甚至赤霞珠成熟，如白马庄（Château Cheval Blanc）。在东南边的陡坡上，以黏土和石灰岩为主，适合美乐。这些酒所用葡萄产量很低，常用新桶熟化，单宁中等偏高，但与左岸相比还是更加柔和饱满，常充满复杂的红色浆果、烟草和雪松等香气。

【产区名片】

地理坐标：紧邻多尔多涅河，靠近利布尔讷

气候类型：温带海洋性气候

主要品种：美乐、品丽珠（AOC 只针对红葡萄酒）

种植酿造：以生红葡萄酒著称，常使用法国新橡木桶陈年

主要产区名称：Saint-Emilion AC、Saint-Emilion Grand Cru AC（酒精比

前者高 0.5%，陈年时间比前者长）

土壤类型：石灰质黏土为主，砾石土壤相对较少

风景如画的圣埃美隆（Saint-Emilion）

波尔多圣埃美隆的葡萄园被联合国教科文组织列为世界文化遗产，归类于农业文化。这个评定肯定了这里特殊的葡萄种植风土条件。圣埃美隆葡萄园呈阶梯状分布，被誉为“千座酒庄的山丘”。得益于附近的多尔多涅河，圣埃美隆是温和的海洋性气候，夏天不那么酷热，同时也避免了春冻。秋末的时候阳光充足有利于果实的成熟，特别是美乐的成熟。

圣埃美隆是波尔多旅游必去的地方，狭窄的街道上布满了迷人的罗马教堂。大约公元 2 世纪，罗马人开始在这里种植葡萄。4 世纪时，著名的古罗马诗人奥索尼乌斯（Ausonius）对该产区丰富饱满的葡萄酒赞誉有加。圣埃美隆的葡萄酒发展还离不开一个叫埃美隆（Emilion）的僧侣，圣埃美隆（Saint-Emilion）镇就是以他的名字命名的。他于8世纪来到圣埃美隆（Saint-Emilion），隐居于修道院，带领修道院其他僧侣开始在当地生产葡萄酒并进行贸易。

风韵醇厚的葡萄酒是波尔多这块土地的化身，葡萄酒是让波尔多闻名世界的王牌。在每一瓶波尔多葡萄酒背后，都凝结着波尔多地区酝酿和培育葡萄酒文化的悠久历史。它的价值不仅体现在这里所拥有的优质葡萄酒，还表现在超群的酒庄建筑艺术及世代传承的酿酒工艺，从传统的手工采摘、传统的葡萄修剪方式再到严谨而又艺术化的酿酒过程，无不体现出这个产区的魅力之处。

案例思考：

解析波尔多产区（圣埃美隆）葡萄栽培与酿酒传统。

案例启示：

圣埃美隆葡萄酒产区是一个世界非物质文化遗产之城，蕴含着丰富的葡萄酒文化与地域特色。通过本节内容的学习，让学生明晰圣埃美隆产区对传承与发展葡萄酒文化、助推地方经济社会发展的重大作用，增强学生对服务我国葡萄酒产业发展及服务乡村振兴的使命感和责任感。

（五）波美侯（Pomerol）

波美侯与圣埃美隆比邻，相比后者，波美侯葡萄酒的价格更高，酒庄规模更小，产量也更低。土壤为砾石覆盖的黏土，富含铁质，酿出的酒非常饱

满。主要品种以美乐为主，有着黑色浆果和香料风味。虽然没有分级体系，但因为酒庄产量稀少、供不应求，不少酒庄的酒价格高昂。

【产区名片】

地理坐标：紧邻多尔多涅河，靠近利布尔讷，位于圣埃美隆西北方向，产区小

气候类型：温带海洋性气候

主要品种：以美乐、品丽珠为主的混酿

种植酿造：以生产红葡萄酒著称，常使用法国新橡木桶陈年

主要产区名称：Pomerol AOP（只为红葡萄酒法定名称）

土壤类型：砂质、黏土、砂砾等

【拓展对比】

2018 年瓏岱酒庄采收情况报告

瓏岱酒庄位于中国山东省蓬莱丘山山谷腹地。葡萄园始建于 2011 年，遍布于丘山山脚花岗岩质土壤的梯田之上，得益于山东的气候，葡萄在全熟之后，可以分茬人工采摘，分布在 480 块梯田的葡萄园之间存在风土差异，葡萄园得到悉心管理。瓏岱酒庄采用典型的混酿风格，主要由赤霞珠、马瑟兰和品丽珠三个品种混调，在波亚克“Tonnellerie des Domaines”的法式木桶（拉菲酒庄内部生产制造）内经 18 个月陈酿而成，年产量 2500 箱左右。

2018 年是蓬莱非常具有代表性的年份，葡萄达到非常好的成熟度，酿造出的美酒具有良好的平衡性。春季有零星阵雨，亦不乏晴日阳光，非常适宜葡萄生长。6 月前 4 天的开花条件对坐果非常有利，因此各类葡萄品种都有很好的叶果比例。虽然 8 月经历了一段干旱时期，但在很大程度上减少了病虫害的威胁，保证了高质量的转色期，使得果实直至收获均保持健康状态。收获季选用晚采收，以使葡萄达到理想的成熟状态。根据各个梯田田块的成熟度，瓏岱酒庄每年都要进行细致的分区采收，以保证每块梯田之上的葡萄都在适宜的日期被采收。当采收季开始时，我们于 9 月 12 日首先采收梅洛，并在 10 月的 5—13 日采收了赤霞珠后，结束了采收季。

品酒笔记（灌瓶时）：初闻时，鼻腔中充满蓝莓等黑色水果的气息，但很快被肉豆蔻和甘草的香料气息占据。随着与氧气的接触，酒液逐渐散发出山楂和紫罗兰的花香，这是来自瓏岱酒庄中马瑟兰特有的标志性香气。此款酒口感浓郁，以蓝莓和黑莓等黑色水果为主，并伴有烘烤和可可的香气。结构

精致，单宁浓郁、优雅，回味悠长。

来源：蓬莱瓏岱酒庄。

对比思考：

①法国波尔多与中国蓬莱产区风土环境及波尔多混酿风格对比。

②查找资料，分析法国拉菲集团在葡萄栽培与酿酒方面的人文理念。

知识链接：

瓏岱酒庄储藏室传承了1987年拉菲古堡的酒窖设计，呈现出一个圆形的空间，但特别融入了八根红木廊柱的设计以彰显中西文化的融合。据悉，廊柱的灵感取自酒庄附近的丘祖庙。相传，丘处机曾在丘山修道，道教中的八柱建筑风格被拉菲酒庄巧妙地用在了瓏岱酒窖的建筑风格上。

【章节训练与检测】

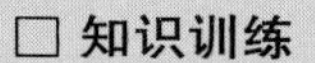

□ **知识训练**

1. 绘制法国葡萄酒产区地图及波尔多产区示意图，掌握产区名称及地理坐标。

2. 介绍波尔多产区风土环境、栽培酿酒方式、主要品种及葡萄酒风格。

3. 比较波尔多子产区风土及葡萄酒风格的不同点。

4. 试比较分析我国波尔多混酿风格葡萄酒案例。

□ **能力训练**（参考《内容提要与设计思路》）

波尔多酒标阅读与识别训练

□ **章节小测**

【拓展阅读】

波尔多葡萄酒 & 旅游　波尔多葡萄酒 & 美食

第三节　勃艮第产区 *Bourgogne*

【章节要点】

- 说出勃艮第主要葡萄品种，并理解勃艮第产区历史风土特征
- 识别勃艮第葡萄酒标标识，并掌握勃艮第葡萄酒分级体系
- 识别勃艮第主要子产区名称及地理坐标
- 归纳勃艮第主要 AOPs 分布与风格特征

一、地理风土

勃艮第位于法国中东部，远离大西洋，处于温带海洋性气候与大陆性气候的交界处。与同纬度产区相比这里冬季严寒，夏季炎热，秋季比较凉爽，多雨水，春季霜冻是最大的风险，葡萄勉强才能成熟，葡萄栽培环境严苛。因为当地地形复杂，存在众多不同微气候，葡萄的种植条件显得难度更高，也正因为如此，这里的葡萄酒口感与风味丰富多样、变化多端。勃艮第是“克里玛”（Climat）一词的发源地，酒农对土地的重视是世界各地效仿的典型，勃艮第与众不同的土质和地块是催生优良葡萄的极重要的因素。勃艮第葡萄园由大大小小的地块组成，这些大小地块被称为“Climat”，每一块土地都有不同的特点和朝向，也成就了各具风格的葡萄酒。

【产区名片】

产区位置：法国中东部产区，巴黎南部首府及科多尔省省会

气候类型：大陆性气候

主要品种：霞多丽、阿里高特、黑皮诺、佳美
种植威胁：霜害、病害、秋雨等
土壤类型：土壤包括石灰岩、黏质石灰岩和泥灰土
气象观测点：第戎市（Dijon）
年降雨量：690 毫米
9 月采摘季雨量：55 毫米
7 月平均气温：19.72℃
纬度 / 海拔：47.15°N/220 米

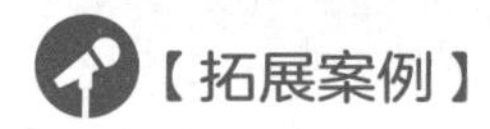

风土至上，以地为王的“Climat”

不同于波尔多以酒庄为单位的分级制度，勃艮第分级的核心是风土，对象是葡萄园。可以说，用“风土至上，以地为王”来形容这一体系也丝毫不为过。勃艮第地区拥有独特的风土称谓“Climat”，该称谓在 2015 年被国际教科文组织认定为世界非物质文化遗产。“Climat”一词指有数百年历史的命名葡萄田，较老的是 Clos de Bèze，可以追溯到公元 640 年。

那时，西多会的修士们潜心研究葡萄的特性，尝试通过修剪、剪枝和嫁接培育出更优良的品种，精心酿造葡萄酒。他们率先提出了一个在葡萄酒酿造过程中有价值的“风土”概念，即相同的土质可以培育出味道和款式一样的葡萄。经过观察发现，每一块不同的土地上出品的葡萄酒，在酒的色泽、稠度、单宁和其他品质方面也会有明显的不同。他们分别用不同地块上结出的葡萄来酿酒，将得到的几十种样品进行比较，于是便掌握了整个金丘产区葡萄酒资源分布的情况：哪里种的葡萄酿出的酒更香、哪里的更醇厚浓烈、哪里的葡萄最容易遭到霜冻、哪里的葡萄得提前采摘。他们将这些分布信息在地图上标示出来，甚至在葡萄风味明显有别的地方建起了围墙加以区别。事实证明，这些修士们在种植葡萄方面的确有过人之处。他们认为相同的土质才能种出风味相同的葡萄，所以最先提出了“克里玛”（Climat）的概念，即相同的土质的小块葡萄园，其他修道院和教会纷纷紧跟其后，效仿他们的做法。他们将这些葡萄园用石头墙围起来，以便和旁边的葡萄园分开，这便是勃艮第著名的“克罗斯”（Clos），即指标志出葡萄园归属的围墙。

勃艮第金丘遗产田的区域，位于第戎（Dijon）和桑特奈（Santenay）两镇之间，北接博恩镇，覆盖了夜丘（Cotes de Nuits）和伯恩丘（Cote de Beaun），总计 50 千米的土地，1247 块遗产田。

案例思考：

勃艮第独特的葡萄栽培与酿酒文化对世界葡萄酒的发展有何贡献？

案例启示：

勃艮第产区细致的地块划分使得当地出产的葡萄酒具有鲜明的特点，这一做法是对当地风土的极致表达。作为非物质文化遗产认证产区，它承载着当地独特的文化基因和历史记忆，彰显着当地劳动人民对葡萄的栽培、种植智慧，有助于培养学生探索未知、追求真理、勇攀科学高峰的责任感和使命感。

【历史故事】

博纳的济贫院（Hospices de Beaune）

位于勃艮第小城博纳的伯恩济贫院诞生于残酷的战争年代，由勃艮第公爵、当地主教尼古拉斯·罗林（Nicolas Rolin）和妻子吉贡（Guigone）于1443年创建。伯恩济贫院通过捐赠和拍卖方式筹款，为穷人提供免费医疗，济贫院的葡萄园正是来自社会的捐赠，直到今天，济贫院仍然遵循最传统的拍卖形式与最初的慈善理念。

博纳济贫院是法国15世纪最精美灵动的建筑之一，至今仍然保持原有的风貌，法国著名喜剧电影《虎口脱险》中的一些镜头就是在此拍摄。济贫院拥有58公顷生产优质酒的葡萄园，售卖葡萄酒的收入全部用来维持济贫院的运作。现在每年的11月第三个星期天都会在这里举办世界名酒拍卖会，拍卖过程由佳士得（Christie’s）拍卖行代理。2008年起，拍卖会接受现场、电话或网络报价，但是竞价过程在两枚小蜡烛燃尽后即告结束，所以又被称为“烛光拍卖会”。济贫院葡萄酒拍卖会可谓“世界上最棒的慈善拍卖会”，所得的收益均用于慈善事业及维护济贫院的设施。

二、栽培酿造

影响微气候的条件有很多，诸如葡萄园的坡度，向阳面、背阳面，表层土壤的颜色等。东向山坡可以接受东边初升的太阳所散发出来的阳光直至午后，比北向地块要好很多，西向山坡可以吸收中午直至太阳落山这段时间的阳光，而南向的坡地吸收阳光效果更佳，从早上到午后都是可以吸收阳光的。在勃艮第南向的坡地又有一层特殊意义，从勃艮第的北方会吹来大量的寒风，降低整个北向葡萄园的温度，使得在这极限区域种植的黑皮诺不能很好地成

图 1-6　法国勃艮第葡葡萄园
（韩国波尔多葡萄酒学院崔燻院长供图）

熟，而南向的坡地很好地杜绝了这一点。在这种极端气候之下种植和生产出的葡萄酒，往往能表现葡萄酒最细致、优雅的一面。

三、主要品种

勃艮第以酿造单一葡萄品种著称，红葡萄品种主要是黑皮诺，占勃艮第总产量的 1/3 左右。勃艮第是全球最优质的黑皮诺产区。勃艮第的黑皮诺从饱满强劲橡木陈年的风格到新鲜、易饮的风格都有，经典特征为年轻时香气多呈现樱桃、覆盆子等红色水果的气息，清新自然，陈年后慢慢转化为蘑菇、雪茄、皮革等野味的味道。单宁和酸度可以从中到高，但是单宁一般比较柔和。每个子产区、每块葡萄园都有不同的微气候及土壤条件，葡萄酒风格迥异，主产区集中在金丘区。黑皮诺在亚洲也渐渐流行起来，尤其在日本，它与日料中的红色鱼类搭配堪称经典，在我国也广受欢迎，酒体中等、酸度较高的红葡萄酒是搭配中餐的理想选择。

该地区白葡萄品种以霞多丽为主，产量占勃艮第的 1/2。这一品种在全世界广为流行，易种，易酿。勃艮第是一个南北走向的产区，各产区由于南北气候、土壤差异，所酿造的霞多丽风格各异。北部产区的夏布利（Chablis）气候凉爽，酿造的霞多丽葡萄酒酸度极高，清新活跃；相反南部产区气候温暖，经常使用橡木桶处理和酒泥接触，酿造出的酒带有香料烘烤和黄油风味，酒体饱满浓郁。

四、葡萄酒分级

勃艮第对土地的重视无需多言，其葡萄酒分级制度也将“以地为王”这四个字诠释得淋漓尽致。在这里，根据风土的优越程度，葡萄园被划分为大区级（Régionales）、村庄级（Village）、一级园（Premier Cru）与特级园（Grand Cru）4 个等级。

（一）大区级（Régionale AOC）

大区级是勃艮第葡萄酒分级中的最基础等级，共 23 个，约占总量的

50%。最为常见的为勃艮第 AOC（Bourgogne AOC），以及其他在国内相对少见一些的大区级 AOC，如勃艮第大区（Bourgogne Grand Ordinaire）、勃艮第上夜丘（Bourgogne Hautes-Côtes de Nuits）、勃艮第上伯恩丘（Bourgogne Hautes Côtes de Beaune）等。

（二）村庄级（Village AOC）

村庄级是勃艮第葡萄酒分级中的第二级，约占总量的三分之一，酒标以村庄名命名，如夏山·蒙哈榭（Chassagne-Montrachet）、玻玛（Pommard）等。这一等级的葡萄酒产自单个被划定的产酒村，其酒标上会注明村庄名。勃艮第共有 44 个特别的村庄，都有独立的 AOC 名称，在这些村庄出产的酒有自己鲜明的个性和高于大区级酒的品质。如果酿酒葡萄来自酒村中某个未列入更高分级的单一葡萄园，则葡萄园的名字也可能出现在酒标上。

（三）一级园（Premier Cru）

一级园属于每个村庄值得单独列出的优质葡萄园（不是所有的村庄都拥有一级园）。勃艮第一共有 600 多个一级园，只占总产量的 10%，按照微风土区分都拥有独立的名字。如果酿酒葡萄产自同一个一级园，那么酒标上会同时标注出村庄名和葡萄园名。如果葡萄来自多个一级园，酒标上只会出现村庄名和“Premier Cru”或“1er Cru”字样。

（三）特级园（Grand Cru）

特级园位于勃艮第葡萄酒分级金字塔最顶端，是勃艮第葡萄酒的精华所在，所占总量极少，为 1%~2%。勃艮第产区共有 33 个特级园。除了夏布利特级园（Chablis Grand Cru，1 个）外，其余特级园全部分布于夜丘（Côte de Nuits，24 个）和伯恩丘（Côte de Beaune，8 个）。这一级别，酒标上标注出葡萄园名和“Grand Cru”字样，无须标注村庄名。另外，虽然夏布利只有一块特级园 Chablis Grand Cru，但由 7 片独立的葡萄园构成，酒标会标示具体葡萄园的名称。勃艮第 AOC 葡萄酒分级体系见图 1-7。

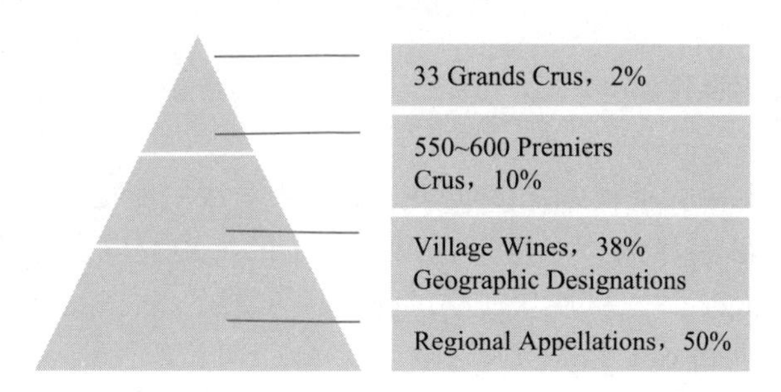

图 1-7　勃艮第 AOC 葡萄酒分级体系

五、主要产区

（一）夏布利（Chablis）

该产区位于勃艮第的最北端，气候寒冷，属于大陆性气候，冬季比较长，有时会有霜冻灾害影响，以出产高酸、果香清爽的霞多丽而著称。该地区以一种叫启莫里阶（Kimmeridgian）的钙质黏土为主要土壤，出产的霞多丽有丰富的矿物质风味。夏布利 AOC 葡萄酒名称分为四个等级，分别是小夏布利（Petit Chablis）、夏布利（Chablis）、夏布利一级园（Chablis Premier Cru）以及夏布利特级园（Chablis Grand Cru）。这里大多葡萄酒普遍使用苹果酸乳酸发酵，橡木桶的使用一般仅限于一级园和特级园。夏布利特级园（Chablis Grand Cru AC）由 7 块葡萄园组成，1.05 平方千米左右，聚集在同一片夏布利镇河边的山坡上，分别叫作克洛（Les Clos）、福迪斯（Vaudesir）、瓦慕（Valmur）、普尔斯（Les Preuses）、宝歌（Bougros）、布朗榭（Blanchot）和青蛙园（Grenouilles）。一般情况下，夏布利葡萄酒比较尖酸清瘦，青苹果、青柠等绿色果香突出，特级园和一些最好的一级园需要一定的瓶中陈年，以发展到最佳（10~15 年），为葡萄酒带来烟熏、矿物等咸鲜风味。

【产区名片】

地理方位：位于金丘区以北 128 千米处，离香槟区更近

气候类型：凉爽的大陆性气候，常受到霜冻的威胁

主要品种：霞多丽

种植酿造：因为季末有霜冻，采摘时间非常关键；低端多无橡木风格，普遍使用乳酸菌发酵

纬度坐标：北纬 47°

平均海拔：100~250 米

土壤类型：启莫里阶、石灰岩等

（二）金丘产区（Côte d’Or）

金丘产区是勃艮第的精华所在，分为夜丘（Côtes de Nuits）与伯恩丘（Côte de Beaune）产区，共有 32 家特级园，占勃艮第特级园的大部分，出产世界经典的黑皮诺及霞多丽葡萄酒。这里为典型的大陆性气候，优质的葡萄园位于南向的山坡上，日照充足。夜丘以饱满红葡萄酒闻名，除了科尔登（Corton）之外所有的红葡萄酒特级园均来自夜丘，而除了慕西尼白葡萄酒

（Musigny Blanc）之外所有白葡萄酒特级园都来自伯恩丘，这主要归功于土壤的原因。伯恩丘产区位于夜丘南侧，葡萄种植面积大。这里的黑皮诺比夜丘成熟更快，用其酿造的葡萄酒果香丰富，更加柔顺一些，该地红葡萄酒虽不比夜丘，但霞多丽却名扬世界，勃艮第著名的白葡萄酒特级园大多位于此处，主要有蒙哈榭园（Montrachet）、比维纳斯·巴塔·蒙哈榭园（Bienvenues-Bâtard-Montrachet）、骑士·蒙哈榭园（Chevalier-Montrachet）、巴塔·蒙哈榭园（Bâtard-Montrachet）等。

1. 夜丘（Côte de Nuits）

图 1-8　法国勃艮第罗曼尼·康帝园（秦晓飞供图）

夜丘是整个勃艮第红葡萄酒的精华区域，出产的红葡萄酒香气馥郁，果香细腻，极具陈年潜力。夜丘蜿蜒 20 多千米，北起第戎（Dijon），南至高龙（Corgoloin），最宽的地方不过 200 米，非常狭长。北部平均海拔达 270 至 300 米，南部平均海拔达 230 至 260 米，坡地顶部一段非常陡峭，往下则逐渐变得宽阔平缓，延绵不绝，坡面朝南，日照十分充足。这里受大陆性气候的影响，夏季炎热，冬季干燥，产区需要预防的主要危害是冰雹和大雨的天气。土壤构成为中侏罗纪时期的石灰质土壤，排水能力好。主要品种为黑皮诺，夜丘中 89% 为红葡萄酒，以出产优质的黑皮诺名扬海外。

【产区名片】

地理方位：金丘区最北端产区

气候类型：凉爽的大陆性气候

种植酿造：受霜冻、夏季冰雹和秋季暴雨的威胁；普遍使用法国新橡木桶；部分生产者使用整串葡萄发酵，另一些则完全去梗

主要品种：黑皮诺

纬度坐标：北纬 47°

平均海拔：200~450 米左右

土壤类型：泥灰岩、石灰岩等

依照勃艮第分级，夜丘葡萄园被分为四级法定名称，具体等级划分见表1-4。

表 1-4 夜丘区法定名称划分

夜丘产区法定名称等级		描述
大区级 Regional Appellation-Bourgogne AOP		来自整个勃艮第地区任何地方的霞多丽与黑皮诺
村庄级 Village AOP	夜丘村庄级 Côte de Nuits-Villages AOP	夜丘区 5 个小村庄的 AOP 名称的总称；只针对红葡萄酒（黑皮诺）的 1 个法定名称
	村庄级 Village AOP	必须为 100% 的葡萄种植在村庄内及周围，共有 9 大村庄 - 马沙内 Marsannay - 菲克桑 Fixin - 热弗雷·香贝丹 Gevrey-Chambertin - 莫雷—圣丹尼 Morey-Saint-Denis - 香波—慕西尼 Chamolle-Musigny - 伏旧 Vougeot - 沃恩—罗曼尼 Vosne-Romanée - 弗拉热—埃谢佐 Flagey-Echézeaux - 夜圣乔治 Nuits-Saint-Georges
一级园 Premier or 1er Cru AOP		100% 葡萄需来自特定的、单独命名的一级园（Premier Cru）；如果标签上没有葡萄园名字，葡萄酒可以是来自该村一级园葡萄混酿而成；在夜丘有 130 多个一级葡萄园
特级园 Grand Cru AOP		100% 葡萄须来自指定的特级园（Grand Cru）。勃艮第 33 个列级园中有 24 个位于夜丘区

夜丘区集合了勃艮第最多的特级园，该区主要村庄及特级园情况见表 1-5。

表 1-5 夜丘区主要村庄及特级园情况

著名村庄及部分特级园	葡萄酒风格与特征
马沙内 Marsannay	位于金丘最北部，红、白和桃红 AOC，没有一级园或特级园
菲克桑 Fixin	与热弗雷·香贝丹村相似，红酒，饱满度稍逊，有 6 个一级园
热弗雷·香贝丹 Gevrey-Chambertin - 香贝丹园 Chambertin - 香贝丹—贝斯园 Chambertin Clos de Beze - 香牡—香贝丹园 Charmes-Chambertin)	勃艮第最著名红酒产区之一，颜色较深，风格直接有力，需要陈年发展。虽然村庄的名气大，许多村庄级乃至特级园的酒质参差不齐。有 9 个特级园，香贝丹园和香贝丹—贝斯园是最优秀的两个，风格饱满强劲，香牡—香贝丹园是最大的特级园

续表

著名村庄及部分特级园	葡萄酒风格与特征
莫雷—圣丹尼 Morey-Saint-Denis - 洛奇园 Clos de la Roche - 圣—丹尼园 Clos Saint-Denis - 兰布莱园 Clos de Lambrays - 大德园 Clos de Tart	生产红葡萄酒，常被认为是轻柔版的热弗雷·香贝丹或强劲版的香波—慕西尼。洛奇园是这里最好也是最大的特级园，泥灰岩为主，给予了饱满的酒体和陈年能力
香波—慕西尼 Chambolle-Musigny - 慕西尼园 Le Musigny - 波内玛尔园 Bonnes Mares - 依瑟索园 Echezeaux	出产天鹅绒般细腻优雅的红葡萄酒。慕西尼园是勃艮第最优秀的特级园之一，排水性极好，石灰土和白垩土为主。一级园爱侣园（Les Amoureuses）位于附近，风格类似。夏姆（Les Charmes）是该地最大的一级园，质量优秀。另一个特级园为波内玛尔园（Bonne Mares），位于村庄北部，风格更加饱满强劲，略缺少细腻柔和
伏旧 Vougeot - 伏旧园 Clos de Vougeot	伏旧园是勃艮第最大的特级园。整个园子土壤并不一致，最优质的位于北部靠近慕西尼村（Musigny）的地方。以前修士会利用调配来调整风土差异，现在分属于 80 多个不同的生产者，生产出大量达不到特级园标准的酒。一般来说，这里的酒强劲而饱满，细腻感稍有不足，10 年以上陈年能帮助其达到极为复杂的风味
沃恩—罗曼尼 Vosne-Romanée - 李奇堡园 Richebourg - 罗曼尼·康帝园 Romanée-Conti - 拉塔希园 La Tâche - 罗曼尼园 La Romanée	被认为是最适合黑皮诺的村庄，6 个特级园除上面 4 个外还有罗曼尼—圣—维望园（Romanée-Saint-Vivant）和大街园（La Grande Rue）以及众多出色的一级园和村庄级葡萄园。这里的酒既有优雅细腻特质，也足够饱满复杂
弗拉热—依瑟索 Flagey-Echézeaux	为著名的特级葡萄园依瑟索（Echézeaux）和大依瑟索（Grands-Echézeaux）的所在地；非特级园以沃恩—罗曼尼（Vosne-Romanée）或地区名称勃艮第（Bourgogne）的标识出售
夜圣乔治 Nuits-Saint-Georges	陈年能力极强，尤其是在一些多石的土壤上，有 41 个一级园，但是没有特级园

2. 伯恩丘（Côte de Beaune）

伯恩丘位于夜丘南侧，北起拉都瓦村（Ladoix-Serrigny），南至马朗日村（Maranges），与夜丘合称为金丘。这里孕育了世界上顶级的干白葡萄酒和声名远扬的红葡萄酒，与夜丘一样是勃艮第最有名气的葡萄酒产区之一。伯恩丘绵延 20 多千米，坡地较平缓开阔。底层土壤为中侏罗纪时期泥灰质石灰岩，表层土是富含钙质的黏土，底层土和表层土之间是富含铁矿的土壤。与夜丘

相比，其气候更加温和，但也存在冰雹的危害。

【产区名片】

地理方位：金丘区南端产区

气候类型：大陆性气候，不同村庄之间具有广泛的小气候

种植酿造：红白葡萄酒均常使用新橡木桶

主要品种：霞多丽/黑皮诺

纬度坐标：北纬 47°

平均海拔：200~450 米左右

土壤类型：泥灰岩、石灰岩等

依照勃艮第分级，伯恩丘葡萄园也被分为四级，法定名称划分见表 1-6。

表 1-6 伯恩丘法定名称划分

伯恩丘法定名称等级	描述
大区级 Regional Appellation-Bourgogne AOP	来自整个勃艮第地区任何地方的霞多丽与黑皮诺
村庄级 Village AOP	必须为 100% 的葡萄种植在村庄内及周围，有众多村庄级名称，其中著名的有： - 阿罗克斯—科尔登 Aloxe-Corton - 伯恩 Beaune - 波马尔 Pommard - 沃尔奈 Volnay - 默尔索 Meursault - 夏山—蒙哈榭 Chassagne-Montrachet - 普里尼—蒙哈榭 Puligny-Montrachet
一级园 Premier or 1er Cru AOP	100% 的葡萄须来自特定的、单独命名的 Premier Cru 葡萄园；如果标签上没有葡萄园的名字，葡萄酒可以是由该村一级园的葡萄混酿而成；该产区有 100 多个一级葡萄园
特级园 Grand Cru AOP	100% 的葡萄须来自指定的列级葡萄园（Grand Cru）。勃艮第 33 个列级园中有 8 个位于夜丘区

从北到南，伯恩丘主要村庄及特级园（见表 1-7），除了沃尔奈（Volnay）和波马尔（Pommard）只生产红酒，其余红白均有。这里的白葡萄酒复杂精致但昂贵，风味浓郁，新橡木桶中发酵和熟化增加了酒体和烘烤风味，搅桶也会为葡萄酒增加复杂度，有很强的陈年能力。

表 1-7　伯恩丘主要村庄及特级园

著名村庄及部分特级园	葡萄酒风格与特征
阿罗克斯—科尔登 Aloxe-Corton - 科尔登园 Corton - 科尔登·查理曼园 Corton-Charlemagne	科尔登园是伯恩丘唯一的红葡萄酒特级园，科尔登·查理曼园更凉爽，该村一级园和村庄级葡萄园以红葡萄酒为主
佩尔南—韦热莱斯 Pernand-Vergelesses	红白均有，由于葡萄园普遍朝西或者西北，黑皮诺不太容易成熟。最好的葡萄园为韦热莱斯园（Les Vergelesses），朝东向，生产红葡萄酒
萨维尼 Savigny-Les-Beaune	主要为红酒，个性与深度稍逊色，酒体相对较轻
伯恩 Beaune	勃艮第制酒业的中心，酒商的根据地。主要生产红葡萄酒，酒体中等，一般不及波马尔强劲也不及沃尔奈优雅，3/4 的葡萄园为一级园，这里的酒受酒商主导
波马尔 Pommard	黏土比例较高，生产伯恩丘最饱满的红葡萄酒，相比沃尔奈（Volnay）颜色更深，单宁更明显，有许多知名的一级园，有特级园的品质
沃尔奈 Volnay	小村庄，只生产优雅的黑皮诺，有超过一半的葡萄园属于一级园。最好的葡萄酒可以展现出令人惊讶的天鹅绒般质感，极为细腻，酒体略显清淡
默尔索 Meursault	绝大多数为白葡萄酒，没有特级园，但部分一级园质量极佳
普里尼—蒙哈榭 Puligny-Montrachet - 蒙哈榭园 Le Montrachet - 巴塔—蒙哈榭园 Batard-Montrachet	绝大多数为白葡萄酒，4 个特级园，13 个一级园
夏山—蒙哈榭 Chassagne-Montrachet - 蒙哈榭园 Le Montrachet - 克利特—巴塔—蒙哈榭园 Criots-Bâtard-Montrachet	红白均有很多，但白更有名，导致酒农常在不合适的土壤上种霞多丽。适合黑皮诺的石灰岩、泥灰岩土壤靠近南边，风格单宁坚硬，有泥土风味，缺少细腻。霞多丽的土壤含有更多石灰岩，较少的泥灰岩，风格强劲，年轻时没有默尔索讨喜，但有不错的陈年能力
桑特奈 Santenay	主要产红酒，也有少量白酒。土壤中泥灰岩比例较高，红酒风格更加奔放而优雅感稍有不足。栽培一般使用高登剪枝法而不是常见的居由式，这里的一级园往往靠近夏山—蒙哈榭

（三）夏隆内丘（Côte Chalonnaise）

该产区位于伯恩丘的南部，气候逐渐温暖，呈现大陆性气候，冬季相对寒凉，夏季温暖、干燥，葡萄可以更好地成熟。对比金丘，这里降雨略微少些。该产区平均海拔为 250 至 370 米，土壤与金丘类似，为葡萄的生长提供

良好的环境，相对于金丘产区，这里的地势则显得更加平缓、宽阔。红、白葡萄酒都有生产，仍然以黑皮诺与霞多丽葡萄酒为主，有少量阿里高特与佳美葡萄。

【产区名片】

地理方位：伯恩丘南端产区

气候类型：大陆性气候

种植酿造：几乎不使用新的橡木用于酿造白葡萄酒和红葡萄酒

主要品种：霞多丽、阿里高特、黑皮诺

平均海拔：250~370 米左右

土壤类型：黏质石灰岩土壤

夏隆内丘最优质的 AOC 葡萄酒分布在 5 个村庄内，分别是吕利（Rully）、梅克雷（Mercurey）、吉弗里（Givry）、蒙塔尼（Montagny）和布哲宏（Bouzeron）。这些地区的葡萄酒酒质优异，价格适中，性价比高。夏隆内丘主要村庄及葡萄酒风格见表 1-8。

表 1-8 夏隆内丘主要村庄与葡萄酒风格

著名村庄	葡萄酒风格与特征
布哲宏 Bouzeron	只有白葡萄酒，100% 使用阿里高特酿造
吕利 Rully	红白均有，也生产传统起泡酒（Crémant de Bourgogne），酸度较高，酒体轻盈，不适宜陈年。白葡萄酒使用霞多丽酿造，红葡萄酒使用黑皮诺
梅尔居雷 Mercurey	主要品种为霞多丽与黑皮诺，红葡萄酒声望和价格是夏隆内丘最高的，口感比较敦实，也有少量白葡萄酒。这里产量较大，约为其他 3 个村产量之和。有 29 个一级园，产量占到了 20%。黑皮诺葡萄酒颜色较深，酒体比较饱满，单宁和酸度都比较直接，有一定陈年能力，性价比高。这里的采收标准和金丘一样，但其他村子要宽松一些
吉夫里 Givry	主要品种为霞多丽与黑皮诺，属最小的村，红酒较为知名，相对梅尔居雷轻盈易饮，但比吕利饱满一些。白酒只占 1/10，有 1/6 的一级园
蒙塔涅 Montagny	只生产霞多丽白葡萄酒，有 2/3 的一级园，酒体相对饱满，酸度较高，大部分产量来自合作社

（四）马贡（Mâconnais）

该产区位于勃艮第最南段，地势平坦，土壤多为黏土，以冲积土为主。葡萄酒类型较之其他产区丰富多样，红、白、桃红葡萄酒及起泡酒都有出产，是勃艮第地区果香丰富、酒体较为浓郁的霞多丽葡萄酒的主产地。主要村庄级 AOC 葡萄酒有 5 个，分别是普伊—富赛（Pouilly-Fuissé）、普伊—凡列尔（Pouilly-Vinzelles）、普伊—楼榭（Pouilly-Loche）、圣韦朗（Saint-Veran）和维尔—克莱赛（Vire-Clesse）。普伊—富赛是最有名的村庄，有阶梯状的斜坡，风格饱满强劲，酒精度经常达到 14 度左右，多橡木桶熟化，成熟饱满，有着桃子、瓜类香气和新橡木桶带来的咸鲜、坚果风味，风格类似新世界，缺少一点伯恩丘的优雅细腻。这里没有一级园的概念，但是葡萄园的名字能出现在酒标上。

【产区名片】

地理方位：勃艮第产区最南端产区

气候类型：大陆性气候，但比北部的勃艮第地区略温暖和干燥

种植酿造：相对较大的葡萄种植区域，有低洼的丘陵和平坦的农田；更多白葡萄酒酿造，除了普伊—富赛外，很少使用新橡木

主要品种：霞多丽、黑皮诺、佳美

土壤类型：黏质石灰岩土壤

【拓展对比】

2019 年霞多丽采收报告

逃牛岭酒庄坐落于我国著名的葡萄酒仙乡烟台市蓬莱区大辛店镇木兰沟村丘山脚下，这里是蓬莱区政府重点打造的“一带三谷”精品葡萄酒庄集群区。丘山山谷地处蓬莱市中南部，山谷内现有木兰沟、山上宋家、新兴等村庄，村庄历史悠久，民风淳朴，具有浓厚的道家文化氛围。地形以丘山丘陵地貌为主要特色，葡萄园便位于这些高低起伏的山丘之上，光照充足，自然风光优美。丘山山谷生态优美的自然风光、优越的葡萄自然生长条件及浓厚的历史人文底蕴，对于发展葡萄种植、建设精品酒庄、发展葡萄酒休闲旅游具有得天独厚的优势。

2019 年，蓬莱气候整体干旱，降雨量较常年份偏低，温度偏高。逃牛岭酒庄霞多丽的采收时间是 9 月 2 日，葡萄糖分 208 g/L，pH 3.36，总酸 5.9 g/L，苹果酸 1.02 g/L，各项指标显示葡萄成熟度非常高。葡萄采收都是手工，采收时间选在清晨，保持了葡萄的果香和清新感。经过两次葡萄筛选。采收时将质量不高的葡萄筛选出一次，然后运输到酒厂后再进行一次整串筛选。筛选过的整串葡萄直接进入压榨机，在梗的作用下，葡萄汁能顺利流出压榨机，然后通过泵迅速将果汁运到罐子里。在罐子内进行冷澄清后，浊度在 150NTU

左右时进行分离。清汁在 14℃ ~18℃范围内发酵，发酵时间为 14 天。为了增加香气复杂度和增加口感圆润感，又进行了苹果酸乳酸发酵。苹果酸乳酸发酵结束后，在罐内带酒泥陈酿 1 年。

品酒笔记：颜色呈金黄色，香气复杂浓郁，以柑橘类香气为主，混合着坚果、蜂蜜、海盐香气。整体平衡，酸度适中，有比较明显的甜润感，也有蓬莱产区典型的矿物感。

来源：蓬莱逃牛岭酒庄。

对比思考：

法国勃艮第与中国蓬莱产区在风土及人文环境方面有何异同？

【章节训练与检测】

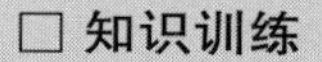

□ 知识训练

1. 绘制勃艮第葡萄酒产区分布示意图，掌握勃艮第子产区名称及地理坐标。
2. 描述勃艮第产区风土环境、栽培酿酒特点、主要品种及葡萄酒风格。
3. 比较波尔多与勃艮第葡萄酒分级制度不同之处。
4. 比较勃艮第子产区风土、主要品种及葡萄酒风格不同点。
5. 试比较分析我国勃艮第品种葡萄酒案例。

□ 能力训练（参考《内容提要与设计思路》）

勃艮第酒标阅读与识别训练

□ 章节小测

【拓展阅读】

勃艮第葡萄酒 & 旅游

勃艮第葡萄酒 & 美食

第四节　卢瓦尔河产区 *Loire Valley*

【章节要点】

- 了解卢瓦尔河产区历史及风土环境
- 识别卢瓦尔河谷的主要子产区地理坐标与名称
- 说出卢瓦尔河主要品种与产区的对应
- 归纳卢瓦尔河主要 AOPs 分布及风格特征

一、地理风土

卢瓦尔河是法国最长的河流，源出临地中海岸的塞文山脉南麓，在南特形成长而宽的河口湾，于布列塔尼半岛南面注入大西洋，全长 1012 千米。河流沿岸形成众多支流，历来为水上运输的大动脉，两岸风景秀丽，经济十分繁荣。该产区紧靠巴黎，被称为“法国的后花园”。历史上早就因其便利的地理位置以及优美的景色吸引了很多皇室贵族来该地修建别墅城堡。风景如画的城堡与村庄倒映在清澈美丽的卢瓦尔河里，景色美不胜收，令人赞叹，每年都能吸引众多旅游爱好者前来度假游玩。卢瓦尔河谷位于法国西部偏北，气候总体温和。该产区葡萄园沿卢瓦尔河呈东西分布，由于葡萄酒子产区横跨地域不同，沿河种植的葡萄也呈现出不同风格，这里也是法国可以酿造多种类型葡萄酒的优秀产区。靠近河流下游的南特和安茹属海洋性气候，冬季温和，夏季炎热且光照充足，温差很小。都兰则受到大陆性气候的影响，属于半海洋性气候，起伏的丘陵阻挡了来自大洋的气流。从都兰至中央地区的边界，气候逐渐变成大陆性气候，海洋的影响越来越弱。另外，卢瓦尔河及

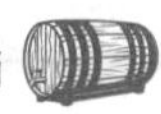

其支流给当地葡萄种植造就了众多微气候，使得这里葡萄酒出现多样性的特点，风格各异。该区的土质也极为复杂多变，既有石灰岩、火石岩和沙质岩，也不乏砾石、火成岩和页岩，多样的地貌条件赋予了当地葡萄酒多样的种类及丰富的口感。

【产区名片】

产区位置：巴黎正南方

气候类型：西部为海洋性气候、中东部为大陆性气候

土壤类型：土壤多样，包括黏质石灰岩、石灰石、硅土和白垩土

气象观测点：南特市（Nantes）

年均降雨量：800 毫米

9 月采摘季降雨量：70 毫米

7 月平均气温：19.2℃

纬度 / 海拔：47.10°N/20 米

二、栽培酿造

卢瓦尔河位于法国靠北部产区，气候较为凉爽，每年不同的天气情况导致了年份酒的差异。为了减少这种差异，树冠管理至关重要，近些年葡萄园管理的改进，很大程度上提升了葡萄的成熟度及品质。因为地形优势，大部分地区都采用高度机械化作业，适合机械采收的培形系统和棚架系统都是常见的形式，如居由式（Guyot）。另外，当地植株密度适中。卢瓦尔河谷气候较为冷凉，当地专注酿造各类白葡萄酒、桃红及起泡，当然也有经典的清爽派早熟的品丽珠红葡萄酒。除此之外，这里还出产白诗南晚收及贵腐酒，二氧化碳浸渍法也有一定使用比例，卢瓦尔河酿造的葡萄酒风格多样。

三、主要品种

卢瓦尔河谷的优质葡萄酒往往由单一品种酿制而成，凉爽的气候造就了精致优雅的葡萄酒风格。主要白葡萄品种有勃艮第香瓜、白诗南与长相思。红葡萄品种中品丽珠在这里表现最为突出，另外一个红葡萄品种果若（Grolleau）往往酿制成大众化的桃红酒，有时候，品丽珠也会做调配品种加入，为果若桃红酒提供更高的品质。

（一）勃艮第香瓜（Melon de Bourgogne）

勃艮第香瓜简称白瓜（Melon Blanc、Muscadet），起源于勃艮第，17 世纪传入卢瓦尔河谷。发芽早，故容易遭受霜冻，但早熟可以避免收获期的降雨风险。比较耐寒、高产，有良好的抗白粉病特性。主要产区为密斯卡岱（Muscadet）及其子产区塞伏尔—马恩—密斯卡岱（Muscadet Sèvre et Maine）。

（二）白诗南（Chenin Blanc）

白诗南是最具有多样性的品种之一，发芽早，成熟晚。在都兰（Touraine）和安茹—索谬尔（Anjou-Saumur）区域生产一些最出色的白葡萄酒，有干型有甜型，有静止酒也有起泡酒，风格的多样性源于采摘时葡萄成熟度的不同。近年来，人们喜欢追求较高的成熟度，即使是干白风格，也常有着较高的酒精度、相对较低的酸度以及较圆润的酒体。白诗南最喜欢石灰岩，其本身的高酸度也让它具备极强的陈年能力。年轻的白诗南的果味可以从新鲜的苹果到热带水果，取决于采摘时的成熟度。此外它也常有着烟熏般的矿物质风味，以及橘子酱般的贵腐风味。随着陈年，白诗南的口感会变得饱满而圆润，产生蜂蜜的味道。白诗南葡萄酒的主要优质产区为莱昂丘（Côteaux-du-Layon）、萨维涅尔（Savennières）、武弗雷（Vouvray）。

（三）长相思（Sauvignon Blanc）

为了避免该品种过多的草本风味，该产区的长相思葡萄酒在酿造时往往采用相对高一点的发酵温度，并且在旧橡木桶中进行发酵。这样酿制出来的长相思风格与新西兰的风格相比，更加内敛与克制。本产区的优秀长相思常常表达出花香、水果、矿物等的复杂维度与精巧细致的口感。

（四）品丽珠（Cabernet Franc）

品丽珠由于开花和成熟的时间较早，能适应凉爽的气候，适合种植在卢瓦尔河产区。品丽珠酿造的酒比较芳香，单宁较轻，酸度偏高，颜色不深，适合轻微冰镇后饮用。卢瓦尔河地区的品丽珠也可以酿制成更加出色且能陈年的风格，单宁结构更加明显并且会使用橡木桶熟化。品丽珠的红葡萄酒常常果香直接，带有些植物性香气，不过精心的葡萄园管理可以让葡萄达到糖分和风味的完全成熟。此外，品丽珠也可以制作桃红葡萄酒。品丽珠葡萄酒的主要优质产区为索米尔—尚皮尼（Saumur-Champigny）、布尔格伊（Bourgueil）、希农（Chinon）。

四、葡萄酒分级

这里没有像勃艮第或波尔多那样成熟的分级体系，不过有少数知名

葡萄园从古至今一直生产出优质的葡萄酒，享有很高声誉，如萨维涅尔（Savennières）的塞朗古勒（Coulée-de-Serrant）以及桑塞尔（Sancerre）地区的蒙多尼斯（Les Monts Damnes）葡萄园。

五、主要产区

卢瓦尔河下分四个产区，分别为南特（Nantais）、安茹（Anjou）、都兰（Touraine）以及中央区（Centre）。

（一）南特（Nantes）

南特在卢瓦尔河产区西部，位于卢瓦尔河入海口，属海洋性气候，冬季短暂温和，夏季温暖，少见春霜，全年降雨均衡。葡萄酒风格清爽明快，通常酸度较高，多出现青苹果、柑橘、柠檬等香气。“Muscadet AC”是南特面积最大的产区，但质量相对平庸，其子产区密斯卡岱—塞维曼尼（Muscadet Sèvre et Maine AC）的出品相对优质一些。酿酒方法上，当地大部分葡萄酒流行使用酒泥接触（Sur Lie）的工艺，让葡萄酒与酵母浸泡接触 4~5 个月，增加酒的结构及复杂的香气，这类葡萄酒除果香外，还携带酵母、饼干等风味。

【产区名片】

地理位置：临近大西洋海岸

气候类型：凉爽湿润的海洋性气候，受大西洋影响大

主要品种：勃艮第香瓜

酿造风格：广泛使用酒泥接触

主要法定名称：Muscadet AOP/Muscadet Sèvre et Maine AOP

土壤类型：页岩和花岗岩之上的砂砾石等

（二）安茹—索米尔（Anjou-Saumur）

安茹—索米尔大区位于卢瓦尔河的中心，西边与“Muscadet”相接而东部到达索米尔小镇附近。这里也是卢瓦尔河产量最大的产区，红、白和桃红葡萄酒的产量各占 1/3，有着火山土、页岩、石灰岩等多样土壤。

1. 安茹（Anjou AC）

安茹面积较大，包含了红、白和桃红各种类型的葡萄酒。白诗南和品丽珠是最重要的两个品种，占到了 1/3。桃红葡萄酒方面，主要有三个法定名称，分别为安茹卡本内（Cabernet d’Anjou）、安茹桃红（Rose d’Anjou）以及大区级卢瓦尔桃红（Rose de Loire）。

2. 索米尔（Saumur AC）

索米尔位于大区的东边，主要出产白诗南干白，酸度偏高，有时会使用橡木桶发酵和熟化，可混合 20% 以内的霞多丽和长相思。另外，这里还以出产白诗南起泡酒而闻名。该地红葡萄酒是品丽珠为主导的，风格轻盈。其中最优质的红葡萄酒来自索米尔—尚皮尼（Saumur-Champigny AC），葡萄种植在石灰岩土壤上，果香新鲜，大多不适宜陈年。

3. 莱昂丘（Côteaux du Layon）

莱昂丘位于卢瓦尔河支流莱昂河的两岸，这里是一个受到山脉保护的河谷，白诗南在此可以生产贵腐（100% 白诗南），酿造半甜或甜酒。最好的葡萄园种植在陡峭的斜坡上，土壤条件多样。主要有 3 个村庄级 AOC 名称，分别是肖姆（Chaume）、夸特肖姆（Quarts de Chaume）和邦尼舒（Bonnezeaux）。

4. 萨维涅尔（Savennières）

萨维涅尔位于卢瓦尔河北岸山坡上，空气流动性好，多南向山坡，没有贵腐菌产生，适合做晚收白诗南（100% 比例），酿造成为干型，具酒体饱满、风味复杂的风格。

【产区名片】

地理位置：南特产区以东

气候类型：相对温和，潮湿，海洋性气候与大陆性气候双重影响（越往东受大陆性气候越明显）

主要品种：白诗南、品丽珠

酿造风格：干型、晚收型、贵腐甜型、起泡酒

主要法定名称：Anjou-VillagesAC/Saumur AOC/Savennières AOC/Côteaux du LayonAOC

土壤类型：北部多石炭纪岩石和片岩，南部和西部的土壤明显更白，富含石灰石

（三）都兰（Touraine）

都兰在卢瓦尔河中部，这里的气候有着海洋和大陆的双重影响，温暖的春季到来得比较早，但夏天则不至于过于干燥和炎热。都兰东部展现出大陆性气候，冬季非常寒冷，而西部则有大西洋的调节。这里的红酒主要由品丽珠、佳美等品种酿造，干白则以长相思或偶尔使用白诗南和霞多丽酿造（霞多丽的比例不得超过 20%）。希农（Chinon AC，卢瓦尔河南岸）与布尔格伊

（BourgueilAC，卢瓦尔河北岸）出名的是品丽珠酿造的红葡萄酒（产区内也有少量白、桃红葡萄酒的生产），柔和轻盈，适合趁年轻饮用，最优质的酒有一定陈年潜力。武弗雷（Vouvray AC）的白葡萄酒风格多样，使用100%白诗南葡萄品种，所酿出的葡萄酒酸度很高，可做静止酒、起泡酒，亦有从干型到甜型的风格。这里的土壤为砂质白垩土，具有良好的排水性。

【产区名片】

地理位置：安茹以东

气候类型：大陆性气候，少量海洋性气候影响

主要品种：白诗南、品丽珠

主要法定名称：Chinon AOP/Bourgueil AOP/Vouvray AOP

土壤类型：凝灰岩（Tuffeau 由上白垩纪生物体的残骸和河流以冲积层形式带入大海的岩石碎片组成）

（四）中部卢瓦尔（Centre-Loire）

这里的气候与勃艮第接近，为凉爽的大陆性气候，最为知名的两个AOC是桑塞尔（Sancerre，卢瓦尔河西岸）和普伊芙美（Pouilly-Fume 卢瓦尔河东岸）。桑塞尔是中部卢瓦尔最大的AOC，被许多人认为出产卢瓦尔河最优质的干白，其产区分布在14个村庄。这些葡萄园大多位于平缓山丘的斜坡上，海拔200~400米，面朝东南或西南。白葡萄酒都是长相思酿造的，往往不经过苹果酸乳酸发酵，故而高酸、清爽。传统上，此产区高品质的葡萄酒会在旧橡木桶中陈酿。除白葡萄酒之外，有大约20%的葡萄酒为桃红或红葡萄酒，使用黑皮诺酿造。普伊—芙美只出产长相思干白葡萄酒，其土壤与桑塞尔相似，但地势相对平缓，故更容易受到霜冻的影响，出产的葡萄酒会比桑塞尔的香气更为内敛。

【产区名片】

地理位置：法国中部

气候类型：大陆性气候

主要品种：长相思、黑皮诺

主要法定名称：Sancerre AOP/Pouilly Fume AOP

土壤类型：燧石（Silex）、石灰石、启莫里阶土（kimmeridgian）、黏土等

【拓展对比】

2021 年品丽珠采收情况报告

2021 年是龙亭酒庄种植葡萄的第 8 个年份，龙亭葡萄园里最先成熟的霞多丽表现出前所未有的高质量，稍晚成熟的品丽珠（0.09 平方千米）和马瑟兰以及迟采小芒森，因为天气原因，质量受到了一定程度的影响。4 月 20 日葡萄树开始萌芽，5 月 27 日葡萄花开。5 月 10 日和 26 日的两次冰雹，使得局部葡萄叶和嫩梢受到轻度损伤。7 月 26 日果穗开始转色，8 月 17 日转色完成。品丽珠的转色比往年提前了 10 天，这得益于前期充足的降雨和充足的光照时间。今年气温处于较低水平，4—11 月有效积温为 2125℃，比常年低 71℃，超过 30℃的天数有 27 天，比 2019 年少 41 天，这样对葡萄的次生代谢和酸度的保持有利。8 月果实成熟阶段，是葡萄转色上糖的关键时期。8 月 1 日至 30 日总降雨量 38.6 毫米，对成熟转色有利，但是 8 月 31 日当日降雨量超过 55.2 毫米，降雨临近采收期，对霞多丽的采收有较大影响。9 月降雨量达到 156.4 毫米，降雨天数超过 12 天，10 月降雨量达到 79.5 毫米，这两个月正值葡萄成熟采收期。8 月 31 日至 10 月 31 日总降雨量超过 291 毫米，比往年同期多 200 毫米，对白葡萄的采收和红葡萄及小芒森的成熟极为不利。2021 年截至 12 月 17 日降雨量达到 878 毫米，比 2020 年的降雨量 726 毫米多了 152 毫米。9 月 2 日进行了霞多丽的采收，小芒森采收在 10 月 15 日完成，品丽珠的采收比往年提前了 12 天。品丽珠第一次采摘时间为 10 月 1 日，第二次采摘时间为 10 月 9 日至 11 日，含糖量 227g/L，酸度 6.2g/L，比去年的品丽珠含糖量平均降低 30g/L，但是颜色深。品丽珠葡萄全部实行冷浸工艺，浸渍发酵时间为 28 天。酒体比去年要柔和一些。

1. 龙亭醉桃春品丽珠桃红葡萄酒

酿造工艺及酒评：经三次树选、穗选，采用成熟度一致的品丽珠为原料，整穗压榨，并进行护色处理，在经 24 小时静置澄清后，启动低温发酵，发酵结束后在酒罐中陈酿 6 个月而成。颜色呈樱花粉色，具有浓郁优雅的紫罗兰、百里香和覆盆子的果香。

2. 龙亭珍藏品丽珠红葡萄酒

酿造工艺及酒评：本品选用蓬莱海岸的品丽珠葡萄为原料，经手工甄选，冷浸发酵，在法国细纹橡木桶中陈酿 12 个月。未经下胶和过滤工艺处理，最大程度地保留葡萄天然成分。该酒散发着优雅馥郁的紫罗兰、草莓和山楂香气，及丝丝奶油、摩卡和皮草气息。酒体紧致丝滑，余味悠长，浑然天成，

极具陈年潜力。

来源：蓬莱龙亭酒庄。

对比思考：

对比卢瓦尔河谷与我国山东半岛产区在风土环境及品丽珠风格上有何不同？

知识链接：

该品种于1892年由山东烟台张裕葡萄酿酒公司首次引入，20世纪80年代后，河北昌黎、山东青岛再次从法国引进，目前在甘肃、山东、宁夏、山西、河北、北京等大部分产区都有种植。品丽珠在山东半岛产区表现出众，品种典型性特征突出，多单一品种酿造，在我国也通常与赤霞珠、蛇龙珠等混酿。目前，宁夏贺东庄园、长和翡翠酒庄、蓬莱龙亭酒庄、青岛九顶庄园等均有单一品种品丽珠出品，质量优异，是我国极具代表性的酿酒品种之一。

【章节训练与检测】

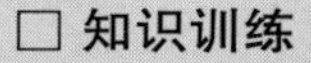

□ 知识训练

1. 绘制卢瓦尔河葡萄酒产区分布示意图，掌握卢瓦尔河子产区名称及地理坐标。

2. 描述卢瓦尔河产区风土环境、栽培酿酒特点、主要品种及葡萄酒风格。

3. 比较法国苏玳与莱昂丘产区贵腐甜酒特征及风格差异。

4. 比较卢瓦尔河子产区风土、主要品种及葡萄酒风格不同点。

5. 比较世界代表性长相思产区葡萄酒风格的异同点。

6. 试比较分析我国品丽珠葡萄酒案例。

□ 能力训练（参考《内容提要与设计思路》）

□ 章节小测

【拓展阅读】

卢瓦尔河葡萄酒 & 旅游

卢瓦尔河葡萄酒 & 美食

第五节　阿尔萨斯产区 *Alsace*

【章节要点】

- 知道阿尔萨斯产区地理位置
- 理解阿尔萨斯历史及风土环境对其葡萄酒风格的影响
- 理解雨影区效应对当地气候及葡萄种植的影响
- 掌握四大法定葡萄品种及酒的风格

一、地理风土

阿尔萨斯位于法国东北部，在孚日山脉（Vosges）和莱茵河之间，素有法国“白葡萄酒之乡”的美誉，白葡萄酒占当地总产量的90%以上。此处地靠德国边境，无论酒瓶类型、食物特点还是酒标标识都能看到很多德式风格的影子。酒瓶使用色彩斑斓的长笛瓶，酒标上基本都会标记出品种名称，易于消费者辨析。该地位于莱茵河的西岸，紧靠德国黑森林边境的孚日山脉。葡萄园位于孚日山脉和莱茵河之间长达140千米的狭长地带，这里为凉爽的大陆性气候，但秋季较长。高耸的孚日山脉挡住了北方来的寒风，保护了葡萄园免受西风影响。受孚日山脉形成的雨影效应的影响，这里秋季日光充足，气候温暖而干燥。这些条件保证了葡萄很好的成熟度，葡萄酒呈现明显的果香丰富、口感浓郁的特点。阿尔萨斯土壤类型丰富，有花岗岩、石灰石、沙质、黏土、火山土及平原冲积土等，为当地葡萄酒类型的多样性创造条件。

【产区名片】

产区位置：法国东北部，南面是洛林

气候类型：纬度高，凉爽的大陆性气候，受孚日山脉影响大，夏季干燥少雨

种植酿造：较干的气候类型，夏季阳光充足（偶尔有干旱），更长的生长季，更熟的葡萄，更高的酒精，浓郁型酒体，很少使用新桶

土壤类型：土壤类型多样，花岗岩、石灰石到黏土等

气象观测点：科尔马市

年均降雨量：590 毫米

9 月采摘季降雨：60 毫米

7 月平均气温：19.1℃

纬度 / 海拔：47.55°N/210 米

二、栽培酿造

阿尔萨斯由于地理纬度较高，气候凉爽。为了让葡萄有更好的成熟度，最好的葡萄园种植在向东延伸的陡峭斜坡上，葡萄园多面东、面南而建。葡萄树型整形较低，以便吸收更多辐射热量，通常人工采摘。部分葡萄园会选择种植在孚日山脉与莱茵河之间的平原上，为了减少春季霜冻对葡萄的影响，葡萄树型较高，这些地方的葡萄酒常用于酿造传统法起泡（Crémant d'Alsace）。另外，有机与生物动力法被广泛应用于这里，种植品种多样。采收期较长，可以酿造多样类型葡萄酒，从干型、晚收、贵腐甜酒以及冰酒均可生产。不锈钢罐发酵是当地普遍使用的酿造方法，大多数葡萄酒属于即饮型，优质葡萄酒可在瓶中长期陈年。

三、主要品种

阿尔萨斯主要酿造单一品种的白葡萄酒，雷司令、琼瑶浆、灰皮诺、麝香是该地四大贵族品种。该产区的葡萄酒以清新精致的花香与果香著称，该产区是世界公认的最佳白葡萄酒产区之一。阿尔萨斯只有四个贵族品种可以做晚收（VT：Vendange Tardive）、贵腐精选（SGN：Selection de Grain Nobles）和特级园（Grand Cru）级别。

雷司令是阿尔萨斯种植面积最广的贵族品种，约占 25%。与德国的轻酒体、半甜型风格不同，阿尔萨斯的雷司令多呈现干型风格，酒体更饱满，拥有较高的酒精度。琼瑶浆占到了 20% 的种植量，充满荔枝、玫瑰及香辛料等香气，表皮粉红。这里的琼瑶浆往往为饱满、柔滑的干型或半干型，酸度偏少，酒精较高。灰皮诺占 12% 左右，最好的灰皮诺结构饱满、风味浓郁，充满新鲜水果和杏脯、烟熏、蜂蜜的味道。麝香葡萄只占 3% 左右，芳香浓郁，酒精度和酸度适中。其他品种还有白皮诺（Pinot Blanc）、西万尼（Sylvaner）和黑皮诺等。

四、葡萄酒分级

阿尔萨斯的葡萄酒分级体系较为简单，静止葡萄酒只有两类 AOC，分别是大区级（Alsace AC）、特级（Grand Cru AOC）。大区级即为“AOC Vin d’Alsace”，这种法定产区的葡萄酒最低含糖量要求是 8.8%，其中雷司令、琼瑶浆、灰皮诺、麝香、西万尼、白皮诺、黑皮诺等只允许单一品种酿造（酒标通常为品种标识法），使用当地传统的笛状型酒瓶装瓶。特级园制度（Grand Cru AOC）于 1975 年开始实施，目前有 51 个葡萄园，占总量的 4%，只允许使用 4 大贵族葡萄。该地还有一种特殊葡萄酒类型，按照葡萄糖分成熟进行命名，它们同样分属大区级及特级园。一类是“Alsace Vendage Tardives AC”，意为晚收，简写为“VT”，一般糖分含量高，部分感染贵腐菌。另一类为“Alsace Selection de Grains Nobles AC”（简称“SGN”），意为阿尔萨斯颗粒精选贵腐葡萄酒，口感更加细腻甜美，是该地有名的贵腐甜酒。除此之外，“Cremant d’Alsace”是该产区起泡酒的法定产区名称，其起泡酒使用与香槟一样的传统法酿造而成，占总量的 23%，通常使用多个当地品种混酿。

五、主要产区

阿尔萨斯地区可分为两部分，勒登（Rodern）以北为下莱茵（Bas-Rhin），勒登以南沿孚日山南为上莱茵（Haut-Rhin）。上莱茵地区的平均海拔高于下莱茵地区，且聚集着阿尔萨斯产区最多的顶级葡萄园。阿尔萨斯比较出色的葡萄园有：索恩堡（Schoenenbourg），这里主要以雷司令为主；朗让（Rangen），当地主要为火山土壤，葡萄酒更具力量与活力；汉斯特（Hengst），土壤富含铁元素，使得这里雷司令葡萄酒中酚类物质含量更高，黑皮诺富含更多的色泽和单宁，这里最出彩的葡萄品种为琼瑶浆；盖斯堡（Geisberg），阳光充沛，多风的微气候使得葡萄酒既能完美成熟，又能拥有

清新的酸度和精致的结构感；城堡山（Schlossberg），这里从15世纪开始就名声在外，当地土壤多以花岗岩、片麻岩和石英组成，有非常好的保温效果，能帮助葡萄顺利成熟。雷司令是城堡山最闪耀的一颗明珠，风格优雅，有特别的辛辣风味和多层次的花香。

【拓展对比】

2021年琼瑶浆采收报告

怀来紫晶庄园于2009年引入琼瑶浆葡萄的种植，种植面积约40亩[①]。2021年琼瑶浆于9月26日采摘，采摘指标糖224克，酸5.7克。酸不高，考虑果香与口感等因素，决定留20克残糖，做成半甜型。2021年新酒酒体柠檬黄色，果香以荔枝、葡萄柚等香气为主，并伴有轻盈的玫瑰花香，入口圆润饱满，甜美的口感、水果的芬芳及酸度三者达到不错的平衡，后味甜美怡人。

来源：怀来紫晶庄园。

对比思考：

法国阿尔萨斯与中国怀来风土条件及葡萄酒风格存在怎样的差异?

知识链接：

我国于1892年将琼瑶浆从欧洲引入山东烟台，1980年前后又多次从法国引入山东、河北等地。目前在我国山东、河北、甘肃一带有少量种植。1980年引进入河北怀来，用于单一品种酿酒，所酿葡萄酒呈浅黄色，丰富的荔枝、芒果的香气，略带麝香气息，酒体饱满，口感圆润，酸度略低。目前在当地主要引入酒庄及栽培面积为：紫晶庄园40亩，红叶庄园15亩，桑干酒庄40亩，中法庄园30亩。

来源：怀来葡萄酒局。

【章节训练与检测】

□ 知识训练

1. 描述阿尔萨斯产区风土环境、栽培酿酒特点、主要品种及葡萄酒风格。

2. 比较法国阿尔萨斯与意大利北部灰皮诺两地产区风土环境及葡萄酒风格差异。

3. 思考阿尔萨斯饮食文化独特性与地域文化的关系。

① 1亩≈666.7平方米。

4. 试比较分析我国琼瑶浆葡萄酒案例。

□ 能力训练（参考《内容提要与设计思路》）

□ 章节小测

【拓展阅读】

阿尔萨斯葡萄酒 & 旅游

阿尔萨斯葡萄酒 & 美食

第六节　罗讷河谷产区 *Rhône*

【章节要点】

- 说出南北罗讷河谷主要的红白葡萄品种
- 理解南北罗讷河从气候风土的不同点及密斯托拉风对当地的影响
- 识别罗讷河谷主要子产区名称及地理坐标
- 归纳罗讷河谷主要单一村庄级 AOPs 分布及酿酒风格

一、地理风土

罗讷河是法国第二大河流，全长 812 千米，在法国境内长度为 500 千米。

罗讷河源于瑞士中南的阿尔卑斯山，流入法国东部，于索恩河汇流，在阿尔勒形成大罗讷河与小罗讷河两支，形成三角洲，并继续向南流入地中海。罗讷河谷产区位于法国的东南方向，地处北纬 45° 上。这里四季如春，终日阳光明媚，充足的日照使该地生产出了浓郁、饱满、厚重的葡萄酒。罗讷河谷两岸由于阿尔卑斯山地形影响，葡萄酒产区出现高低不平的阶梯式山坡地，陡峭的山头、高地上、断崖边还遗留着旧时代的城堡废墟与名胜古迹，葡萄园便分布在河两岸山坡上。

罗讷河谷南北狭长绵延约 200 千米，分为南、北两大葡萄酒产区。北罗讷河与勃艮第产区接壤，紧连着罗讷河两岸的狭窄山坡地，属于阶梯型坡地，多为花岗岩石层，土质层相对单薄而且脆弱。北罗讷河属大陆性气候，气候干燥，有冷风，葡萄园需在向阳坡才能完全成熟，产量较低。南罗讷河谷，地中海气候，阳光充足，气温明显比北部高，土壤多为鹅卵石、石灰石。鹅卵石在白天吸收了阳光温度，在夜间释放热能，让葡萄园土壤随时保持温热，催化酿酒葡萄的成熟。罗讷河谷当地有一种密斯托拉风（Mistral），很好地调节了当地气候。由于热那亚湾（Gulf of Genoa）处于低压，处于高压区的冷空气从北朝着地中海的方向俯冲下来，形成密斯托拉风，它起源于瑞士，途经教皇新堡和南罗讷河谷，对这里的气候产生很大的影响。密斯托拉风在春冬季节盛行，虽对庄稼有一定破坏作用，但可以有效保持雨后通风，加速空气流动，防止真菌类病害发生，是该地重要风土组成部分。

【产区名片】

产区位置：里昂以南，延伸至地中海

气候类型：上游大陆性与高原山地气候，中下游地中海式气候

主要品种：西拉、歌海娜、佳丽酿、维欧尼、玛珊等

主要土壤：北部以花岗岩为主，南部以石灰石、鹅卵石土壤为主

种植威胁：北罗讷河雨水多，易受真菌感染；南罗讷河降雨少，干旱

气象观测点：亚维农（Avignon）

年均降雨量：610 毫米

9 月采摘季降雨量：65 毫米

纬度与海拔：北纬 45°/50 米

二、栽培酿造

北罗讷河谷相当狭窄与陡峭，葡萄树便分布在这些陡峭的山坡上。受强

烈的密斯托拉风的影响，葡萄树很容易被折断。当地人常在葡萄树周围搭建一根或多根立柱，这样可以给葡萄藤加固与支撑。另外，大雨冲刷后，土壤极易流失，人们需要将土壤搬运回陡峭的葡萄园，这些为北罗讷河葡萄栽培增加了很高的成本。北罗讷河葡萄酒大多采单一葡萄品种酿制，西拉与维欧尼是当地明星品种。西拉葡萄坚韧有力，非常适合在这里生长，用它酿造的葡萄酒多呈现单宁厚实、中高酸度、色泽浓重、浆果及香辛料风味十足的特点，具备中长陈年潜质。南罗讷河自然环境与北罗讷河迥异，南罗讷河葡萄园开始向河床两岸延伸，地形开阔，葡萄园地势较为平坦，土壤类型多样，属于阳光照耀的地中海型气候，是法国最丰饶的地区之一。由于受密斯托拉风的影响，葡萄树多使用高杯式、VSP 垂直枝条定位来保护葡萄树不受北风摧残。南罗讷河以混酿造为主，多以歌海娜、西拉、慕合怀特为主，可酿造出丰满圆润、甜熟浆果浓郁气息的葡萄酒，葡萄酒风格普遍丰腴强劲，陈年潜质佳。南北罗讷河谷风土环境及葡萄酒风格见表 1-9。

表 1-9　南北罗讷河谷风土环境及葡萄酒风格

区分	北罗讷河谷	南罗讷河谷
地理方位	沿罗讷河谷狭长地带分布，自里昂南 24 千米处往南延伸 80 千米，北至维恩镇（Vienne），南接瓦朗斯（Valence）	北罗讷河谷以南 48 千米处，地形开阔
气候类型	大陆性气候，罗讷河调节了该地葡萄园气候，密斯托拉风是一种显著的气流，使气候变得干燥，有助于预防霉菌	地中海式气候；密斯托拉风降低该地温度；昼夜温度差一定程度上缓和炎热气温；罗讷河对河谷附近的葡萄园起到调节作用
种植特点	葡萄种植在陡峭的斜坡上，俯瞰大河。葡萄藤被绑在立柱上，以免受密斯托拉风侵袭	灌木式培形（高杯式），许多葡萄园种植在平坦的谷底上
酿造特点	单品或少数几个品种混酿；红白葡萄均在橡木桶内陈年。不锈钢罐中发酵，后在新旧橡木桶（交替使用）中陈酿；偶尔使用小比例白葡萄与西拉调配，增加芳香，减少单宁质感	大部分混酿，很少单一品种酿造；普遍使用橡木桶陈年（大桶）
地形朝向	陡峭的山坡	平坦的平原、灌木丛、宽阔的低地
土壤条件	花冈岩、片岩	冲积沉积物、河谷岩石
主要品种	维欧尼、玛珊、瑚珊、西拉	瑚珊、白歌海娜、歌海娜、西拉、慕合怀特

续表

区分	北罗讷河谷	南罗讷河谷
气象观测点	瓦朗斯市（Valence） 纬度海拔：44.55° N/160 米 7 月平均气温：22.5℃ 年平均降雨：840 毫米 9 月采摘季降雨：130 毫米 种植威胁：开花期气候差、真菌	亚维农（Avignon） 纬度海拔：44° N/50 米 7 月平均气温：23.3℃ 年平均降雨：610 毫米 9 月采摘季降雨：65 毫米 种植威胁：干旱

三、主要品种

该产区在葡萄品种使用上种类繁多，以红葡萄酒酿造为主。北罗讷河多单一品种或以西拉与维欧尼等品种进行混酿，南罗讷河品种较为多样。

（一）西拉（Syrah）

西拉是北罗讷河唯一允许种植的红葡萄品种，也是西拉能够成熟的最北端。最好的葡萄园总是位于朝南的斜坡上，酿出的葡萄酒有着红黑色浆果和黑胡椒、花香的气息。传统上西拉会与白葡萄混酿发酵，没有太明显的新桶风味，如今则仅在罗帝丘（Côte Rotie）被普遍采用。调配使用的维欧尼其果皮里的单宁用以稳定混酿酒里的颜色和单宁，同时增加香气和饱满度。由于该地区炎热的气候及地质条件，这里的西拉色泽浓郁，质感强劲，构架健壮。

（二）维欧尼（Viognier）

维欧尼一般颜色较金黄，中低酸且酒精度偏高，喜欢相对温暖的气候，所酿葡萄酒会有大量杏子、桃子、香料和花香的风味，口感饱满。新橡木桶的使用越来越普遍，能带来坚果、烘烤的香气，但也要避免用桶过重而盖过果香。此外，还有一小部分生产商用晚收的葡萄酿造近乎干型风格的酒。

其他品种还有玛珊（Marsanne）和瑚珊（Roussanne），在当地也被用来酿造白葡萄酒，且常常调配在一起。玛珊能提供饱满度，瑚珊则提供酸度和丰富的果香。虽然没有维欧尼所酿酒款风味丰富，但也有较长的陈年潜力，并发展复杂的蜂蜜、杏仁等香气。玛珊的种植面积更广，因为相对容易栽培且产量也高，喜欢温暖石质的土壤；而瑚珊则很容易霉腐和受到风的破坏，种植面积在减少。

南罗讷河葡萄酒很少使用单一品种酿造（教皇新堡产区允许 100% 歌海娜酿造葡萄酒，但其他法定产区大多不允许单一品种），最多可超过 10 个品种的葡萄酒进行调配。

（三）歌海娜（Grenache）

歌海娜是南罗讷河谷种植面积最广的品种，耐旱防风，需要足够的热量才能成熟，适合灌木式培形。在适宜的环境下，优质的歌海娜能有浓郁的红色果香和香料风味。歌海娜酸度较低，口感饱满，能酿造出色的红葡萄酒和桃红葡萄酒。

（四）西拉和慕合怀特（Syrah & Mourvédre）

在南罗讷河谷，西拉和慕合怀特主要是作为辅助歌海娜存在的。西拉提供颜色和单宁，但南部比较温暖的环境让它更喜欢一些相对凉爽（比如高海拔）的葡萄园。慕合怀特则喜欢温暖的环境，南罗讷河是其能成熟的最北限。慕合怀特产量较大，适合贫瘠的土壤，由于难以嫁接，根瘤蚜爆发后其种植量骤减，目前仅占 3% 种植面积。

（五）其他品种

神索（Cinsault）耐旱高产，在混酿中也扮演了辅助的角色，单宁、颜色和酸度都不突出，但年轻时有突出的果香。佳丽酿（Carignan）也十分晚熟，因为虽高产却质量往往不高，因而被大量拔除。只有控制产量才有可能保证质量，优质的佳丽酿口感饱满强劲，在南罗讷河最南边的产区相对种植较多。南罗讷河的白葡萄品种种植面积很小。除了北罗讷河的维欧尼（Viognier）、玛珊（Marsanne）和瑚珊（Roussanne）之外，还有克莱雷（Clairette）、白歌海娜（Grenache Blanc）和布布兰克（Bourboulenc）等白葡萄品种，它们大多酒体饱满，酸度较低，口感圆润。

四、葡萄酒分级

罗讷河产区分级主要有三类，分别为罗讷河谷大区级（Côtes-du-Rhône）、罗讷河谷村庄级（Côtes-du-Rhône Villages）及特级产区（Cru，Single Village AOCs）。罗讷河谷大区级法定名称正式确立于 1937 年，是产区分级中的基础级别，产量占到整个罗讷河谷一半以上。罗讷河谷大区的葡萄园沿蜿蜒的罗讷河分布于平缓的河岸之上。罗讷河谷村庄级法定名称确立于 1966 年，这一等级的设立是为了突显罗讷河谷一些村庄葡萄酒的优异品质和独特性，酿造葡萄酒的相关规定（酒精度、品种比例、最高亩产量等）比大区级更加严格。罗讷河谷村庄级的葡萄园位于罗讷河谷葡萄园南部的冲积台地、平原以及各个丘陵的坡地上，分布在德龙（Drome）、沃克吕兹（Vaucluse）、加尔（Gard）和阿尔岱雪（Ardeche）4 省的 95 个村庄。在这一级别里还有一种明确村名的法定产区，即“Cotes de Rhone Villages+（村名）”，该名称为罗讷河

谷产区的独立村庄 AOC 名称，目前共有 17 个法定命名罗讷河谷村庄区。罗讷河谷特级法定名称占据了金字塔的顶端，这一级别包含 17 个特级产区，它们出产的葡萄酒品质优异，被认为是罗讷河谷葡萄园顶级佳酿的代表。罗讷河谷 AOC 分级体系见图 1-9。

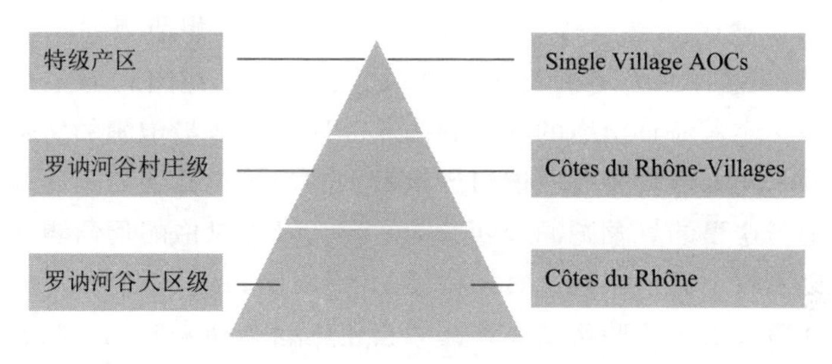

图 1-9 罗讷河谷 AOC 分级体系

五、主要产区

罗讷河谷葡萄园沿狭长的河谷自南至北呈条状分布，其产区也分为截然不同的两个部分。北罗讷河，河谷陡峭，形如梯田，享誉世界的罗蒂丘、格里叶酒庄（Château Grillet）便位于此。南罗讷河，典型地中海式气候，温度比北罗讷河高，日照充分，葡萄园多为鹅卵石土壤，吸收光照能力极强。著名的产区有教皇新堡（Châteauneuf-du-Pape AC）、吉恭达斯（Gigondas）、利哈克（Lirac）以及以桃红葡萄酒著称的塔维勒（Tavel）。这里的葡萄酒通常由数个品种混酿而成，酿造的葡萄酒具有丰富的果香，酒体饱满，色泽浓郁，几乎是法国境内酒精度最高的产区。罗讷河谷产区葡萄酒产量很大，是法国仅次于波尔多的第二大法定葡萄酒产区。罗讷河谷主要单一村庄级法定产区（Single Village AOCs，Cru）介绍如下：

（一）罗帝丘（Côte Rôtie）

罗帝丘的葡萄藤沿河种植在险峻的梯田上，山坡可以挡住一部分密斯托拉风（Mistral）。罗帝丘只出产红葡萄酒，主要品种为西拉，虽然法律上允许添加最多 20% 的维欧尼葡萄一起进行发酵，但如今这种做法不常见。

（二）孔得里约（Condrieu）

孔得里约用维欧尼酿造白葡萄酒。最优质的酒出自低产的老藤，且往往种植在陡峭朝南而阳光充足的梯田上，土壤以花岗岩为主。这个产区的葡萄酒产量很小，成本很高。葡萄酒绝大多数为干型，酿造方法不一，乳酸发酵、橡木桶的使用不同酒庄都各有不同。格里叶酒庄（Château-Grillet）坐落于孔得里约产区内，仅 4 公顷，被单独授予法定产区地位，是法国少见的单一酒庄法定产区。

（三）埃米塔日与克罗兹·埃米塔日（Hermitage&Croze-Hermitage）

埃米塔日被认为是出产世界上最优质的红、白葡萄酒的产区之一，有着相当悠长的酿造顶级葡萄酒的历史，土壤总体以花岗岩为主，也有石灰岩、黏土等。埃米塔日出产的葡萄酒是北罗讷河酒体最饱满的，陈年能力极强。克罗兹·埃米塔日是北罗讷河产量最大的产区，其葡萄园环绕着整个埃米塔日周围。这里的红葡萄酒以西拉为主导。轻柔风格的葡萄酒往往产量较大、机械化采收、价格实惠；有结构感的酒往往来自人工照料更充分、排水性好的北部斜坡上，一些价格高昂的酒会使用橡木桶来熟化。北罗讷河谷其他知名的村庄级产区还有圣约瑟夫（Saint-Joseph）、科纳（Cornas）、圣佩雷（Saint-Peray）。

（四）教皇新堡（Châteauneuf-du-Pape）

教皇新堡是南罗讷河谷地区目前最大的特级产区，也是法国葡萄酒历史上第一个 AOC 产区。这里日照充足，干燥多风，葡萄园较为平坦，但也有一些朝向的变化，刚好适合因地制宜种植西拉和慕合怀特。本产区的葡萄酒往往以歌海娜为主，可以调配西拉、慕合怀特、神索等其他品种，酿出的酒酒体饱满，有着浓郁的红色浆果和香料风味，酒精度也很高。传统上的酿造往往不除梗且采用高温发酵，使用压皮、淋皮等手段，因此可能单宁会很高。教皇新堡也出产少量的白葡萄酒，其质量在日益提升，特别是瑚珊可以酿造一些高质量的教皇新堡干白。教皇新堡产区法律规定没有桃红葡萄酒。

（五）塔维勒（Tavel）

塔维勒是著名的桃红葡萄酒产区。这里的桃红主要使用歌海娜和神索酿造，干型且酒体饱满，风味浓郁，塔维勒仅允许生产桃红。南罗讷河谷其他知名的村庄级产区还有吉恭达斯（Gigondas）、瓦给拉斯（Vacqueyras）、利哈克（Lirac）等。

另外，在南罗讷河谷的博姆—德沃尼斯（Beaumes de Venise）和拉斯多（Rasteau）这两个特级产区中，还各有一个独立的自然甜葡萄酒法定产区（Vin Doux Naturel），即博姆—德沃尼斯麝香葡萄酒（Muscat de Beaumes-de-Venise）和拉斯多自然甜葡萄酒（Vin Doux Naturel Rasteau）产区，前者致力于酿造小粒白麝香自然甜白葡萄酒，后者主要生产加强型红葡萄酒为主。

南北罗讷河主要的子产区主要品种见表 1-10。

表 1-10　南北罗讷河主要子产区主要品种

区分	子产区	葡萄种植及酿造情况
北罗讷河谷	罗帝丘 Côte-Rotie	只有红葡萄酒，西拉与最多 20% 维欧尼混酿
	孔得里约 Condrieu	只有白葡萄酒，100% 维欧尼酿造
	圣约瑟夫 Saint-Joseph	红葡萄酒：西拉与最多 10% 瑚珊、玛珊混酿 白葡萄酒：瑚珊、玛珊
	克罗兹·埃米塔日 Crozes-Hermitage	红葡萄酒：西拉与最多 15% 的瑚珊、玛珊混酿 白葡萄酒：瑚珊、玛珊
	埃米塔日 Hermitage	红葡萄酒：西拉与最多 15% 的瑚珊、玛珊混酿 白葡萄酒：瑚珊、玛珊
	科纳 Cornas	只有红葡萄酒，100% 西拉
南罗讷河谷	教皇新堡 Châteauneuf-du-Pape	白葡萄酒：当地白葡萄混酿 红葡萄酒：以歌海娜为主体，允许多品种调配酿造
	吉贡达 Gigondas	以歌海娜为基酒的调配
	瓦给拉斯 Vacqueyras	白葡萄酒：当地白葡萄混酿 红葡萄酒：以歌海娜为主体
	塔维勒 Tavel	只有桃红，以歌海娜为主体

【拓展对比】

精选西拉维欧尼

新疆天塞酒庄所处的焉耆盆地三面环山一面临湖，平均海拔 1147 米，年均降水量 100 毫米，年蒸发量达到 1800 毫米，无霜期达到 186 天以上，日照超过 3000 小时，丰富的光热资源使得出产的葡萄果实成熟度高、风味浓郁，干热的气候有效抑制了病虫害的发生。天塞酒庄于 2011 年引入西拉、维欧尼，目前种植面积为西拉 251 亩，维欧尼 3 亩。焉耆盆地产区天塞葡萄园选用葡萄成熟度好、葡萄品质高的地块，人工采摘，两次分选，除梗破碎，冷浸渍，控温酒精发酵 14 天，苹果酸乳酸发酵，陈酿。将当年原酒分级中品种典型性强的原酒置于零下 5℃环境中储放 30 天，采用硅藻土过滤，NTU 小于 1 合格，自然升温或换热管升温到 15℃以上，经过 0.45 微米、0.65 微米膜两次过滤，装瓶贴标，6 个月后投入市场。

精选西拉维欧尼：经典红白混酿，100% 橡木桶陈酿 18 个月。

品酒记录：有成熟的李子、蓝莓、车厘子浓郁的果香，伴随有一丝花香，有香料、奶油、香草及咖啡的味道，有复杂度，平衡度不错，口感柔顺，单宁细腻。

来源：新疆天塞酒庄。

案例思考：

新疆焉耆盆地与罗讷河谷产区风土环境及葡萄酒风格有何不同？

知识链接：

西拉作为晚熟品种，在我国很多产区都有较好的适应性，山东半岛、河北怀来、宁夏、新疆等地很多精品酒庄都出产了西拉单品或混酿酒，西拉的栽培面积正在逐年扩大。新疆焉耆盆地产区由于独特的气候条件，尤其适应罗讷河谷品种的发展，在当地已积累了相对成熟的栽培与酿酒经验，为当地葡萄酒产业的品种培育起到示范作用，对当地葡萄酒产业发展有促进作用。

【章节训练与检测】

□ **知识训练**

1. 绘制罗讷河谷葡萄酒产区分布示意图，掌握产区名称及地理坐标。
2. 描述北罗讷河产区风土环境、栽培酿酒特点、主要品种及葡萄酒风格。
3. 描述南罗讷河产区风土环境、栽培酿酒特点、主要品种及葡萄酒风格。
4. 比较南北罗讷河产区风土环境及葡萄酒风格差异。
5. 比较罗帝丘与澳大利亚巴罗萨谷西拉风格不同之处。
6. 试比较分析我国罗讷河谷品种葡萄酒案例。

□ **能力训练**（参考《内容提要与设计思路》）

□ **章节小测**

【拓展阅读】

罗讷河谷葡萄酒 & 旅游

罗讷河谷葡萄酒 & 美食

第七节　香槟产区 *Champagne*

【章节要点】

- 了解香槟产区历史及风土环境
- 说出香槟酿造的主要红白葡萄品种
- 归纳香槟区主要子产区名称及风格

一、地理风土

香槟产区位于法国巴黎东北部约 200 千米处，是法国境内最北的葡萄园，寒冷的气候及较短的生长季使得葡萄生长略显缓慢。葡萄酸度极高，香气及酒体极其优雅，口感细致。土壤成分以石灰质为主（包括白垩土、泥灰岩和石灰岩等）的碱性土壤，排水性好，赋予了香槟独特的矿物质风味。

【产区名片】

产区位置：位于法国大东部大区，巴黎东北部与比利时接壤

种植酿造：世界较北端的葡萄园之一，面临雨水、春霜与冰雹的影响；典型的混酿，标示 Champagne 的葡萄酒均为使用当地传统法酿造的起泡酒

气候类型：寒冷的陆性气候，有春霜及真菌威胁

土壤类型：石灰石与白垩土为主

主要品种：霞多丽、黑皮诺、皮诺莫尼耶

气象观测点：兰斯（Reims）

年均降雨量：630 毫米

9 月采摘季降雨：45 毫米
纬度 / 海拔：49.19°N/90 米
7 月平均气温：18.9℃

二、栽培酿造

香槟产区位于法国葡萄种植地带的最北段，“冷”是这里的主要特征。葡萄只有种植在优越的地带才能获得最佳成熟度，优秀的葡萄园多来自向阳的山坡，这可以为葡萄带来足够的光照。土壤是香槟产区个性来源的重要奠基石，香槟三大重要的子产区均有白垩泥灰岩土壤，并辅以黏土、沙土、砂岩、褐煤和泥灰土等多种类型的土壤，为当地塑造了独一无二的风土个性。

香槟的酿造历来是传统法起泡酒的坚守阵地，手工采收葡萄、整串压榨、手工转瓶除渣、瓶内酵母自溶及瓶内陈年等。虽然一直坚持传统习惯，但也有更多的酒庄采用现代工艺，科技的结合让香槟的酿造变得效率更高，现代与传统结合是当前香槟酿造的普遍形态。香槟使用传统法（Traditional Method）酿制而成，酿造过程如下。

（一）葡萄采摘（Harvest）

酿造香槟的葡萄一般采收时间较早，原料的含糖量不能过高，一般为161.5~187g/L，即潜在的酒精为9.5%~11%vol，含酸量应相对较高，因此尝起来有明显的酸度，它构成了葡萄酒清爽感的主要风味来源。香槟产区要求整串采摘，为了避免释放出红葡萄的颜色，通常采用整串压榨（使用气囊式压榨机或当地传统的垂直大面积压榨机），快速榨取果汁，避免氧化。其中自流汁在酒标上标示为“Cuvée”，这一标志成为优质香槟的代名词。

（二）一次发酵（First Fermentation）

不同品种分别进行发酵，一般使用不锈钢发酵罐进行低温发酵（12℃~15℃），发酵时间通常为30~50天不等，基酒发酵酒精度在7%~9%vol。初次发酵的这些液体被称为“基酒”，这些基酒为静止、不含气泡的干型葡萄酒。随后其中一部分用来酿造新酒，一部分会进入储藏阶段，储藏时间可长可短，根据葡萄酒发展状态及酒庄情况而定。陈年期间，葡萄酒的口感和香气都在不断完善，酒体更加协调。

（三）调配（Blending）

香槟区历来善于混酿，这是一种确保每年能获得稳定的香槟质量与数量的有效方法。调配是指把来自不同年份、不同品种、不同葡萄园的基酒按照想要的风格进行混合的过程。调配后的葡萄酒加入酵母与糖分（Liqueur de

triage，一种由酒、糖、酵母菌等组合而成的混合物，加入时间通常在第二年春天），然后逐一装入标准的香槟酒瓶，大部分用皇冠盖封瓶，手工除渣的会使用软木塞封瓶。

（四）二次发酵（Second Fermentation）

装入酒瓶内的葡萄酒在糖与酵母的化学反应下生成气泡，这些酒瓶将被整齐地码放在地下酒窖里（酒窖通常保持在10℃~12℃的恒温），发酵时间一般8~12周不等。根据葡萄酒酒精含量不同，通常会生成5~6个气压值（每升酒中加入4g糖约产生1个标准大气压，香槟区的加糖量一般为24g/L，因此为5~6个标准气压值）。同时糖分被转化成了更多酒精，新陈代谢后的酒瓶内会产生白色死酵母残渣。

（五）酵母自溶与陈年（Maturation）

酵母在发酵结束后在瓶中衰老，变为死酵母沉淀，通常被称为“酒脚”。这些酒脚不会很快被去除，而是与葡萄酒一起进行陈年。酵母自我分解过程中，可以为葡萄酒增添复杂风味，这是香槟里常出现的烤面包、奶油、饼干等香气的重要来源，葡萄酒风味更加浓郁。根据香槟产区陈年时间的规定，无年份香槟至少陈酿15个月，年份香槟则要求至少36个月。有些香槟酵母自溶的时间非常长，可长达10年之久，这类香槟极具特色。

（六）转瓶（Ridding/Remuage）

为达到陈年效果，需要将酒瓶由横放慢慢转到倒置状态，以除掉酒内沉淀。最原始的方法为人工转瓶（传统上每日旋转1/8圈），大概需要8~12周。如果使用机器转瓶则一般在3~5天内完成，这种机器被称为转瓶机（Gyropalette）。通常一个机器可以一次盛放500瓶葡萄酒，效率高，当然仍有不少酒庄坚持使用人工转瓶。

（七）除渣（Disgorgement）

目前，除渣方式分为两种，一种为手工除渣，一种为冷冻除渣。手工除渣已非常少见，仅在一些传统酒庄和特殊情况下使用（1.5L大瓶装或品鉴需要等）。冷冻除渣较为通用，安全便捷。首先，把酒瓶倒放垂直后，酒渣沉淀物会汇集到瓶颈处，将瓶颈部分（约4厘米）浸入−20℃~−30℃冷却液（冰盐水或氯化钙溶液）中，酒渣会短时间内被冷冻固化（几分钟内），然后将酒瓶翻转到垂直状态，瓶中压力将冻结的沉淀物喷出，完成除渣过程。

（八）补液与封瓶（Dosage and Corking）

除渣过程中，由于部分酒液也会随同喷出，最后需要使用葡萄酒与糖分的混合液（Liqueur d’expedition）填补酒瓶，这个过程被称为“补液”。根据补充液体的糖分含量，决定该款香槟的类型（从干型、半干、半甜到甜型）。

最后使用起泡酒专用的蘑菇塞封口，并用铁丝圈固定。

（九）瓶内陈年（Maturation）

大部分香槟在封瓶后不会直接发售，而是在瓶中继续陈年，其时间从几个月到几年不等，主要目的是让混合液与香槟更好地融合。另外，香槟在瓶中慢慢陈年过程中，香气也会继续发展，新鲜的水果香会转化为干果、果酱的气息，继续发展，会出现坚果、香料、烘烤、黄油等香气。距离除渣时间越长，风味越陈化，相反，会越新鲜。因此如何判断香槟风味，查看除渣时间是一个不错的途径。

三、主要品种

香槟产区以出产顶尖起泡酒而著称，香槟一般使用霞多丽、黑皮诺及莫尼耶混酿而成，各个小产区因其地块、葡萄酒陈年、调配及使用品种等不同，香槟风格迥异。霞多丽，主要种植在白丘（Côte des Blancs），种植面积约占30%，发芽早，成熟早，养护容易。酿制成的酒，酒体轻盈，高酸，有花香和柑橘类水果风味。黑皮诺，主要种植在兰斯山脉（Montagne de Reims）和巴尔山坡（Côte des Bar），种植面积约占38%，发芽早，易受春霜影响。酿制成的酒，酒体稍饱满，在调配中提供结构感和红色水果的特征。莫尼耶，主要种植在马恩河谷（Vallée de la Marne），产量约占32%，发芽晚，果粒较硬，所以能应对这里春季频繁的霜冻，它有着易饮的果香，熟化速度快，适合做那些趁年轻饮用的酒。该地还有一些其他的白葡萄品种——阿尔班（Arbanne）、小美夜（Petit Meslier）、白皮诺和灰皮诺，种植面积很小，不到葡萄种植总面积的0.3%。

四、葡萄酒分级

香槟产区分级与勃艮第一样，是建立在葡萄园基础之上的，主要决定因素有土壤、葡萄园坡度、坐向等。该地葡萄园根据历史沿革，按照不同的风土条件，分为三个级别——无级别园、一级园（Premier Cru）和特级园（Grand Cru）。目前香槟区有17个村庄可使用特级园（Grand Cru）命名，有43个村庄可以使用一级葡萄园（Premier Cru）命名，其余只使用“Champagne”作标示，并由香槟行业委员会（CIVC）严格管理控制。

五、主要产区

香槟产区主要有五个重要的子产区。香槟区的中心长期以来一直位于兰斯和埃佩尔奈（Epernay）这两个主要城市的周围，分别位于兰斯山脉、白丘和马恩山谷。近些年，另外两个区域——塞萨纳丘、巴尔丘越来越受到关注，五个区域都有自己独特的个性。

（一）兰斯山脉产区（Montagne de Reims）

该产区主要品种为黑皮诺，黑皮诺比霞多丽更适应当地的风土，其酒风格强劲，酒体更加饱满，东向及东南向葡萄园出产最优质的黑皮诺。

（二）马恩河谷产区（Vallee de la Marne）

该产区以白垩土为主，主要以莫尼耶为主，黑皮诺也占据重要的地位。

（三）白丘产区（Côte de Blancs）

该地字面意思为“白色的丘陵”，这里葡萄品种大多为霞多丽，黑皮诺很难在这里成熟，因此是白中白香槟的重要产区。这里的霞多丽风味精致微妙，风格绝佳。该产区最好的葡萄园以石灰质土壤为主，面朝东向葡萄园有利于避风，葡萄成熟好。

图 1-10　法国香槟产区白丘园（秦晓飞供图）

（四）塞萨纳丘产区（Côtte de Sezanne）

该产区位于白丘的南部，与白丘一样以霞多丽为主，但酸度比白丘产区低，香气浓郁度则会更高一些。

（五）巴尔丘产区（Côte des Bar）

巴尔丘产区位于香槟区最南部，向南与夏布利临近，比香槟的其他子产区更为暖和，再加上其以泥灰石为主的土壤，黑皮诺成了这里最主要的葡萄品种。这里地形多为平缓起伏的山丘，再加上塞纳河和奥布河（Aube）的影响，葡萄园多位于朝南的山坡上，出产的葡萄酒大多口感丰富、果香馥郁。

【拓展对比】

长城桑干酒庄传统法起泡葡萄酒 2006

长城桑干酒庄传统法起泡葡萄酒 2006 以 100% 霞多丽为原料，采用传统瓶内二次发酵工艺，头年基酒发酵，次年瓶内发酵工艺酿制而成。近几年酒庄还推出了黑皮诺、霞多丽混合发酵的桃红传统法起泡新产品。酒庄瓶内二次发酵有专门酒窖来保持发酵温度，发酵时间持续约 9 个月，带酒泥陈酿 36 个月以上。目前酒庄生产的长城桑干酒庄传统法起泡葡萄酒 2006 全部是最近进行吐泥处理的，带酒泥陈酿约 13 年。

酒庄传统法起泡葡萄酒主要工艺如下：

（1）原料选择：霞多丽、黑皮诺葡萄，糖度在 175~183g/L，总酸（酒石酸计），pH 值 2.9~3.2。

（2）基酒发酵：气囊压榨取自流汁进行发酵，发酵温度 12℃ ~14℃，酒精发酵时间约 15 天。

（3）基酒调配：品质达到口感纯正，酸度适中，出现纯净、爽顺、新鲜悦人的果香，酒体平衡。

（4）工艺处理：进行热稳定性处理和冷稳定性处理。

（5）二次发酵：酵母进行扩培 7 天处理，基酒加入蔗糖、酵母扩培液等立即灌装，专用起泡酒二次发酵酒泥收集，皇冠盖封口，12℃左右进行发酵。

（6）陈酿时间：在酒精发酵结束后约 9 个月进行二次发酵，压力在 0.6~0.8Mpa 之间，带酒泥陈酿时间根据酿酒师品鉴及选择，桑干酒庄近几年传统法起泡葡萄酒产品带酒泥陈酿都在 10 年以上。

（7）转瓶聚集沉淀：根据需要，首先要对二次发酵产品进行起泥处理，然后进入转瓶聚集酒泥工序，时间约 15 天。

（8）瓶颈速冻、吐泥、换塞、扎网：完成酒泥聚集的产品瓶口垂直向下移到专用冷冻设备中，冷冻液浸没酒瓶口 3 厘米左右，在 –25℃下冷冻 20 分钟左右，然后开塞、吐泥、补酒、压塞、扎网进入瓶贮阶段。

（9）贴标装瓶：产品经过至少 3 个月瓶贮，然后洗瓶、缩帽、贴标，包装出厂。

长城桑干酒庄传统法起泡葡萄酒 2006 风格特点：色泽浅金，晶莹剔透，

泡沫洁白细腻，气泡均匀、持久，历经十年以上酒泥陈酿形成的烤面包、榛果和蜂蜜香，伴随成熟的菠萝、黄桃香气，口感绵密，质感纯净，优雅均衡。

来源：长城桑干酒庄。

对比思考：

法国香槟产区与中国怀来产区风土环境及起泡酒风格对比。

知识链接：

目前国内已有一些精品酒庄开始酿造起泡酒，主要酒庄有：山东怡园、蓬莱嘉桐酒庄、宁夏夏桐酒业、河北长城桑干酒庄等。它们虽然起步较晚，但凭借优秀的区位条件以及专注的酿酒精神，在国内市场已开始受到关注。长城桑干酒庄创立于1978年，酒庄除主要酿造干红、干白外，传统起泡酒也是该酒庄一直努力打造的酒类。该酒庄是1978年经国家五部委选定的国家级葡萄酒科研基地，承担国产葡萄酒研发、种植、酿造等研究工作。

【章节训练与检测】

□ **知识训练**

1. 描述香槟产区风土环境、栽培酿酒特点、主要品种及葡萄酒风格。
2. 描述几类主要的起泡酒酿造方法，并说出葡萄酒风格的不同点。
3. 举例中国代表型起泡酒案例，并介绍其风格。

□ **能力训练**（参考《内容提要与设计思路》）

□ **章节小测**

□ **法国其他产区**

【拓展阅读】

香槟产区葡萄酒 & 旅游

香槟产区葡萄酒 & 美食

第二章
德国葡萄酒 *German Wine*

第一节　德国葡萄酒概况 *Overview of German Wine*

【章节要点】

- 了解德国葡萄酒发展历史与人文环境
- 理解德国主要产区河流、气候及土壤等风土环境对葡萄栽培与酿造的影响
- 理解德国葡萄酒分级体系的依据与方法，并掌握德国酒标识别方法
- 归纳优质高级葡萄酒的等级划分名称及酒的特征

一、地理概况

德国属于中欧国家，北邻丹麦，西部与荷兰、比利时、卢森堡和法国接壤，南邻瑞士和奥地利，东部与捷克和波兰接壤，地处北纬 47°~55°，以温带气候为主。德国的地形变化多端，有连绵起伏的山峦、高原台地、丘陵，有秀丽动人的湖畔及辽阔宽广的平原。整个德国的地形可以分为五个具有不同特征的区域：北德低地、中等山脉隆起地带、西南部中等山脉梯形地带、南部阿尔卑斯前沿地带和巴伐利亚阿尔卑斯山区。德国的主要河流有莱茵河（流经境内 865 千米）、易北河、威悉河、奥得河、多瑙河。较大的湖泊有博登湖、基姆湖、阿莫尔湖、里次湖。德国处于大西洋东部大陆性气候之间的凉爽的西风带，德国的北部是海洋性气候。西北部海洋性气候较明显，往东、南部逐渐向大陆性气候过渡。年降水量 500~1000 毫米，山地则更多。

【历史故事】

查理曼大帝与北欧葡萄酒贸易

查理曼大帝相当重视德国葡萄酒贸易的发展，他们酿造的葡萄酒不只销往北海各港口，还有德国在波罗的海的一些同盟城市，甚至还运至波兰和俄罗斯。海峡对岸英格兰的麦西亚国王奥法与查理曼大帝举行商谈后，签订了用羊毛换葡萄酒的贸易协定，这或许是罗马时代以后的第一个有记录的英格兰商业条约。在后罗马时代早期的记录中可以看见，几乎德国所有的葡萄酒产区都是在650—850年的加洛林王朝时期出现的。查理曼大帝十分重视发展葡萄酒业对生态环境的影响。据说有一次，他在莱茵河上乘船前往英格尔海姆的途中，观察发现约翰尼斯堡那陡峭的山坡上的积雪比别处融化得早，于是他命令人在那里栽种葡萄。事实上，据我们所知，莱茵高最早的葡萄园的确是在查理曼统治时期出现的。

来源：[英]休·约翰逊著《美酒传奇　葡萄酒——陶醉7000年》

二、自然环境

德国是全世界最北部的葡萄酒产区，由于受大西洋暖流影响，其平均气温不会低于9℃，加之莱茵河秋季浓雾对葡萄树起到一定保暖的作用，使得该国本应严苛的葡萄种植条件得到一定改善。德国的葡萄酒产区主要位于莱茵河（Rhine）、摩泽尔河、美因河（Main）及相关河道支流的两岸，德国是全球第十大葡萄酒生产国。德国葡萄酒产量与老牌旧世界产酒国相比略低，与澳大利亚、南非、葡萄牙等产酒国持平。虽然产量上有诸多劣势，但它气候凉爽，被公认为是白葡萄酒的最佳产地，其生产的优质白葡萄酒在世界上有举足轻重的地位。近几年以黑皮诺为主导的红葡萄酒品种在世界上开始广受瞩目。

德国之所以成为以白葡萄酒著称的国家，与其适宜的得天独厚的自然条件分不开。这里是北半球葡萄酒产酒国中纬度较高的国家，葡萄酒产区主要分布在北纬49°~51°，气候较为凉爽，因此葡萄需要更长的生长季，为了更好地成熟，需要好的土壤、向阳面的山地以及河流等众多环境因素（小气候）的调节。葡萄多种植在莱茵河及其支流摩泽尔、美因、纳赫（Nahe）、内卡（Neckar）等河流的两侧地带以及山谷峭壁上，众多河流对气温起到很好的调节作用，河谷两侧山丘上的森林植被阻断了北方的冷气，给葡萄生长起到了很好的保温作用。土壤富含多种丰富的矿物质，多为板岩、石灰岩、火山土等，渗水性强，持热能力好，有利于葡萄的成熟。气候、地形、土壤等是法国人推崇的“风土”（Terroir）的重要组成部分，它们对葡萄的生长产生重要的作用。而德国葡萄酒的独特魅力也正是这种独特的自然风土所赋予的。

【产国名片】

地理位置：大部分葡萄园位于德国西南角，靠近比利时、法国和瑞士边界

气候类型：凉爽的大陆性气候，受河流与山脉的影响

地形与朝向：葡萄园位于起伏的丘陵及陡峭的河谷两岸

土壤类型：地形不同，土壤不同，最好的葡萄种植在保温效果好的土壤和岩石上（板岩与玄武岩）

主要品种：70% 为白葡萄，雷司令、米勒图高、西万尼、黑皮诺等

种植特点：葡萄多种植在面南山坡，葡萄生长季长而凉爽，往往难以成熟

酿造特点：通常使用不锈钢罐或大型木桶发酵，葡萄酒分干型、半干、甜型等，类型多样

三、分级制度

德国葡萄酒分级遵循欧盟要求，分为 PDO 法定产区酒与 PGI 地区餐酒两大类。PDO 分为高级葡萄酒（Qualitätswein mit Prädikat）与优质葡萄酒（Qualitätswein bestimmter Anbaugebiete），市场上我们见到德国葡萄酒大部分属于 PDO 级别。PGI 分为地区餐酒（Landwein）、日常餐酒（Deutscher Wine），约占总量的 10%。德国葡萄酒分级体系见图 2-1。

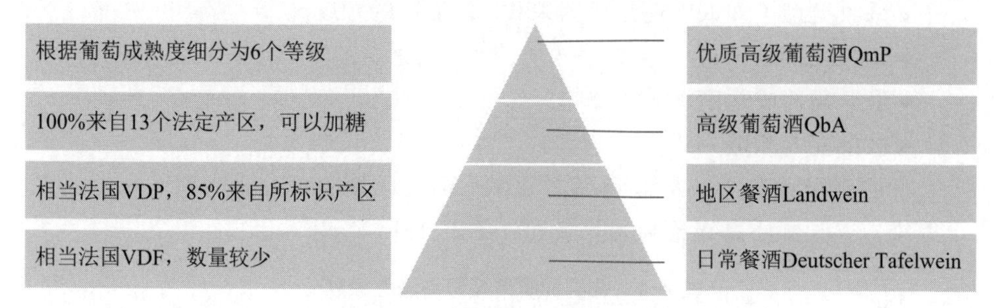

图 2-1　德国葡萄酒分级体系

（一）德国餐酒（Deutscher Wein）

德国餐酒代替了之前使用的“Deutscher Tafelwein”，属于范围最大的葡萄酒级别，可选用在德国任意地方种植的葡萄酿造，通常是大量生产的廉价葡萄酒。和其他产酒国相比，这个质量级别在德国生产的数量较少。

（二）地区餐酒（Landwein）

至少 85% 的葡萄品种源自酒标上标注的地区，所有地区餐酒的最低天然酒精度比德国餐酒至少高 0.5%。此级别可以加糖提升最终酒精度。在发酵前可以加糖到葡萄汁中，这称为“加糖”，法语术语为“Chaptalisation”；加入浓缩葡萄汁也是被允许的，但数量受法律限制。

（三）高级与优质高级葡萄酒（Qualitätswein&Prädikatswein）

这两个级别的葡萄酒占德国葡萄酒的最大份额，必须 100% 来自德国 13 个大产区。每款高级葡萄酒或优质高级葡萄酒的最低天然酒精含量按照产区和葡萄品种的不同而有区别。高级葡萄酒（Qualitätswein，全称为 Qualitatswein bestimmter Anbaugebiete，简称 QbA）和地区餐酒一样，是允许加糖提升酒精度的。优质高级葡萄酒（Prädikatswein，全称为 Qualitatswein mit Pradikat，简称 QmP）必须比高级葡萄酒满足更多的要求。加糖、使用橡木条和脱醇法都被禁止，且每款葡萄酒的酒标必须进一步标明它各自的等级分类。每一个等级法律规定的最低标准必须完全遵守，也就是说，消费者能从酒标上、价格单上以及餐厅酒单上，可以清楚地识别出一款葡萄酒的法律等级。

必须遵守的法规有：

- 地理产地
- 被批准的葡萄品种
- 采收时间，目的是记录葡萄成熟状态
- 采收类型（即人工还是机器采收），筛选的程度
- 每公顷最高产量
- 最低葡萄成熟度
- 被批准的酿造方式

优质高级葡萄酒按从低到高之顺序（葡萄成熟时糖分含有量）又分为六个等级，德国优质高级葡萄酒等级划分见表 2-1。

表 2-1　德国优质高级葡萄酒等级划分

分级	葡萄酒风格
珍藏型 Kabinett	葡萄成熟度最低，酒体轻盈，酒精度也偏低。通常甜型风格酒精度在 8%~9%，干型风格的酒精度 12% 左右
晚收型 Spätlese	比上一级别葡萄成熟度高，由完全成熟的葡萄酿造。更浓郁、成熟的果香，酒精度略高，类型有干型或甜型

续表

分级	葡萄酒风格
精选型 Auslese	由精选的完全成熟的葡萄酿成，有选择地采收（不成熟或有病害的葡萄会被去除），质量优异，葡萄酒酒体通常饱满、浓郁、果香丰富。干型的精选葡萄酒基本上代表了德国优质干白葡萄酒的最高成熟度，甜型精选葡萄酒则会带有部分贵腐葡萄酒的特征
颗粒精选型 Beerenauslese	简称 BA，酒体饱满、充满果味的甜型葡萄酒，通常由会被贵腐菌感染的熟透的葡萄酿成，有选择地采收（单独筛选葡萄粒）
冰酒 Eiswein	在零下 7 度以下状态采收、压榨葡萄酿的葡萄酒，口感清爽自然，果香丰富，并保持非常高的酸度
干枯颗粒精选型 Trockenbeerenauslese	简称 TBA，非常浓缩，由感染贵腐的、几乎干缩成葡萄干的葡萄酿成，有选择地采收（单独筛选葡萄粒）。酒精度多在 8%vol 以下，香气集中，酒体浓郁

四、德国优质酒庄分级

在德国，除官方分级之外还有 VDP 分级，即德国名庄联盟（Verband Deutscher Prädikatsweinguter），该分级汇集了德国最出色的生产商，代表了德国葡萄酒的最高品质，目前有超过 200 家酒庄成员，成员的葡萄园面积仅占全国 5%，产量占 2%。这一分级制度于 1984 进行了确立，并于 2012 年完成了修订。其标志为老鹰身上一串葡萄，VDP 分级的葡萄酒共有四个等级。这个法规相当于一个自我约束的体系，而不是德国的国家法规。

（一）大区级（Gutswein）

大区级相当于酒庄酒，属于最基本的级别，其葡萄来自酒庄且需要满足 VDP 的基本要求，且必须包含 80% 的传统品种等。

（二）村庄级（Ortswein）

村庄级类似于勃艮第村庄级葡萄酒，来自一个村子中比较好的葡萄园，产量较低且品种为当地的典型品种，能反映风土和特色。

（三）一级园（Erste Lage）

一级园相当于法国一级园的概念，来自村子里的优质葡萄园。手工采收，且必须达到晚采摘级别（Spätlese）的成熟度，仅允许种植最适合当地特色的葡萄品种，各个产区的限制不一样。

（四）特级园（Grosse Lage）

特级园代表了德国最好的葡萄园，有更严格的品种限制（一般包含雷司令和皮诺家族，各个产区规定不一样），手工采收，必须达到晚采摘级别（Spätlese）的成熟度，且有着很长的陈年能力。“Grosse Lage ”级别的干型酒标标为“Grosses Gewächs”，简称 GG，通常有一个对应的 GG 浮雕和一串葡萄的标志。德国 VDP 分级体系见图 2-2。

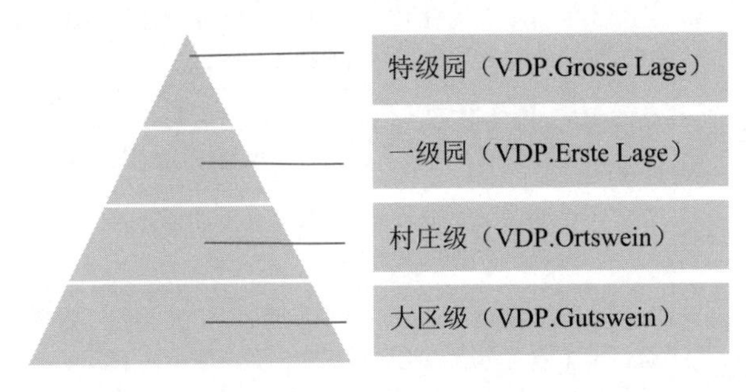

图 2-2　德国 VDP 分级体系

五、酒标阅读

德国酒标与其他传统世界葡萄酒产国相比较为复杂，内容繁多。通常来说，德国酒标都必须包含的信息有：产品等级、风格类型、酒精含量、净含量。对于优质葡萄酒和高级优质葡萄酒来说还必须标明官方检测号码（AP 号）、产区以及装瓶者信息等。德国酒标主要分为必须标识项与选择标识项两类。德国酒标主要内容见表 2-2。

表 2-2　德国酒标主要内容

必须标识项	选择标识项
● 酿酒者名称与地址：酒庄用“Weingut”表示 ● 酒精度数：酒精度较低，通常在 10%vol 上下 ● 质量控制检测号码：一般简写为 A.P.Nr，在德国 QbA 以上等级葡萄酒须标明此标志，都要经过官方的质量检验，并获官方的质量控制检测号码 ● 容量：多为 750mL，甜型酒多为 375mL ● 产区：须用 100% 当年该产区的葡萄酿造 ● 装瓶者及地址：酿酒者或合作者装瓶标为“Erzeugerabfüllung”；酒庄装瓶标为“Schlossabfüllung”；其他普通装瓶者为“Abfüller”	● 葡萄品种：所标品种须达到 85% 以上 ● 葡萄酒质量等级：如 Qualitätswein mit Prädikat、Qualitäts b.A 字样 ● 生产年份：采摘年份，所标年份须至少 85% 以上 ● 所属同业组织：如 VDP、Naturland 等组织，酒标有相应标记

德国酒标上其他常见用语有，经典（Classic）指单一年份、单一品种的

干型葡萄酒，最低酒精度为12%vol（Mosel为11.5%vol）。精选（Selection）指优质精选酒，至少为精选（Auslese）级别，且必须为单一园所生产。

六、栽培酿造

德国位于葡萄种植的最北极限，为了让葡萄获得充分的阳光，优质的葡萄园通常分布在河谷两岸陡峭的斜坡上。这里的葡萄园呈梯田状或沿着斜坡往上种植，所以劳作均为人工。为了增加葡萄树的牢固性，这些陡峭的葡萄园的葡萄树需要进行单独上桩，母枝被捆绑在桩子的顶部，以便让光线和空气更好流通。优质葡萄园之外，大部分葡萄园位于河谷底部和平原区，这里的葡萄藤一般用金属丝整形，机械化操作程度高，产量有保障，葡萄酒价格往往较低。

为了提高葡萄酒的收益，一般酒农会在一个葡萄园生产一系列Qualitätswein和Prädikatswein葡萄酒，所以葡萄的采收战线非常长。这些葡萄会分开采收，工人需对不同质量水平的葡萄进行精选。在德国，由于葡萄成熟度有限，为了增加风味，优质高级葡萄酒（Prädikatswein）以下级别允许使用加糖法（Chaptalisation，发酵前加糖）。大部分德国葡萄酒使用不锈钢罐发酵，保留葡萄新鲜果味，部分会采用大或旧的橡木桶，一部分会采用葡萄皮和酒泥接触以增加葡萄酒饱满度。

七、主要品种

德国葡萄的栽培总面积约10万公顷，比法国波尔多产区略小。由于气候凉爽，一直以来白葡萄品种占主导地位，白葡萄种植面积达到60%。其中雷司令和米勒图高（Müller-Thurgau）占到了整个德国葡萄园面积的三分之一。1980年以前德国的红葡萄品种仅占到10%不到，而如今已达到约40%，这也是德国市场对于红酒的需求导致的。目前最重要的红葡萄品种为优质的黑皮诺（Spätburgunder）和高产易成熟的丹菲特（Dornfelder）。丹菲特生命力旺盛，产量大，果皮厚，酿酒时上色能力好，单宁柔和，酸度良好。在白葡萄品种中，西万尼（Silvaner）名列第三，紧随其后的是灰皮诺（Grauburgunder）和白皮诺（Weißburgunder）。德国主要红白葡萄品种见表2-3。

表 2-3 德国主要红白葡萄品种

白葡萄品种	红葡萄品种
雷司令 Riesling 米勒—图高 Müller-Thurgau 西万尼 Silvaner 肯纳 Kerner 巴克斯 Bacchus 施埃博 Scheurebe 琼瑶浆 Gewürztraminer 灰皮诺 Grauburgunder/Pinot Gris 白皮诺 Weissburgunder/Pinot Blanc	黑皮诺 Spätburgunder/Pinot Noir 丹菲特 Dornfelder 葡萄牙人 Portugieser 特罗灵格 Trollinger 莫尼耶皮诺 Pinot Meunier 和莱姆贝格 Lemberger

德国葡萄酒严谨的“独特”

尖端的德国机械，是我们对德国的第一印象，这与德国人的严谨作风是分不开的。这种严谨的作风延续在酿造行业。德国的葡萄酒法律相当烦琐，这一点继承了德国人严谨的作风。德国酒标的取得程序极为严格，通常做法是：不以出产地作为质量检测标准，而是以瓶中盛装的成品酒为检测对象；所有成品酒装瓶后，生产者必须持样品和有关材料送往官方主管机构进行全面理化分析和感官测定；每种酒按照检查后所获评分方能得到相应的可使用酒标。（摘自：王莹．中国酿酒网，2013-09-29）

德国葡萄酒的严谨还有一项表现在葡萄酒的分级制度上，他们以葡萄采收时的自然含糖度作为评定葡萄酒等级的依据，构建了德国葡萄酒质量等级体系。《酒标法》中最重要的规定是在酒标上必须标示该款葡萄酒所属的质量级别。德国《酒法》在两大质量级别：普通酒即餐桌酒和高质酒（包括 QbA 和 QmP）制定了比欧盟《酒法》的规定细分许多的级别体系。

案例思考：

德国葡萄酒产业严谨的工作作风体现在哪些方面？

案例启示：

德国人历来有严谨认真的工作做派，葡萄酒产业也充分体现了德国人的这一优良的工作品质。因此，通过相关内容的学习，有助于培育学生专注技艺、严谨细致、精益求精、追求卓越的工匠精神。

【章节训练与检测】

□ **知识训练**

1. 绘制德国葡萄酒产区示意图，掌握十三大产区位置与中英文名称。
2. 归纳德国风土环境、分级制度、主要品种及葡萄酒风格。

【拓展阅读】

德国葡萄酒 & 旅游

德国葡萄酒 & 美食

第二节　主要产区 *Main Regions*

【章节要点】

- 识别德国法定产区名称及地理坐标
- 能说出德国主要产区与对应的主要栽培葡萄品种
- 理解德国各产区葡萄酒风格形成的风土与人文因素
- 掌握德国主要产区风土环境、栽培酿造及葡萄酒风格

德国葡萄酒产区主要分布在莱茵河及其支流流域，南到与瑞士接壤的博登湖（Bodensee），北到波恩（Bonn）临近的中部莱茵（Mittelrhein）地区，西到法国边境处，东至埃尔伯峡谷（Elbe Valley），都属于主要葡萄酒产区范围。共分为 13 个产区，分别是阿尔（Ahr）、黑森林道（Hessische Bergstrasse）、中部莱茵（Mittelrhein）、摩泽尔（Mosel）、那赫（Nahe）、莱茵高（Rheingau）、莱茵黑森（Rheinhessen）、法尔兹（Pfalz）、弗兰肯（Franken）、符腾堡（Wurttemberg）、巴登（Baden）、萨勒—温斯图特（Saale-Unstrut）、萨克森（Sachsen）。13 个产区都有其各自不同的气候、土壤及人文环境，葡萄酒风格各异，极具多样性。

一、摩泽尔（Mosel）

摩泽尔是德国首屈一指的葡萄酒产区，历史悠久。摩泽尔最早的葡萄园很可能是在公元 2 世纪建立，位于特里尔（Trier）附近的山丘上。到公元 4 世纪时，葡萄种植业已经在该地区相当繁盛，罗马诗人奥索尼乌斯曾作诗盛赞这片土地在葡萄收获季节时的美景。到中世纪时，一座座酒庄如雨后春笋般拔地而起。

【产区名片】

产区位置：德国西南部莱茵兰—法尔兹州境内摩泽尔河谷及其支流

气候类型：凉爽的大陆性气候，摩泽尔河缓和了当地温度

主要品种：雷司令、米勒—图高

种植威胁：较长的生长季，葡萄园多位于两岸面南向陡峭斜坡上；成熟度不够、霉病等

酿造风格：通常不锈钢罐发酵，通常保留残糖以平衡过高的酸度，酒精度通常低，8%~10%

土壤类型：板岩、沙质砾石、石灰岩等

气象观测点：鲁尔卡塞尔镇（Kasel）

年均降雨量：590 毫米

10 月采摘季降雨：55 毫米

7 月平均气温：17.5℃

纬度 / 海拔：51.19°N/200 米

（一）风土环境

该产区由摩泽尔河和它的支流萨尔河（Saar）、鲁文河（Ruwer）组成河谷地带，在 2007 年前该地区被称为“Mosel-Saar-Ruwer”产区。该产区内尤其是中部摩泽尔地区的葡萄园大多位于非常陡峭的向南面山坡上，人工操作是唯一可行的办法，葡萄品质高，大多无法使用机器耕种。在山坡的下方地段以及远离河流的地区，主要土壤类型为泥沙、沙土和黏土。在摩泽河这些陡峭的山坡上有一些深色板岩土壤，这些板岩斜坡具有很好的吸热能力，在白天吸收阳光的热量，晚上再缓慢释放，因此气温的波动非常小，可以帮助葡萄更好地成熟（矿物质风味来源）。适度寒冷的冬季和愉悦温暖的夏季外加充足的雨水是这里的常态，这里年平均气温约为 10℃。沿着北纬 50 度的温

和气候恩泽于摩泽尔区，使其拥有极长的生长期：始于4月直到10月。在某些年份，葡萄在11月还能继续成熟。

（二）栽培酿造

由于地理位置偏北，气温相对凉爽，这里是德国典型的优质白葡萄酒生产基地。该产区总栽培面积不算大，但其中有5000多公顷的面积栽培了雷司令，占德国总产量的50%，这里是世界上雷司令栽培最广泛的地方，这一产区也因出产优质雷司令葡萄酒而名声在外。雷司令是该地主导性品种，所酿葡萄酒一般酒精度偏低，通常在8%~10%vol，干型与半干型葡萄酒酒精度略高。典型风格为轻酒体、低酒精度、极高的酸度与中等甜度相平衡，有着花香和绿色水果的风味，干净清爽，同时具有矿物质的质感，层次分明。该产区未经陈年的葡萄酒里偶尔会稍带气泡，由于装瓶时酒内含有少量二氧化碳所致。这些微微的气泡使葡萄酒饮用时更加清爽。葡萄酒装瓶大多使用当地传统的细长棕色瓶。代表酒庄有露森酒庄（Dr.Loosen）、伊贡米勒酒庄（Weingut Egon Müller）、普朗酒庄（Weingut Joh.Jos.Prum）、丹赫酒庄（Deinhard）。产区内有6个村庄级产区：伯恩卡斯特（Bernkastel）、科赫姆（Cochem）、摩泽尔入口（Moseltor）、上摩泽尔（Obermosel）、鲁尔（Ruwertal）和萨尔（Saar）。

二、那赫（Nahe）

2000多年前，罗马人把葡萄与酿酒术传到了这里，1971年，那赫被认定为法定产区。该产区堪称德国葡萄酒的乡村之星，最近10年来，此产区中不断地涌现出新锐酒庄，生产出越来越多令人惊叹的葡萄酒。

【产区名片】

地理位置：在摩泽尔与莱茵黑森之间

气候类型：大陆性气候，受大西洋影响，气候变化不大，较凉爽

年均降雨量：650毫米左右

土壤类型：板岩、火山岩、沉淀土等

（一）风土环境

那赫产区位于那赫河沿岸，葡萄栽培面积较小，但其土壤的丰富多样使其成为一个酿造出多姿多彩的葡萄酒的产区。该产区地处摩泽尔河产区与莱茵黑森之间，得益于松瓦德（Soonwald）河和洪斯吕克（Hunsruck）山的保

护，较摩泽尔产区少有寒风，阳光充足，温度适宜，气候温和平衡，鲜有霜冻。晚夏时，这里的葡萄拥有较长时间的成熟期和干燥的环境。

（二）栽培酿造

此产区陡峭的山坡上皆是火山岩、风化岩、红板岩或者黏质板岩，非常有利于雷司令的种植，雷司令葡萄酒口感有的酸爽、活泼，有的果香十足。主要由亚黏土、黄土和砂土组成的土壤，适合种植米勒—图高，葡萄酒散发着馥郁的香气。最好的葡萄园位于施洛斯伯克尔海姆（Schlossböckelheim）和巴特·克罗伊茨纳赫（Bad Kreuznach）之间小区域的那赫河岸，这里陡峭的朝南坡以及板岩、石英为葡萄成熟提供条件。该产区的红葡萄品种以丹菲特、葡萄牙人及黑皮诺为主。代表酒庄有杜荷夫酒庄（Weingut Donnhöff）、弗罗里奇酒庄（Schafer Frohlich）、肖雷柏酒庄（Weingut Emrich Schonleber）等。

三、莱茵黑森产区（Rheinhessen）

资料显示，该产区自罗马时代开始就已经有了葡萄种植，得益于查理曼大帝的推动，葡萄栽培业发展顺利。公元 8 世纪，葡萄酒酿造和贸易业在该区域内发展得相当繁荣。有文献表明，该产区内菲德斯海姆（Pfeddersheim）村在 1511 年就已种植雷司令葡萄。

【产区名片】

地理位置：西部与那赫河相邻，处于莱茵河南岸，北部和东部毗邻莱茵河

气候类型：大陆性气候

地形特点：平坦肥沃的农田

主要品种：雷司令、米勒—图高、西万尼

种植特点：德国最大的产区，最好的葡萄园位于莱茵河西岸陡峭的山坡上

年均降雨量：500 毫米左右

土壤类型：石英岩、斑岩、板岩和火山石等

（一）风土环境

该产区位于莱茵河最大的弯道处，东部和北部面临莱茵河，西部为那赫河，南部靠近哈尔特山脉（Haardt Mountains），与莱茵高隔河相对，是德国政府划定的 13 个法定产区里葡萄种植面积最大的一个产区。土壤多以黄土、

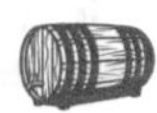

石灰质及少量的砂质土壤及砾石组成，类型丰富。周围是山脉与森林，气候较温暖且干燥，为葡萄生长提供了良好的环境。莱茵黑森最好的葡萄园位于奈克汉姆（Nackenherim）和尼尔斯泰恩（Nierstein）镇之间，沿着莱茵河边的斜坡而上，土壤以红色的砂质黏土为主，这里被认为是德国最重要的大批量葡萄酒生产地。白葡萄与红葡萄的比例是 7∶3，米勒—图高是这个区域的首要品种，其次是雷司令和丹菲特。75% 的莱茵黑森葡萄酒都是散装出售，近一半的葡萄酒都由其他地区的酒商装瓶销往低端市场，1/3 的莱茵黑森葡萄酒都用于出口。

（二）主要品种

该产区主要种植的白葡萄品种有米勒—图高、西万尼、雷司令等，其中西万尼是该产区的传统品种，这里是世界上最大的西万尼栽培区。红葡萄品种在这里也有良好的表现，主要为丹菲特、黑皮诺、葡萄牙人，黑皮诺的产量在逐渐增加。由于气候温暖，葡萄酒口感相对柔顺，酒体适中，果香突出，酸度较为均衡，易于饮用。代表酒庄有沃克酒庄（Weingut P.J.Valckenberg）、凯勒酒庄（Weingut Keller）、贡德洛酒庄（Weingut Gunderloch）。

四、莱茵高（Rheingau）

莱茵高位于德国黑塞（Hesse）州内的莱茵河畔，是德国非常优秀的葡萄酒产区之一，云集了众多历史悠久的顶级酒庄。良好的自然环境成就了这里的葡萄酒美名，是公认的“雷司令故乡”。葡萄栽培面积仅占德国葡萄酒产区的 3%，却声名远播，出产世界顶级雷司令葡萄酒，是公认的可以长期陈年的雷司令葡萄酒最具代表性的产区之一。

【产区名片】

产区位置：西部与那赫河相邻，北部和东部毗邻莱茵河

气候类型：大陆性气候，四周环山，温暖干燥。陶努斯山脉（Taunus mountains）为葡萄园提供了保护，莱茵河反射太阳的热量有利于葡萄成熟

地形朝向：葡萄园位于莱茵河北岸南向的山坡上

种植及威胁：比摩泽尔区有更好的成熟度，真菌类疾病

土壤类型：板岩、黄土、黏土、砾石等

主要品种：雷司令、黑皮诺

气象观测点：盖森海姆镇（Geisenheim）

年均降雨量：537 毫米

10 月采摘季降雨：45 毫米
纬度 / 海拔：49.59°/115 米

（一）风土环境

该地 80% 以上的面积是雷司令种植区，土壤为板岩与黏土的混合，大多葡萄园位于朝南向斜坡上，日照充分，成就了当地高品质的白葡萄酒产区。该产区位于莱茵河北岸，莱茵河自东向西顺流直下，又向北转了一个“L”形拐角，形成了一段长约 20 千米从东向西流向的河流。葡萄园多位于河流右岸的山坡上，坐北朝南，可以尽情地享受日照以及宽阔的莱茵河面反射的阳光，使得这里比南部一些产区都要温暖，加上北部陶努斯山（Taunus）群山保护，气候较为温暖。受河流的影响（河面宽度近 1 千米），形成了多雾气候，因此非常适合贵腐菌的生长，是德国最优异的 BA 或 TBA 葡萄酒产区，葡萄酒价格较高。黑皮诺在此处表现也非常优异。此外，莱茵高产区内还有一座非常值得一提的葡萄酒学校——盖森海姆大学，它为德国培养了众多葡萄酒专业人才。产区内代表酒庄有约翰山酒庄（Schloss Johannisberg）、罗伯特·威尔酒庄（Weingut Robert Weil）、勋彭酒庄（Schloss Schonborn）、沃尔莱茨酒庄（Schloss Vollrads）等。

（二）主要品种

该地主要种植的白葡萄品种有雷司令、米勒—图高、西万尼等，其中西万尼是该产区的传统品种。红葡萄品种在这里也有良好的表现，主要为丹菲特、黑皮诺、葡萄牙人，黑皮诺的产量在逐渐增加。由于气候温暖，葡萄酒口感柔顺，酒体中高饱满度，果香突出，酸度较为均衡。

五、法尔兹（Pfalz）

法尔兹产区北靠莱茵黑森，西南毗邻法国，为德国第二大葡萄酒产区，是世界上栽培雷司令面积最广的区域。这里从公元前 300 年就开始了葡萄酒的历史，古罗马曾在此建立宫殿，“Pfalz”一词为拉丁语“Palatium”的派生词，意为“宫殿”，法尔兹的名称由此而来。

（一）风土环境

得益于哈尔特山脉（Haardt Mountains，孚日山的余脉）的保护，法尔兹产区气候与法国的阿尔萨斯类似。正如孚日山脉为阿尔萨斯提供了保护，创造了一个特别阳光明媚的环境一样，哈尔特山脉也为法尔兹的葡萄园提供了保护，这里是德国葡萄酒产区中最温暖干燥、光照最充足的产区之一，少有

晚霜和冬霜的危害。因为紧临法国阿尔萨斯，气候整体比较温暖，很多葡萄园可以认为是法国阿尔萨斯葡萄园的延续，葡萄园在南北 80 千米的狭长带状内分布。产区内最普遍的土壤类型为黄土（Loess）、白垩土（Chalk）、黏土（Clay）、有色砂岩（Colored Sandstone）、沙土（Sand）等。北部地区和兰道（Landau）地区为黄土和新红砂岩，十分容易升温，沿着莱茵河左岸方向分布的地区为沙土和冲积土。如此丰富的土壤类型培育出了各具特色的葡萄品种。

（二）栽培酿造

该产区葡萄酒主要以果香丰富的干白为主，雷司令和丽瓦娜等较为出众，琼瑶浆也有少量种植，表现优异。近年红葡萄酒发展较快，目前约占 40% 的比重，丹菲特（Dornfelder）种植最为广泛，黑皮诺也有很好的表现。近年来，高品质的灰皮诺（Grauburgunder）和白皮诺（Weissburgunder）正逐渐积累名声。代表酒庄有卡托尔酒庄（Weingut Müller-Catoir）、富尔默酒庄（Weingut Heinrich Vollmer）以及莱茵豪森城堡酒庄（Schloss Rheinhartshausen）。

【产区名片】

地理位置：北靠莱茵黑森产区，在地理上与阿尔萨斯接壤，哈尔特山脉是形成该地区风土的主要条件

气候类型：大陆性气候，温暖干燥

主要品种：雷司令、白皮诺、灰皮诺、黑皮诺

种植酿造：较靠南产区，葡萄成熟度相对较高，主要酿造干型葡萄酒

年均降雨量：400 毫米左右

土壤类型：石灰石

六、巴登（Baden）

巴登产区的葡萄种植历史十分悠久。在冰河世纪之后，野生葡萄开始在该区域生长起来。在公元 2 世纪，葡萄种植开始从康斯坦茨湖（Lake Constance）传播到北部，在 16 世纪葡萄种植业繁荣。

【产区名片】

产区位置：德国最南端产区

气候类型：受海洋性气候和大陆性气候影响，中度温暖，有春霜威胁

土壤类型：泥灰岩、白垩土、黏土、石灰岩沉积土等

主要品种：黑皮诺、白皮诺等
气象检测点：巴登弗赖堡市（Freiburg）
纬度 / 海拔：48°N/280 米
7 月平均气温：19.2℃
年均降雨量：880 毫米
10 月采摘季降雨：85 毫米
日照量：1700 小时

（一）风土环境

巴登为德国最南部的葡萄酒产区，也是德国第三大产区。位于陶伯河（Tauber）谷的中北部，毗邻黑森林（Black Forest）的上莱茵河谷，从海德堡（Heidelberg）绵延至瑞士边界的博登湖（Bodensee）。该产区南北狭长约 400 千米，呈南北分布，为德国最长的葡萄酒产区。产区紧邻莱茵河，与法国阿尔萨斯隔河相望，日照时间极长，是德国最温暖的区域。该产区位于孚日山脉南部和侏罗纪岩层之间的缺口，地中海暖流通过这个入口进入莱茵平原，因此整个产区气候温暖，出产德国酒体最饱满、酒精度最高的葡萄酒。土壤十分多样，包括砾石、石灰岩、黏土、火山岩等。

（二）主要品种

这里气候温暖，为德国最优质的黑皮诺主产区，占德国黑皮诺近一半的产量，其特点为颜色比较深且常用橡木桶，使用勃艮第酒瓶装瓶。该地的白葡萄品种主要有米勒—图高、雷司令、琼瑶浆、灰皮诺和白皮诺等，葡萄酒口感多饱满，果香更加馥郁，品质卓越。由于该产区南北距离较长，葡萄酒风味也呈多变特征。最好的葡萄园位于死火山凯撒施图尔山（Kaiserstuhl）朝南的斜坡上，温暖且富含矿物质，这里的黑皮诺酒体饱满，果香浓郁。巴登的葡萄酒 85% 都由合作性酒庄生产，在本地市场有着很好的销量，因此在出口市场不常见。代表酒庄有黑格酒庄（Weingut Dr.Heger）、拉尔市立酒庄（Weingut Stadt Lahr）、雨博酒庄（Weingut Bernhard Huber）。

七、弗兰肯（Franken）

弗兰肯在 1000 多年以前就已开始种植葡萄了。到中世纪晚期，弗兰肯成为德国除符腾堡（Württembergv）产区之外种植葡萄面积最大的区域。该产区位于巴伐利亚州的西北部，莱茵河以东 65 千米处。

（一）风土环境

大陆性气候，也受地中海气候的影响，夏季炎热干燥，冬季寒冷，年降雨量高，早霜持续较久。葡萄园多位于美因河的两畔及其支流的两侧，葡萄生长受美因河影响大，受河流调节，有利于葡萄成熟，但不适合晚熟的雷司令葡萄的生长。在米腾贝格（Miltenberg）的萨特（Spessart）山脉中，最主要的土壤为风化的原始岩和有色砂岩；产区中部主要是介壳灰岩；而在东部靠近斯泰格尔森林（Steiger-Forest）的地方则是石膏和淤泥质土壤。弗兰肯有大量贫瘠的壳灰岩、片麻岩、花岗岩以及云母片岩。葡萄种植在这些很容易升温的石质土壤中，所产的酒往往具有独特鲜明的个性。

（二）主要品种

该产区主要以干型白葡萄酒（占 80%）为主。在这里米勒—图高和西万尼的种植面积比较大。西万尼开花和成熟都比较早，容易受到春霜影响，由于雷司令在这里不易成熟，所以西万尼占据了许多最优质的葡萄园，因此也有着德国其他地方很罕见的浓郁风味，是德国最优质的西万尼产区。该产区有 3 个村庄级产区，分别为美因戴翰艾克（Maindreieck）、主广场（Mainviereck）和施泰格瓦尔德（Steigerwald）。所产的葡萄酒以干型与半干型为主，酒体丰满，富有活力。同时，巴库斯（Bacchus）是第三重要的白葡萄品种，也被看成这个产区的特产。这里的包装也很有特点，采用一种十分特别且历史悠久的大肚扁圆瓶型（Bocksbeutel），1989 年，这种瓶子的使用得到了欧盟的立法保护。代表酒庄有鲁道夫·福斯特酒庄（Weingut Rudolf Fürst）、卡斯泰尔王子酒庄（Furstlich Castell'sches Domanenamt）。

八、阿尔（Ahr）

该产区位于北纬 50° 和 51° 之间，是德国最小的葡萄酒产区。据考证，从罗马时代开始，该产区就已经开始种植葡萄。阿尔产区因阿尔河而得名，葡萄园位于河流两岸。葡萄酒产量少，却堪称一流，大部分内销。该产区大部分的葡萄园位于阿尔河中部和下部的斜坡上，具有一种特殊的地中海式的微气候，比较适合红葡萄的生长和成熟。其土质主要为板岩（莱茵板岩山的一部分）、玄武岩和来源于火山岩的杂砂岩黏土。而在阿尔河谷的低处，这种岩石上还覆盖有黄土和黏土，土壤的这种特殊条件形成了一种"热水袋"效应，白天积攒光照热量，夜间则散发热量。优质葡萄园位于陡峭的南向斜坡上，这为红葡萄品种的生长与成熟提供了有利条件，是德国非常有特色的红葡萄酒产区，主要红葡萄品种为黑皮诺、葡萄牙人，白葡萄品种多为雷司令。

代表酒庄有美耀—奈克酒庄（Meyer-Näkel）、琼施托登酒庄（Jean Stodden）、克罗伊茨贝格酒庄（Weingut Kreuzberg）。

【产区名片】

地理位置：阿尔河的两侧
气候类型：大陆性气候
主要品种：黑皮诺、葡萄牙人（Portugieser）、雷司令等
年均降雨量：650 毫米
土壤类型：板岩

九、黑森林道（Hessische Bergstrasse）

产区名字来源于一条古罗马商道“Strata Montana”，意为“山道”。从这条山道，罗马人可以前行至奥登山（Odenwald）边界的城堡。公元 3 世纪，来自东部的阿勒曼尼人遍居在这条山道的四周。他们不仅种植葡萄，还学会了制作足够密实的橡木桶，大大推动了葡萄酒的发展。该产区于 1971 年被正式划为一个独立的产区。黑森林道产区位于海德堡（Heidelberg）的北部，西靠莱茵河，东临奥登（Oden）森林，气候宜人。以出产雷司令与米勒—图高为主，其他为少量的灰皮诺与西万尼。葡萄酒通常高酸，但果香丰富，酒体相对较为饱满。

【产区名片】

地理位置：海德堡的北部
气候类型：大陆性气候
主要品种：雷司令、米勒—图高、西万尼
年均降雨量：720 毫米
土壤类型：斑岩—石英、风化花岗岩、沙石、黄土—亚黏土

十、中部莱茵（Mittelrhein）

该产区位于莱茵河两岸，从波恩市（Bonn）向南沿莱茵河延伸大概 100 多千米处。自古以来该产区内的巴克拉赫（Baccharach）是德国最重要的葡萄酒贸易中心，也是自中世纪以来最重要的葡萄酒村庄，其名字即来源于古罗马语“Baccara”，意为“酒神的圣坛”，可见该产区的葡萄酒历史价值。该产

 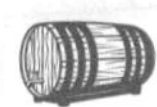

区位于世界文化遗产区域内，历史悠久，景色宜人。大部分葡萄园分布在河两岸陡峭的山坡上，土壤多为板岩、黏土等。该地盛产白葡萄酒，约占其总产量的85%，核心品种仍然是雷司令与米勒—图高，葡萄酒质量优越，果香丰富，矿物质风味足，富有清爽的果酸风味。但位置欠佳的葡萄园中的葡萄，其所酿造的葡萄酒酸度过高，因而常用来酿造当地赛克特（Sekt）起泡酒。

【产区名片】

地理位置：海德堡（Heidelberg）的北部
气候类型：大陆性气候
主要品种：雷司令、米勒—图高
土壤类型：黏土—板岩，偶尔也混杂了黄土、灰玄武

十一、符腾堡（Wurttemberg）

符腾堡多数产区位于海尔布隆（Heilbronn）和斯图加特（Stuttgart）之间，并沿着内卡河（Neckar）、雷姆斯河（Rems）和恩茨河（Enz）河分布。该地红葡萄酒产量大，盛产一种名为特罗灵格（Trollinger）的红葡萄品种，天然具有良好的酸度，风格独特，晚熟，含糖量较为理想，喜欢温暖的环境。该地偏大陆性气候，有高山阻挡，气候温和，非常适合这一品种的生长。此外，法国香槟区的莫尼耶皮诺（Pinot Meunier，在德国的别称为“Schwarzriesling”）也在当地占据重要位置。这些葡萄酒通常具有酒体中等、果香浓郁、柔顺甜美的特点。雷司令是当地表现最好的白葡萄品种。代表酒庄有斯奈门酒庄（Weingut Rainer Schnaitmann）、富尔默酒庄（Weingut Rolf Heinrich）。

十二、萨勒—温斯图特（Saale-Unstrut）

该产区地处北纬51°，几乎与伦敦同一纬度，是世界上纬度较高的葡萄园之一。葡萄园多分布于萨勒（Saale）和温斯图特（Unstrut）河谷周围的山坡上，靠近弗赖堡（Freyburg）和瑙姆堡（Naumburg）。产区虽然地处典型的冷凉地带，但却有着1000多年的葡萄种植历史。典型的大陆性气候，阳光充足，降雨量少，土壤为石灰岩与砂土、砾石的混合。葡萄酒多以干型为主，好的年份会出产优质的晚收与精选葡萄酒。米勒—图高是当地种植最广泛的品种，通常带有活泼、清新的酸度，用其酿造的葡萄酒酒体适中，易于饮用。

十三、萨克森（Sachsen）

该产区位于萨勒—温斯图特产区的东侧，易北河（Elbe）河谷上游，区内主要的城市包括德雷斯顿（Dresden）、迈森（Meissen）和拉德博伊尔（Radebeul），是德国最靠东的葡萄酒产区，葡萄酒产量也非常少，属于德国传统葡萄酒产区。得益于河流的调节，这里气候温和，与萨勒—温斯图特有很多相似之处。易北河谷内随处可见的土壤包括石炭纪花岗岩和长石，并混合了一些云母、石英和砂岩。这些岩石上面往往覆盖了黄土、黏土和泥沙。该产区白葡萄酒占有绝对优势，其产量约占总产量的81%，葡萄品种同样以米勒—图高为主，且几乎都为干型葡萄酒。

【拓展对比】

新疆产区“雷司令”

国菲酒庄坐落在新疆巴音郭楞蒙古自治州和硕县乌什塔拉乡，这里也是国家地理标志保护的葡萄酒产区，北邻天山山脉，南濒中国最大内陆淡水湖博斯腾湖，独特的“山湖效应”成就了当地优质的葡萄酒。

酒庄现有338亩雷司令酿酒葡萄，该品种于2012年引进种植，2021年雷司令产量达65吨。产量根据生产环境、气候的变化而有所变化。雷司令现已完全适应本地生长，并有很好的酿酒表现。酒庄雷司令主要有两种类型：一款为白葡萄酒（国菲雷司令白葡萄酒），一款为甜型白葡萄酒（国菲雷司令半干白葡萄酒，残糖8g/L）。该品种酿造的葡萄酒呈现晶莹的浅金黄色，果香馥郁。

来源：新疆国菲酒庄。

对比思考：

比较世界主要雷司令产区及葡萄酒风格有何异同点。

分析新疆雷司令葡萄栽培的风土环境有何优势。

知识链接：

我国于20世纪80年代多次引种雷司令，目前该品种主要分布于山东、河北、宁夏、新疆等产区。山东蓬莱君顶酒庄，河北迦南酒业、马丁酒庄，宁夏迦南美地酒庄，新疆天塞酒庄、蒲昌酒庄、丝路酒庄、国菲酒庄等有一定量的栽培，并出产单一品种的雷司令葡萄酒。

【章节训练与检测】

☐ **知识训练**

1. 对比分析德国三个代表性雷司令主产区的风土环境及葡萄酒风格差异。
2. 综述德国十三个葡萄酒产区风土环境、种植酿造特点及葡萄酒风格。
3. 综述三个以上新旧世界主要雷司令产区风格特征。
4. 试比较分析我国雷司令品种葡萄酒案例。

☐ **能力训练**（参考《内容提要与设计思路》）

☐ **章节小测**

第三章
奥地利葡萄酒 *Austrian Wine*

第一节　奥地利葡萄酒概况　*Overview of Austrian Wine*

【章节要点】

- 了解奥地利葡萄酒发展历史与人文环境
- 理解奥地利主要产区河流、气候及土壤等风土环境对葡萄栽培与酿造的影响
- 说出奥地利主要白葡萄品种与流经主要产区的重要河流名字
- 掌握瓦豪产区三大等级划分及酒的风格

一、地理概况

奥地利为典型的内陆国家，位于中欧南部，地处北纬47°—48°。东邻匈牙利与斯洛伐克，南倚意大利和斯洛文尼亚，西邻列支敦士登和瑞士，北邻德国和捷克。奥地利历史悠久，屡经变迁。奥地利西部和南部是阿尔卑斯山脉（葡萄园集中在东部与北部），北部和东北是平原和丘陵地带，47%的面积为森林所覆盖。奥地利属海洋性向大陆性过渡的温带阔叶林气候，东部和西部的气候不尽相同，西部受大西洋的影响，呈现海洋性气候的特征，温差小且多雨；东部为大陆性气候，温差相对较大，雨量也少很多，多瑙河带来温和气候。

二、自然环境

奥地利位于欧洲的中心位置，是世界上为数不多的以白葡萄酒为主导的产酒国，风土独特，白葡萄酒热情而多香，市场以内销为主，葡萄酒的品质普遍非常优异，葡萄酒产业地位逐渐攀升。奥地利是一个名副其实的多山之

国，山地占总面积的 70% 以上，境内阿尔卑斯山横穿而过，占据了西南部大部分地区，到了东北部地区地势开始平缓，多平原、丘陵、河流与湖泊。葡萄园主要分布在东北部这些起伏的丘陵及多瑙河沿岸。奥地利葡萄酒产区与勃艮第处于同一纬度，属于典型的温带大陆性气候，北部地区受北方冷空气的影响，气候凉爽，个别地区昼夜温差大，葡萄生长期长，靠近匈牙利的东部地区则享有温暖的东风，有利于酿制优质的红葡萄酒。奥地利葡萄生长受河流湖泊影响大，靠近湖泊的地方，秋季大雾弥漫，有利于贵腐菌滋生，是世界上可以出产优质的贵腐甜酒的优秀产国之一。

奥地利不同葡萄酒产区有着各异的土壤类型，这使得奥地利葡萄酒的风格也有很大差异。下奥地利（Niederosterreich/Lower Austria）产区的土壤类型以结晶石阶地和黄土为主；布尔根兰（Burgenland）北部和施泰尔马克（Steiermark/Styria）多为石灰土；凯普谷（Kamptal）等产区则以火山土为主。尽管奥地利是一个较小的葡萄酒生产国，但丰富多样的土壤类型造就了种类众多、风格各异且富有张力的奥地利葡萄酒。

三、分级制度与酒标阅读

奥地利葡萄酒法律受德国影响大，基本与德国葡萄酒分级制度相似，分为 PDO 与 PGI 葡萄酒，前者包括优质葡萄酒（Qualitatswein 与 Kabinette 属于该级别）与高级优质葡萄酒（Pradikatswein）。除此以外，奥地利还借鉴法国 AOC 制度，推出了 DAC 法定产区监管制度。PGI 在奥地利没有太多独特之处，酿酒过程中允许加糖，在酒标上以“Landwein”进行标识，并标明来自四个产区之一，分别是下奥地利（Niederosterreich）、布尔根兰（Burgenland）、施泰尔马克（Steiermark）和维也纳（Wien/Vienna）。没有 GI 地理标识的葡萄酒则以“Wein”名义出售，酒精度需达到 8.5%vol。

（一）高级优质葡萄酒（Pradikatswein）

与德国葡萄酒分级一样，奥地利葡萄酒也是根据葡萄成熟度进行划分，共 7 个级别，分别是晚收（Spätlese）、精选（Auslese）、颗粒精选（Beerenauslese，简称 BA）、高级甜葡萄酒（Ausbruch）、干果颗粒贵腐精选葡萄酒（Trockenbeerenauslese，简称 TBA）、冰酒（Eiswein）以及稻草酒（Strohwein）。其中“Ausbruch”为糖分介于 BA 与 TBA 之间的酒，“Strohwein”为使用风干葡萄酿成的酒。奥地利优质高级葡萄酒分级体系见图 3-1。

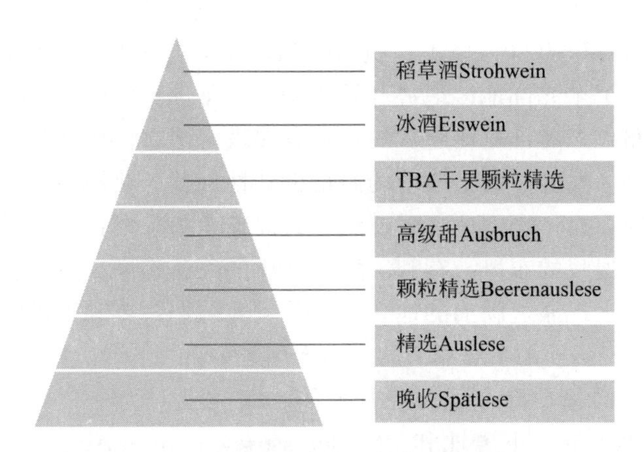

图 3-1　奥地利优质高级葡萄酒分级体系

（二）DAC（Districtus Austriae Controllatus）

该制度为奥地利借鉴法国制定的一项新的葡萄酒监管制度，这一制度体现出产区典型性，每个被认定的产区都有法定品种，只有达到“Qualitatswein”质量要求的葡萄酒才有资格上升为 DAC。截至 2020 年，奥地利 19 个葡萄产区已有 15 个加入了 DAC 体系。该级别分经典（Klassik）和珍藏（Reserve）两类，前者葡萄酒较为轻盈，后者多厚重，通常在橡木桶内有一定陈年时间。

四、栽培酿造

奥地利葡萄园分布在多瑙河两岸陡峭的山坡及低洼平原地带。葡萄栽培与酿造与德国相似。大部分酒庄拥有先进的酿造设备，多使用不锈钢罐发酵，多数未经橡木桶熟化，酿造适合年轻时饮用的葡萄酒，优质葡萄酒也会在小型橡木桶中陈年，以增加葡萄酒的层次与复杂度，新橡木桶很少使用在白葡萄酒酿造上。

五、主要品种

奥地利是一个以白葡萄品种为主导的国家，白葡萄占 70% 以上份额，但近几年红葡萄份额有逐渐上升的趋势。葡萄酒通常具有较高的果酸，香气丰富，酒精含量中等。

（一）绿维特利纳（Grüner Veltliner）

绿维特利纳是该国最有代表性的白葡萄品种，种植面积约占 1/3 的比例，通常具有清新的酸度，果香馥郁，多呈现柑橘、西柚风味，带有白胡椒以及矿物质风味。葡萄酒大多不经过橡木桶陈年，适合早期饮用。优质款也可以在橡木桶陈酿，可以与橡木完美匹配，酿造出香料、奶质、烟草等富有层次感的葡萄酒。雷司令在奥地利也有突出表现。这里是雷司令在欧洲的经典产区之一，尤其在瓦豪（Wachau）、坎普谷（Kamptal）有上佳表现，通常酒体饱满，异于德国清爽型风格，这里的雷司令果香通常更加丰富且成熟。

（二）威尔士雷司令（Welschriesling）

威尔士雷司令为奥地利第二大葡萄品种，也被称为“贵人香”，在中欧地区广泛种植。它是一种十分高产的白葡萄品种，发芽和成熟均较晚，果实酸度极佳，非常适合酿造甜白。在奥地利布尔根兰产区品质优异，是该地 BA、TBA 甜酒的主要使用品种。

（三）雷司令（Riesling）

雷司令主要分布在瓦豪、坎普谷和克雷姆斯谷等产区，虽然种植面积不大，但在奥地利表现优异。这里出产的雷司令更加饱满浓郁，充满坚果类香气，多为干型，酒体比较饱满，有着成熟的桃子等果香。和绿维特利纳一样，奥地利也有许多单一葡萄园的雷司令，有出色的陈年能力，且矿物风味明显。

（四）茨威格（Zweigelt）

1922 年，弗里茨·茨威格（Fritz Zweigelt）在奥地利使用蓝弗朗克（Blaufrankisch）和圣罗兰（St. Laurent）杂交出了该品种，取名为“Zweigelt”。多樱桃等红色水果香气，既可以酿造轻盈型葡萄酒，也可以酿造浓郁型葡萄酒，产量不同，风格多变。优质茨威格酒体饱满，颇具陈年潜力。目前，该品种是奥地利种植最广泛的红葡萄品种。

（五）蓝弗朗克（Blaufrankisch）

蓝弗朗克在奥地利名望很高，属于晚熟品种，需要种植在向阳坡，布尔根兰山坡地带表现最好。单宁中等，年轻时较为粗糙，更多浆果及香辛料的气息，结构感强，有较强的陈年潜力。

（六）圣劳伦（Saint-Laurent）

该品种为奥地利本土品种，皮薄，成熟期早，易受病菌感染，风格与黑皮诺有相似之处，颜色比黑皮诺略深，单宁柔和，有典型的酸樱桃的香气。

其他白葡萄品种还有米勒—图高、霞多丽等。其他红葡萄品种还有纽伯格（Neuburger）、灰皮诺、长相思、黑皮诺等。

【知识链接】

果味十足的绿维特利纳（Grüner Veltliner）

奥地利葡萄酒产区是指该国最东边靠近维也纳一带，阿尔卑斯山脉的高度在这里一直往下降到匈牙利的潘诺尼亚（Pannonian）大平原，大多数的奥地利葡萄酒就产在这个拥有各种不同自然条件的产区带上。板岩、沙土、黏土、片麻岩以及肥沃的黄土不一而足，还有干旱的土地、永远苍绿的山坡、陡峭的多瑙河岩壁，以及平静无波、浅浅的新锡德尔湖。

奥地利严峻的大陆性气候以及较低的单位产量，使得它所生产的葡萄酒比德国来得浓郁。最常见的葡萄品种是奥地利富含果味的特有白葡萄绿维特利纳，该品种种植面积在奥地利超过了三分之一。这种葡萄并没有非常悠久的历史，不过近50年来已证明在当地适应得不错。绿维特利纳酿造的葡萄酒可以很清新解渴，富有果香，酸度充足且常出现介于葡萄柚与莳萝之间的香气。

瓦豪是绿维特利纳的传统经典产区，在这个南北气候错综复杂的会合点，瓦豪产区镶嵌着各种不同类型的土壤与岩层。这里距离维也纳65千米，宽阔灰暗的多瑙河凿穿490米高的山丘。河流北岸的一小段峭壁，陡峭的程度犹如摩泽尔河或罗帝丘产区，葡萄树错杂在岩架与岩层上，沿着狭窄的小径从河畔往上延伸到林木葱郁的山顶，这里正是绿维特利纳与雷司令占主导地位的产区。最佳状态的绿维特利纳会泛着绿光，有着高酒精及近乎胡椒的香味。顶尖的酒款可以展现出超群的陈年实力，经长期熟成后会和优质的勃艮第一样优秀。

来源：[英]休·约翰逊著《美酒传奇　葡萄酒——陶醉7000年》

【章节训练与检测】

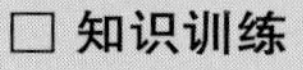

□ **知识训练**

1. 绘制奥地利葡萄酒产区示意图，掌握产区名称及地理坐标。

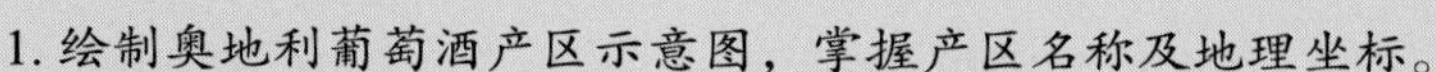

2. 介绍奥地利风土环境、分级制度、主要品种及葡萄酒风格。
3. 对比奥地利与德国葡萄酒法定分级制度。

□ **能力训练**（参考《内容提要与设计思路》）

【拓展阅读】

奥地利葡萄酒 & 旅游　奥地利葡萄酒 & 美食

第二节　主要产区 *Main Regions*

【章节要点】

- 识别奥地利主要产区名称及地理坐标
- 能说出奥地利主要产区与主要栽培葡萄品种对应
- 理解奥地利各产区葡萄酒风格形成的风土与人文因素
- 掌握奥地利主要产区风土环境、栽培酿造及葡萄酒风格

奥地利有四大产区，分别是下奥地利（Niederosterreich）、布尔根兰（Burgenland）、施泰尔马克（Steiermark）和维也纳（Wien/Vienna），其中前二者葡萄种植面积居多，约占 90% 以上。

一、下奥地利（Niederosterreich）

这里是奥地利出产葡萄酒的核心产区，也是奥地利最大的产区。它地处奥地利的东部，北部与斯洛伐克接壤。下分 8 个子产区，大部分葡萄园都坐落于多瑙河的河岸以及斯洛伐克（Slovak）边界处。

【产区名片】

地理位置：奥地利东北部
气候类型：大陆性气候
年均降雨量：400 毫米
葡萄园所在海拔：400 米

土壤类型：原岩、黏土、黄土、碎石、沙质土等

（一）地理风土

在美丽的多瑙河两岸陡峭的山坡上，葡萄园多以梯田分布，葡萄可以更好地吸收光照，多瑙河也可起到反射太阳光和平衡温度波动的作用。多数葡萄园海拔在200米处，部分可上升到400米处，为葡萄生长提供绝佳环境。该地属于凉爽的大陆性气候，漫长而干燥的秋季加上出色的昼夜温差能让葡萄获得充分的风味和成熟度。在酿造时，装瓶前有时会使用大型的旧橡木桶熟化一段时间，其充足的品种果香和矿物质气息会随着陈年进一步发展出蜂蜜和烘烤的风味。最优质的单一葡萄园的出品能在质量甚至风格上与最出色的勃艮第白葡萄酒媲美，干型的雷司令的酒体通常比法尔兹和阿尔萨斯的风格更为饱满。

（二）主要品种

下奥地利包括奥地利15个官方葡萄酒产区中的8个，每个产区的葡萄酒风格和类型都各不相同。该地区种植着多种不同的葡萄品种，绿维特利纳和雷司令占主导地位。黑皮诺和圣劳伦在整个地区种植，可酿制出高品质的葡萄酒，尽管它们被排除在DAC分类之外。

（三）主要子产区

1. 瓦豪（Wachau）

瓦豪以盛产优质的绿维特利纳和雷司令而著称，这两个品种也是瓦豪晋升为DAC后法定的两个品种。该地区葡萄酒大部分不进行橡木桶陈年，一般为干型风格，优质款可以与勃艮第相媲美。瓦豪地区还建立了一套属于自己的等级制度，分为芳草级（Steinfeder）、猎鹰级（Federspiel）和蜥蜴级（Smaragd）三个等级。“Steinfeder”是当地的一种轻如羽毛的草类植物，该等级酒最为清淡，酒精度一般不超过11.5%vol，新鲜感十足，果味充沛，非常适合做开胃酒。“Federspiel”这一级别名称来自当地的猎鹰，酒体中等，酒精度要求为11.5%~12.5%vol，适合开胃或佐餐。“Smaragd”这一名称来自当地的一种祖母绿蜥蜴，是瓦豪分级里最优质的酒款，酒精度要求至少为12.5%vol，葡萄成熟度高，果香四溢，酒体丰盈饱满，优质款适合陈年，适合搭配各类佐餐类、海鲜类菜肴，与亚洲料理也非常搭配。威非尔特（Weinviertel DAC）产区也是该地著名产区，是绿维特利纳的核心种植区域，如果酒标显示DAC等级，葡萄酒只能允许使用该品种。葡萄酒多果味、多酸，优质款会在橡木桶陈年。漫长干燥的大陆性气候延长了葡萄的生长周期。葡萄园多分布在多瑙河岸边的梯田上，昼夜温差大，葡萄酒有优异的平衡性，

酒质突出。瓦豪产区葡萄酒分级见表 3-1。

表 3-1　瓦豪产区葡萄酒分级

等级划分	描述及风格
芳草级（Steinfeder）	最清淡级别，酒精度一般不超过 11.5%vol，新鲜感十足，取名于当地一种草名
猎鹰级（Federspiel）	名称来自当地的猎鹰，酒体中等，酒精度要求为 11.5%~12.5%vol
蜥蜴级（Smaragd）	酒精度要求至少为 12.5%vol，葡萄成熟度高，果香四溢，酒体丰盈饱满的干型白

2. 威非尔特（Weinviertel DAC）

广阔的威非尔特从南部的多瑙河一直延伸至北部的捷克边境、西部的曼哈茨伯格（Manhartsberg）和东部的斯洛伐克边境。这里气候干燥凉爽，有助于在葡萄酒中保持重要的酸度和新鲜度；土壤多为黄土及岩石，适合绿维特利纳与雷司令的生长，这里也因此是奥地利第一个绿维特利纳品种的法定 DAC 产区。要标注 DAC，法律规定其必须为使用绿维特利纳酿造的轻柔新鲜、充满果香的且不能有明显橡木影响的风格，干型且酒精度至少 12%。珍藏级别（Reserve）则要求酒精度至少 13%，允许有木桶熟化或贵腐特征。

威非尔特面积很大，涵盖下奥地利的大部分北部区域。这里大部分地区平坦肥沃且干燥，米勒—图高和威尔士雷司令占据了主要的产量，同时也有不错的白皮诺和雷司令种植在此。由于产区面积很大，葡萄酒的风格也很多，有一些地区能生产贵腐甜酒、不错的红酒以及奥地利起泡酒。

3. 坎普谷（Kamptal DAC）

该产区名称源于流经峡谷的坎普河，这里因出产高品质的 DAC 雷司令及绿维特利纳葡萄酒而著名。拥有各种不同的土壤，包括黄土砾石、原生岩及火山元素的土壤，这里既有来自东部潘诺尼亚平原的炎热也有西北部森林区的凉风，二者的结合造就了昼热夜凉的独特气候，葡萄在富有细腻、微妙的芳香的同时，保留了其天然充满活力的酸度。该地的雷司令多浓烈、富矿物气息，陈酿潜力突出。

4. 克雷姆斯谷（Kremstal DAC）

该产区北倚坎普谷，南邻瓦豪，于 2007 年成为奥地利第 4 个法定 DAC 产区认证，出产充满活力、辛辣味的绿维特利纳及细腻、矿物质丰富的雷司令葡萄酒（两大法定品种）。该产区有两种类型土壤：黄土，密度高，蓄水力强，是绿维物利纳的最佳种植地；沙石土壤则最为适宜雷司令的种植。产区附近森林区凉爽、潮湿的北风与潘诺尼亚平原温暖、干燥的东部季候风在克雷姆斯谷交会，使该地区具有如同瓦豪和坎普谷产区般多样化的气候。该地通常出产两种类型葡萄酒：经典葡萄酒（酒精度最少 12% vol）、珍藏级佳酿（酒精度最少 13% vol）。这里除了出产优雅的白葡萄酒绿维特利纳和雷司令外，也生产白皮诺以及柔和丰富的红酒。

5. 特莱森谷（Traisental DAC）

该产区位于奥地利北部，与克雷姆斯谷相邻，葡萄栽培面积较少，2006年成为 DAC 法定产区。土壤构成主要是含钙沉积岩，法定葡萄品种是雷司令和绿维特利纳。这些葡萄主要种植在窄梯田上干旱的垩白砾石土壤，葡萄酒多呈现独特的风味、酒体浓郁、结构紧凑，同时还具有充满活力的酸度与矿物风味，葡萄酒具备陈酿的潜力。潘诺尼亚平原气候与阿尔卑斯山习习凉风造就该地区昼热夜凉的特殊气候，为出产精致、微妙香气和优雅香辛料葡萄酒提供完美条件。葡萄酒与地方菜完美配搭，如鸡鸭鱼肉菜肴、地中海风味菜肴以及略带腥味的贝类海鲜等。

6. 卡农顿（Carnuntum）

卡农顿是奥地利最大的农业地带。该产区从维也纳城一直延伸至东部的斯洛伐克共和国边境。葡萄园分布在多瑙河以南的三个主要山地：莱塔山脊、阿拜斯塔尔山区及海恩堡（Hainburg）周围的山脉。这里是一个温暖的产区，土壤构成主要是石质、致密黄土壤或沙及砾石，这些土壤为红酒的酿制提供了最佳条件，此产区广泛种植了土生土长的蓝弗朗克以及国际品种赤霞珠和美乐等。白葡萄酒产量较小，主要用绿维特利纳酿制。

7. 瓦拉格姆（Wagram）

该产区从西部的多瑙河畔克雷姆斯（Krems）一直延伸到东部距离维也纳北方约 13 千米的克洛斯特新堡（Klosterneuburg）小镇。产区土壤多以沉积作用形成的深层黄土为主，主要葡萄品种有绿维特利纳、雷司令以及红维特利纳（Roter Veltliner）等，具有典型土壤风味，酒体浓郁。

8. 温泉区（Thermenregion）

该产区位于维也纳以南，气候相对温暖，夏季炎热，秋季干燥少雨。地质条件多样，包括黏土、砂土、石灰岩含量高的黄土以及风化层的砂质土壤和冲积矿床，有利于排水和保暖。这里以盛产醇厚的白葡萄酒和浓郁的红葡萄酒出名，主要葡萄品种有仙粉黛、黑皮诺、红基夫娜（Rotgipfler）及圣罗兰等。

二、布尔根兰（Burgenland）

该地地处奥地利东部地区，与匈牙利接壤，气候温暖干燥，以生产高品质的干红与甜白葡萄酒著称，是奥地利第二大葡萄酒产区。

【产区名片】

地理位置：奥地利东部，东面与匈牙利接壤

气候类型：亚炎热大陆性气候

平均海拔：200 米

土壤类型：页岩、黏土、泥灰岩、黄土及沙质土壤

（一）地理风土

新锡德尔湖（Neusiedlersee）是位于该省份北部的一个宽阔的浅湖，这里的葡萄园受该湖影响大。葡萄园主要位于靠近湖泊的低洼地带，秋季受湖水的影响，葡萄园被笼罩了一层浓浓的雾气，这为滋生贵腐菌提供了绝佳的气候条件，成就了该地盛产贵腐甜酒的美名，这一带几乎年年都能生产贵腐甜酒。由于周边的葡萄园位于平原之上且产量较大，再加上每年稳定的气候条件，这里的贵腐酒价格相比法国和德国更有优势。

（二）主要品种

新锡德尔湖是 DAC 产区，法定品种为茨威格，品质优异，广受关注，是布尔根兰产区种植最广泛的红葡萄品种。红葡萄品种主要分布于远离湖泊的山坡地区，这里气候较为干燥，非常适宜该品种的生长。主要红葡萄品种包括蓝弗朗克、圣罗兰以及黑皮诺和美乐、赤霞珠等国际品种。威尔士雷司令是酿造甜白的主要品种，主要类型有 BA、TBA、Ausbruch 以及稻草酒等，其他白葡萄品种有绿维特利纳、白皮诺及霞多丽等。

（三）主要子产区

1. 新锡德尔湖（Neusiedlersee DAC）

新锡德尔湖是奥地利著名旅游景观，2001 年，新锡德尔湖和沿湖地区历史悠久的城镇与乡村建筑形成独特的文化景观，作为文化遗产列入《世界遗产名录》。这里地势非常平缓，四周长满了齐腰的芦苇，在这种浅水湖里，漫长而温暖的秋季总是笼罩着薄雾，这样的环境很适合贵腐菌生长，加上稳定的气候，造就了这里绝美的贵腐甜酒，该地出产的 BA、TBA 葡萄酒品质都非常优异。

2. 雷德堡（Leithaberg DAC）

雷德堡位于奥地利雷德山脉布尔根兰一侧，新锡德尔湖南部。2009 年，成为第六个加入奥地利 DAC 体系的葡萄酒产区，并且是第一个红、白葡萄酒都加入 DAC 分级体系的产区。法定葡萄品种包括绿维特利纳、霞多丽、纽伯格（Neuburger）、蓝弗朗克（Blaufrankisch）、白皮诺（Weissburgunder）。该地区因雷德山脉与新锡德尔湖双重影响，葡萄既能获得足够的成熟度，又可以保留天然果味与鲜美的口感。土壤含有大量石灰质和页岩，壳灰岩令葡萄含少许盐分，口味高贵，土壤中的页岩使葡萄酒酒体均衡、酒香逼人。这里的葡萄酒多酒体紧致，有活力，口味层次感分明，含有矿物味，酒体相对浓郁，酒精含量介于 12.5% 至 13.5%。

3. 罗萨莉亚（Rosalia DAC）

该产区以红葡萄品种种植为主，法定品种为蓝弗朗克、茨威格，当地还有一种奥地利几种法定红葡萄品种做的桃红葡萄酒。

4. 中布尔根兰（Mittelburgenland DAC）

该产区靠近新锡得尔湖，与匈牙利相邻。中布尔根兰是奥地利最大的红葡萄酒产地。在这片迷人的丘陵地带的或沙型黏土或厚重黏土土壤上生长有奥地利大部分最著名的红葡萄——蓝弗朗克（DAC 法定品种），用它可以酿造世界一流的红葡萄酒。厚重、拥有良好储存水能力的熟黏土为蓝弗朗克葡萄生长提供先决条件，葡萄酒呈现浓郁醇厚、高单宁高酸、酒体丰满的特点。该地区为奥地利最优质的蓝弗朗克红葡萄酒的法定产区，优质酒款通常在新桶内陈年。该地其他品种还有茨威格、赤霞珠与美乐等。

5. 艾森伯格（Eisenberg DAC）

艾森伯格位于布尔根兰州南部，与中布尔根兰产区一样，蓝弗朗克依然是当地主打品种，是这里的明星品种。该地葡萄酒风格比中布尔根兰产区要清淡些，因为土壤含铁量高，葡萄酒有着特别的矿石和辛香味。该产区在 2008 年成为奥地利 DAC 产区，地中海气候和大陆性气候在这里交会，从东部到南部，除了受潘诺尼亚平原气候影响外，也受邻近施泰尔马克气候的影响。整个产区土壤致密，以沙土和黏土为主，土壤中富含铁质。在陡峭的山上以页岩土壤为主，培育出的葡萄果味十足，富含矿物质风味。丘陵地带黏土土壤深厚，含铁量高，为丹宁酸结构提供了天然保障。这里的葡萄酒口感醇厚、果香清新、酒味芳香如樱桃或黑莓，酒体均衡，单宁怡人。

三、施泰尔马克（Steiermark）

施泰尔马克位于奥地利的南部，产量与北部相比规模较小，占7%左右，主要有南施泰尔马克（Südsteiermark）、西施泰尔马克（Weststeiermark）、东南施泰尔马克（Südoststeiermark）三个子产区，这些子产区全部为DAC产区，主要以威尔士雷司令、长相思、白皮诺、灰皮诺、霞多丽、塔明娜为主，其中威尔士雷司令、长相思、霞多丽最为出名。这里土壤条件良好，土壤由麻岩、片岩、黏土以及原生风化石等组成，出产的葡萄酒多以新鲜、芳香型干白葡萄酒为主，塔明娜是这里的特产，另外，当地一种名为西舍尔（Schilcher）的桃红葡萄酒也负有盛名。

【产区名片】

地理位置：奥地利东南部，第二大联邦州，首府是格拉茨

气候类型：地中海式气候过渡带

平均海拔：560米

年均降雨量：800毫米

土壤类型：南部黏土、石灰岩；西部麻岩、片岩；东南部火山岩、玄武岩等

四、维也纳（Wien）

该产区多出产简单、易饮型葡萄酒，大多用绿维特利纳酿造而成，酒体轻盈，偶尔出产珍藏级优质葡萄酒。值得注意的是这里是奥地利国际葡萄酒展览会（Vie Vinum）的举办地，每两年举办一届，是该国最隆重的葡萄酒盛会，也是人们了解奥地利葡萄酒的重要窗口，每年吸引大量酒商聚集。

【产区名片】

产区位置：奥地利东南部，多瑙河畔，首都圈

气候类型：中欧型气候，大陆气候，受大西洋影响

土壤类型：页岩、黏土、泥灰岩、黄土、沙质土壤

主要品种：绿维特利纳、茨威格、葡萄牙人、威尔士雷司令、雷司令、蓝弗朗克

气象观测点：维也纳

纬度 / 海拔：48.04°N/180 米
7 月平均气温：19.8℃
年均降雨量：665 毫米
9 月采摘季降雨：40 毫米
种植威胁：春霜

【拓展对比】

2019 年贵人香干白采收情况报告

宁夏长城天赋酒庄是国内少数几家引入种植贵人香葡萄的酒庄之一，该酒庄于 2009 年引种，目前贵人香已有 10 年树龄，种植面积为 61 亩，该品种已具有较强的风土适应性。

2019 年 6 月，银川出现持续 10 天的阴雨天气，平均降水量 54.9 毫米，较常年 6 月偏多 43%，充分保证了葡萄苗前期生长出梢所需水分。接下来的 3 个月，降水明显偏少，气温也平稳缓和，昼夜温差大，整个产区夏季之凉爽近 15 年罕见。夏季全区平均气温 21.1℃，为近 15 年的同期第二低值。这样的天气过程对于葡萄园而言堪称完美。所不同的是，由于较为凉爽的夏季，2019 年葡萄酒表现出更多的成熟度和糖酸平衡感。天赋酒庄贵人香干白采用手工采摘分选，气囊柔性压榨取汁，以干白葡萄酒发酵工艺进行发酵。葡萄汁的糖度为 220g/L，总酸为 7.7g/L，酒精发酵结束后酒精度为 12.5% vol。目前，该款葡萄酒以果香型为主。

2019 年贵人香干白酒评：酒体呈禾秆黄略带一抹青草嫩绿，色泽晶莹剔透。冷凉气候成就了本款酒青苹果、柠檬香气和清新优雅的酒香，仔细品味还有淡淡的蜂蜜气息，入口清爽、回味甜美。

来源：宁夏长城天赋酒庄。

对比思考：

宁夏贺兰山东麓产区的风土环境与贵人香风格特色有哪些?

知识链接：

贵人香早在 1892 年便由张裕公司引入山东烟台，20 世纪 50~60 年代我国再次从欧洲引入。目前在山东胶东半岛、宁夏、河北等地都有较多栽培。目前已有多家酒厂及精品酒庄推出单品贵人香，通常被酿造成干白、半干白或甜白风格。蓬莱君顶酒庄、国宾酒庄、山西戎子、宁夏西鸽酒庄、长城天赋酒庄、张裕龙瑜酒庄、新疆丝路等酒庄有一定量的种植。

【章节训练与检测】

□ **知识训练**

1. 对比分析奥地利主产区的风土环境及葡萄酒风格特征。

2. 介绍瓦豪产区风土环境、种植酿造点、分级及葡萄酒特征。

3. 综述奥地利主要甜型葡萄酒类型及风格特征。

□ **能力训练**（参考《内容提要与设计思路》）

□ **章节小测**

第四章
匈牙利葡萄酒 *Hungarian Wine*

第一节　匈牙利葡萄酒概况 *Overview of Hungarian Wine*

【章节要点】

- 了解匈牙利葡萄酒发展历史与人文环境
- 说出匈牙利主要红白葡萄品种及葡萄酒风格
- 理解匈牙利贵腐甜酒在世界的地位与影响

一、地理概况

匈牙利地处欧洲中部，东邻罗马尼亚、乌克兰，南接斯洛文尼亚、克罗地亚、塞尔维亚，西靠奥地利，北连斯洛伐克，地处北纬46°~49°。匈牙利全境以平原为主，80%的国土海拔不足200米，属多瑙河中游平原。多瑙河以东的匈牙利大平原，大部海拔100~150米。山地不足五分之一，东北部为喀尔巴阡山脉的一部分，海拔300~1000米。匈牙利地处北半球温带区内，是温带大陆性气候、温带海洋性气候和地中海气候的交会点，其中受大陆性气候的影响较大，属大陆性温带落叶阔叶林气候。匈牙利的气候变化较大，国内不同地区之间温度差别也较大，年平均降水量约为630毫米。匈牙利境内重要河流为多瑙河及其支流蒂萨河，包科尼山南麓的巴拉通湖，为中欧最大湖泊，巴拉通湖为淡水湖。

二、自然环境

匈牙利地形多山，土壤主要为火山岩和石灰岩，非常适宜葡萄的生长。匈牙利夏季炎热干燥，冬季严寒，但该地秋季较为特殊，经常雾气蒙蒙，这为该国的贵腐甜酒提供了绝佳天气条件。西部大湖巴拉通湖区域是该国重要

的葡萄酒产区之一。巴拉通和新锡德尔湖有利于调节大陆性气候，局部区域气候温和使得葡萄生长期变长。匈牙利东北部是阿尔卑斯山脉的余脉喀尔巴阡山（Carpathian Mountains），使园地免遭冷风的侵袭，对当地的气候有显著影响。

三、分级制度与酒标阅读

匈牙利是欧盟成员之一，因此葡萄酒法律也遵循欧盟新规。匈牙利的PDO等级的葡萄酒称为“Oltalom alatt álló Eredetmegjel lés”（OEM），该等级对应的传统名称为“Minosegi Bor”与“Vedett Eredetu Bor”，前者表示优异葡萄酒，后者表示特别优异葡萄酒，与法国的AOC级别类似。PGI等级的葡萄酒称为“Oltalom alatt álló Foldrajzi Jelzések”（OFJ），该级别对应的传统酒标标识为Tajbor，相当于法国地区餐酒VDP级别。匈牙利酒标信息除以上法定等级之外，酒标上多出现品种标识，这些品种除匈牙利当地与中欧品种之外，还有我们常见的国际品种，方便消费者识别。此外，在酒标上还常看到“Aszú”“Puttonyos”“Eszencia”等标识语，这些标识指使用一定数量贵腐菌感染的葡萄酿造而成的贵腐甜酒，具体内容详见后文对托卡伊（Tokaji）产区的介绍。

四、栽培酿造

2004年，匈牙利正式成为欧盟的一员，其葡萄酒开始走向国际社会，他们大力引入国外资本以及先进技术与酿酒设备，葡萄酒品质飞速上升。匈牙利酿酒传统发达，本土品种丰富，在国际市场的带动下，开始大量引入赤霞珠等国际品种的种植，这为匈牙利葡萄酒打入西欧市场创造了更多机会。匈牙利全境都生产红、白、桃红以及各类甜酒，风格多样。近些年来，一些年轻酿酒师大力创新风格，在传统品种上融入现代酿酒工艺，充分发挥本土品种魅力，走市场差异化发展路线，取得国际社会的认可。

五、主要品种

匈牙利主要葡萄品种有富尔民特、卡法兰克斯（Kekfrankos，即为蓝弗朗克）、哈斯莱威路（Hárslevelű）、黄麝香（Sárga Muscotály）、卡达卡（Kadarka）及雷司令等。

（一）富尔民特（Furmint）

富尔民特是匈牙利最耀眼的明星品种，匈牙利全境都有种植。该品种天然高酸，晚熟，加上当地特殊的风土环境，成为酿造托卡伊贵腐甜白葡萄酒的主要白葡萄品种，在托卡伊产区广泛种植。酿成的贵腐甜白葡萄酒年轻时一般具有浓郁的果香，陈年后能散发出丰富的坚果、麦芽糖及蜂蜜的气息。该品种也可以用来酿造干型葡萄酒，口感坚实有力，具有酸橙、苹果等馥郁的果香。

（二）哈斯莱威路（Hárslevelű）

哈斯莱威路是托卡伊甜酒的重要混酿品种，天然高酸，可以为贵腐甜白葡萄酒提供酸度。晚熟，采摘期通常在10月下旬，糖度高，有着浓郁的果香，椴树花与椴树蜂蜜的风味浓厚。

（三）黄麝香（Sárga Muscotály）

黄麝香属于小粒白麝香（Muscat Blanc à Petits Grains），具有丰富的柑橘、桃子、甜瓜、蜂蜜及香料等气息，是酿造托卡伊甜酒的第三大调配品种。

（四）卡达卡（Kadarka）

卡达卡是匈牙利重要的红葡萄品种，晚熟，耐旱，酿成的葡萄酒酒体中等，单宁柔和，是该国酿造公牛血葡萄酒的重要品种。严格管控产量，可以生产出郁、酒体丰满且具陈年潜力的优质干红。

除了本土品种以外，匈牙利也种植了大量的国际品种。灰皮诺在匈牙利有着很长的栽培历史。随着灰皮诺在国际市场的流行，其在匈牙利的地位也有所上升。大部分出口的风格为简单、易饮风格。品丽珠在匈牙利南部展现出了酿造酒体饱满、风味复杂的葡萄酒的潜力。其他的一些国际品种，如赤霞珠、美乐、黑皮诺、西拉、霞多丽和长相思等在匈牙利都有广泛种植。许多运营状况良好的酒庄都会选择酿造便宜、易饮但风味不错的国际品种葡萄酒，大部分出口到国际市场。

【拓展案例】

“酒中之王，王室之酒”

路易十四十分钟爱托卡伊葡萄酒，称它为“酒中之王，王室之酒”，法国上下立刻也跟着对这种酒不遗余力地大加赞赏。但路易十四并没有出手援助匈牙利人。奥地利及其包括英国在内的同盟军赢得这次外交战的胜利。从此以后，匈牙利人开始了哈布斯堡王朝统治下的生活。不过在1700年，拉科齐家族就已根据托卡伊的葡萄园土壤条件和地理位置，将出产的酒的品质划分为三个等级。这是欧洲最早实行等级划分的葡萄酒产区。这种做法在1723年

很快被新成立的哈布斯堡政府批准通过了。

来源：［英］休·约翰逊著《美酒传奇　葡萄酒——陶醉7000年》

案例思考：

托卡伊甜酒的历史地位与贡献。

案例启示：

通过探析匈牙利人最早对托卡伊葡萄酒进行等级划分的案例，启迪学生领悟匈牙利人勇于实践、敢于创新的首创精神，增强学生对葡萄酒产业所体现出的人与自然和谐共处理念的认知。

【章节训练与检测】

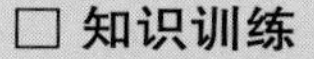

☐ **知识训练**

1. 绘制匈牙利葡萄酒产区示意图，掌握主要产区名称及地理坐标。

2. 归纳匈牙利风土环境、分级制度、主要品种及葡萄酒风格。

☐ **能力训练**（参考《内容提要与设计思路》）

【拓展阅读】

匈牙利葡萄酒&旅游

匈牙利葡萄酒&美食

第二节　主要产区 *Main Regions*

【章节要点】

- 识别匈牙利主要产区名称及地理坐标
- 理解托卡伊产区葡萄酒风格形成的风土与人文因素
- 掌握匈牙利公牛血葡萄酒的风格特征
- 归纳托卡伊甜酒酿造方法及主要类型

匈牙利共有22个葡萄酒产区，其重要的葡萄酒产区有托卡伊（Tokaj）、埃格尔（Eger）、维拉尼（Villany）、马特拉（Matraalja）、塞克萨德（Szekszárd）、巴拉通（Balaton）等。

一、托卡伊（Tokaj）

托卡伊是一个坐落于距匈牙利首都布达佩斯东北部大约200千米的小镇，靠近斯洛伐克和乌克兰。该地区是联合国教科文组织评定的世界遗产，也是匈牙利著名的葡萄酒产区。这里出产闻名世界的托卡伊贵腐甜白葡萄酒，是世界上最早酿制贵腐甜白葡萄酒的产区。

【产区名片】

产区位置：布达佩斯东北部
气候类型：大陆性气候
种植面积：约6000公顷
气象观测点：托卡伊村
7月平均气温：21.3℃
纬度/海拔：47.30°N/130米
年均降雨量：590毫米
10月采摘季降雨：50毫米
种植威胁：秋雨、灰霉菌
土壤类型：黏土、黄土等

（一）地理风土

该产区的葡萄园多分布在名叫博德罗格河（Bodrog）和蒂萨河（Tisza）两条河流两岸及山间的斜坡上，早晚高湿度的气候与充足的阳光交相更替，这为该地贵腐甜酒创造了极佳的微气候。该产区大部分的土壤都由黏土构成，靠近南部的大部分地区特别是托卡伊山麓还会有黄土。黏土和黄土组合的土壤种植出的葡萄可以酿造酒体圆润、香气充足并且酸度较低的托卡伊葡萄酒。

（二）栽培酿造

该地葡萄酒类型多样，通常使用富尔民特、哈斯莱威路（Hárslevelű）、黄麝香（Sárga Muscotály）以及泽塔（Zeta）酿造而成。托卡伊一直是世界非常重要的贵腐葡萄酒出产地，在世界上享受盛誉，通常酿造的甜酒色泽金黄或棕黄，并伴随非常丰富的柑橘、柚子、肉桂、丁香等香气，果香馥郁，酸

甜平衡。市场最常见的贵腐甜白类型有三种：

1. 托卡伊萨摩罗德尼（Tokaji Szamorodni）

该酒由轻度感染贵腐菌葡萄（Aszú）与无贵腐菌感染葡萄（Non Aszú）混合酿造而成。该词汇来自波兰文，意思为“自然而然的”（As it grown），又被称为类贵腐甜酒。因为有些年份贵腐葡萄产量可能达不到预期，出于成本考虑，葡萄农会将全部的葡萄一起采收，不再一一挑出贵腐葡萄，这样将混合着贵腐与新鲜葡萄一起酿造出的就是“Szamorodni”。这类酒按甜度分为甜型（Sweet）与干型（Dry）两种，取决于酿造时所使用的葡萄有多少受到贵腐菌的影响。而甜的“Szamorodni”至少需含有 30g/L 的糖。

2. 托卡伊阿苏（Tokaji Aszú）

该酒使用受到贵腐菌感染的葡萄（Aszú）酿造而成，酒精度最少为 9%vol，最少陈年时间为 3 年，其中橡木桶内陈年时间为 18 个月。酿造该类型甜酒，首先要把 Aszú 分开采收并把果浆压成糊状，这些黏稠的果浆被加入干型基酒内，以大约 25 千克为一筐的量，加入筐数越多，葡萄酒残糖量越高。我们在酒标上能看到“Puttonyos”的标示，这一术语为贵腐甜白糖分分级单位。不同 Aszú 类型及含糖量见表 4-1。

表 4-1　不同 Aszú 类型及含糖量

类型	每升含糖量
3 puttonyos（2013 年已取消）	60g/L
4 puttonyos（2013 年已取消）	90g/L
5 puttonyos（2013 年改为 Tokaj Aszú）	120g/L
6 puttonyos	150g/L
Aszú Eszencia	180g/L
Tokaji Eszencia	450g/L

3. 精华（Esszencia）

该类型是托卡伊的顶级贵腐甜酒，只有最好的年份才会出现，价格较高。分两种类型，一种为“Aszú Esszencia”，相当于 7~8 筐贵腐葡萄，糖分含量约在 180g/L。第二类为“Tokaji Esszencia”，含糖量高达 450g/L，被称为甜酒中的极品，仅使用 Aszú 的自流汁酿造而成，通常酒精度为 5%vol 左右。这类甜酒柔滑浓稠，常带有果干、杏仁、蜂蜜及咖啡、巧克力等的香味，唇齿留香，久久不绝。

托卡伊甜酒市场上的主要风格有古典派与现代派两种，古典派葡萄酒陈年时间较长，呈琥珀色泽，高酸，带有浓郁芬芳的香气，通常有橘子酱、杏、蜂蜜、黑面包、烟熏、咖啡、焦糖等风味；现代派的托卡伊则不受严格的酿造法规限制，甜度较低，更符合年轻人的口味。另外，现代的酿酒方式通常会减少葡萄酒在木桶里陈年的时间，多保留其纯美的水果果香，一般在酒标上标注“Late Harvest”（晚采收）的字样。此外托卡伊也有干型风格，在贵腐年份较少的时间，酒庄则会酿造干型葡萄酒，使用富尔民特酿造，风格多样。

二、埃格尔（Eger PDO）

该产区位于匈牙利北部，葡萄酒历史悠久，位于布达佩斯东北 130 千米，邻埃格尔河。这里以举世闻名的公牛血葡萄酒而著称于世，这种酒至少由 3 种葡萄混酿而成，主要包括卡法兰克斯（Kekfrankos）、卡达卡、基科波图（Kekoporto，即葡萄牙人 Portugieser 葡萄），此外还有赤霞珠、品丽珠、美乐、黑皮诺及西拉参与混酿公牛血单宁丰富，有浓郁香辛料味，结构感较强。酒标上如果标注了“Superior”一词，表示酒庄至少选用了 5 个品种，且 30%~50% 必须为卡法兰克斯。该产区气候温暖，赤霞珠等国际品种种植有扩大趋势。埃格尔产区的葡萄园面积约为 6000 多公顷，位于比克山（Bükk Mountains）的南部山坡上。东北部的比克山和西部的马特拉山（Matra）能使葡萄园免遭寒风侵袭。此地处于北纬 47.5°，同阿尔萨斯南部、夏布利（Chablis）、巴登（Baden）和新锡德尔湖丘陵（Neusiedlersee-Hugelland）的纬度相似，这些产区普遍被认为是凉爽的，然而埃格尔所处的位置和大陆性气候使得此地夏季温度较高。土壤类型为黑色的流纹岩，下层土为中新世流纹岩、黏土、板岩和流纹岩。当地其他品种还有蓝布尔格尔（Blauburger）、品丽珠、赤霞珠、美乐、蓝梅多克（Kekmedoc）、茨威格和少量的黑皮诺。

【产区名片】

地理位置：布达佩斯东北 130 千米
气候类型：大陆性气候
平均海拔：500 米
纬度坐标：北纬 47.5°
土壤类型：流纹岩、黏土、板岩

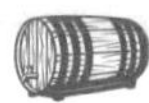

三、维拉尼（Villany PDO）

该地位于匈牙利的最南段，气候较为温暖，临近克罗地亚边界。该国第一个完整的原产地保护制度先从此地发展起来，以出产优质的红葡萄酒而著称。该产区属于大陆性气候，间或受到地中海气候的影响，夏季炎热干燥，冬季温和，日照时间长。产区内山脉多以东西走向为主，可以有效预防北方来的冷空气。该产区土壤主要为黄土与黏土质。主要葡萄品种有卡法兰克斯（蓝弗朗克）以及赤霞珠、品丽珠等国际品种。卡法兰克斯在这里表现优异，主要呈现丰满浓郁风格；品丽珠也表现极佳，主要种植在当地的向阳坡，口感丰富，又不失新鲜感，活力十足。在该地区波尔多式混酿也很流行，部分优质饱满型葡萄酒在橡木桶内陈年，香气突出，口感柔顺，广受关注。

【产区名片】

地理位置：布达佩斯以南224千米处，临近克罗地亚边界
气候类型：大陆性气候
平均海拔：90~305米
纬度坐标：北纬46°
土壤类型：火山岩、黄土、红色黏土和棕色森林土

四、马特拉产区（Matraalja）

该产区位于匈牙利东北部，距离首都布达佩斯80千米，主要分布在马特拉山的南麓。这里地处北纬46°，属于温和的大陆性气候，兼受地中海及大西洋气候的双重影响，这为当地增添了潮湿的气流。欧洲第二大河多瑙河从斯洛伐克流入匈牙利，恰好穿过马特拉葡萄园，又为当地解决了水源问题。另外，该地西部为阿尔卑斯山脉，东北部为喀尔巴阡山脉，自西向东北连成一线，把马特拉葡萄园环抱其中，完美地阻挡了三个方向的强风袭击，为葡萄提供了最佳温和气候。该地土壤也有其优势，马特拉群山属于一个千年火山群，土壤多为肥沃的火山灰，玄武岩颗粒、火山岩、凝灰岩与黄土混合在一起，土壤富含微量元素和白主。这使得所酿葡萄酒酸味浓郁、均衡、优雅且持久，质量突出。这里白葡萄品种主要有雷司令、灰皮诺、琼瑶浆和麝香，红葡萄品种多为卡达卡。

五、塞克萨德（Szekszárd PDO）

该产区位于匈牙利南侧，托尔瑙州首府（Tolna County），在欧里阿什山东北麓山丘上，近希欧河畔，东北距布达佩斯128千米。塞克萨德葡萄酒产区以出产优质的红酒而闻名。这里以温暖的大陆性气候为主，光照强烈，昼夜温差大，所产的葡萄酒既能保留活泼的酸度，又能够完全成熟，果味充沛。该产区波尔多品种众多，品丽珠及美乐等多有种植，还有匈牙利的本土品种蓝弗朗克（Blaufrankisch）。该产区也出产一些白葡萄酒，主要用威尔士雷司令、霞多丽酿造，通常在橡木桶内陈年。在气候凉爽的区域通常酿造无橡木桶风格、酒体轻盈的葡萄酒。

六、巴拉通产区（Balaton PDO）

该产区属于位于匈牙利巴拉通湖北岸的PDO葡萄酒产区。主要酿酒品种有威尔士雷司令、灰皮诺、霞多丽、绿维特利纳、长相思及米勒—图高等。葡萄种植区主要在湖北部石灰岩山谷的山坡上，多种表土覆盖在富含钙的石灰之上。这里受来自巴科尼山脉山谷和巴拉通湖的冷空气的强烈影响。炎热的夏天会变得相对温和，晚上气候凉爽，为生产出色的白葡萄酒提供条件。

悠久历史积淀下的匈牙利酿酒业除了有独具特色的Tokaji Aszu、公牛血及本土品种的干白葡萄酒之外，国际葡萄品种的引入使得匈牙利葡萄酒种类丰富多彩起来。葡萄酒酿酒产业也迎合市场发展不断创新改革，外界对它的关注越来越多。葡萄酒休闲旅游及品酒活动的开展也促进了匈牙利葡萄酒产业的发展。作为旧世界葡萄酒生产国重要的组成部分，匈牙利正展示出自己独具特色的魅力。目前我国市场上匈牙利葡萄酒的推广也有了较快的发展，但仍然以贵腐甜白葡萄酒最受关注，并在一、二线城市发展快速，深受女士欢迎。

【拓展对比】

高原产区的贵腐甜酒

香格里拉威代尔贵腐葡萄酒选用世界自然遗产“三江并流”核心区海拔2100~2680米的威代尔葡萄为原料，晚采后果实感染灰葡萄孢，早上潮湿的气候有利于灰葡萄孢的滋生蔓延，中午后的干热天气使果粒水分蒸发脱水，产

生独特的芬芳，经手工采摘、粒选及压榨，低温发酵，精心酿制而成。

酒评：呈金黄色，清亮透明，具有浓郁的花果香、蜂蜜及干果等香气，入口柔滑细腻、醇厚甜润，余味悠长，风格独特。

来源：云南香格里拉酒业

对比思考：

世界主要贵腐甜酒产区的形成因素及葡萄酒风格有何不同？

知识链接：

贵腐葡萄属于特殊天气下形成的拥有特殊风味的葡萄类型，对生长环境要求较为严苛，其采摘及酿造过程也较为繁杂。云南出产贵腐葡萄酒的香格里拉产区，位于迪庆的三江并流之地，地形地貌复杂，这里作为典型的高海拔产区，其葡萄栽培、酿造及运输生产等多方面存在难度高、强度大等特点。

【章节训练与检测】

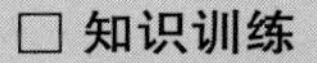

□ **知识训练**

1. 对比匈牙利托卡甜酒与法国苏玳甜酒不同之处。
2. 描述匈牙利托卡伊葡萄酒风格类型及风格。
3. 综述匈牙利托卡伊甜酒形成的风土环境及历史地位。
4. 介绍匈牙利公牛血葡萄酒的酿造特点及风格特征。

□ **能力训练**（参考《内容提要与设计思路》）

□ **章节小测**

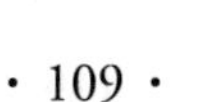

第五章
意大利葡萄酒 *Italian Wine*

第一节　意大利葡萄酒概况　*Overview of Italian Wine*

【章节要点】

- 列出意大利各产区位置、名称、代表性葡萄品种及酒的风格
- 了解意大利突出的地形特征，包括主要的山脉与水体
- 理解意大利地形特征对葡萄栽培与酿造的影响
- 识别意大利主要产区名称及地理坐标

一、地理概况

意大利地处欧洲南部地中海北岸，在北纬 36°~47°。其领土包括阿尔卑斯山南麓和波河平原地区，亚平宁半岛及西西里岛、撒丁岛和其他的许多岛屿。亚平宁半岛占其全部领土面积的 80%，80% 国界线为海界。东、西、南三面邻地中海的属海亚德里亚海、爱奥尼亚海和第勒尼安海，与突尼斯、马耳他和阿尔及利亚隔海相望。意大利气候类型多样，从北部凉爽的大陆性气候到南部温暖的地中海式气候。海岸线长约 7200 多千米。意、法边境的勃朗峰海拔 4810 米（阿尔卑斯山脉最高点），是欧洲第二高峰。多火山和地震，亚平宁半岛西侧有著名的维苏威火山，西西里岛上的埃特纳火山是欧洲最大的活火山。

二、自然环境

意大利气候类型比较复杂，全境呈靴子式狭长地形，从北到南跨越了 10 个纬度，这给意大利带来了多种多样的土壤资源与气候。受山脉、海洋、火山等影响大，各地气候有很大差别。意大利大部分地区属亚热带地中海型气

候。根据意大利各地不同的地形和地理位置，全国分为以下三个气候区：南部半岛和岛屿区、马丹平原区和阿尔卑斯山区。这三个区的气候各有不同的特点，北部属于四季分明的大陆性气候，中部、南部地区则受地中海气候影响大，干燥少雨，火山石、石灰石、砾石、黏土等土壤环境也丰富多样。这些充满变化与丰富个性的自然条件为意大利葡萄种植提供了绝佳的生长环境，酿出了性格迥异、富有特点的葡萄酒。意大利与法国一样是世界上少有的全境都种植葡萄与酿造葡萄酒的国家，甚至有人称“意大利由南至北简直就是一座大型葡萄园”，可以看出这与它得天独厚的自然条件有直接的关系。

三、分级制度

意大利葡萄酒法律实施时间远远晚于法国。等级划分于1963年开始实施，遵循欧盟基本的优质葡萄酒与餐酒两个等级，每个基本级别分为两个子等级：优质葡萄酒分为 DOCG 与 DOC 两个子等级，餐酒分为 IGT 与 VDT 两个子等级。

（一）DOCG（Denominazione di Origine Controllata e Garantita）

DOCG 表示优质法定产区葡萄酒，是意大利葡萄酒的最高级，在葡萄品种、采摘、酿造、陈年的时间与方式等方面都有严格管制，5 年以内陈年的优质 DOC 可以上升至 DOCG。所有 DOCG 葡萄酒在装瓶之前，都必须由意大利农业部的专业人士进行品鉴；已批准为 DOCG 的葡萄酒在瓶子上带有政府的质量印记，红葡萄酒为粉红色纸圈，白葡萄酒为淡绿色纸圈，约占总产量的 5%。截至 2021 年 1 月，意大利共有 76 个 DOCG。

（二）DOC（Denominazione di Origine Controllata）

DOC 指法定产区葡萄酒，类似法国的 AOC 葡萄酒，指在特定的地区内用指定的葡萄品种、酿造方法和陈年期限标准酿造的酒。从生产周期到装瓶都要严格按照一定标准与规定进行。在瓶颈处印有 DOC 的标记，并写有号码，约占总产量的 25%。目前意大利有 300 多个 DOC。

（三）IGT（Indicazione Geografica Tipica）

IGT 为地方餐酒，相关法规宽泛，一般体现产地、主要使用葡萄品种等，指意大利某地区酿制的具有地方特色的葡萄酒。它对葡萄的产地有一定规定——要求酿制葡萄的原料至少有 85% 来自所标定的产区，同时必须由该地区的酒商酿制。由于这一级别没有 DOC 与 DOCG 严格的规格限制，很多地方都在尝试采用国际葡萄品种酿造并取得了很好的效果。例如托斯卡纳地区的将赤霞珠、美乐和桑娇维塞等品种调配在一起的超级托斯卡纳（Super

Tuscans）就是最典型的代表。这一等级的葡萄酒在意大利产量较大，国际流行品种多标识为 IGT 级别，不乏品质优秀、售价不菲的精品，是世界葡萄酒爱好者及葡萄酒酒商新的关注对象，约占总产量的 30%。目前意大利 IGT 产区面积最大的是西西里。

（四）VDT（Vino da tavola）

VDT 为最低级别的日常餐酒，这一等级的葡萄酒不需要标注地理来源、葡萄品种以及年份。一般餐酒的酒标只会用“Rosso”（红）、“Rosato”（桃红）或是“Bianco”（白）等字样注明该酒的类型。意大利葡萄酒分级体系见图 5-1。

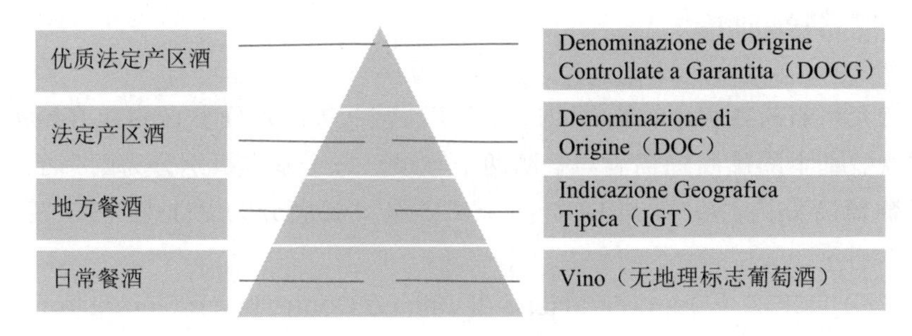

图 5-1　意大利葡萄酒分级体系

四、酒标阅读

意大利酒标标识遵循旧世界产区通常元素，主要包含酒精含量、容量、产区、等级、年份、装瓶者等信息。除此之外，珍藏（Reserva）、经典（Classico）等词汇也经常出现在酒标上。Reserva 珍藏，通常指经过一定时间陈年的，且葡萄有较高的成熟度，葡萄酒酒精度较高的珍藏酒款。标注“Reserva”的葡萄酒通常具有较高的品质。Classico 经典，这类葡萄酒大都产自 DOC 产区中的核心区域，是指葡萄酒中最能体现该品种传统特点、风格的葡萄酒。意大利酒标命名通常有两类方法，第一类突出产地标识，例如，巴罗洛（Barolo）、巴巴莱斯克（Barbaresco）、加维（Gavi）、基安蒂（Chianti）、瓦尔波利切拉（Valpolicella）等，这些产地通常具有较久的历史，多为城镇或行政区名称，它们都被认定为原产地名称而得以保护；第二类酒标命名法则以葡萄品种 + 产地形式出现，如阿斯蒂莫斯卡托（Moscato d’Asti）、阿斯蒂巴贝拉（Barbera d’Asti）、蒙塔奇诺布鲁奈罗（Brunello di Montalcino）等，前面单词指葡萄品种，后面单词则代表产地来源，这类标识也较多出现在酒标上。

五、栽培酿造

意大利南北地理跨度大，各地葡萄栽培方式有很多不同之处。在北部的威尼托、特伦蒂诺和上阿迪杰地区，有使用高支棚架（Pergola）的历史，目前仍有不少酒庄使用这种方式。这种方式的葡萄树枝条可以沿着搭建好的高棚架生长，结出的葡萄果实高高悬挂于枝叶下，产量有保障，但无法使用机器采收。另外在普利亚南部和西西里岛，炎热的气候下，灌木形（Alberello）培育方式更为常见。这种方法是将葡萄植株培育成矮灌木丛式，遮荫效果好，可以很好地保护葡萄不被灼伤，葡萄藤修剪为几条分支，采收时需要蹲着手工采摘。不过经典的垂直分布形（VSP）整形也更为常见，此方式尽可能地减少遮荫，新枝之间有一定空隙，通风环境良好。

意大利葡萄酒的酿造多表现为两种风格，一种是坚守传统，皮埃蒙特、托斯卡纳及坎帕尼亚等地仍旧使用1500升至10 000升不等的斯拉沃尼亚橡木桶（Slavonian Oak）酿造传统派葡萄酒。传统法酿造使用的大桶虽然很难再为葡萄酒增加更多的橡木风味，却有促进葡萄酒缓慢氧化的功能，更能突出皮革和野味等三类香气，倾向于表达真实的风土特征传统派葡萄酒年轻时不适于饮用，发展缓慢，这些酒通常有最低成熟时间的要求。另一种为新派风格，通常多使用小型橡木桶（Barriques），缩短浸渍及成熟时间。葡萄酒通常颜色深浓，果味充沛而新鲜，受新橡木桶影响明显，带有典型的香草、香料和巧克力的风味。单宁在年轻时会较为柔顺，比旧派酒更早进入适饮期。新旧派的风格还体现在一些品种的使用上，新派常会使用赤霞珠、美乐等国际品种来增加葡萄酒的风味与结构。

六、主要品种

意大利南北气候差异大，造就多样品种，意大利与法国一样是世界上拥有本土葡萄品种较多的国家之一，不同地区葡萄品种不尽相同。意大利的葡萄品种极为丰富，据保守估计已鉴定的品种在375到500种之间，总共超过1000个品种，远远超过其他任何国家。在国际品种的引进上符合国际一贯潮流，在地理分布上也有一定规律。在意大利的西北部地区、东北部地区、中部地区、南部地区以及西西里岛，主要葡萄品种见表5-1。

表 5-1　意大利主要葡萄品种

产区	红葡萄品种	白葡萄品种
西北部	内比奥罗 Nebbiolo 巴贝拉 Barbera 多姿桃 Dolcetto	麝香 Moscato 柯蒂斯 Cortese 格雷拉 Glera 阿内斯 Arneis
东北部	科维纳 Corvina 巴贝拉 Barbera 罗蒂内拉 Rondinella 莱弗斯科 Refosco 特洛迪歌 Teroldego 美乐 Merlot	灰皮诺 Pinot Grigio 格雷拉 Glera 卡尔卡耐卡 Garganegae 霞多丽 Chardonnay 琼瑶浆 Gewürztraminer 长相思 Sauvignon blanc
中部	桑娇维塞 Sangiovese 蒙特布查诺 Montepulciano 赤霞株 Cabernet Sauvignon 品丽珠 Cabernet Franc 美乐 Merlot	棠比内洛 Trebbiano 霞多丽 Chardonnay 玛尔维萨 Malvasia 维蒂奇诺 Verdicchio 佩科里诺 Pecorino
南部	阿里亚尼科 Aglianico 内洛马洛 Negromaro 普里米蒂沃 Primitivo 马斯卡斯奈莱洛 Nerello Mascalese	白克雷克 Greco Bianco 菲亚诺 Fiano 格雷克 Greco 白莱拉 Biancolella
西西里岛	黑珍珠 Nero d'Avola 马斯卡斯奈莱洛 Nerello Mascalese	格里洛 Grillo 卡塔拉托 Catarratto

七、主要产区

意大利葡萄酒产量占世界四分之一，是一个超过 3000 年酿酒史的古老产国。意大利葡萄酒产区按照当地行政管理区域分为 20 个产区，这些产区因为位列不同的方位，从大的方向分为西北产区、东北产区、中部产区及南部产区四大部分。

【历史故事】

葡萄酒征服罗马人

国势日强的罗马征服了整个地中海地区，罗马人自己则被葡萄酒所征服。随着罗马军队南征北战，葡萄酒也香飘欧洲各地。罗马人天生就偏好珍品，酷爱葡萄酒，其沉迷的程度令许多历史学家认为，罗马帝国的灭亡与贪婪杯

中之物也有因果关系。

第一位详细记载罗马人酿造葡萄酒详情的是罗马的一位政治家加图。他是当时的政要，也是位农艺学家，他在 80 多岁时撰写了古罗马第一部农书《农业志》，书中他特别指出应该如何更合理地开发土地。罗马人开始抱着严谨的态度在农业方面进行投资，而酿造葡萄酒正是获得最丰厚的行业。罗马已经成为一个大城市，葡萄酒的需求量非常大，加图的书一面市，立即受到了一批新型土地业主的追捧。

罗马版图在迅速扩张的同时，来自各地的精英们用他们的聪明才智将罗马人的生活品质也提升了一个档次。当时葡萄酒的需求量比以前增加了不少，那时，罗马人正在试图吞噬位于意大利南部的大片希腊葡萄园，那正是葡萄酒贸易的繁荣时期。关于罗马的记录中出现的出产顶级葡萄酒的“一级葡萄园”，正是在这一区域。

来源：[英] 休·约翰逊著《美酒传奇　葡萄酒——陶醉 7000 年》

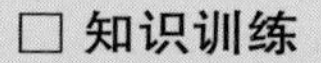

【章节训练与检测】

□ **知识训练**

1. 绘制意大利葡萄酒产区示意图，掌握意大利主要产区名称及地理坐标。
2. 归纳意大利风土环境、分级制度、主要品种、主要产区及葡萄酒风格。

□ **能力训练**

1. 意大利酒标阅读与识别训练

第二节　西北产区　*Northwest Region*

【章节要点】

- 列出意大利西北产区主要使用葡萄品种
- 掌握皮埃蒙特各子产区分布及酒的风格特征

- 理解皮埃蒙特产区风土及人文环境对葡萄酒风格的影响
- 识别皮埃蒙特主要子产区名称及地理坐标

一、地理风土

该地是意大利最重要的葡萄酒产区之一，主要有皮埃蒙特产区与伦巴第两大子产区。该产区北临阿尔卑斯山，南临利古里亚海（Ligurian Sea），冬季寒冷多雾，夏季炎热，秋季漫长，葡萄成熟期昼夜温差大，使葡萄皮能聚集更多的风味物质。葡萄园主要集中在两个地方：一个是在都灵东北马久里湖（Lake Maggiore）方向；另一个在东南，朗格（Langhe）和蒙费拉多（Monferrato）山区。这里葡萄园多位于不同方向的山坡上，葡萄表现有一些细微的差异，不仅因为坡面朝向不同，在地势和高度方面也略有不同，每块葡萄园都拥有独自的小气候。该产区土壤类型也丰富多样，主要是不混有沙土和陶土的灰质泥灰岩。皮埃蒙特产区受北部山系阻隔，这里气候温暖，呈现显著的温带大陆性气候，非常适宜红葡萄的生长。这里的红葡萄酒占到了总产区的一半以上，主要为法定产区酒（DOC 与 DOCG），是不折不扣的高品质红葡萄酒产品。世界大名鼎鼎的两大红葡萄酒法定产区巴罗洛（Barolo）、巴巴莱斯克（Barbaresco）便位于此处。这里酿造的红葡萄酒多呈现高单宁、高酸、高酒精度，非常适合长期陈年，陈年后口感复杂、饱满、韵味悠长，是世界公认的佳酿。该产区是意大利最大的 DOC 与 DOCG 葡萄酒产区。伦巴第（Lombardy）是意大利西北部产区的另一重要产区，坐落于皮埃蒙特东北部，气候比皮埃蒙特略显低，生产更加柔和精致的葡萄酒。

二、主要品种

该地区以出产红葡萄酒而著称，主要红葡萄品种有内比奥罗、巴贝拉（Barbera）、多姿桃（Dolcetto）等。

（一）内比奥罗（Nebbiolo）

内比奥罗发芽早，成熟晚，皮薄，容易染病且产量低，种植不易，但是能产出极为优质的葡萄酒，充满了红色水果、玫瑰花、焦油、甘草等香气（以及陈年带来的皮革、泥土、森林地表等气息），往往拥有高酒精度、高单宁和高酸度的特点，颜色不深，有很强的陈年潜力。

（二）巴贝拉与多姿桃（Barbera & Dolcetto）

巴贝拉与多姿桃多用来酿造果香、高酸型餐酒，适合年轻时饮用，其中

巴贝拉多以阿斯蒂巴贝拉（Barbera d'Asti DOCG）、阿尔巴巴贝拉（Barbera d'Alba DOC）、蒙费拉托巴贝拉（Barbera del Monferrato DOC）酒标标识进行销售；多姿桃则在阿尔巴地区表现出众，以 Dolcetto d'Alba DOC 标识出现。

（三）莫斯卡托（Moscato）

莫斯卡托是当地最受关注的白葡萄，充满果香、花香，酿出的酒通常趁年轻和新鲜时饮用，主要在阿斯蒂产区（Asti）。

（四）柯蒂斯（Cortese）

柯蒂斯是西北部产区的重要白葡萄品种，用来酿造著名的加维（Gavi）葡萄酒。柯蒂斯产的酒往往干型高酸，风格柔和新鲜，一般不过桶，有时还带有矿物风味，适合搭配海鲜。

（五）阿内斯（Arneis）

阿内斯比较常见，充满了桃子、杏子等风味，不过产量低，酸度低，香气细腻，一般不过桶，适合年轻时饮用。

三、主要产区

（一）皮埃蒙特（Piemonte DOC）

皮埃蒙特占据了意大利西北部大部分地区，北部与瑞士接壤，西部与法国接壤，靠近地中海海岸，整个大区也是意大利最杰出的葡萄酒法定产区之一。皮埃蒙特字面意思为“山脚下”，首府城市为都灵。其葡萄酒酿造历史悠久，这里的精品名庄也是层出不穷，素有意大利的“勃艮第”之称，是意大利最享有盛名的产区。皮埃蒙特大区有着意大利最大面积的 DOC 和 DOCG 的葡萄园，其下还有 50 多个子产区，这在意大利 20 个大区里位列第一。皮埃蒙特冬季寒冷，但有着很长的夏季和温暖的秋季，平均海拔在 150~400 米。尽管这里生产一些优质的白葡萄酒，但是红葡萄酒才是这里名声建立的关键。产区最著名的红葡萄品种是内比奥罗，集中在巴罗洛（Barolo）、巴巴莱斯科（Barbaresco）和朗格（Langhe）产区。

【产区名片】

产区位置：意大利西北部，首府为都灵，南邻利古里亚，东邻伦巴第产区

气候类型：大陆性气候，阿尔卑斯山形成雨影区对葡萄园起到保护作用

地形地貌：北部有阿尔卑斯山，中部有亚平宁山脉，另有维苏威火山、埃特纳火山

主要品种：内比奥罗、巴贝拉、多姿桃、白麝香
种植威胁：霜霉病、冰雹、成熟度不足
土壤类型：多石的火山岩和黏土泥灰土
气象观测点：都灵
7 月平均气温：22℃
年均降雨量：850 毫米
10 月采摘季降雨：85 毫米
纬度 / 海拔：45.13°N/280 米

1. 巴巴莱斯科（Barbaresco DOCG）

巴巴莱斯科使用 100% 内比奥罗葡萄酿造而成，葡萄酒最低酒精度要求为 12%vol，法定最大产量是 8000 千克 / 公顷，而一旦在酒标上标注葡萄园名称，则最大产量为 7200 千克 / 公顷。通常要求陈年 26 个月，其中 9 个月必须在橡木桶陈年。此外再陈年 24 个月，总共 50 个月，酒标才可以标记为“Reserva”。该地葡萄酒单宁强劲，至少陈放 5 年后才变得柔顺。顶级葡萄园有蒙特斯芬诺（Montestefano）、蒙特菲克（Montefico）、瑞芭哈（Rabaja）、巴沙林（Basarin）等，嘉科萨酒庄（Bruno Giacosa）和嘉雅（Gaja）是当地酒庄的典范。

2. 巴罗洛（Barolo DOCG）

巴罗洛使用 100% 内比奥罗葡萄酿造而成，葡萄酒最低酒精度要求为 12.5%vol。陈年要求为至少放置 38 个月，其中 18 个月必须在木桶内，陈年达到 62 个月后，可以在酒标上标记“Reserva”。法定最大产量是 8000 千克 / 公顷，和巴巴莱斯克相似，酒标如果出现葡萄园名，则最大产量为 7200 千克 / 公顷。巴罗洛顶级的葡萄园有布鲁纳特（Brunate）、罗榭园（Rocche dell’Annunziata）、斯丽瑰（Cerequio）、蒙普里瓦托（Monprivato）、马林卡—丽维塔（Marenca Rivette）等，代表酒庄有绅洛酒庄（Luciano Sandrone）、孔特诺酒庄（Giacomo Conterno）等。

3. 朗格（Langhe DOC）

朗格位于阿尔巴（Alba）南边，是皮埃蒙特地区又一个内比奥罗优质产区，这里生产的葡萄红色果香突出，色泽浅，但结构感强壮，酸度、单宁与酒精度也处于较高的水平线。朗格包含不少本地和国际品种，如霞多丽、长相思、多姿桃等。

4. 阿斯蒂（Asti DOCG）

阿斯蒂起泡酒名扬世界各个角落，它主要用莫斯卡托酿造而成，果香丰

富、清新可口。主要有两种类型，一种被命名为“Asti DOCG”，另一种为“Moscato d’Asti”。前者酒精度较高，通常为7%~9%vol不等，气压高，使用起泡酒专用瓶塞封口；后者是通常意义的微起泡，甜润感较多，酒精度偏低，一般在5%vol左右。

除以上几个有名的产区外，阿尔巴也是该地区优质的葡萄酒产区。阿尔巴内的巴贝拉与多姿桃，果味突出，单宁与酒体适中，受到很多消费者的青睐；该地还有一款用柯蒂斯葡萄酿造的白葡萄酒，它主要分布在加维产区（Gavi DOCG），酒标标记为“Cortesi di Gavi”，其淡淡的果香味及清新口感（高酸）也广受消费者青睐，是意大利本土较地道和优质的白葡萄酒之一。Brachetto d’Acqui DOCG使用布拉凯多（Brachetto）葡萄酿造，意大利的古老的芳香型红葡萄品种，在当地可以酿成甜型、起泡酒及静止红葡萄酒。

（二）伦巴第（Lombardy）

该产区葡萄酒出产主要集中在伦巴第偏远的北、南和东面。在这三大区域，葡萄品种和风格均不相同，也没有特别出名的酒。但这里的酒没有出口销售的压力，米兰是这里最重要的消费地。相比巴罗洛，这里的酒酸度和单宁更高，酒精度和饱满度稍低，价格也更便宜。在米兰东边的馥奇达法定产区（Franciacorta DOCG）是一个传统法酿造的起泡酒产区。这里土壤矿物质丰富，白天温暖而夜间凉爽，生产高质量的起泡葡萄酒，主要种植的是国际品种霞多丽、白皮诺、黑皮诺等。此外，伦巴第内的另一个子产区瓦尔特林纳（Valtellina）产区也是声名在外，这里以内比奥罗葡萄酒而闻名，超级瓦尔特林（Valtellina Superiore DOCG，高海拔产区，相对凉爽，葡萄生长季长）在好的年份堪比巴罗洛（Barolo）、巴巴莱斯高（Barbaresco）。

【产区名片】

地理位置：意大利半岛北部，首府为米兰，北与瑞士相连，西临皮埃蒙特

气候类型：凉爽的大陆性气候，夏季炎热干燥，北部阿尔卑斯山脉地区为高原气候

主要品种：霞多丽、白皮诺、黑皮诺及内比奥罗

葡萄种植区域纬度：北纬45°

土壤：多岩石，有冲积土

【章节训练与检测】

□ **知识训练**

1. 绘制意大利葡萄酒产区地图。

2. 写出意大利主要葡萄酒产区中英对照名称。

3. 介绍皮埃蒙特产区风土环境、种植酿造、主要品种及葡萄酒风格。

4. 对比巴罗洛与巴巴莱斯科（Barolo&Barbaresco）葡萄酒的不同之处。

5. 对比介绍阿斯蒂与莫斯卡托阿斯蒂（Asti DOCG & Mosctao d'Asti）的不同之处。

□ **能力训练**（参考《内容提要与设计思路》）

□ **章节小测**

【拓展阅读】

意大利西北产区葡萄酒 & 旅游

意大利西北产区葡萄酒 & 美食

第三节　东北产区　*Northeast Region*

【章节要点】

- 列出意大利东北产区主要使用葡萄品种
- 掌握东北各子产区分布及酒的风格特征
- 理解东北产区风土及人文环境对葡萄酒风格的影响
- 识别意大利东北部主要子产区名称及地理坐标

一、地理风土

意大利东北产区多山地，平原只占15%左右。受山地的影响，这里整体气候凉爽，是意大利白葡萄酒的重要产区。该地主要分为三个产区，分别为威尼托（Veneto）、弗留利—威尼斯—朱利亚（Friuli-Venezia Giulia）及特伦蒂诺—上阿迪杰（Trentino-Alto Adige）。威尼托产区，其葡萄酒的历史可以追溯到古罗马时代。威尼托地区葡萄酒从中世纪起便已非常著名，随着威尼斯商人的长途贸易，出口到当时所能达到的地区。这些商业活动也使得新的葡萄品种被带回到了当地，为新技术的应用提供了最好的条件。

地理环境上，这里与意大利西北部相比有更多山地，以北部的白云石山脉为界，南临亚得里亚海，每年气候变化多端，年份差异大。大部分的葡萄园都在冰碛层上——这是由沙、砾石和冰河时期就积累的泥沙沉积共同形成的一个坚韧的混合层。大部分是黏土或砂质黏土，最好的地方常常是泥灰土，含有丰富的钙。意大利东北产区里最为世人所知的当数威尼托大区，它也是意大利最大的DOC产区名称。威尼托又包括世界扬名的索阿维（Soave DOC）、阿玛罗尼（Amarone DOC）、瓦尔波利切拉（Valpolicella DOC）等产区。

二、栽培酿造

意大利东北部是典型的伊特鲁里亚（Etruscan-style）种植之乡，如今仍然有一些酒庄采用这种传统的葡萄树培形方式，把葡萄树高高地搭在棚架之上。当然也有一些地方采用灌木式培形，而在可以实现工业化耕种的平原上，他们则选择使用柱子—金属丝式培形，以便可以机械采收。在东北部，有两种有趣的酿酒方法被沿用至今，分别为帕西托（Passito）与里帕索（Ripasso）。前者工艺为将葡萄晾干，浓缩葡萄的糖分和风味。一般需要3个月，在这个过程中，葡萄水分蒸发，总量减少25%~40%。在晾干最初的时间里需严格监控葡萄果串，确保没有出现霉菌，保持良好的通风是非常必要的条件。根据所要酿造的酒的风格，将葡萄破碎发酵，做成干型的阿玛罗尼（Amarone）或甜型蕊恰多（Recioto）葡萄酒。里帕索与前者酿造方法完全不同，通常使用阿玛罗尼或蕊恰多甜酒发酵后残余的果渣添加到瓦尔波利切拉葡萄酒中，让其继续发酵。所得的里帕索葡萄酒既拥有瓦尔波利切拉葡萄酒的馥郁果味，同时也增添了葡萄酒的复杂度和浓郁度，酒精含量也较高。

三、主要品种

这里白葡萄酒居多，是意大利优质白葡萄酒的产区。主要葡萄品种有灰皮诺（Pinot Grigio）、格雷拉（Glera）、卡尔卡耐卡（Garganegae）及霞多丽等国际品种。格雷拉是当地有名的普洛赛克（Procecco）起泡酒的主要酿酒品种，高酸，苹果等果味突出，是搭配开胃餐非常优异的葡萄酒。卡尔卡耐卡在索阿维（Soave）表现最好，酿出的葡萄酒有柠檬和杏子的风味。除此之外，在当地还有很多国际流行品种，霞多丽、琼瑶浆等都表现不俗。红葡萄品种最著名的当属科维纳（Corvina），这一品种是该地瓦尔波利切拉（Valpolicella）系列葡萄酒如阿玛罗尼与蕊恰多等的主要酿酒品种，用它酿造的干型葡萄酒有突出的酸樱桃的气息，酸度高，单宁少，酒体较轻盈。

四、主要产区

（一）威尼托（Veneto）

威尼托是意大利最大的葡萄酒生产区域，有 14 个 DOCG、29 个 DOC，这里很大程度上凭借灰皮诺而大获成功。这里出口两种知名的意大利葡萄酒：苏瓦韦和瓦尔波利切拉。葡萄园分布在多洛米蒂山（Dolomites）附近，葡萄园主要集中在西边的维罗纳（Verona）附近。这里气候受到北部山脉和东边海洋的影响，相对温和。瓦尔波利切拉法定产区（Valpolicella DOC）的重要性仅次于基安蒂（Chianti）法定产区。

【产区名片】

地理位置：意大利东北部，阿尔卑斯山和亚得里亚海之间，北邻奥地利

气候类型：大陆性气候，临近海岸地区受温暖海洋性气候影响。夏季炎热干燥，北部阿尔卑斯山脉地区为高原气候

气象观测点：意大利东北部乌迪内（Udine）

纬度 / 海拔：46.01°N/90 米

7 月平均气温：22.8℃

年平均降雨量：1530 毫米

9 月采摘节降雨：165 毫米

主要种植威胁：成熟度不足（赤霞珠）、霜霉病

土壤类型：多岩石，有冲积土

1. 索阿维（Soave）

该产区葡萄酒是由当地传统品种卡尔卡耐卡、霞多丽和索阿维棠比内洛（Trebbiano di Soave）混酿而成。卡尔卡耐卡属于晚熟品种，产量大，往往有优雅的柠檬、杏仁等风味，良好的酸度，质地清爽，口感宜人，适合开胃或佐餐。这一法定名称包含五种葡萄酒类型，分别为索阿维（Soave DOC）、经典索阿维（Soave Classico DOC）、索阿维起泡酒（Soave Spumanti DOC）、超级索阿维（Soave Superiore DOCG）、索阿维蕊恰多（Recioto di Soave DOCG）。索阿维主要葡萄酒类型及风格见表 5-2。

表 5-2　索阿维主要葡萄酒类型及风格

葡萄酒类型	风格特征
索阿维（Soave DOC）	适合在采摘酿造之后的 1~2 年间饮用，清爽芳香，简单易饮，性价比高
经典索阿维（Soave Classico DOC）	只限定在最传统经典的种植区，索阿维和蒙特福特（Monteforte）这两个行政区的丘陵中酿造，果味、矿物质风味浓郁，橡木桶陈年者有奶油风味
索阿维起泡酒（Soave Spumanti DOC）	干型起泡酒，典型的开胃酒
超级索阿维（Soave Superiore DOCG）	只限山坡葡萄园，需在第二年 9 月 1 日之后上市，瓶中陈年至少 3 个月，以加强熟度与复杂度，有较好陈年能力
索阿维蕊恰多（Recioto di Soave DOCG）	于 1998 年获得 DOCG 认证，该产区生产有名的甜酒，酒精度约 14%vol，由来自索阿维经典产区的晒干葡萄酿造而成

2. 普罗塞克（Prosecco DOC）

该产区葡萄酒为意大利著名的干型起泡酒，由格雷拉葡萄酿造而成，该起泡酒与香槟工艺不同，使用罐内二次发酵法制作而成，无需长时间的陈瓶，果味突出，有典型的青苹果、柑橘类水果的果味，酸度清爽，是意大利典型开胃酒。

3. 瓦尔波利切拉（Valpolicella DOC）

该产区位于意大利的东北部，所产葡萄酒最低酒精度要求为 11%vol，通常比较清淡，是一种类似博若莱的清淡型葡萄酒。主要使用科维纳酿造，中高酸，果味突出，简单易饮，优质款标记“Valpolicella Classico DOC”。

4. 瓦尔波利切拉阿玛罗尼（Amarone della Valpolicella DOC）

该地使用传统红葡萄品种，进行一定程度的风干后酿造成干型葡萄酒，其风味浓郁、酒精度较高，最低要求为14%vol。酿造该酒的葡萄在9月底经过整串采摘并在特殊的房间内风干，根据风干程度的不同、氧化程度的不同或感染贵腐菌程度的不同可以酿制成各种不同风格的葡萄酒。到第二年1~2月，风干葡萄会被破碎后进行发酵，然后进行至少2年的桶中和瓶中熟化。普通级别酒必须陈放至少2年，珍藏（Reserva）级别需要陈年4年以上。葡萄酒酒体饱满、风味浓郁，充满了巧克力、黑朗姆和皮革风味。

5. 瓦尔波利切拉蕊恰多（Recioto della Valpolicella DOC）

该产区葡萄酒与阿玛罗尼不同，该酒在发酵过程中，糖分未完全转化成为酒精之前，人工干预停止发酵，保留一定的甜味，这种酒称为蕊恰多。它同样使用风干葡萄酿造而成，葡萄糖分含量高，酒体重，有浓郁的果干、果脯的风味。

6. 瓦尔波利切拉里帕索（Ripasso della Valpolicella）

将阿玛罗尼发酵后的葡萄皮渣加入到基础款瓦尔波利切拉葡萄酒中，再次发酵，给基础款瓦尔波利切拉葡萄酒增加酒精、单宁和复杂性。这种风格随着阿玛罗尼的兴起也变得越来越常见。

（二）特伦蒂诺—上阿迪杰（Trentino-Alto Adige）

特伦蒂诺—上阿迪杰是意大利最北端地区，上阿迪杰与奥地利接壤，曾经属于奥地利，特伦蒂诺则更具意大利特色，具有阿尔卑斯风情。该地区没有DOCG级别，只有9个DOC级别，占其产量的93%。上阿迪杰地区大多为白葡萄酒，本产区主要品种是灰皮诺、霞多丽、琼瑶浆、白皮诺等。所产灰皮诺精致、优雅，与阿尔萨斯生产的呈现截然不同的风格，在国际上广受欢迎。红葡萄酒多单一品种酿造，且常出口至奥地利，品种为司棋亚娃（Schiava）和勒格瑞（Lagrein）。司棋亚娃酿出的酒，酒体轻盈，酸度较高。勒格瑞颜色深、结构强且能陈年，也可做桃红。在特伦蒂诺地区，DOC级别占到了70%以上。这里出产不错的传统法起泡酒，用霞多丽酿造。该产区品种众多，最多的是霞多丽，其次是灰皮诺，还有米勒—图高、白皮诺、赤霞珠、美乐等。

【产区名片】

产区位置：意大利最北部，首府为特伦托市，北至奥地利，南临威尼托

主要品种：灰皮诺、长相思、白皮诺、琼瑶浆、黑皮诺、霞多丽、美乐、勒格瑞（Lagrein）

土壤类型：多岩石，含有黏土、沙土及少量钙质土壤

气候类型：温和性大陆气候

气象观测点：上阿迪杰博尔扎诺市（Bolzano）
纬度 / 海拔：46.28°N/230 米
7 月平均气温：21.7℃
年平均降雨量：650 毫米
10 月采摘季降雨：50 毫米
种植威胁：春霜

（三）弗留利—威尼斯—朱利亚（Friuli-Venezia Giulia）

弗留利—威尼斯—朱利亚位于意大利的最东北部，西邻威尼托大区，东与斯洛文尼亚接壤，北与奥地利接壤，邻近亚得里亚海。气候类型属于温带大陆性气候，并受到阿尔卑斯山和地中海的影响。土壤多石，山麓、丘陵地带多为富含钙质土壤，平原为冲积土及砂质土。弗留利—威尼斯—朱利亚以灰皮诺和富莱诺（Friulano）等品种酿造的白葡萄酒而闻名，也是起泡酒普罗塞克的知名产地，有 4 个 DOCG、12 个 DOC，产量的 76% 为白葡萄酒，是除了邻近的威尼托以外白葡萄酒占比最高的地区。该地区的主要葡萄品种是灰皮诺、格雷拉、美乐和富莱诺。

从产量上来说；这里最重要的产区是“Grave del Friuli DOC”，超过 6500 公顷。大部分是轻盈的波尔多混酿风格红酒。美乐的产量最大，此外还有赤霞珠、莱弗斯科（Refosco）和黑皮诺等。这里的白葡萄酒既有单一品种精酿，也有混酿，混酿以富莱诺和灰皮诺为主，还有些白皮诺、长相思和维多佐（Verduzzo），多种植在山坡上，有时也用木桶熟化，有着新鲜、酸爽的果香和一定的复杂度。虽然这里的红葡萄酒的整体风格轻盈，但也有部分可以陈年。

【产区名片】

地理位置：意大利东北部，向东延伸到斯洛文尼亚边境
气候类型：大陆性气候
主要品种：灰皮诺、长相思、富莱诺、美乐（最广泛种植）
酿造风格：大部分为无橡木桶风格红与白
土壤：土壤多石，山麓、丘陵地带多为富含钙质土壤，平原为冲积土及砂质土

【章节训练与检测】

□ **知识训练**

1. 介绍意大利东部产区风土环境、栽培酿造特征及主要葡萄酒风格。

2. 对比介绍主要索阿维葡萄酒风格。

3. 对比介绍意大利瓦尔波利切拉葡萄酒主要类型及葡萄酒风格。

4. 阐述什么是帕西托（Passito）与里帕索（Ripasso），并举例说明酒的风格。

5. 简述意大利北部产区主要白葡萄酒类型及风格。

□ **能力训练**（参考《内容提要与设计思路》）

□ **章节小测**

【拓展阅读】

意大利东北产区葡萄酒 & 旅游

意大利东北产区葡萄酒 & 美食

第四节　中部产区 *Central Region*

【章节要点】

- 列出意大利中部产区主要使用葡萄品种
- 理解中部产区风土及人文环境对葡萄酒风格的影响
- 识别意大利中部主要子产区名称及地理坐标
- 归纳意大利中部各子产区分布及酒的风格特征

一、地理风土

意大利中部地区一直是历史价值很高的产区，文明源远流长，葡萄种植也由来已久。意大利中部是灿烂文化的发源地，首都罗马、文艺复兴之都佛罗伦萨都位于此。这里有充足的光照、适宜的降雨，不同地区气候也不尽相同，沿海大多温暖干燥，内陆则夏热冬寒。大部分地区属于典型的地中海气候，降雨在冬季，沿海的保格利产区有与波尔多相似的风土。悠久的历史及良好的自然条件为该地葡萄酒的成名打下了坚实的基础，是意大利优质葡萄酒的复兴之地，名庄众多。这里主要包括阿布鲁佐（Abruzzo）、莫利塞（Molise）、马尔凯（Marche）以及托斯卡纳（Toscana）等产区。该地区以托斯卡纳产区为中心，是意大利葡萄酒最重要的产区之一。

二、栽培酿造

该地有众多连绵起伏的丘陵地，土壤多为碱性的石灰质土和砂质黏土。这里有一种被称为加列斯托（Galestro）的泥灰质黏土，非常适合桑娇维塞的生长。桑娇维塞是该产区的主要葡萄品种，也是意大利最普遍的红葡萄品种。此产区 DOC 及 DOCG 葡萄酒主要以意大利土著品种桑娇维塞酿造而成。基安蒂（Chianti DOCG）与基安蒂经典（Chianti Classico DOCG）都是该地葡萄酒的典型，具有活泼清新的酸度，中等酒体，中等单宁，口感雅致美妙，适合搭配亚洲料理。另外，该产区的蒙塔奇诺布鲁奈罗（Brunello di Montalcino）也是世界名酒，酒质浓郁，易于长期陈年保存。

这里比北部温暖，但并不是说这里没有凉爽的地方，很多顶级的托斯卡纳葡萄酒来自内陆高地的葡萄园，海拔可以调节地中海带来的热量。比较温暖的沿海地带，可以使赤霞珠等晚熟品种充分成熟。近些年来，超级托斯卡纳（Super Toscana）在国际市场上大受欢迎，当地酒庄迎合世界消费者的口味，不再拘泥使用本土品种，大胆引入国际品种，如赤霞珠、西拉等，酿造的方法也模仿法国波尔多，葡萄酒有典型的波尔多风格。该地也大量尝试种植霞多丽等国际白葡萄品种，使用橡木桶陈年。由于这与意大利法定产区品种要求不符，所以大部分这类葡萄酒只能标 IGT 级别销售。阿布鲁佐（Abruzzo）产区最著名的当数蒙特布查诺—阿布鲁佐（Montepulciano d'Abruzzo）葡萄酒，由于蒙特布查诺这一葡萄品种易于种植，产量多，价格亲民，葡萄酒风味也较之桑娇维塞更柔和、易于饮用，受大众群体喜爱。

三、主要品种

该产区以意大利本土传统品种桑娇维塞为主，赤霞珠、美乐、品丽珠、霞多丽及西拉等国际品种在当地的表现也非常突出，是超级托斯卡纳的重要调配品种。

四、主要产区

（一）艾米利亚—罗马涅（Emilia-Romagna）

该产区土地平坦肥沃，葡萄酒产量非常大，年产量可达6亿升，有2个DOCG、19个DOC。这里最知名的葡萄品种为蓝布鲁斯科（Lambrusco），该品种大多用来做新鲜的干型或半干型起泡酒，与当地的火腿是绝配。这里也有桑娇维塞。注重葡萄园风土和葡萄品系的生产商能生产出质量相对优秀的葡萄酒。棠比内洛（Trebbiano）在本区用以生产清新的静止或起泡型的白葡萄酒，简单易饮。其他当地品种还有玛尔维萨（Malvasia，在意大利中部常与棠比内洛混酿）、巴贝拉。

（二）托斯卡纳（Tuscan）

这里是意大利的典型代表，有著名雄伟的佛罗伦萨城。这里有11个DOCG产区、41个DOC产区，有着桑娇维塞最出色的品系，也是超级托斯卡纳葡萄酒（Super Tuscan）的发源地。托斯卡纳的葡萄种植长期以来由大型家族酒庄控制，20世纪80年代后这种情况有所改变，许多外来的大酒商也加入了这里的葡萄酒产业。这里的主要品种是桑娇维塞。该品种是意大利种植量最大的红葡萄品种，主要集中在意大利中部，它是布鲁奈罗—蒙塔希诺（Brunello di Montalcino）唯一允许使用的品种，也是基安蒂（Chianti）、蒙特布查诺贵族酒（Vino Nobile di Montepulciano）和大部分超级托斯卡纳葡萄酒的主要品种。桑娇维塞品系众多，能适应各种土壤，品种晚熟，出色的栽培能带给它出色的结构和酒体，但产量过高则会使其颜色浅且容易氧化，皮薄，易感染霉菌。

【产区名片】

产区位置：意大利中部，首府是佛罗伦萨，西起利古里亚海，东至亚平宁山脉山麓

气候类型：沿海地区受海洋性气候影响，内陆大多为大陆性气候

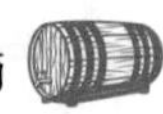

主要品种：白葡萄：维奈西卡（Vernaccia）、棠比内洛；红葡萄：桑娇维塞、西拉、赤霞珠、美乐

土壤类型：土壤多为碱性的石灰质土、砂质黏土、加列斯托泥灰质黏土

种植威胁：成熟度不足、霜霉病、黑麻疹

气象观测点：托斯卡纳佛罗伦萨

纬度 / 海拔：43.45°N/40 米

7 月平均气温：24.2℃

年平均降雨量：830 毫米

10 月采摘季降雨量：100 毫米

1. 基安蒂（Chianti DOCG）

该地为最负盛名的意大利红葡萄酒产区，面积较广，有 8 个子产区范畴。其葡萄酒最低酒精度要求为 11.5%vol。通常使用最少 70% 或 100% 的桑娇维塞，最多 15% 的赤霞珠、美乐及其他少量法规内品种（最高 10% 白葡萄品种棠比内洛与维蒙蒂诺）混酿而成。该酒次年 3 月后才允许上市，陈年 2 年以上，最低酒精度达到 12%vol，可以在酒标上标记："Reserva"。

2. 基安蒂经典（Chianti Classico DOCG）

经典基安蒂地区覆盖佛罗伦萨市北部和锡耶纳南面积约 259 平方千米地方。在整个经典区域里，包含了基安蒂卡斯特利纳（Castellina in Chianti）、基安蒂盖奥勒（Gaiole in Chianti）、基安蒂格雷沃（Greve in Chianti）和拉达因基安蒂（Radda in Chianti）四村庄。本地区的土壤和地理环境多变，海拔从 250 米到 610 米不等，丘陵连绵起伏，这些为当地葡萄酒提供了绝好的风土条件。该产区位于基安蒂中央区，属于当地核心产区，比前者有更高的要求。允许使用最少 80% 和最多 20% 的其他品种或 100% 的桑娇维塞。该酒次年 10 月才允许上市，陈酿时间不少于 2 年，包括 3 个月的瓶中陈年，最低酒精度达到 12.5%vol，可以在酒标上标记为"Reserva"。

3. 保格利（Bolgheri DOC）

保格利 DOC 称号于 1994 年由西施佳雅引进，是意大利第一个单一庄园法定产区，主要使用赤霞珠、品丽珠酿造。其中赤霞珠最少使用 80%，陈年时间至少 2 年，其中 18 个月必须在橡木桶里。该园同时也出产白葡萄酒、桃红葡萄酒以及圣酒，标识为"Bolgheri DOC"，白葡萄酒则使用最多 70% 的长相思、棠比内洛与维蒙蒂诺酿造而成。

4. 蒙塔奇诺布鲁奈罗（Brunello di Montalcino DOCG）

该地位于托斯卡纳南部，距锡耶纳（Siena）约 40 千米，葡萄园分布在蒙塔希诺镇（Montalcino）周围风光秀丽的山丘上。属于地中海气候，比临近产区更为干燥，海拔介于 120~650 米，沿河分布的葡萄园土壤较松软，以黏土土壤为主。其最低酒精度要求为 12.5%vol，由 100% 布鲁奈罗（Brunello）酿造，该品种与桑娇维塞同属一个品种。用其酿造的葡萄酒颜色深红、单宁丰富。必须陈放 4 年，其中 2 年必须在橡木桶内；珍藏（Reserva）级陈酿时间要求为 5 年，其中橡木桶内 2 年，剩余瓶中陈年。该酒是意大利顶级葡萄酒之一，广受关注。

5. 蒙特布查诺贵族葡萄酒（Vino Nobile di Montepulciano DOCG）

这里相比基安蒂更加温暖的气候让葡萄酒的酒体更加饱满，酒精度也更高。但夜晚相对温暖，所以葡萄酒里缺少布鲁奈罗的细腻和优雅。要求至少 70% 的桑娇维塞，至少熟化 2 年，其中桶陈 12 个月瓶陈 6 个月。珍藏级别则熟化时间至少 3 年。

6. 超级托斯卡纳（Super-Tuscan）

超级托斯卡纳之所以得名是因为它脱离了 DOC 的规范，最初属于地区餐酒级别，但是不少酒的质量和价格又远高于这个级别。这类酒起源于1948年，往往会使用较高比例的国际品种，包括赤霞珠、美乐等。1968 年，用赤霞珠酿造的西施佳雅（Sassicaia）诞生，短短几年内它的价格超过了所有托斯卡纳葡萄酒。此外安东尼世家（Antinori）还用桑娇维塞和赤霞珠基酒混合调配成葡萄酒品牌天娜（Tignanello）。超级托斯卡纳成为意大利葡萄酒开始国际化的转折点。较少的产量加上良好的形象，重塑了意大利葡萄酒的声望。

（三）马尔凯（Marche）

马尔凯位于意大利中部的最东边，北部为大陆性气候而南部为地中海气候，土壤以钙质土壤为主，有 5 个 DOCG 级别、15 个 DOC 级别。最重要的白葡萄品种是维蒂奇诺（Verdicchio），既生产大批量清淡葡萄酒，也生产具有陈年能力的充满茴香、干稻草、蜜饯、矿物质风味的优质干白。知名产区是卡斯蒂里维蒂奇诺（Verdicchio dei Castelli di Jesi），60% 的产量由合作型酒庄控制，剩下的大部分也由酒商生产，酒庄酒的产量和影响力都十分有限。更加复杂优质的为亚平宁山脉（Apennines）海拔较高的山区葡萄园马泰利卡维蒂奇诺（Verdicchio di Matelica）。这里也出产桑娇维塞红葡萄酒，马尔凯最有潜力的品种是蒙特布查诺（Montepulciano）。

【产区名片】

地理位置：意大利中东部，濒临亚德里亚海

气候类型：地中海式气候

主要品种：维蒂奇诺（干型，无橡木桶风格）、桑娇维塞和蒙特布查诺
纬度坐标：北纬 43°
土壤类型：黏土、石灰质土壤

（四）翁布里亚（Umbria）

翁布里亚以出产白葡萄酒而闻名，有 2 个 DOCG、13 个 DOC。其中以欧维耶多（Orvieto）酿制的葡萄酒最为出名，占到了 80% 的 DOC 级别产量。白葡萄酒用棠比内洛（Trebbiano）和格莱切多（Grechetto）为主酿造而成，风格从传统的甜型到干型都有（干型为主，甜或半甜的只占 5%），酒体清爽，优质产品带有些爽脆的苹果风味。如今翁布里亚的红葡萄酒更加吸引人们的关注，该产区有两个 DOCG 级别的红葡萄酒，一个是蒙特法科（Montefalco）地区用本土品种萨格兰蒂诺（Sagrantino）酿制的极具深度且强劲浓郁的葡萄酒，因为单宁极高，所以往往会经过较长时间的熟化，或使用现代的酿造工艺使之柔和易饮。

【产区名片】

产区位置：意大利中东部内陆大区
气候类型：部分大陆性气候，地中海气候
主要品种：棠比内洛和格莱切多
种植威胁：部分较老的葡萄园会出现黑麻疹
土壤类型：多丘陵，土壤多岩石
气象观测点：翁布里亚佩鲁贾（Perugia）
纬度 / 海拔：43.07°N/510 米
7 月平均气温：23.1℃
年平均降雨：910 毫米
9 月采摘降雨：70 毫米

（五）拉齐奥（Lazio）

拉齐奥是罗马所在的大区，旅游业发达，有 3 个 DOCG、27 个 DOC。传统上，罗马人酿造大批量弗拉斯卡蒂白葡萄酒（Frascati），主要品种是玛尔维萨（Malvasia）和棠比内洛（Trebbiano），以干型为主，但也有从近乎干到甜型的风格。这里主要由合作型酒庄和大型商业酒庄控制，产量大，价格低，面向罗马市场销售。

【产区名片】

地理位置：意大利中西部，北临托斯卡纳，西临第勒尼安海，分布于罗马周围

气候特点：海岸附近炎热干燥，内陆地区较湿润凉爽

主要品种：切萨内赛（红）、玛尔维萨（白）和棠比内洛（白）

纬度坐标：北纬 39.5°

土壤类型：多岩石，火山岩居多

（六）阿布鲁佐（Abruzzo）

阿布鲁佐是蒙特布查诺（Montepulciano）和棠比内洛（Trebbiano）的故乡，有 2 个 DOCG 级别、7 个 DOC 级别。蒙特普西亚诺的优质葡萄酒颜色深、单宁高。蒙特布查诺—阿布鲁佐（Montepulciano d'Abruzzo DOC）是当地明星葡萄酒。它使用最少 85% 的蒙特布查诺与 15% 的桑娇维塞酿造而成，葡萄酒具有香料、动物皮毛的风味，品种本身高酸度、高单宁、高酒精。这种葡萄酒上市之前要求陈放不少于 5 个月，如果在木桶内陈年 2 年以上，酒标标识为“Vecchio”。另外，桃红葡萄酒标识为“Cerasuolo”。中低端往往是颜色较深但酸度中等的简单易饮型葡萄酒，但现在越来越多的酒庄开始着力展现品种的魅力。

【产区名片】

地理位置：意大利中部，北与马尔凯交界，拉齐奥位于其西南，首府是拉奎拉市

气候特点：山区凉爽潮湿，沿海平原区域则非常炎热干旱

主要品种：棠比内洛（Trebbiano d'Abruzzo）；红葡萄品种蒙特布查诺（Montepulciano）

纬度坐标：北纬 39.5°

土壤类型：多岩石，火山岩居多

【知识链接】

基安蒂红葡萄酒

拿破仑战争结束之后，19 世纪 50 年代的托斯卡纳，雷加索利男爵继承了庄园，过着与世无争的生活，醉心于研究葡萄酒。男爵前往法国和德国，对

每一种可能用得上的葡萄种植法都进行了研究。他从国外引进了很多葡萄品种，并进行了酿酒尝试。基安蒂红葡萄酒通过试验脱颖而出，不过，这瓶不是因为采用了什么新的品种，而是通过对原有品种进行合理调整，将能够适应托斯卡纳自然条件的葡萄品种数量减到了 3 种，生产出的葡萄酒被称为具有特殊口味。

雷加索利男爵这样写道："基安蒂红葡萄酒之所以香味浓郁，主要原材料是采用桑娇维塞葡萄；而其所具有的甜味，是因为采用了卡内奥罗葡萄（Canaiolo，红葡萄），这种甜味可以减少桑娇维塞的粗糙的感觉，同时又不会减少其香味；而玛尔维萨（Malvasia，白葡萄）的加入有助于增强酒的味道，同时又使酒的口味更加清新、活泼，更适合日常进餐时饮用。不过如果酿造用于陈放的葡萄酒，玛尔维萨的放入量应该减少一些。"

来源：［英］休·约翰逊著《美酒传奇　葡萄酒——陶醉 7000 年》

【章节训练与检测】

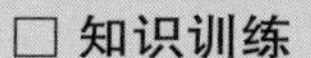

□ **知识训练**

1. 介绍意大利中部产区风土环境、栽培酿造特征及主要葡萄酒风格。
2. 对比介绍桑娇维塞酿造的葡萄酒类型及风格。
3. 阐述超级托斯卡纳葡萄酒形成的历史背景及葡萄酒风格。
4. 介绍其他几种常见的意大利中部红白葡萄品种及酒的风格。

□ **能力训练**（参考《内容提要与设计思路》）

□ **章节小测**

【拓展阅读】

意大利中部产区葡萄酒 & 旅游

意大利中部产区葡萄酒 & 美食

意大利南部产区

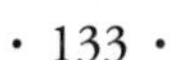

第六章 西班牙葡萄酒 *Spanish Wine*

第一节　西班牙葡萄酒概况 *Overview of Spanish Wine*

【章节要点】

- 了解西班牙葡萄酒发展历史与人文环境
- 理解西班牙风土环境对葡萄栽培与酿造的影响
- 掌握西班牙葡萄酒等级划分及酒标识别方法

一、地理概况

西班牙位于欧洲西南部，地处北纬36°~43°，与葡萄牙一起坐拥伊比利亚半岛，西邻葡萄牙，北濒比斯开湾，东北部与法国及安道尔接壤，南隔直布罗陀海峡与非洲的摩洛哥相望。本土最北端到最南端大约830千米，东西方向最长约1000千米。绝大部分领土位于伊比利亚半岛，东临地中海与意大利隔海相望，西北、西南临大西洋。其海岸线长约7800千米。

西班牙地势以高原为主。海拔3718米的泰德峰为全国最高点。中部的梅塞塔（Meseta）高原是一个山脉环绕的闭塞性高原，约占全国面积的3/5，平均海拔600~800米。北有东西绵延横亘的坎塔布里亚山脉和比利牛斯山脉，比利牛斯山脉是西班牙与法国的界山，长430多千米，最高峰海拔3000米以上。西班牙主要河流有埃布罗河（Ebro）、杜罗河（Duero）、塔霍河等。最长的为塔霍河，长1007千米。埃布罗河长910千米，全程在境内，被看作西班牙第一大河。

二、自然环境

西班牙位于欧洲大陆的西南部，坐落于伊比利亚半岛之上，占整个半岛

面积的85%，剩余部分为葡萄牙。其北靠大西洋，同时与法国比利牛斯山隔山相望，西临葡萄牙，东朝地中海。大部分国土都处于梅塞塔高原地带，水源紧张，但有几条河流孕育了这片土地，也为它带来了生机。北部有埃布罗河与杜罗河。前者是西班牙最大的河流，流向东南，从西班牙著名产区里奥哈（Rioja）、纳瓦拉（Navarra）、阿拉贡（Aragón）等贯穿而过，最后浇灌整个加泰罗尼亚（Catalonia）产区后注入地中海；而杜罗河向东流，滋润浇灌著名的杜罗河区（Ribera del Duero）、托罗（Toro）、卢埃达（Rueda）后，途经葡萄牙流入大西洋。此外，南部还有瓜达尔基维尔河（Guadalquivir），流经柯多瓦（Cordova）、塞维利亚（Sevilla）、赫雷斯（Jeréz）后注入大西洋。可以看出，西班牙大多著名产区都得益于大江大河的浇灌与滋养。除此之外，西班牙岩石、轻砂石、铁矿石等多样土壤类型也非常适宜葡萄的生长。西班牙的气候呈现三种气候带。一是西班牙北部及西北部沿海的温带海洋性气候，降雨量高，降雨量主要集中在冬季，夏季炎热，冬季温和；二是中部高原的极端大陆性气候，降雨量非常低，夏季炎热，冬季寒冷；三是南部与东南部则属于明显的地中海气候，不少地区的海拔对当地气候起到调节作用。这些气候特点对西班牙丰富的葡萄酒业产生了巨大影响。

三、分级制度

西班牙作为旧世界产酒国的成员之一，在葡萄酒等级制度方面也相当严格。西班牙在1972年借鉴法国和意大利的成功经验，成立了Instito de Denominaciones de Origen（INDO），这个部门相当于法国的INAO，同时建立了西班牙的原产地名号监控制度Denominaciones de Origen（DO），1986年，西班牙又在DO制度内加入了Denominación de Origen Calificada（DOC）。随着葡萄酒产业的发展，西班牙葡萄酒等级制度于2003年7月10日进行了重新修改，这也是作为欧盟成员国按照欧洲标准化政策对葡萄酒等级进行的部分调整。新制度将葡萄酒划分为两个等级：一是优质PDO法定产区葡萄酒，即“Vinos de Calidad Producidos en Regiones Determinadas（VCPRD）”，二是PGI地理标志葡萄酒，即“Vinos de Mesa（VDM）”。前者包括VP、DOCa、DO与VCIG四个级别，后者包括VdLT地区餐酒、VM日常餐酒。

（一）VP（Vinos de Pagos）

该等级为2003年新设的最高级别，从某个方面看是西班牙对葡萄酒产业的一次革新，专为超高质量的单一酒庄而设立。拉曼恰（La Mancha）产区的瓦尔德布萨酒庄（Dominio de Valdepusa）第一个获得了该级别的认证，截至

2013 年，已有 15 个 VP 产区获得了认证。

（二）DOCa（Denominaciones de Origen Calificada）

西班牙目前有两个产区被列入了 DOCa 级别，分别为里奥哈（Rioja，1991 年）、普里奥拉托（Priorat，2002 年）。基本条件是必须维持 10 年以内 DO 认可，同时需在本产区内装瓶等，在加泰罗尼亚地区的名称为 Denominaciones de Origen Qualificada（DOQ）。

（三）DO（Denominaciones de Origen）

该级别葡萄酒占西班牙葡萄酒总量的 50%，为西班牙最具代表性的葡萄酒，酒质优异，有指定的葡萄酒产区，主要对葡萄品种的使用、单位公顷的产量、酿造方式、陈年时间等都进行了严格管理与认定。截至 2013 年，西班牙共有 67 个 DO 产区。

（四）VCIG（Vinos de Calidad con Indicacion Geografica）

VCIG 是西班牙 2003 年最新颁布的优质葡萄酒等级，类似法国过去的 VDQS 级别，是餐酒到法定产区酒的过渡级别。只有用特定产区出产的葡萄酿成的葡萄酒才可以标示该等级，在酒标上会出现此标记。

（五）PGI 地理标志葡萄酒

该等级包括为 VdLT（Vino de la Tierra）与 VM（Vino de Mesa）葡萄酒，前者较富有创意，在此等级中也会有不错的葡萄酒，后者相当于法国的日常餐酒。对于该等级，现在酒标通常直接体现为“Vino”，在酿造方法、调配、葡萄品种使用上都没有限制性规定，是最低等级的葡萄酒。截至 2013 年，西班牙共有 40 个 PGI 产区。西班牙葡萄酒产区分级体系见图 6-1。

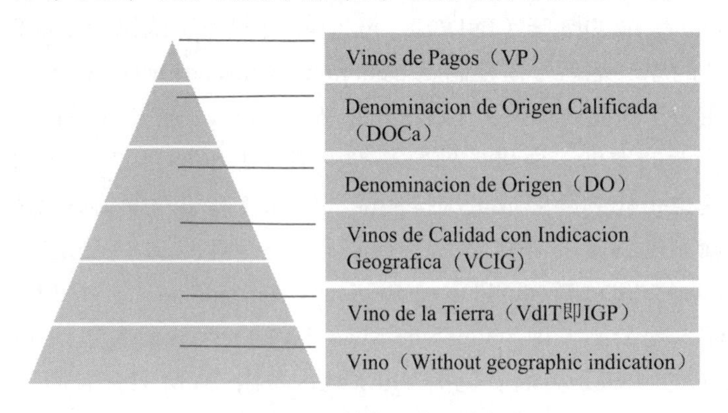

图 6-1　西班牙葡萄酒产区分级体系

四、酒标阅读

西班牙是世界上最重要的产酒国之一，酒标规范性内容多，主要包含有酒的名称、年份、等级、产区、陈酿时间、品种、装瓶者信息、酒精含量、年份、产品类型等信息。其中陈酿等级是西班牙酒标的特色之处，这一等级通常与酒质密切相关。根据在橡木桶中成熟的时间其等级分为四级，分别为：新酒（Joven）、陈酿（Crianza）、珍藏（Reserva）、特级珍藏（Gran Reserva）。这一等级尤其在里奥哈产区最为多见，杜埃罗河岸与纳瓦拉产区也较为常用。各产区不同的级别其标准略有不同，每一个法定产区（D.O.）可以自行制定规范标准，葡萄酒的陈年得到该法定产区主管部门的认证后，这瓶酒才能在瓶身标注陈年信息。

（一）新酒（Joven）

对葡萄酒的陈年没有最低期限要求。既有次年便可发售的入门级葡萄酒，也有价格高昂的新派葡萄酒。

（二）陈酿（Crianza）

葡萄酒上市时必须至少满足 2 年陈。红葡萄酒必须陈化至少 24 个月，其中 6 个月必须在小的橡木桶中陈化。白葡萄酒和桃红葡萄酒必须陈化至少 18 个月，其中 6 个月必须在小的橡木桶中陈化但没有橡木桶中最低陈年时间的要求。

（三）珍藏（Reserva）

上市时必须至少满足 3 年陈。红葡萄酒必须陈化至少 36 个月，其中 12 个月必须在小的橡木桶中陈化。白葡萄酒和桃红葡萄酒必须陈化至少 18 个月，其中 6 个月必须在小的橡木桶中陈化。

（四）特级珍藏（Gran Reserva）

上市时必须至少满足 5 年陈。红葡萄酒必须陈化至少 60 个月，其中 18 个月必须在小的橡木桶中陈化。白葡萄酒和桃红葡萄酒必须陈化至少 48 个月，其中 6 个月必须在小的橡木桶中陈化。往往只有在优质年份的葡萄原材料才能达到酿造该级别葡萄酒的要求。西班牙葡萄酒最少陈年时间见表 6-1。

表 6-1　西班牙葡萄酒最少陈年时间

等级区分	红葡萄酒		白及桃红葡萄酒	
	总陈年时间	小橡木桶内时间	总陈年时间	小橡木桶内时间
新酒 Joven	0	0	0	0

续表

等级区分	红葡萄酒		白及桃红葡萄酒	
	总陈年时间	小橡木桶内时间	总陈年时间	小橡木桶内时间
陈酿 Crianza	最少陈酿 2 年	6 个月	18 个月	没有要求
珍藏 Reserva	最少陈酿 3 年	1 年	18 个月	6 个月
特级珍藏 Gran Reserva	最少陈酿 5 年	18 个月	4 年	6 个月

另外，对于西班牙优质起泡酒（Quality Sparkling Wine）来说，在酒标上一般标有“Premium”与“Reserva”，卡瓦（Cava）指定葡萄酒产区的特别优异起泡酒则会标有“Gran Reserva”，其至少需要 30 个月的陈年时间。

五、栽培酿造

西班牙是与法国、意大利不相上下的世界级葡萄酒生产国，是葡萄栽培世界中的巨人。西班牙整体上属于少雨、干燥的国家。在西班牙中部广袤无垠的梅塞塔高原上，果农必须考虑降雨少带来的麻烦。通常他们会在葡萄植株之间留出较大的空隙，以减缓葡萄之间对水分的竞争。因为病虫害少，葡萄的培形不需要采用棚架式，他们多选择遮阴效果好的高杯式，虽然栽培面积广，但产量有限。1996 年之后，西班牙批准采用人工灌溉来解决葡萄园的旱情，果农开始增大葡萄的植株密度，葡萄产量大幅度上升。当然在西班牙西北部受大西洋影响的产区，这里主要使用棚架式培形方式，合理通风可以解决多雨带来病虫害的麻烦。当然大部分地区，果农已经逐渐引入了丝线架式绑缚整形，这样可以更好实现机械化。在酒庄的酿酒车间，一种新派酿酒理念正在盛行。他们引入了不锈钢罐和温度控制系统，缩短发酵前、中以及发酵后的浸渍时间，更多倾向使用法国橡木桶，且减少在橡木桶存放时间（有些甚至完全避开），酿造更多颜色、果香以及清新感十足的葡萄酒。传统的西班牙酿酒方法，特别注重在橡木桶培养的时间，两年或更长时间，这种工艺得到的葡萄酒，颜色较淡，带有浓郁的香草和香辛料风味，白葡萄酒更多氧化与坚果风味。

六、主要品种

西班牙是通往欧洲大陆与非洲大陆的重要关口，地理位置优越，历史上

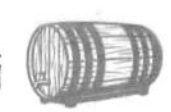

有众多移民到来，他们为西班牙带来了多样的外来葡萄品种。这些外来品种很早就在这片大地上扎根发芽。另外，国际品种在西班牙的地位也日渐提高，赤霞珠、美乐、长相思和霞多丽等国际品种在某些产区展现出色的潜力，尤其是东北部一些产区种植普遍。

（一）丹魄（Tempranillo）

丹魄是西班牙最重要的红葡萄品种，广泛种植在西班牙中部、北部等地区，在有些产区也被称为“Tinto Fino”。厚皮，单宁突出，需要足够的热量才可以达到风味的成熟，但过热却会导致其失去足够的酸度和结构。优质的丹魄会种植在一定海拔之上，保留清新酸度。酿造风格上，有时会使用二氧化碳浸渍法，酿造果香新鲜、充满草莓风味的适合即时饮用的葡萄酒；也可以用来酿造更加坚实，经过橡木桶熟化且有陈年能力的风格，且经常与一些传统品种如歌海娜（Garnacha），格拉西亚诺（Graciano）和佳丽酿（Mazuelo）或国际品种混合。总的来说，它并不是一个风味特别浓郁的品种，产量和酿造手段对其影响较大。

（二）歌海娜（Grenacha）

西班牙广泛种植的红葡萄品种，被称为“Garnacha”（歌海娜），适合温暖的环境种植。酸度低，颜色浅，果味浓郁。在西班牙既可以做调配品种，也可以酿造桃红。在普里奥拉托（Priorat）地区表现最为优异，那里出产果味浓郁、复杂，酒体饱满的葡萄酒。

（三）佳丽酿（Cariñena）

佳丽酿在法国被称为“Carignan”，但“Cariñena”才是该葡萄品种正确的名字，它与西班牙东部小镇同名，那里或许是佳丽酿葡萄的发源地。在里奥哈，又被称为玛佐罗（Mazuelo），可以给酒提供酸度、单宁和颜色，适合与丹魄调配。单一品种的佳丽酿缺少细腻和优雅感，老藤佳丽酿更加优质。

（四）慕合怀特（Monastrell）

慕合怀特在法国被称为“Mourvèdre”，皮厚且耐旱，需要炎热的环境才能完全成熟，晚熟。慕合怀特主要种植在西班牙东南产区，成熟度高，能酿造颜色深，浓郁香料味，动物风味，高单宁、高酒精、中低酸度的葡萄酒。

（五）门西亚（Mencia）

门西亚起源于西班牙西北部的比埃尔索（Bierzo）产区，日渐受到关注，适合凉爽气候，富有新鲜的果香，中等偏高的酸度，一点植物性香气。门西亚在该地多用来酿造单一品种葡萄酒，香气馥郁，果味十足。该品种也可以酿造桃红。在一些片岩土壤中，老藤门西亚可以酿造出风味浓郁、集中的葡萄酒。

（六）沙雷洛（Xarel-lo）

沙雷洛是加泰罗尼亚非常重要的白葡萄品种，品质佳，陈年潜力优秀，集力量感、浓郁度、高酸度和高糖分于一身，是酿造卡瓦的重要调配品种，为葡萄酒增添清新的酸度与酒体。

（七）帕雷亚达（Parellada）

帕雷亚达起源于西班牙东北部的阿拉贡（Aragon）地区，是一个典型的芳香型白葡萄品种，在西班牙卡瓦起泡酒中承担重要角色，酸度中等，果味多。帕雷亚达经常产量过剩，生长在贫瘠的土壤和凉爽的环境下，可以生产出色的静止酒，也常与霞多丽和长相思混合，酿造出色的橡木桶熟化风格的白葡萄酒。

（八）马卡贝奥（Macabeo）

该品种广泛种植于西班牙北部产区，在西班牙里奥哈产区被称为维奥娜（Viura），在法国南部产区称为“Maccabeu”。生产一些静止酒，酸度较高，既有清爽的带有一些草药和香料气息的干白，也是里奥哈传统的浓郁橡木桶风味的干白的主力品种。

（九）阿尔巴利诺（Albarino）

阿尔巴利诺是西班牙几乎最受欢迎的白葡萄品种，在世界范围内也广受关注。原产于伊比利亚半岛西北部下海湾地区，天然高酸，清新度十足。它果皮较厚，因此能抵抗真菌疾病。该品种也是芳香型品种，芳香四溢，有浓郁的桃子、杏、苹果、柑橘以及花卉的香味，品质出众，也能做成浓郁饱满的和橡木桶熟化的风格。该品种在葡萄牙绿酒产区被称为“Alvarinho”。

（十）弗德乔（Verdejo）

弗德乔起源于西班牙中部的卢埃达（Rueda）产区，“Verde”在西班牙文中为“绿色”之意，字面意思为青葡萄。这是一个比较容易氧化的品种，传统上用来酿造雪莉风格的葡萄酒。随着厌氧酿造技术的普及，酒体清爽，充满桃子、白瓜和一些草本风味的葡萄酒渐渐成为主流，也可以通过果皮接触和橡木桶熟化酿造更加饱满浓郁风格的葡萄酒，并经常与长相思混酿。

（十一）艾伦（Airén）

该品种能适应炎热、贫瘠、干燥环境，适应石灰质土壤，有良好的抗干旱和抗病能力，是西班牙最广泛种植的白葡萄，也是酿造西班牙白兰地的重要品种。在西班牙也多用于酿造当地物美价廉的干白。风味比较清淡，酸度适中，品质逐渐上升。

（十二）玛尔维萨（Malvasia）

玛尔维萨用于生产酒体饱满的白葡萄酒，适合酿造传统风格橡木桶熟化的里奥哈干白，常与维尤拉（Viura）混合，提供饱满度。

【历史故事】

酿酒世家聚集地

到了 19 世纪 30 年代，赫雷斯已经非常繁华了，据资料记载它是当时西班牙最富饶的城市，城里那些摩尔人风格的建筑和大教堂式的酒窖周围修起了宫殿般华丽的房子，这些房子不少是用来自南美的资金修建起来的。在那个时候（阿根廷、智利、墨西哥相继宣布从西班牙独立了出去），在赫雷斯投资俨然成为商人们的最佳选择。当时的赫雷斯还算是一个偏远的省会城市，葡萄园随处可见，到处弥漫着葡萄酒的芬芳，城里还有一条直接通往最富有的葡萄酒进口大国的路线。根据出口的数据可以看到当时的贸易情形。

1810 年赫雷斯出口了 1 万大桶葡萄酒；到 1840 年出口量翻了一番；到 19 世纪 60 年代，再次翻了一番；到 1873 年，当年记录的出口量达到 6.8 万大桶，其中有超过 90% 的雪利酒出口到英国。1864 年是英国人对雪利酒最为狂热的一年，赫雷斯的葡萄酒占英国当年进口葡萄酒总量的 43% 以上。

来源：［英］休·约翰逊著《美酒传奇　葡萄酒——陶醉 7000 年》

【章节训练与检测】

☐ 知识训练

1. 绘制西班牙葡萄酒产区示意图，掌握产区名称及地理坐标。

2. 归纳西班牙风土环境、分级制度、主要品种及葡萄酒风格。

☐ 能力训练

西班牙酒标阅读与识别训练

【拓展阅读】

西班牙葡萄酒 & 旅游

西班牙葡萄酒 & 美食

第二节　主要产区 *Main Regions*

【章节要点】

- 理解西班牙各产区风土环境对葡萄栽培与酿造的影响
- 掌握西班牙主要使用红白葡萄品种及各产区名称与地理坐标
- 掌握西班牙里奥哈葡萄酒橡木桶及瓶内陈年时间
- 归纳西班牙主要产区及葡萄酒风格类型

西班牙是世界上重要的葡萄酒生产国，全国葡萄酒产区可以分为 6 个大产区，分别是：上埃布罗产区，包括里奥哈（Rioja）、纳瓦拉（Navarra）；加泰罗尼亚，包括佩内德斯（Penedes、普里奥拉托（Priorat）；杜罗河谷，包括杜罗河畔（Ribera del Duero）、托罗（Toro）、卢埃达（Rueda）；西北部产区，包括下海湾地区（Rias Baixas）、比埃尔索（Bierzo）；莱万特，包括瓦伦西亚（Valencia）、胡米亚（Jumilla）、伊克拉（Yecla DO），以及拉曼恰。

一、上埃布罗产区（The Upper Ebro）

（一）里奥哈（Rioja DOCa）

越过与法国接壤的比利牛斯山脉，便是西班牙著名的圣塞巴斯蒂安（San Sebastian），此处的西南方便是让西班牙人引以自豪的世界著名产区里奥哈。该产区位于西班牙东北部，距离法国较近，19 世纪中期，波多尔许多葡萄树受根瘤蚜虫的侵害而枯死，大量波多尔酿酒师因此涌入里奥哈，里奥哈葡萄酒从此声名远扬。该地葡萄园主要分布于埃布罗河谷地带，埃布罗河（Ebro，

起源于坎塔布连山脉 Cantabrian，最终流入地中海）穿越山脉，形成了一片宽阔的河谷平原，在河流中游这一带有多个葡萄酒产区，里奥哈便是其中最重要的产区之一。气候因受大西洋与地中海气候交替影响，葡萄酒具有较理想酸度的同时酒体饱满丰厚，土壤多由泥灰土、湿土、冲积土构成。

【产区名片】

产区位置：西班牙东北部产区，埃布罗河两岸，受东北部比利牛斯山脉及西北部坎塔布连山的双重影响

气候特点：大西洋型气候与地中海气候双重影响，北部山脉创造了雨影区，免受严酷的冷气流侵袭，三大子产区气候有明显不同

酿造特点：法国橡木桶的使用逐渐流行，长时间橡木桶陈年，有法定的陈年要求

种植威胁：霜害、真菌类疾病、干旱

主要品种：丹魄、歌海娜、维尤拉、佳丽酿等

气象检测点：里奥哈—哈罗镇（Haro）

纬度 / 海拔：42.27°/480 米

7 月平均气温：20.3℃

年均降雨量：480 毫米

10 月采摘季降雨：30 毫米

土壤类型：石灰质黏土、含铁质的黏土

1. 酿造风格

酿造方法上，传统的里奥哈葡萄酒一般采用大橡木桶长时间陈年，色泽深艳，略带氧化的风味；现在新兴酿酒方式越来越流行，通常使用法国小橡木桶陈年，酿造的葡萄酒果味突出。

传统上，里奥哈红葡萄酒最主要的决定因素是熟化和调配，大部分酒都是由三个子产区的葡萄混合酿造，然后在旧的美国小橡木桶中进行长期的氧化陈年，其熟化时间经常远远超过规定的最低要求。旧桶反复使用后，葡萄酒会失去新鲜的果香，发展出肉桂、焦糖等氧化风味，结构会更加顺滑，颜色变浅。另外，传统上也有不少使用新的美国橡木桶的生产商，为酒增加香草气息。自 20 世纪 70 年代以后，里奥哈开始出现新派风格。这些酒也是调配而成，不过会经历更长时间的浸皮和更短的橡木桶熟化。在橡木桶的选择上，新桶的比例在增加，法国桶的使用代替了传统的美国桶。这给酒带来了更深的颜色和单宁，熟成时间短，所以没有明显的氧化风味，具有更加明显

的香草、丁香、烘烤和烟熏等橡木桶风味。近年来，单一品种和单一葡萄园的风格也日渐流行，更突出地表达品种和风土特性，而不是单纯注重调配技巧。此外，一些新酒（Joven）级别的红葡萄酒会使用整串二氧化碳浸渍法来酿造果香新鲜、适合快饮风格的酒。

对于白葡萄酒来说，特别是一些珍藏（Reserva）和特级珍藏（Gran reserva）的白葡萄酒，传统上会使用美国橡木桶长期熟化，发展出深金色的色泽以及咸鲜、坚果风味，不过这种风格越来越少了。现代风格的白葡萄酒更受市场青睐，这种风格通常低温发酵，使用不锈钢容器熟化，年轻时即刻装瓶以最大程度保留果香。有的酒庄也会采用橡木桶发酵，但会使用新的法国桶而不是传统的旧美国桶。

2. 主要品种

里奥哈种植的绝大多数是红葡萄，这里约75%为红葡萄酒，15%为桃红，只有10%的白葡萄酒。丹魄是种植最广泛的品种（约80%），有出色的陈年潜力和平衡的口感，是大多数酒调配的主要品种。丹魄经常与歌海娜混酿造，歌海娜能为其提供酒体和更高的酒精。在当地也有单一歌海娜的葡萄酒，酒体饱满而浓郁，新鲜风格的歌海娜桃红更为常见。玛佐罗（Mazuelo，即佳丽酿）和格拉西亚诺（Graciano）在当地也有种植，它们主要参与调配，格拉西亚诺能为混酿酒提供香气、酸度和结构，陈年潜力出色且日渐流行。

里奥哈的白葡萄品种一共有九种，最常见的是维尤拉（Viura），传统上还使用玛尔维萨（Malvasia）、白歌海娜和白丹魄等品种。

3. 主要子产区

这里是西班牙三大DOCa产区之一，它分为三个小产区，分别是上里奥哈（Rioja Alta）、里奥哈阿拉维萨（Rioja Alavesa）、东里奥哈（Rioja Oriental）。

里奥哈阿拉维萨（Rioja Alavesa），是里奥哈最小的子产区，这里的葡萄园海拔可高达800米，位于坎塔布连山脚附近，处于上里奥哈和下里奥哈之间，葡萄酒风格最为轻柔细腻。

上里奥哈（Rioja Alta），主要分布在埃布罗河的南岸，面积稍大。这里的葡萄园位于海拔500~800米，土壤多有高比例的铁元素，呈现红色（适合种植丹魄）。上里奥哈的气候与里奥哈阿拉维萨相似，稍微温暖干燥一些，但仍然受到海洋气候的影响。

东里奥哈（Rioja Oriental，原为下里奥哈 Rioja Baja），位于该产区最东边，大陆性气候更加明显，夏季炎热，冬季寒冷，干旱是这里的一大问题。东里奥哈的主要葡萄品种为歌海娜（Garnacha Tinta），陈年潜力不如上里奥

哈和里奥哈阿拉维萨，所以这里是西班牙“Joven”级别葡萄酒的主要来源。在东里奥哈，也种植着越来越多的格拉西亚诺（Graciano），用于和其他两个子产区的丹魄混合。这里温暖的栽培环境很适合格拉西亚诺，因为这个品种在里奥哈的其他地方都难以达到很好的成熟度。

（二）纳瓦拉（Navarra DO）

该产区历史悠久，地处西班牙与法国交界处，是著名的圣地亚哥朝圣之路的必经之处，受益于大量圣徒及旅游者的到来，葡萄酒餐饮文化一直兴盛繁荣。这里与里奥哈一样，受法国影响大，19 世纪中后期，邻近的里奥哈葡萄酒异军突起，成为重要的葡萄酒生产基地。这里土壤肥沃，以出产优质红葡萄酒而闻名。葡萄品种已由过去的歌海娜为主转向丹魄，红葡萄酒也是该地的主流类型，除了当地品种之外，多添加赤霞珠、美乐等进行混酿，黑色水果果香及香料味突出，并且保持了较好的酸度，结构感强。白葡萄品种与里奥哈相似，以维奥娜为主，霞多丽与长相思也有种植，酿造方法上会采用橡木桶发酵，增加酒体质感与奶香气息。

【产区名片】

地理位置：西班牙北部自治区

气候特点：大陆性气候，夏季漫长干热，冬季寒冷

地形特点：比利牛斯山西段南麓，多丘陵

平均海拔：240~540 米

年均降雨量：最高 990 毫米

土壤类型：表层土壤肥沃且含有泥灰，底层分布着石块和白垩物质

二、西北部产区（Northwest Spain）

（一）下海湾地区（Rias Baixas DO）

这里地处伊比利亚半岛的最西北角，紧靠大西洋，属于典型的海洋性气候，凉爽多雨，葡萄酒年份差异大。葡萄种植方面，当地采用棚架式整形的方式，良好的通风效果可以很好地让葡萄藤避免病虫害的滋生，葡萄园多种植在陡峭的山坡上，这种地形排水性较好，有利于葡萄的成熟。土壤多为河流冲积土，泥沙多，土壤中也有较高的矿物质含量，非常适合白葡萄的生长。

下海湾出产西班牙最受欢迎的白葡萄酒，白葡萄酒占到了总量的 90%。这里的当家品种为阿尔巴利诺（Albariño），轻柔的处理和温控设备的使用让艾尔巴利诺精细的桃子般的果香得以展现，自然的高酸和清爽的口感受当今

消费者喜爱。这一类型的酒适合在年轻时饮用，但也有更加饱满甚至经过橡木桶熟化的风格，有一定陈年潜力。阿尔巴利诺在全球都十分流行，酒标上如果出现“Rias Baixas Albarino”，则该品种的使用比例为100%。用它酿出的葡萄酒通常酒精度适中（12%vol左右）、果香清新、口感脆爽（高酸）、酒体轻盈、香气芬芳（柑橘类），与当地的鱼类料理一起被认为是绝佳搭配。除阿尔巴利诺外，洛雷罗（Loureiro）也是当地本土品种，种植也有一定规模，其他还有凯诺（Caino）、特浓情（Torrontes）等。

【产区名片】

产区位置：西班牙西北部加利西亚自治区，毗邻葡萄牙

气候特点：邻近大西洋及众多河流的汇集之处，呈海洋性气候，凉爽多雨且湿润

主要品种：90%阿尔巴利诺（酒标上若出现该品种，品种含量则为100%）

酿造风格：多不锈钢罐发酵，清脆、果香馥郁的干型白葡萄酒

土壤类型：黄岗岩、板岩等，并混合了黏土、泥土、砂砾的冲积土

气象检测点：维戈（Vigo）

纬度/海拔：41.13° N/250米

7月平均气温：19.3℃

年均降雨量：1520毫米

9月采摘降雨：90毫米

主要威胁：真菌类疾病、强风

（二）比埃尔索（Bierzo DO）

与下海湾地区同属于西班牙西北部产区，该地稍远离海岸，处在海岸和内陆之间的理想位置，葡萄园分布在河流旁坡度较低的梯田、山腰和陡峭的山坡上，平均高度在450到1000米之间。气候介于海洋性气候与大陆性气候之间，比下海湾干燥，但又不失温和湿润。半湿润的气候以及温和的温度为酿酒葡萄的生长提供了极好条件。比埃尔索是一个红酒为主的产区，这里的主要品种是门西亚（Mencia），该品种是当地非常古老的红葡萄品种。早年间由于多种植在平原肥沃的地区，产量不控制，被认为质量欠佳。但一些年轻的酿酒师改良后生产出了酒体更加坚实且有着浓郁果香（有时带有一些类似品丽珠的植物性香气）和自然高酸度的红酒，目前在国际市场上有不错的流行度。

【产区名片】

地理位置：西班牙莱昂省西北部

气候特点：介于海洋性气候与大陆性气候之间

葡萄园海拔：450~1000 米

年均降雨量：720 毫米

土壤类型：冲积土、板岩

三、杜罗河谷产区（The Duero River Valley）

（一）杜罗河畔（Ribera del Duero DO）

距里奥哈西南方向 230 千米便是杜罗河谷产区，该产区是西班牙唯一只能生产红葡萄酒与桃红葡萄酒的 DO 产区。该产区坐落于伊比利亚半岛北部高原之上，拥有得天独厚的高原产地，葡萄园多分布于海拔 750~900 米的高原与丘陵地带，人烟较少，荒凉与寂寞是这里氛围的真实写照。在这个海拔高度上，丹魄（在当地被称为“Tinta del País”或者“Tinto Fino”）的果实皮厚，酸度清爽，这使得用其酿造的年轻葡萄酒口感极佳，同时也可经陈年成为出色的特级珍藏葡萄酒。该产区于 1982 年成为 DO 级别，随之许多葡萄园恢复种植，各种类型的酒庄，从小规模的家庭经营酒庄到大规模酿酒合作社和单一庄园的酒庄，都开始投资现代酿酒技术。同时，世代种植并把葡萄出售给酒庄的酒农也开始建立自己的小型酒厂，这些葡萄酒现已出口到世界各地。虽然这里自 19 世纪起就开始生产出色的葡萄酒，但直到 1982 年这里才获得了 DO 认证。自获得 DO 以后，有超过 50 家酒庄得以建立和发展。著名酒庄贝加西西里亚（Bodega Vega Sicilia）便是其中之一，有“西班牙拉菲”之称。

【产区名片】

产区位置：北部高原，海拔 800 米左右

气候特点：大陆性气候，昼夜温差大，炎热的夏季与严寒的冬季

种植酿造：较高的海拔，葡萄成熟度高，良好的酸度保持；绝大多数红葡萄酒，少量桃红

主要品种：丹魄，有春霜、秋雨种植威胁

土壤类型：石灰岩层和黏土层

气象检测点：杜罗河岸巴利亚多利德

纬度 / 海拔：41.3° N/840 米

7月平均气温：21.4℃
年均降雨量：410毫米
10月采摘季降雨：45毫米

1. 产区风土

产区为典型大陆性气候，夏季炎热干燥，昼夜温差大，葡萄园位于梅塞塔高原海拔最高的区域，这样的海拔缓和了大陆性气候的影响，全年的夜间都十分凉爽，夏季的昼夜温差可达20℃，缓和了白天的炎热，且这种冷热交替的环境十分适合丹魄品种，有利于葡萄积累香气物质和保留活泼的酸度。该产区土壤较为松散，石灰质成分比重非常高，地势最高的山坡土壤中还含有少量的石膏等有益成分。另外，杜埃罗河还为此处葡萄的生长提供了水源保障。这里以出产高品质红葡萄酒著称，其品质与里奥哈旗鼓相当，世界上有影响力的名酒层出不穷。

2. 酿造与风格

这里法律允许生产红或桃红葡萄酒，但红酒占到了绝对比例，丹魄是主要的品种（90%左右），在混酿中也必须占75%以上的比例。歌海娜被用来酿造干型桃红，同时赤霞珠、马尔贝克和美乐也被允许种植。足够的日照和明显的温差让这里的丹魄风味更成熟，同时保留了出色的酸度和果香，酒的颜色更深，单宁也更加强劲和明显。酿造时往往通过较长的浸皮时间与较短时间的新桶熟化来达到这样的风格，价格高昂。

（二）托罗（Toro DO）

此产区历史上被摩尔人统治过，卡斯蒂利亚王国文化遗产丰富，由于王室贵族推崇，葡萄酒发展一直非常兴盛，同时这里还是与葡萄酒密切相关的西班牙最古老的萨拉曼卡大学（Salamanca，13世纪建立）的所在地。该地紧靠杜罗河产区，气候与杜罗河畔产区一样属于大陆性气候，夏季漫长炎热、冬季短暂寒冷。1987年托罗获得DO认证。这里以出产红葡萄酒为主，也有少量桃红和白葡萄酒。主要品种为丹魄，在当地被称为“Tinta de Toro”。这里的红葡萄酒酒体饱满，风格强劲，酒精度很高。摩尔人退出统治舞台后，大量的葡萄品种传入此地，歌海娜、赤霞珠等栽培面积有很大提高。玛尔维萨、弗德乔等白葡萄品种也有所种植。

【产区名片】

地理位置：西班牙西部的卡斯蒂亚利昂（Castilla y Leon）
气候特点：大陆性气候，夏季漫长炎热，昼夜温差大

主要品种：丹魄等
酿造风格：饱满浓郁的红葡萄酒
平均海拔：600~750 毫米
年均降雨量：350~400 毫米，西班牙降雨量最少的产区之一
土壤类型：冲积土、石灰岩、黏土、沙土等

（三）卢埃达（Rueda DO）

该地距离杜罗河谷产区仅有 30 千米，与里奥哈以红酒著称正好相反，卢埃达专注于生产白葡萄酒。这里属于大陆性气候，昼夜温差大，白垩土壤，夜间凉爽，以出产优质的干白而著称。受到临近产区的影响，红葡萄酒比例开始逐渐增加。历史上卢埃达做的是木桶氧化的雪莉风格葡萄酒，有奶油及烤面包香气，现在仍有生产，但市场萎缩严重，现在多酿造果香清爽的白葡萄酒。传统品种为弗德乔（Verdejo），凉爽的夜晚保证了香气的芬芳和酸度的优雅，这里也有不少长相思和维尤拉（Viura）。长相思可以与弗德乔混酿，但弗德乔必须含有 50% 的比例。该地白葡萄酒大部分是简单清爽，适合快饮的风格；也有少量酒体饱满圆润，经过了果皮接触和橡木桶发酵熟化的复杂风格。除了白葡萄，这里也种植丹魄、歌海娜和赤霞珠等红葡萄品种。

【产区名片】

地理位置：马德里以北约 1 小时
气候特点：大陆性气候
主要品种：弗德乔、长相思
酿造风格：多为清脆、多酸的干型白葡萄酒
葡萄园海拔：600~700 毫米
土壤类型：土壤表面有很多鹅卵石，有机物质贫乏，通风排水性好

四、加泰罗尼亚（Catalunya）

（一）佩内德斯（Penedes DO）

西班牙东北部加泰罗尼亚的巴塞罗那市西南方向不远处便是著名的佩内德斯法定产区，葡萄栽培面积大，为西班牙最大的法定产区。产区处于加泰罗尼亚山脉的前海岸与通向地中海沿岸的平原之间。该产区因水土条件特性不同分为三个区域，分别是下佩内德斯、中佩内德斯、上佩内德斯。以地中海气候为主，但往内陆走，海拔逐渐抬高，气温也随着海拔的升高而降低，

上佩内德斯最为凉爽，可以种植多种风格葡萄品种。

【产区名片】

地理位置：隶属巴塞罗那省，在巴塞罗那市正南方，处于加泰罗尼亚山脉前海岸与通向地中海沿岸平原之间

气候特点：地中海气候，有干旱、真菌类疾病威胁

地形特点：往内陆走多丘陵，海拔渐高，沿海低洼，较热

平均海拔：上佩内德斯 500~800 米，中佩内德斯 250~500 米，下佩内德斯低洼沿海地区

主要品种：白葡萄品种居多，帕雷亚达、沙雷洛和马卡贝奥

酿造风格：使用传统法酿造起泡酒

土壤类型：石灰质、白垩土、黏土等

气象检测点：加泰罗尼亚雷乌斯市（Reus）

纬度 / 海拔：41.08° N/70 米

7 月平均气温：23.9℃

年均降雨量：590 毫米

9 月采摘季降雨：65 毫米

1. 主要品种

该产区品种众多，有超过 100 个品种种植于此。葡萄根瘤蚜事件之后，这里的帕雷亚达（Parellada）、沙雷洛（Xarel-lo）和马卡贝奥（Macabeo）等酿造卡瓦起泡酒（Cava）的品种为这里奠定了声望。该地区大量种植了白葡萄品种，主要的葡萄酒是果味突出的干白葡萄酒。该地除了酿造卡瓦的白葡萄品种之外，近年霞多丽的种植面积也在不断增加。气候凉爽的上佩内德斯还种植了一些果香型国际品种，如雷司令、琼瑶浆和黑皮诺等。白葡萄酒色泽鲜绿，酸度较好。红葡萄品种有歌海娜、格拉西亚诺、丹魄等。自 20 世纪 60 年代开始，西班牙着手大力振兴本国葡萄酒产业，开始大力引进国际知名葡萄品种，赤霞珠、品丽珠、长相思、美乐、雷司令、黑皮诺等都在该地区扩散开来，同时大力改进酿酒设备，使得本地区葡萄酒产业步入了现代化的行列，这里的葡萄酒品质和声望日渐提升。桃乐丝酒庄是当地著名的酒庄。

2. 产区特征

这一产区也是西班牙著名的卡瓦（Cava）起泡酒集中地，占加泰罗尼亚地区起泡酒的绝大部分，主要使用马卡贝奥、沙雷洛和帕雷亚达葡萄酿造而成，近来也经常添加一些国际品种，如霞多丽、黑皮诺等。著名的卡瓦酒厂

有科多纽（Codorníu）、菲斯奈特（Freixenet）等。酿造上，这里也是西班牙最先使用温控技术和不锈钢罐的产区，具备国际视野。传统上，这里的红酒以橡木桶熟化、风格强劲的歌海娜和慕合怀特干红为主。

（二）普里奥拉托（Priorat DOCa）

普里奥拉托是西班牙2009年新晋的第二个DOCa产区，它在过去十年间声名鹊起，归因于酿造者开始应用新技术，使用20世纪80年代初种下的法国与本土葡萄品种，酿造出了广受赞誉的“新普里奥拉托”风格的葡萄酒。现如今，这些酒不管在西班牙还是全球，都已位于最知名的葡萄酒之列。当地地形比较多样，有陡峭的山坡，有梯田，有片岩坡地，也有冲积土构成的谷底。葡萄园通常分布在远离海岸往内陆倾斜的丘陵地。最好的葡萄园为海拔500~700米的陡坡，朝向良好且有着出色的昼夜温差，葡萄酒风格受海拔影响大，但机械化程度极低。这里为极端的大陆性气候，降雨量很低，夏季漫长炎热而冬季寒冷。无论是传统还是新派，这里葡萄酒的品质都是建立在一个独特的微气候及土壤之上。这里最好的土壤为红板岩土壤，能够贮存热量且十分贫瘠。表层土壤非常浅，渗水性很好，但很深的底土和岩床又同时能够保存足够的水分以满足葡萄的生长需要。

【产区名片】

地理位置：隶属巴塞罗那省，位于巴塞罗那市正南方，加泰罗尼亚山脉前海岸与通向地中海沿岸的平原之间

气候特点：大陆性气候明显，炎热干燥

地形地貌：群山包围，葡萄园位于陡峭山坡上

主要品种：歌海娜、佳丽酿

种植酿造：较低的产量，土质原因，葡萄种植必须深挖，获得水源；浓郁且集中度高的干红

葡萄园海拔：100~700毫米

年均降雨量：500~600毫米

土壤类型：火山岩质、红板岩土壤

1. 主要品种

该产区主要品种是歌海娜、佳丽酿，其他还有国际普遍种植的赤霞珠、美乐、西拉、白诗南、马卡贝奥等。这里的一些老藤歌海娜和佳丽酿产量极低，风味十分浓缩。传统上这里的酒颜色极深，单宁和酒精度非常高，有着葡萄干般的极为成熟的果香，再加上长时间的橡木桶熟化，会带来一些菌菇

风味。新的风格依然保持了色深单宁高的特点，但控制了酒精度（这里法律规定酒精度最低 13.5%），有着更为新鲜的黑色果香，并常有着新法国桶的烘烤风味，陈年潜力很强。

2. 产区特征

该产区葡萄栽培面积仅有 1800 公顷，葡萄园被四周群山环绕，气候较为干燥。葡萄酒酒精度较高，颜色深，酒体为风味厚重的浓郁型，酸度突出，质感均衡。该产区以红葡萄酒为主，占总产量的 90% 以上，20 世纪 90 年代开始引起国际的关注，高品质红葡萄酒带有明显的矿物特征。白葡萄酒与桃红葡萄酒较少。

五、拉曼恰（La Mancha DO）

拉曼恰葡萄酒产区地处西班牙梅塞塔高原，气候为极端的大陆性气候，降雨较少，夏季炎热干燥。这一地区面积广阔，是西班牙最大的葡萄酒产区，也是全世界最大的葡萄酒产区，葡萄酒产业在当地属于非常重要的经济支柱。该地酒厂众多，产量大，葡萄酒物美价廉。拉曼恰产区是阿依伦（Airen）种植最广泛的地区，阿依伦葡萄酒具有十足的热带果香气息，价格实惠。目前，阿依伦的种植量在下降，而当地鼓励种植丹魄（当地称为“Cencibel”）和其他国际品种，比如赤霞珠、美乐、西拉甚至霞多丽和长相思。如今的拉曼恰已不仅仅是廉价酒的生产中心，许多的技术投资和专家来到这里，改进了栽培理念和引进酿造技术（不锈钢罐和温控等），使之成为一个重要的葡萄酒的生产地，用于出口市场。拉曼恰也是西班牙优质单一酒庄级别（Vinos de Pago）的起源之地，大部分被授予此殊荣的优质酒庄都位于这里。

该产区于 1976 年获得 DO 认证，除了大量价位便宜的葡萄酒外，优质葡萄酒也层出不穷，发展较快，广受关注。瓦尔德佩纳斯是当地独立的 DO 产区，酒质优异。

【产区名片】

地理位置：北与马德里相邻

气候特点：极端的大陆性气候

葡萄园海拔：500~700 米

年均降雨量：375 毫米

纬度坐标：北纬 38°

土壤类型：砂质、石灰质以及黏质土

六、莱万特（Levante）

该地位于加泰罗尼亚南边地中海沿岸，典型的地中海式气候，葡萄种植历史悠久。葡萄园主要集中在瓦伦西亚港口，是该产区与拉曼恰产区葡萄酒的贸易运输中心。

（一）瓦伦西亚（Valencia DO）

这里是一个古老的葡萄酒产区，由于本身的地理位置，自古就是大宗红葡萄酒、桃红及白葡萄酒的集散出口基地。沿海地区主要表现为地中海气候，往内陆深入，大陆性气候特征开始明显，夏季更加炎热，冬季更加寒冷，温度比沿海低。该产区酒庄多，产量高，葡萄酒性价比极其优越。主要品种以当地本土品种丹魄、慕合怀特、歌海娜与赤霞珠等国际品种为主。

（二）胡米亚（Jumilla DO）

胡米亚是西班牙最古老的原产地名称保护产区之一，位于瓦伦西亚南部穆尔西亚自治区（Murcia）的下莱万特地区，葡萄园多分布在胡米亚周围。该地区葡萄多种植在地势较高的位置，气候炎热，表层土壤多沙，底层为石灰岩，气候处于典型的半干旱大陆性地中海气候。自 20 世纪 90 年代早期，胡米亚便展现了新的潜力，精心采收和对新设备的投资提高了葡萄酒的质量。该地区生产出了新一代的优雅的葡萄酒，大多数是年轻的葡萄酒，有些还是有机葡萄酒。慕合怀特是这里的明星品种，种植面积高达 90%，葡萄酒往往颜色浓重，伴有成熟浆果的香味，口感浑厚有力，单宁结构极佳，酒体饱满，芬芳馥郁。在技艺精湛的酿酒师手中展现了非凡的成果，胡米亚葡萄酒开始在国际市场产生影响。

（三）伊克拉（Yecla DO）

该产区位于穆尔西亚省东南部，周围被胡米亚等产区包围，属于大陆性气候，葡萄园由周围山丘包围，为当地带来微气候。该地土壤位于石灰岩基岩上，上面覆盖着砂质或粉质表层土，土壤贫瘠，氮含量低。伊克拉与胡米亚一样经历了相同的变革，尤其是带温控技术的不锈钢罐的引进。这里主要以慕合怀特、歌海娜和丹魄为主酿造一些新鲜饮用的新酒级别的葡萄酒，常使用二氧化碳浸渍法酿造。

七、赫雷斯（Jerez DO）

除以上六大产区外，西班牙还有一处闻名于世的产区，那便是以雪莉而著称的赫雷斯（Jerez DO）产区。该地位于西班牙半岛的最西南方，位于安达卢西亚（Andalucia）大区的加的斯（Cadiz）地区。赫雷斯至少从罗马时代就开始出口葡萄酒，在国际上所取得的巨大商业成功，很大程度上归功于大酒庄悠久的出口历史、广泛的消费群体，以及葡萄酒的卓越品质。该地拥有独特的酿酒和陈年工艺。当地最为知名的是雪莉酒（Sherry），由巴罗密诺葡萄（Palomino）或佩德罗—希梅内斯葡萄（Pedro-Ximenez）酿造，在索来拉系统（Solera）中陈年。雪莉酒属于葡萄酒范畴里的加强型酒，酒精度数在15.5%~22%vol，通常作为开胃酒（干型）及餐后甜酒（甜型）。该地区的雪莉酒一直以来都大放异彩，与其优越的地理位置是分不开的。南部的加的斯（Cadiz）一直以来就是贸易高度活跃的地区，除此之外，这里温暖的地中海气候及大西洋气候的调节，为葡萄提供了良好的生长环境。再者，它的优势是历史长河里积累下来的优良的传统酿酒技术。

【产区名片】

地理位置：西班牙南部，安达卢西亚大区

气候特点：气候温暖，受大西洋影响

土壤类型：白粉质土壤（Albariza）、丰富的黏土和硅土

气象检测点：赫雷斯德拉弗龙特拉（Jerez de la Frontera）

纬度 / 海拔：36.45° N/30 米

7 月平均气温：25.5℃

年均降雨量：477 毫米

8 月采摘季降雨：3 毫米

年均日照量：3000 小时

种植威胁：干旱

【拓展对比】

诗百篇单一品种丹魄（Tempranillo）

河北怀来产区是改革开放以来较早的精品葡萄酒生产基地，1976 年怀来被定为国家葡萄酒原料基地。这里属于燕山余脉，境内南北群山耸立环抱，永定河、桑干河、洋河、妫水河 4 条过境河流汇入官厅水库，官厅水库对当地气候起到一定调节作用。

迦南酒业便位于这山水勾勒出的“V”形山丘与谷地之中，酒庄三处葡萄园海拔 500~1000 米的海拔之上。这里昼夜温差大，光照条件好，常年强劲的

季风为葡萄园提供了一个干燥的环境，有利于果实健康成长。丹魄属于早熟红葡萄品种，原产伊比利亚半岛，迦南酒业于2009年引入怀来种植，展现出优秀的适应性，并从风味与口感上忠实表达了怀来产区的风土特质。复杂的果香、集中细腻的单宁给人带来愉悦，风格优雅且陈年潜力优秀，尤其适合搭配中餐美食。从2014年开始，迦南酒业每年推出单一诗百篇丹魄葡萄酒，这一款酒是少见的中国本土出品单一品种丹魄葡萄酒。

对比思考：

丹魄原产地与怀来产区的风土环境及葡萄酒风格对比有何异同?

知识链接：

迦南酒业于2009年引入该品种，展现出优秀的本土适应性，从风味与口感上忠实表达了怀来产区的风土特质，复杂的果香、集中细腻的单宁给人带来愉悦，风格优雅，陈年潜力优秀，适合搭配中餐美食。

【章节训练与检测】

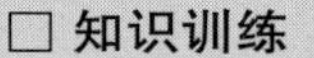

□ **知识训练**

1. 对比介绍西班牙里奥哈产区与普里奥拉托产区风土环境及葡萄酒风格。
2. 简述西班牙主要白葡萄酒产区及风格特征。
3. 介绍西班牙其他代表性葡萄酒产区风土特征及主要葡萄酒类型。
4. 对比西班牙卡瓦与法国香槟葡萄种植、酿造及风格的不同之处。

□ **能力训练**（参考《内容提要与设计思路》）

□ **章节小测**

第七章
葡萄牙葡萄酒 *Portuguese Wine*

第一节　葡萄牙葡萄酒概况　*Overview of Portuguese Wine*

【章节要点】

- 了解葡萄牙葡萄酒发展历史与人文环境
- 理解葡萄牙风土环境对葡萄栽培与酿造的影响
- 掌握葡萄牙葡萄酒等级划分及酒标识别方法

一、地理概况

葡萄牙位于伊比利亚半岛之上，西班牙西侧，地处北纬 36°~42° 之间，西部和南部是大西洋的海岸。除了欧洲大陆的领土以外，大西洋的亚速群岛和马德拉群岛也是葡萄牙领土，葡萄牙首都里斯本以西的罗卡角是欧洲大陆的最西端。葡萄牙地形北高南低，多为山地和丘陵。北部是梅塞塔高原；中部山区平均海拔 800~1000 米，埃什特雷拉峰海拔 1991 米；南部和西部分别为丘陵和沿海平原。

二、自然环境

葡萄牙位于欧洲大陆的西南部，东临西班牙，西靠大西洋，漫长的海岸线（800 多千米）与便利的交通使得这个国家很早以前便在海上占据了优势地位。由于该国南北狭长，局部地区气候差异极大。北部属于北大西洋季风气候，且因多山地、纬度高，因而夏季凉爽，冬季严寒，气温常近零度，亦常降雪。越往南部，气候越温暖，最南方濒地中海的阿尔加夫（Algarve）地区属地中海型气候，终年皆夏。内陆地区偏向大陆性气候，炎热干燥，年平均降水量 500~1000 毫米。主要河流有特茹河、杜罗河（流经境内 322 千

米）和蒙德古河。地形北高南低，多为山地和丘陵（中部地区平均海拔800~1000米）。

三、分级制度与酒标阅读

1756年，葡萄牙建立了世界上首个葡萄酒法定产区。1986年，随着葡萄牙加入欧盟，原来的DO制度已改为DOC制度，按照这一新的制度，葡萄酒分为四个等级。葡萄牙葡萄酒分级体系见图7-1。

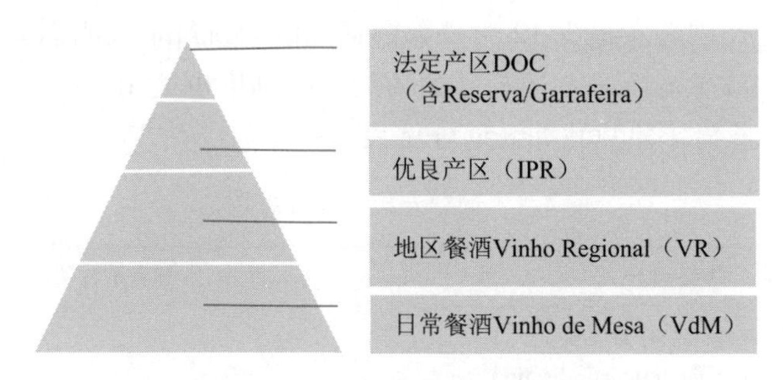

图7-1 葡萄牙葡萄酒分级体系

（一）DOC（Denominacao de Origem Controlada）

DOC是葡萄牙最高等级的葡萄酒，相当于法国的AOC。葡萄酒必须满足葡萄牙葡萄酒协会（IVV），以及各地区葡萄酒相关组织的严格的条件。现在，葡萄牙共有30个DOC产区，其中4个强化型波特酒产区获得了DOC等级资格，都获得了IVV的认证。

（二）IPR（Indicao de Proveniência Regulamentada）

IPR是葡萄牙加入欧盟后新设立的等级，至今已指定31个产区。相当于法国VDQS，属于地区餐酒与法定产区酒的过渡级。但在实际操作过程中还有些混乱，所指定葡萄酒产区并没有得到严格管理。

（三）VR（Vinho Regional）

自1993年以来，VR这一等级的葡萄酒产区中，有一部分产地开始在酒标上标注VR标志。现在有8个产区属于此等级，同时还有5个小产区，相当于法国的地区餐酒。

（四）VdM（Vinho de Mesa）

VdM是葡萄牙最低级别的葡萄酒，相当于法国的日常餐酒。这一等级的葡萄酒不需要标注产地及年份等信息，出口较少。

葡萄牙自1986年加入欧盟以来，葡萄酒产业得到迅速发展，葡萄酒相关法令也更加规范。酒标常用标记通常包含的信息有年份、产地、类型（红、白）、等级、酒庄、品牌、容量、酒精含量以及品种等，如果标有品种，则要求该葡萄品种含量在85%以上。酒标其他常用术语还有“Reserva”与“Garrafeira”。“Reserva”主要针对DOC等级使用，葡萄酒必须来自同一年份，体现当地风土特征，最低酒精度数必须比当地规定酒精度高0.5%vol，一般情况下表示优质葡萄酒。“Garrafeira”是葡萄牙独有的一个酒标术语，有该标识的葡萄酒必须标识年份，且须来自同一年份，酒精度数要比其在DOC法定最小值高0.5%vol。葡萄酒体现当地风土特征，红葡萄酒要求最少陈酿时间为30个月，其中瓶内陈年最少12个月，白葡萄酒与桃红葡萄酒则要求最少陈酿12个月，瓶内放置6个月。葡萄牙葡萄酒等级制度也适用于欧盟DOP与IGP葡萄酒等级。葡萄牙葡萄酒等级划分见表7-1。

表7-1　葡萄牙葡萄酒等级划分

<table>
<tr><th colspan="2">等级划分</th><th>葡萄酒描述</th></tr>
<tr><td colspan="2">无地理标志的葡萄酒
wines without geographic indication</td><td>Vinho</td></tr>
<tr><td rowspan="2">有地理标志的葡萄酒
wines with geographic indication</td><td>IGP</td><td>Indicacao Geografica Protegida
- 更大的地理区域
-85%必须来自指定产区，法定品种众多
- 规定了最低酒精含量</td></tr>
<tr><td>DOP</td><td>Denominacao de Origem Protegida
- 优质葡萄酒产区
- 特定葡萄酒产区，位于IGP/VR产区之内
- 规定葡萄酒类型，最大亩产量及陈酿要求</td></tr>
</table>

四、栽培酿造

葡萄牙在欧洲葡萄酒产国里是后起之秀，葡萄品种约400多个，这是非常珍贵的资产。葡萄牙的气候、地形都比较多变，因而可以酿造出风格多变、口感奇特的葡萄酒。

五、主要品种

葡萄牙的葡萄品种基本上为本国本土品种，国际品种较少。

（一）国产多瑞加（Touriga Nacional）

国产多瑞加是葡萄牙公认的最优质的红葡萄品种，低产色深，风味浓郁单宁高，酿造出酒体醇厚、酒色浓郁的红葡萄酒以及波特酒。具有复杂的芳香，常让人联想到紫罗兰、甘草、成熟黑加仑和覆盆子的果香，还带一丝淡淡的香柠檬草本的味道。适宜生长在偏高地带上，单位面积产量较小。主要分布在葡萄牙著名的杜罗河谷内，在此产区享有很高的声誉。其次，在杜奥产区也有广泛分布，在此产区 20% 的红葡萄酒都是用它来酿造的。由于其强劲的构架，酿酒时多与其他品种调配酿制，是调配酿酒非常优秀的品种，现在在澳大利亚也有部分栽培，主要用来酿造强化型葡萄酒。

（二）卡奥（Tinto Cao）

卡奥主要用于调配酿酒，给葡萄酒带来很微妙、复杂的口感。主要生长在偏凉的气候带上，产量低，一度到了被抛弃的地步，但波特酒的出口经销商们为了保障其出口质量及团体利益，一直维持着这一品种的栽培。

（三）罗丽红（Tinta Roriz）

该品种是伊比利亚半岛上最优秀的品种，与西班牙丹魄为同一品种，在该国用于酿造波特酒和其他餐酒。

（四）巴加（Baga）

该品种字面意思为“浆果”。晚熟，果皮厚，能酿出色泽幽深、高酸、高单宁且带有浓郁浆果气息的葡萄酒。年轻时会有些干涩，经熟化后可增强口味的复杂度。在较炎热的年份加以适当的酿造技巧，可以使巴加葡萄酿制出酒体饱满、口感浓厚的葡萄酒，装瓶后具有樱桃和布拉斯李子的香味。经过陈化酒质更加柔顺，散发草本、麦芽、雪松和烟草叶的复杂口味。该葡萄的核心产区位于百拉达（Bairrada）、贝拉斯（Beiras）产区，当地最好的巴加葡萄种植在石灰质黏土上，该品种也是杜奥产区的主要红葡萄品种。

（五）卡斯特劳（Castelão）

卡斯特劳是葡萄牙非常古老的品种，生命力顽强，环境适应能力好，能酿造不同风格的葡萄酒。在塞图巴尔半岛以及里斯本南部的沙质土壤中表现最优，酿制的葡萄酒颜色深邃，香气芬芳，酒体饱满且富有肉感，同时还带有红色水果和森林水果的风味，具有一定的陈年潜力。主要种植在葡萄牙中南部的特茹、里斯本、塞图巴尔半岛以及阿连特茹产区。

（六）特林加岱拉（Trincadeira）

特林加岱拉是一种非常耐旱的品种，需要干燥炎热的环境才能成熟，怕潮湿易腐烂。所酿的红葡萄酒带有明快的覆盆子果香、香料、胡椒、草本植物的味道及非常宜人的酸度。种植遍布全国，特别是在干燥温暖的地区，不过大多品质最好的产自阿兰特茹地区。在杜罗河产区这个葡萄品种被称为红阿玛瑞拉（Tinta Amarela）。

（七）奥瓦里诺（Alvarinho）

奥瓦里诺是个性鲜明、口感丰富、具有矿物感的白葡萄品种，常带有桃子和柑橘的水果味，有时也有热带水果和鲜花的芬芳。这种高品质的白葡萄品种在葡萄牙西北部一直被视为珍品。奥瓦里诺葡萄普遍种植于绿酒产区北部，与西班牙接壤的利马河（River Lima）和米尼奥河（River Minho）之间的地区，尤其是在该产区的两个子产区蒙桑（Monção）和梅尔加苏（Melgaço）种植面积更为集中。与绝大多数绿酒相比，奥瓦里诺所酿制的葡萄酒的酒体稍显厚重，酒精含量也相对略高一些。通常作为单一型葡萄酒在市场中销售，标有奥瓦里诺葡萄名称，该品种种植区域正在向南部扩展。

（八）阿林图（Arinto）

阿林图葡萄酿造酒质优雅、具矿物感的白葡萄酒。常带有柠檬和苹果香味，年轻时口感清爽，随着陈化口感趋向复杂。阿林图是酿造著名的布塞拉（Bucelas）葡萄酒的主打葡萄品种，这是一款出自里斯本以北地区品质上乘、口感优雅的白葡萄酒。晚熟，即使在炎热气候条件下也能保持其特有新鲜感，在各产区都广受欢迎。尤其是在气候炎热的阿兰特茹这样的产区，它的酸度能达到很好的平衡。通常与其他白葡萄品种调配，以增添优雅的酸度。该品种也适合在气候相对凉爽的绿酒产区种植，在那里它被称为贝得纳葡萄（Pederna）。其浑然天成的爽脆酸度也同样适合酿造起泡酒。

（九）安格扎多（Encruzado）

安格扎多葡萄酿造酒质优雅、酒体均衡、醇厚的白葡萄酒。常蕴含精致花香和柑橘香气，有时也带有强烈矿物质特色。未经橡木桶陈化的新酒口感质纯味美，经过橡木桶发酵或陈年则可达到事半功倍的效果，成为结构平衡、适合多年窖藏、口感复杂的、名副其实的高档葡萄酒。杜奥（Dão）产区较多，无论是单独使用或与其他葡萄品种混合使用都可酿造出葡萄牙一流的白葡萄酒。即使在炎热气候中，安格扎多葡萄都可以在达到完美成熟的同时保持新鲜的酸度。

除了以上，菲娜玛尔维萨（Malvasia Fina）在整个葡萄牙也种植普遍，为芳香型品种，是酿造白波特酒的优质品种；安桃娃（Antao Vaz）是西班牙少数高酸的品种之一，柑橘类气息，陈年后有坚果风味，主要种植在阿连特茹产区；另一个常见品种为华帝露（Verdelho），味道清新自然，酿造的葡萄酒通常有一定甜味，非常适合搭配甜点。

【历史故事】

酒商会馆

波尔图有一座建于1790年的宏伟的石头建筑，它便是英国人曾在当地经商的标志，这座建筑的正式名称叫做英商协会，但人们习惯上把它叫做酒商会馆。这座建筑堪称18世纪英国人建筑方面的杰作，也是波尔图当时最热闹的地方。直到今天，会馆的成员仍以波尔图运酒商为主，其中多数是英国人，只要不是酿酒的季节，他们每周三都会聚集在会馆里共进午餐。他们还保留着酒桌上传酒给自己左边人的悠久传统。在喝过一杯当季的葡萄酒之后，他们会品尝一杯茶色波尔图葡萄酒，只有会长知道这杯酒的来历，桌上的商人们会下些堵注来轮流猜测这杯酒的年份，以及是哪家运酒商运来的。

来源：[英]休·约翰逊著《美酒传奇　葡萄酒——陶醉7000年》

【章节训练与检测】

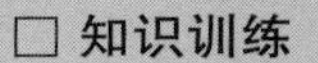

□ **知识训练**

1. 绘制葡萄牙葡萄酒产区示意图，掌握葡萄牙各产区名称及地理坐标。
2. 介绍葡萄牙风土环境、分级制度、主要品种及葡萄酒风格。

□ **能力训练**（参考《内容提要与设计思路》）

【拓展阅读】

葡萄牙葡萄酒 & 旅游

葡萄牙葡萄酒 & 美食

第二节 主要产区 *Main Regions*

【章节要点】

- 掌握 Vinho Verde DOP 风土环境、主要品种与酒的风格
- 掌握 DouroDOP 风土环境、主要品种及葡萄酒风格
- 掌握 Bairrada、Dao 与 Alentejo 产区位置及葡萄酒风格
- 理解波特酒形成的地理人文环境及历史地位
- 识别葡萄牙主要产区名称及地理坐标

葡萄牙是欧洲生产葡萄酒的大国之一。葡萄酒产业在该国也占据着非常重要的地位，葡萄牙大约 25% 的农业人口从事此行业，这足以显示葡萄酒产业在有“葡萄王国”之称的葡萄牙的巨大规模。葡萄牙还素有“软木之国”的美称，葡萄牙软木及橡树制品居世界第一。葡萄牙是一个以红葡萄酒为主导的国家，近几年白葡萄酒也越来越受到重视。葡萄牙主要产区如下。

一、绿酒（Vinho Verde DOC）

著名的绿酒产区位于清凉多雨、草木青葱的葡萄牙最北端，西靠大西洋，北邻西班牙，海拔在 100~175 米。该产区拥有 2000 多年历史，是葡萄牙最古老的葡萄酒产区之一。北邻西班牙的下海湾地区，是该国最大的法定葡萄酒产区。这里深受海洋性气候影响，与西班牙下海湾有相似的气候特征，全年气温较为温和，降雨较丰沛（1200 毫米左右），这里出产伊比利亚半岛典型的高酸、口感清爽的绿酒（Vinho Verde）。

【产区名片】

地理位置：葡萄牙西北部，大西洋沿岸，西班牙边界南部

气候特点：大西洋海风影响较大，凉爽的海洋性气候，降雨充沛，潮湿，是下海湾产区的延伸

主要品种：阿尔巴利诺、洛雷罗（Loureiro）、塔佳迪拉（Trajadura）

酿造风格：大部分葡萄酒的风格为低酒精，活泼的酸度，常常带有微量的二氧化碳

葡萄园海拔：100~175 米
年均降雨量：1200 毫米
土壤类型：花岗岩、砂质土壤

（一）栽培酿造

葡萄实际栽培面积占该区域的一半面积。这一产区酿造的 95% 以上的葡萄酒都属于优质葡萄酒（DOC/IPR 级）。土壤以花岗岩为主，气候夏季凉爽，冬季温暖，雨水较多。在葡萄种植上使用棚架式 VSP 树形，保持较高的结果带，让潮湿的空气得以流通，以减少霉菌的侵害，同时也有利于葡萄藤接收充足的阳光。该产区于 1908 年被指定为 DOC 产区。酿造上通常使用不锈钢罐发酵，保留葡萄酒清新的果味。

（二）产区特征

绿酒产区被划分为 9 个子产区，并按周边的河流或村镇的名字来命名：蒙桑（Monção）、梅尔加苏（Melgaço）、利马（Lima）、卡瓦杜河（Cávado）、阿韦河（Ave）、巴斯图（Basto）、索萨（Sousa）、拜昂（Baião）、派瓦（Paiva）和阿玛兰特（Amarante）。Vinho Verde 在葡萄牙语中为“绿色之酒”之意。经典的葡萄牙绿酒一般呈现浅黄色，具有清淡活泼的酸度，口感清新怡人，酒精度数低，一般在 8.5%~11.5%vol。如果是以“Vinho Verde+ 子产区”名称出现，则葡萄酒酒精度要求至少为 14%vol。在蒙桑（Monção）、梅尔加苏（Melgaço）两个子产区内出产的葡萄酒，酒精度要求为 11.5%~14%vol。这类葡萄酒带有明显的热带果香，酒体饱满。由于大部分的绿酒口感清新自然，略带气泡（避免苹果酸乳酸发酵的影响且会打入一些 CO_2 以保持口感的新鲜），成为当地搭配开胃餐的新鲜可口的餐前酒，绿酒主要使用阿尔巴利诺、阿瑞图、洛雷罗等品种酿造。另外，该产区同时还出产少量红葡萄酒及桃红葡萄酒，白葡萄酒与桃红葡萄酒搭配当地海鲜，红葡萄酒则适合与一些炖菜搭配。

二、杜罗河（Douro DOC）

杜罗河位于葡萄牙北部，杜罗河谷梯田是其著名景观之一。1756 年，杜罗河谷成为世界上第一个被命名和管理的葡萄酒法定产区，是葡萄牙历史悠久且最为出名的产区。杜罗河发源于西班牙东北部伊贝里卡山脉中乌尔维翁山，向西穿过卡斯梯林桌状地，多峡谷急流，下游在葡萄牙的港口城市波尔图（Porto）注入大西洋。无论在西班牙或者葡萄牙，沿河的山谷都是郁郁葱葱的葡萄园，它孕育了两国叹为观止的世界级经典葡萄酒产区。该产区主要分布在从西部波尔图起沿杜罗河向上游约100千米的地区，东与西班牙接壤，东西气候差异大，西部主要为温暖的海洋性气候，东部上游远离大西洋（年降雨量900毫米），则为炎热干燥的大陆性气候（年降雨量400毫米左右）。

【产区名片】

地理位置：葡萄牙东北部，沿杜罗河谷分布；与波特甜酒共同一个DOC名称

气候特点：西部海洋气候，东部大陆性气候；三个子产区由于地理位置不同，气候有明显差异

主要品种：国产多瑞加（及其他混酿品种）

种植酿造：杜罗河及其支流沿岸的梯田式葡萄园，独特的单一园；葡萄酒多呈饱满浓郁风格，成熟度高

土壤类型：板岩类片岩土壤，排水性好

气象检测点：杜罗河谷雷阿尔（Vila Real）

纬度/海拔：41.19° N/480米

7月平均气温：21.3℃

年均降雨量：1130毫米

9月采摘季降雨：55毫米

主要威胁：结果时下雨、干旱以及土壤崩塌

（一）栽培酿造

杜罗河产区地形复杂，海拔高、陡峭的山坡随处可见，很多葡萄园就建在这陡峭的山坡上，必须人工劳作。当斜坡超过35%的倾斜度时，可以种植两行葡萄。当斜坡低于35%时可以用垂直树型。板式片岩（schistose）土壤为该地的葡萄酒风格增添色彩，吸光好，可以为葡萄提供更好的热量，葡萄酚类成分高。该地酿造红葡萄酒采用的葡萄品种与酿造波特一样，选用国产多瑞加、罗丽红、多瑞加弗兰卡、卡奥等，所酿葡萄酒口感厚重、结构复杂。

（二）主要品种

杜罗河产区具备酿造顶级的红葡萄酒和白葡萄酒的理想风土条件。杜罗河产区的葡萄品种繁多。该产区以红葡萄种植为主，主要葡萄品种有国产多瑞加、弗兰克多瑞加、罗丽红、阿玛瑞拉红（Tinta Amarela）、巴罗卡红（Tinta Barroca）、卡奥红（Tinta Cão）6个品种，其中国产多瑞加表现最佳。这些葡萄酒适合在橡木桶和瓶中陈年，口感浓郁，适合搭配炖菜、风味十足

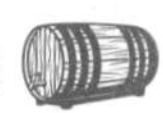

的肉类以及内脏类食物，如猪肝和熏肉等。葡萄酒的酿造上40%以上是波特酒，杜罗河葡萄酒成熟度高，一般具有很高的酒精度，口感浓郁。

国产多瑞加、弗兰克多瑞加、罗丽红是最适合酿造非强化型葡萄酒的品种。有些酿酒师喜欢混合索沙鸥葡萄（Sousão）或维豪（Vinhão）葡萄来增强酸度，酿出的葡萄酒颜色很深，酚类物质含量多，但果味成熟新鲜。白葡萄品种有玛尔维萨普雷塔（Malvasia Preta）、维欧新（Viosinho）等，由于气候炎热，优质白葡萄一般种植在一定海拔之上，葡萄酒呈现清新的果香与清脆的酸度，适宜与餐前的小食和鸡肉类食物搭配。

（三）产区特征

这一产区传统上一般分为三个区域，下科尔戈（Baixo Corgo，产量最大，但品质一般）、西马·科尔戈（Cima Corgo，坡度大，干燥，质量佳）、上杜罗河（Upper Douro，产量最小，新开发区域）。有些地方地形陡峭、险峻，葡萄园就分布在沿杜罗河两岸的岩壁的平板石上，经岁月的磨炼及人们不间断的努力休整，形成了现在的一个个葡萄园。土壤多由黏板岩、花岗岩等构成，多为贫瘠地带。气候上呈现明显的地中海气候，夏季炎热干燥，冬季则温和多雨。波特酒在这里产量巨大且声名远扬，得到了很好的推广。最成熟的葡萄大部分都按照比例选取做波特酒，做干红的葡萄则兼具不错的成熟度和酸度。数十年来，这里的干红风格发生了变化，目前以浓郁的果香和精致的结构而著称。同时这里的一些高海拔葡萄园也种植白葡萄，酒的风格果香新鲜且酸度清爽。

另外，杜罗河的葡萄酒需要经过杜罗河和波尔图葡萄酒协会盲品打分，采用20分制。10分以下为不合格；10分可以使用IGP；11分被认定为Douro DOP；12~13分可以命名为Reserva陈酿；14~20分可以被列入Gran Reserva特级陈酿范畴。

三、杜奥（Dão DOC）

杜奥产区位居葡萄牙国土的中北部地带，位于杜罗河以南80千米，是葡萄牙非常古老的产区之一，1990年成为法定产区（DOC）。这里海拔较高，产区四周群山环绕，使杜奥产区被完好地保护，免受冷风、夏天来自大西洋的降雨云团的影响。在群山天然屏障的保护下，杜奥地区气候对比非常鲜明：西部温暖，东部和北部较凉爽。从气候上来说，冬天潮湿寒冷，夏天阳光明媚、温暖干燥。但夏末时节，气温快速下降，使葡萄可以长时间地慢熟，增强其复杂的味道。土壤以花岗岩、片岩为主，非常适宜葡萄的生长，是葡萄牙非常优质的红葡萄产区之一。

红葡萄品种有国产多瑞加、罗丽红、巴斯塔都（Bastardo），白葡萄品种有依克加多（Encruzado）等。杜奥产区葡萄酒的酿造80%为红葡萄酒，得益于现代化酿酒设备与酿造方法的使用。国产加多瑞在此地表现最为突出，果香浓郁，加上新橡木桶的使用，口感丰富，富有变化性。Garrafeira级的葡萄酒需要在橡木桶内陈年2年，瓶内陈年1年，白葡萄酒则要求橡木桶内陈年12个月，同时瓶内陈放6个月。这类葡萄酒口感厚重强劲，单宁柔顺，适合搭配各种烤肉及硬质奶酪。白葡萄酒在该地有20%的市场占有率，主要使用当地葡萄依克加多酿造而成，中等酒体，有清爽的高酸与优雅的芳香，适合年轻时饮用，饮用前需要充分冰镇。

【产区名片】

地理位置：葡萄牙中北部，位于北部中心区的蒙德古河与杜奥河流域
气候特点：受大西洋影响强烈
葡萄园海拔：200~1000米
土壤类型：花岗岩之上的砂土，排水性好
葡萄酒风格：红葡萄酒产区

四、拉福斯（Lafões DOC）

拉福斯产区位于杜奥与绿酒产区之间，出产的葡萄酒酒体较轻，更为酸脆爽口。沿着沃加河（Vouga）河谷拉福斯产区被夹在杜奥和绿酒产区之间，这个小产区，以花岗岩土壤为主，气候介于海洋性和大陆性之间。绝大多数果农经营着中小规模的葡萄梯田，葡萄藤通常被修剪得很高。拉福斯出产酒体较轻的红葡萄酒和清爽、脆酸的白葡萄酒。

五、百拉达（Bairrada DOC）

百拉达产区位于波尔图市南部，首都里斯本北部，杜奥产区的西南方向。该产区临近大西洋西岸，气候主要为温和的海洋性气候，气候适中，降雨量较多，不过夏季雨水少，冬季雨水多。这里土壤肥沃，葡萄酒成熟丰满，口感浓郁，富有酸度。该产区于1979年被认定为DOC法定产区。

葡萄酒的酿造主要以红葡萄酒主为，占总产量的80%。红葡萄酒中单宁强劲的巴加（Baga）红酒非常出名，酿造时通常至少混合50%的巴加葡萄酿造，这类酒在酒标标有“Classico”字样。其他红葡萄品种还有卡斯特劳

（Castelao）、莫雷托（Moreto）等，近年国产多瑞加、赤霞珠、美乐、西拉等的种植也在增加，并被允许使用在“Bairrada DOC”名称下。随着现代化的栽培和酿造技术的引进，比如温和地破皮、除梗和温控等，葡萄酒从原来的极高单宁和酸度的风格转变为更加柔和且果香丰富，既可以年轻时饮用也能够陈年。

白葡萄品种有碧卡（Bical）、玛利亚果莫斯（Maria Gomes）等，多呈现高酸，成熟的桃子、梨等风味。部分白葡萄酒会在橡木桶内发酵，在瓶中陈年，这类酒结构感强、酒体饱满、酸度强，有成熟的核果类香气。另外，该产区也出产大量以碧卡酿造的起泡酒，通常使用瓶内二次发酵的传统法酿造而成。

【产区名片】

地理位置：波尔图市南部
气候特点：温和的海洋性气候，雨量充沛
土壤类型：黏土、石灰土等
葡萄酒风格：红葡萄酒产区，主要品种为巴加

六、里斯本（Lisboa）

里斯本是葡萄牙最大的葡萄酒产区，位于里斯本市的西部和北部，由于得天独厚的交通优势，19 世纪时曾经是葡萄牙葡萄酒产业的中心。里斯本产区形状狭长，主要位于大西洋沿岸地区，主要为海洋性气候，温暖湿润。沿海的海风与山地对葡萄酒风格产生重要的影响，酿造的葡萄酒能保持较好的酸度，酒体较轻盈。葡萄园多位于缓坡之上，土壤以石灰石和黏土为主。

该地是葡萄牙主要地区餐酒与日常餐酒的出产地，也有优质酒，法定产区数量为 9 个。科拉雷斯（Colares）葡萄酒是该地区优质 DOC 产区酒之一，使用拉米斯科（Ramisco）红葡萄品种酿造而成，酸度清新，单宁强劲，二者之间能达到很好的平衡，拉米斯科干红葡萄酒还有十分丰富的红色水果风味，极具陈年潜力。里斯本（Lisboa）IGP 的白葡萄酒多用阿瑞图（Arinto）和费尔诺皮埃斯（Fernao Pires）葡萄酿造而成，口感清脆、香气浓郁。红葡萄品种以国产多瑞加、罗丽红为主，多混合酿造，一些国际品种也被允许使用。

【产区名片】

地理位置：葡萄牙首都所在地，该国西部
气候特点：受大西洋的海洋性气候影响，内陆地带过渡性地中海式气候

土壤类型：黏土石灰质土壤和沙质黏土土壤
种植威胁：结果时降雨、秋雨
气象检测点：艾斯特里马杜拉里斯本
纬度 / 海拔：38.47° N/120 米
7 月平均气温：22.5℃
年均降雨量：670 毫米
9 月采摘季降雨：35 毫米
年均日照量：3300 小时

七、特茹（Tejo）

特茹是葡萄牙中部的一个行政区域，该产区位于里斯本东侧，气候干燥，多是山地，特茹产区的古村周边遍布葡萄园、橄榄树和软木森林（软木塞的主产地）。宽阔的特茹河穿越整个产区，方便葡萄园的灌溉的同时，调节了当地气候。另外，河流的冲刷，构成了流域内不同结构的土壤，虽然以冲积型土壤为主，但伴随河道走势不同，不同的区域土壤结构各异，为葡萄酒提供了多样性的支持。

该产区主要生产红葡萄酒，以当地品种卡斯特劳、特林加岱拉为主，也零星种植了一些国际品种如西拉、赤霞珠等。这里是葡萄牙地区餐酒（Vinho Regional）产区，葡萄产量较高，风格多样，酒体中等，价格适中。当地不乏优质葡萄酒，该地还包含了里巴特茹（Ribatejo DOC），这一名称下的葡萄酒质量杰出。

【产区名片】

地理位置：葡萄牙中部地区，东侧是阿连特茹
气候特点：地中海式气候
年均降雨量：750 毫米
土壤类型：黏土和石灰岩，少数为片岩
主要水源：特茹河（Tejo River）

八、塞图巴尔半岛（Peninsula de Setubal）

葡萄牙知名葡萄酒产区，葡萄种植酿酒历史可追溯上千年。该产区位于里斯本南侧，与里斯本一桥之隔。紧靠大西洋，属于地中海式气候，夏季炎

热干燥，冬季温和多雨。

该地又包括两个知名的DOC产区，分别是帕尔梅拉（Palmela DOC）和塞图巴尔（Setubal DOC）。这里因生产一种用亚历山大麝香葡萄（Muscat of Alexandria）酿造的加强型甜酒而著称，带有迷人的糖果及橘子酱的味道。这种酒不管红白葡萄，通常会带皮发酵，再加入白兰地来抑制发酵，带皮浸渍数月后过滤，然后在橡木桶中培养18个月，之后进行发售，个别会有更长陈年时间。陈年后，葡萄酒色泽厚重、口感复杂、芳香浓郁，散发着坚果、干水果、柑橘和蜂蜜的味道。其他白葡萄品种有费尔诺皮埃斯（Fernao Pires）和阿瑞图（Arinto）。红葡萄酒主要用卡斯特劳（Castelao）等酿造而成，在帕尔梅拉（Palmela）地区以DOC名称进行销售的葡萄酒要求含有至少67%的卡斯特劳。该酒瓶内熟成后，口感复杂，带有雪松等特质，品质较高，果味浓郁，富有层次。当地代表酒庄有柏卡酒庄（Bacalhoa Vinhos）及丰塞卡酒庄（Jose Maria da Fonseca）等。

九、阿连特茹（Alentejo）

葡萄牙是一个北高南低的国家，南部地区土地广袤，全年皆夏，气候干燥。阿连特茹产区正是位于葡萄牙南部，这里气候炎热干燥，高温下葡萄会较早成熟，通常在8月末就可以采收。阿连特茹葡萄种植历史悠久，最早可以追溯到古罗马统治时代，葡萄园面积广泛。阿兰特茹于1989年首次划分次级产区，葡萄牙加入欧盟为葡萄种植和酒窖管理带来了期待已久的资金投入。现代科技，特别是温控技术的推广，使得这里也能够酿造出高质量的白葡萄酒和红葡萄酒。阿兰特茹产区也有一些极好的老藤葡萄出产产量很小但质量很高、极具特色的葡萄酒。另外，当地还是著名的制作软木塞的橡树生产地。

该地大部分葡萄酒都以阿伦特加诺（Vinho Regional Alentejano）的形式销售，酒标多显示品种。主要的葡萄品种有阿拉贡内斯（Aragones）、特林加岱拉、卡斯特劳以及安桃娃等。白葡萄酒多呈现热带果香，并有较好的酸度，陈年后有坚果风味。红葡萄酒则酒体饱满，并且具有丰富且成熟的单宁，果味馥郁。当地著名的酒庄有卡莫庄园（Quinta do Carmo，法国拉菲集团注资）及赫尔达德·道艾斯波澜庄园（Herdade Do Esporao，葡萄牙最古老的酒庄之一）等。

【产区名片】

地理位置：葡萄牙中南部

气候特点：地中海气候，夏季炎热干燥，冬季多雨
气象检测点：阿连特茹埃武拉市（Evora）
纬度/海拔：38.34° N/320 米
7 月平均气温：23.1℃
年均降雨量：620 毫米
8 月采摘季降雨：5 毫米
种植威胁：干旱、区域性春霜
年均日照量：3000 小时
土壤类型：花岗岩及页岩

十、马德拉群岛（Madeira）

这里远离伊比利亚半岛，延伸到大西洋，和圣港岛、德塞塔群岛以及塞尔瓦任斯群岛形成一个群岛海域。距离里斯本西南方向约 1000 千米处，被发现于 1419 年。地理位置上靠近北非，气候温暖，属于典型的地中海气候。土壤主要是玄武岩为主的火山质土壤，具有黏土的质地，偏酸性，富含有机质和镁、铁等矿物质和足够的磷。大部分葡萄园位于北部地势陡峭的高海拔地区，通常采用梯田的耕种方式（当地称为“Poios”），劳作大部分是手工完成。马德拉是全球知名的优质旅游胜地，然而，其盛名还源自同名的马德拉葡萄酒。

这里以用玛尔维萨（Malvasia）酿制的加强型葡萄酒为主导，这种加强酒被公认为全世界寿命最长的葡萄酒之一，有“不死之酒”的美誉。酒精度通常在 18%vol 左右（17%~22%vol）。主要使用白葡萄品种是玛尔维萨、华帝露（Verdelho）、舍西亚尔（Sercial）、特伦太（Terrantez）、布尔（Bual）等，红葡萄品种为黑莫乐（Tinta Negra Mole），葡萄酒酿造遵循了强化型葡萄酒酿酒工艺，但它的独特之处是暴露式氧化陈年（加热氧化），使得酒的状态非常稳定，可以存放数十年。葡萄酒具有坚果、果味、烟雾及焦糖等气息，有咸鲜风味，其葡萄酒风格有干型、半干型、甜型等。

【产区名片】

地理位置：非洲西海岸外
气候特点：亚热带气候
气象检测点：马德拉丰沙尔市（Funchal）
纬度/海拔：32.41° N/50 米

 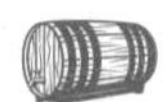

7月平均气温：21.6℃
年均降雨量：640毫米
9月采摘季降雨：30毫米
土壤类型：玄武岩为主的火山质土壤

【拓展案例】

波特酒的酒商与酒窖

酿制波特的葡萄种植在杜罗河谷里的荒野山地里，但大部分波特酒还是存放在加亚新城（Vila Nova de Gaia）里的波特酒酒商的酒窖里熟成。加亚新城隔着杜罗河与最近整饬市容的波尔图市相望，波特酒也取名自此。在波特酒可以被运送到下游陈放之前，必须先在上游由葡萄酿成独特的强劲甜酒才行，以前都是帆船运送，现代都以油罐车代替了。大部分波特酒是在春季时由上游运至下游的加亚新城，以防止热气入侵年轻的波特酒，造成"杜罗河谷烘烤（Douro Bake）"的现象而让酒质劣变。

波特酒的酿法是将部分发酵过的红酒（含有一半以上未发酵的葡萄糖），倒入盛装四分之一满的白兰地（通常冰镇过）容器里。因为白兰地的关系，葡萄酒停止发酵而形成既强劲又甜美的酒液。因为波特酒的发酵时间较短，因此单宁及色素必须以其他方式获得，以杜罗河谷传统方式来说，酿酒者会用双脚踩踏葡萄。这种方法可以让葡萄汁与葡萄皮浸泡在一起，萃取出珍贵的多酚物质。光裸的双脚是最好的工具，因为脚掌有温度，而且不会压坏葡萄籽而让酒液带有苦味。使用的酿酒槽是一个开放型的宽大石造酒槽（Lagar），在深及大腿的葡萄汁与葡萄皮的混合液体里，用脚规律地踩踏，这种传统做法除了能赋予波特酒颜色和风味外，还带给波特酒得以久存的陈年潜力。随着生活水准的大幅提高，现在大部分的酒厂或酒商转而采用一些机器设备来代替人力踩踏：通常是具有封闭发酵槽的自动酿酒机，以泵将酒液淋到葡萄皮的方式来完成萃取，现在还有更新的全电脑控制的设备，可让酒的风味更加完整。不过一些顶级的酿酒厂仍然坚持使用成本较高的传统脚踩方式进行萃取，类似这样的传统意识在一些较佳产区的酒庄里仍能看到。

来源：[英]休·约翰逊，简西斯·罗宾逊著《葡萄酒世界地图》

案例思考：

分析杜罗河风土环境与波特酒特殊的酿造与商业模式间的关系

案例启示：

通过对杜罗河产区的学习，让学生了解葡萄牙悠久的酿酒传统，体会葡萄酒作为古老酒精饮料的魅力所在，提高学生的审美情趣和人文素养。

知识链接：

杜罗河沿岸的河谷是世界上最古老的葡萄酒产区之一，拥有2000多年的酿酒历史。其中，杜罗河上游河谷是波特的生产地，无论是酿酒葡萄的种植抑或是波特酒的酿造都在上游河谷完成。酸性高的片岩是杜罗河上游河谷的特色之一，酒农们用物理方式破碎岩石土壤后种上葡萄藤。此外，这里的山丘颇为陡峭，需要修筑梯田方能种植作物。悠久的酿酒历史、极具特色的梯田景观、教堂和葡萄酒文化等让杜罗河上游河谷在2001年被列入世界文化遗产的名录。

【章节训练与检测】

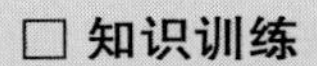

□ **知识训练**

1. 介绍葡萄牙主要产区风土环境及葡萄酒风格。

2. 综述葡萄牙杜罗河产区风土独特性、葡萄酒风格及商业模式。

3. 对比介绍葡萄牙绿酒产区与西班牙下海湾风土特征、种植酿造及葡萄酒风格。

4. 描述马德拉葡萄酒酿造方法及主要类型。

□ **能力训练**（参考《内容提要与设计思路》）

□ **章节小测**

【拓展阅读】

希腊葡萄酒

第二篇 亚洲葡萄酒

Asian Wine

本篇导读

本篇主要讲述了中国及格鲁吉亚葡萄酒，主要包含了产区及概况两大部分内容，中国葡萄酒内容部分深入讲解了山东、河北、宁夏、新疆等核心产区，云南、东北、甘肃、山西、陕西等也有较多涉及。格鲁吉亚葡萄酒内容结构与中国葡萄酒相似。同时，与其他章节一样，在章节之中附加了产区名片、知识链接、思政案例、节尾案例、拓展阅读（葡萄酒 & 美食、葡萄酒 & 旅游）及章节训练与检测等内容，以供学生深入学习。

思维导图

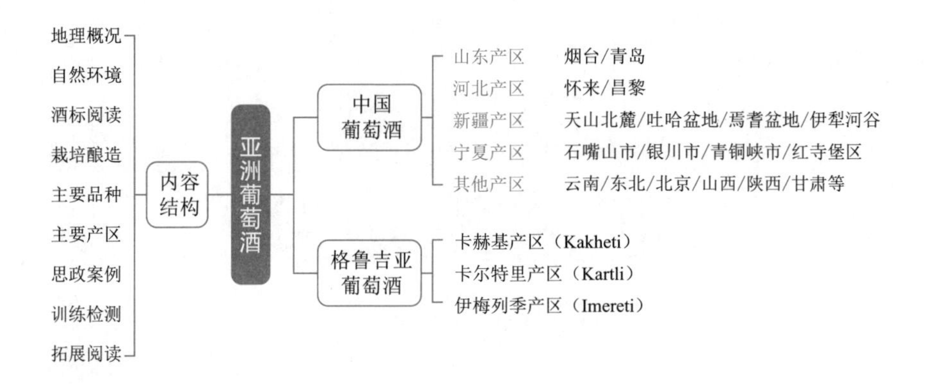

学习目标

知识目标：了解中国及格鲁吉亚葡萄酒历史发展的人文环境、自然环境、葡萄酒旅游环境、当地美食及代表性酒庄等内容；掌握我国葡萄酒法律法规、主要品种、栽培酿造及主要子产区地理坐标及风格特征，理解我国各产区风格形成的主客观因素，构建知识结构体系。

技能目标：能够识别亚洲主要产区产国名称与地理坐标，运用所学理论，能够对亚洲葡萄酒的理论知识进行讲解与推介；能够科学分析中国重要产区葡萄酒风格形成的风土及人文因素；能够对中国代表性产区葡萄酒风格进行对比辨析与品尝鉴赏，具备一定质量分析与品鉴能力；能在工作情境中掌握对中国葡萄酒的识别、选购、配餐与服务等技能性应用能力。

思政目标：通过学习亚洲国家在葡萄栽培与酿造上的优良传统和优秀经验，让学生传承和弘扬亚洲人民的勤劳勇敢、拼搏奋斗、追求卓越的匠人精神；通过重点对我国葡萄酒的品鉴训练，帮助学生树立科学辩证思维和专注、客观的职业精神；深入剖析我国葡萄酒产业发展的人文及风土环境，让学生明辨中国葡萄酒产业的后发优势，生发出对服务我国葡萄酒产业发展与乡村振兴的使命感和责任感，提振学生对中国葡萄酒产业的自信，增强学生建设葡萄酒大国强国的信心和干劲，培养适应我国发展的“葡萄酒＋战略”创新人才。

第八章
中国葡萄酒 *Chinese Wine*

张弼士与葡萄酒

1892年，著名的爱国华侨实业家张弼士先生为了实现“实业兴邦”的梦想，投资300万两白银在烟台创办了“张裕酿酒公司”，近代中国葡萄酒工业的序幕由此拉开。

关于张弼士与葡萄酒之间的缘分，有着这样的故事：1871年，张弼士在雅加达出席法国领事馆举办的一场酒会，一位曾经到过中国的法国领事向他讲起了烟台的野葡萄，称那里的葡萄可以酿出好酒。说者无意，听者有心，张弼士记住了这句话。在1891年，张弼士趁盛宣怀邀请他到烟台商讨兴办铁路、开发矿山事宜之机，顺道考察了当地的葡萄种植和土壤水文，认定烟台具备种植酿酒葡萄和酿造葡萄酒的天然条件。于是在1892年，张弼士投资300万两白银创建了中国葡萄酒企业——张裕酿酒公司，开创了近代中国酿造葡萄酒工业的先河。这一事件也被载为中华世纪坛青铜甬道1892年发生的中国四件大事之一。

“爱国、敬业、优质、争雄”的企业精神被张裕奉为立业之本。正是依靠这种精神，一百多年来，几代张裕人矢志不渝，虽历尽艰辛，却义无反顾，奋力进取。几代人辛勤耕耘，精心酿制，奉献出享誉中外的名牌产品，成为中国乃至亚洲最具实力的葡萄酒企业集团之一。

案例思考：

探析我国葡萄酒现代工业发展历程与“实业兴邦”的企业家精神内涵。

第一节　中国葡萄酒概况 *Overview of Chinese Wine*

【章节要点】

- 了解我国现代葡萄酒发展史、我国葡萄酒发展产业环境及产业标准

- 掌握中国表现优质的葡萄品种名称、栽培特点及酿造风格
- 记住并理解对中国主要产区风土环境有影响的主要地形、山脉与水系名称及对区域气候的影响
- 识别中国主要代表性产区名称及地理坐标
- 归纳中国主要代表性产区地理位置、风土条件与葡萄酒风格的关系

中国是一个多山国家，高山、高原和丘陵约占陆地面积的67%，盆地和平原约占陆地面积的33%。气候复杂多样，从南到北跨热带、亚热带、暖温带、中温带、寒温带温度带。自然资源、动植物资源、水产资源、矿物质资源异常丰富。中国是世界上人口最多的发展中国家，是世界第二大经济体，并持续成为世界经济增长最大的贡献者。

一、自然环境

我国幅员辽阔，南北纬度跨度大，葡萄园大多种植在北纬25°至45°广阔的地域里。从渤海湾的山东半岛、河北，再到西部的宁夏，以及昼夜温差极大的新疆、云南等地，气候、土壤、地形、湖泊、河流等风土资源丰富多变，这些条件为我国葡萄种植的多样性提供了条件。这些产区经过多年的探索、引种、栽培试验以及酿造改良，吸引了越来越多的国内外投资者，国内精品酒庄渐成气候。首先，胶东半岛的葡萄园多分布于半岛山岭之中，优质葡萄园分布在朝东或南向的山坡上，日照充足，受海洋的影响大，气候湿润，葡萄酒可以维持非常理想的酸度。宁夏、新疆葡萄酒产业近些年发展迅速，这两地气候属于典型大陆性气候，夏季温度高，日照量充足，干燥少雨，昼夜温差大，其酿造的葡萄酒更加饱满，果香突出，在市场上表现强劲。云南高山产区是近几年在国内市场表现突出的产地，是我国有名的高海拔葡萄园所在地，葡萄栽培受高山气候影响大，葡萄酒独具特色，品质较高。河北是我国传统葡萄酒产区，燕山是该产区的一道天然屏障，可阻挡北方冷空气，气候环境有其优势所在。东北、甘肃河西走廊、内蒙古以及湖南等地，自然环境都有独特的一面，葡萄酒各有特色。

二、中国现代葡萄酒工业的发展

我国拥有悠久的葡萄酒历史，从汉代到19世纪末至20世纪初，葡萄酒一直在不断往前发展。新中国成立后，万象更新，我国的经济有了长足的发

展，我国葡萄酒的市场迎来了新的春天。通过图 8-1 可以简单了解我国近 20 年葡萄酒产业发展情况。2003-2020 年中国葡萄酒产量及增长情况见图 8-1。

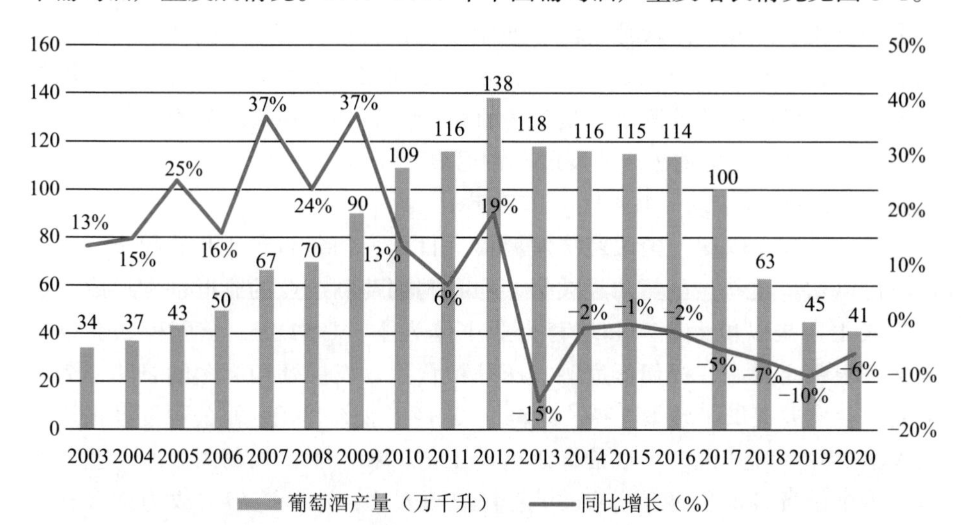

数据来源：笔者据国家统计局数据整理

图 8-1　2003—2020 年中国葡萄酒产量及增长情况

通过图 8-1，可以在一定程度上了解我国葡萄酒产业近 20 年发展历程，这其中有持续的增长，也有波折与调整。本书根据部分史料书籍及研究文献，对我国葡萄酒近现代发展情况做如下几个阶段的分析。

（一）初始启蒙期（1892—1948 年）

1892 年，著名的爱国华侨实业家张弼士先生为了实现“实业兴邦”的梦想，先后投资 300 万两白银在烟台创办了“张裕酿酒公司”，雇用 2000 名工人开辟 1200 亩葡萄园，引进压榨、发酵、蒸馏及贮藏等先进设备，这是我国出现的第一个近代新型葡萄酒厂，中国葡萄酒工业化由此拉开序幕。1897 年，张裕从欧洲引进 64 万株、120 多个酿酒葡萄品种到烟台，建立了近代中国第一个商业化葡萄园，为烟台乃至中国葡萄酒发展奠定了基础。这一时期我国葡萄酒的现代工业尚处于襁褓之中，发展迟缓。包括张裕酒厂之外，也有几个在那动荡的年代里经营的葡萄酒厂，它们分别是：北京葡萄酒厂（1910 年法国人创办）、山东青岛葡萄酒厂（1914 年德国人创办）、山西清徐露酒厂（1921 年山西人张治平创办）等。这一时期，张裕葡萄酒公司做了很多探索。1915 年，张裕葡萄酒公司在巴拿马太平洋万国博览会上荣获四项金奖和最优等奖状，这也证明了中国有生产高水准葡萄酒的能力，极大推进了我国民族工业的发展。1931 年，张裕创立了第一个干红葡萄酒品牌解百纳，并于 1937

年在中华民国实业部注册。20世纪三四十年代，张裕生产的解百纳干红、雷司令干白、樱甜酒、正甜红、味美思、金星高月白兰地在上海、山东、天津一带都有销售。我国近代葡萄酒工业始于张裕公司，但由于受战乱影响，列强争夺，直到新中国成立之时，一直未能得到较大的发展。当时，国内加上尚存的8家酒厂，葡萄酒年产量仅为百余吨，另外，葡萄酒酿酒工艺也多由外国人主导，我国葡萄酒产业发展非常迟缓。

（二）探索起步期（1949—1977年）

新中国成立以后，国民经济发展提上日程，葡萄酒产业开始起步，行业秩序得以初步建立。虽然几经波折，但我国葡萄酒产业的雏形基本形成，这一阶段主要是以扩大生产和培育行业主体为主。1953年，全国税法会议上提出“限制高度酒，提倡低度酒，压缩粮食酒，发展葡萄酒”的思路，为葡萄酒产业发展提供了政策支持。1958年，轻工业部委托张裕公司创办张裕酿酒大学，并系统开设“干红葡萄酒生产工艺”和“干白葡萄酒生产工艺”课程，为全国葡萄酒行业培养了50余名酿酒人才，这些人后来成为许多新建酒厂的技术骨干。1950—1980年间，为了改造沙荒地，发展经济，“让人民多喝一点葡萄酒”，我国陆续在黄河古道区域建立了安徽萧县葡萄酒厂、河南民权葡萄酒厂、江苏宿迁葡萄酒厂，在华北区域建成了山西清徐露酒厂、沙城酒厂、昌黎果酒厂、北京东郊葡萄酒厂，在东北建成了沈阳果酒厂、一面坡葡萄酒厂，在南方区域建成了湖北枣阳酒厂、广西永福葡萄酒厂等。在这一阶段，我国主要的葡萄酒产区已扩大到5个，分别为东北产区，包括黑龙江、吉林、辽宁；华北产区，包括河北、北京、天津；山东产区，包括山东全省；西北产区，包括山西、内蒙古、陕西、宁夏、甘肃、新疆；南方产区，包括四川、广西、云南、浙江等，这五大区域也是现今我国葡萄酒区域的基本雏形。

从葡萄酒市场上看，这时期，我国葡萄酒已经出口到日本、美国等地。葡萄酒通常有两类，第一类为国际葡萄和葡萄酒组织（OIV）规定的葡萄酒完全由葡萄制成，不得添加粮食、砂糖、水和其他物质，即使需要增强酒精度或提高糖度，也需来自葡萄本身；第二类叫做“折全汁”，这种葡萄酒是用我国本土山葡萄酿成，允许加糖、水及色素物质调配。山葡萄色深酸高，籽大汁浓，破碎后非常黏稠无法操作，完全使用山葡萄酿的酒外观几乎为浓黑色，酸度过高，粗涩无法入口，所以无法制成流通的商品，在那时必须加糖掺水使之变成宝石红色和酸甜合适的酒品才可进入市场（我国葡萄酒标准于1984年制定，按照当时法规准许第二类葡萄酒的生产）。在当时两类葡萄酒都很受市场欢迎，之后随着葡萄酒市场国际化和规范化、优良葡萄品种的引

入以及酿酒技术的进步，“折全汁”慢慢消失。

（三）初步发展期（1978—1988 年）

改革开放后，葡萄酒产业发展被提上议事日程。1978 年以后是我国葡萄酒产业取得初步发展的重要阶段，中国葡萄酒无论是在产量、销量、品质，还是国人对葡萄酒的认知度上都有很大提升。20 世纪 80 年代中期以前，我国国内市场还是主要以甜型为主，且主要为红葡萄酒（“红酒”是当时市场对葡萄酒的普遍称呼），干型葡萄酒尚未能被消费者认可。20 世纪 80 年代中期后，经济取得快速发展，国人饮酒习惯也开始发生转变。从 1980 年开始，我国相继建立了众多酒厂，葡萄酒类型也从原来的甜型为主，发展为半干、干型的白、红及起泡酒等多种类型。到 20 世纪 90 年代中期干红风行，干型葡萄酒渐渐被人们认同与接受。20 世纪 80 年代我国主要建成酒厂见表 8-1。

表 8-1　20 世纪 80 年代我国主要建成酒厂

酒厂名	建立时间
中法合营王朝葡萄酒公司	1980 年
新疆鄯善葡萄酒厂	1980 年
河北水城长城葡萄酒公司	1983 年
宁夏玉泉营葡萄酒厂（今宁夏西夏王）	1984 年
青岛华东酒厂	1985 年
河北昌黎葡萄酒厂（后改为华夏葡萄酒公司）	1986 年
北京龙徽葡萄酒公司	1987 年

这些酒厂的建立很大程度上促进了我国葡萄酒生产酿造行业的发展，他们大力引入国外先进的酿酒技术、设备、品种等，进一步提升了我国葡萄酒产业的现代化水平。1984 年，国家轻工部颁布了第一个葡萄酒产品标准——QB921—1984《葡萄酒及其试验方法》，填补了中国葡萄酒产品标准空白，结束了我国葡萄酒长期缺乏标准的历史。当然，这一时期，我国葡萄酒产业仍存在若干问题，主要体现在：各地区发展尚不平衡；葡萄品种的良种化、区域化刚刚着手进行；葡萄酒总产量尚小，追求量产，而非质量，优质产品较少，在国际上竞争能力较差；设备较为陈旧，技术力量仍然不足。

（四）行业规范期（1989—2000 年）

这一时期是我国葡萄酒产业继续稳步发展的阶段，颁行了众多行业标准，市场开始得以规范发展。进入 20 世纪 90 年代，我国葡萄酒的产品结构开始逐步进行内部调整，半汁葡萄酒所占比例越来越小，全汁葡萄酒所占比例越来越大，消费者开始形成共识——只有全汁葡萄酒才是真正的葡萄酒。在质量标准执行方面，从 1990 年起，轻工业部把修订葡萄酒标准列入计划并组织实施。经过几年的工作，1994 年我国第一个全汁葡萄酒国家标准 GB/T15037 出台，取消了含汁量 50% 以下葡萄酒的生产，促进了葡萄酒从甜型酒、半汁酒向干型酒、全汁酒的转化，葡萄酒生产行业得到了进一步规范，这极大地促进了我国葡萄酒产业的发展。1995 年我国葡萄酒生产企业已发展到 240 多家。在激烈的市场竞争中，新的葡萄酒企业不断增加，劣等企业不断被淘汰。这一阶段，我国一些农林与轻工业大学开始将葡萄与葡萄酒工程、酿酒工程等纳入大学专业教学之中（1985 年西北农业大学设立葡萄栽培与酿酒专业，1994 年发展为葡萄酒学院。之后，中国农业大学、山东农业大学等高校也陆续设立葡萄与葡萄酒专业），为葡萄酒行业培养了大批生产、酿造及市场类从业人员，促进了我国葡萄酒产业人才结构的优化。

（五）快速发展期（2001—2012 年）

2001 年，我国加入 WTO，葡萄酒进入快速发展期。2005 年 1 月 1 日起，根据加入世贸的约定，我国进口瓶装酒关税降到 14%，中国进口葡萄酒关税正式下调，由此掀开了中国进口葡萄酒行业快速发展的篇章。同时，《葡萄酒及果酒生产许可证审查细则》开始施行，成为葡萄酒企业质量安全市场准入制度之一，葡萄酒企业之间的竞争，某种意义上已是标准的较量。2003 年《半汁葡萄酒》行业标准的废止，葡萄酒与国际葡萄酒协会（OIV）的标准衔接，这促使了我国葡萄酒企业进行产品结构的调整，同时也促进国产葡萄酒与国际的接轨。2006 年，与国际接轨的葡萄酒产品标准（GB/T15037—2006）、分析方法标准（GB/T15038—2006）颁布，并于 2008 年 1 月 1 日正式实施，后又陆续制定了 10 余个地理标志保护产品标准，我国葡萄酒标准体系进一步完善。新标准的贯彻实施，规范了我国葡萄酒行业的生产和经营，并引领我国葡萄酒行业向正确的方向发展。进入 21 世纪，在葡萄栽培与酿酒方面，山东与西部产区开始崛起，酒庄建设风起云涌，尤其以山东蓬莱、宁夏、新疆、河北最为突出，出现了若干个酒庄集群，葡萄酒产业发展进入提速期。另外，从葡萄酒市场角度上看，这一时期，中国市场正在“被国际化”，这里成了全球竞争的舞台，一方面，美国次贷危机引起的全球金融萎靡影响了诸多国际消费，而中国市场则成为全球的亮点，吸引了一大批国际葡萄酒企业进驻；另一方面，进口葡萄酒中高端葡萄酒市场异常繁荣，投资回报率高。

（六）调整变革期（2013 年以后）

2012 年以来随着国内外市场疲软，宏观经济增速放缓以及进口酒强势冲击等诸多形势影响，中国葡萄酒行业进入“春寒料峭”时期。2013 年之后，我国葡萄酒市场进入深度调整期，行业结束了自 1999 年以来的高速增长。2019 年中国葡萄酒产量降至 45.15 万吨（规模以上企业），进口瓶装酒 47.44 万吨，这一下降的背后，除了统计口径的改变、实际消费下降之外，也有产品结构调整、产品升级引起的变化，我国葡萄酒产量近十年来首次出现负增长，市场表现出销售低迷、效益下滑、结构失衡、投资放缓的现象，葡萄酒价格开始理性回归。从消费层面上看，高端消费开始向大众消费倾斜，随着葡萄酒消费的广泛普及，人们的消费观念大有改变，80 后和 90 后正逐渐成为酒类消费的主体。对于葡萄酒行业而言，消费者对高品质、多样化、高性价比产品的需求旺盛，葡萄酒消费越来越趋向理性。市场的调整加速了葡萄酒企业的优胜劣汰，促进了我国葡萄酒市场的健康发展，消费市场加速升级换代。2020 年，新冠肺炎疫情发生，对我国葡萄酒行业也带来了不少的挑战。由于消费场景受限，葡萄酒企业可实现的销售量、金额及利润均有所下滑，葡萄酒企业正在加速优胜劣汰。从另一方面看，出于疫情防控的需要，中国不断加强对进口食品的限制，加上中国对澳大利亚酒展开反倾销调查等因素，这给国产葡萄酒创造了绝好的发展机遇。随着国内加快内循环与外循环双驱动战略布局的实施，中国葡萄酒市场正在得以恢复，国内精品葡萄酒发展迅猛。

改革开放 40 年来，我国葡萄酒产业取得长足发展，尤其 2000 年以后，国内精品酒庄如雨后春笋般发展起来，精品酒庄发展势头加速了我国葡萄酒行业的转型与提升。随着国内需求的不断增长，我国已成为世界上葡萄酒消费增长最快的市场。据国际葡萄与葡萄酒组织（OIV）公布的数据，中国 2016 年葡萄酒产量为 11.4 亿升，全球排名第六位；2019 年，中国大陆以 7% 的消费量份额排名全球第五大葡萄酒消费市场；另外，葡萄栽培面积也已跻身葡萄酒大国行列，2019 年中国葡萄园种植面积为 855 千公顷，仅次于西班牙（966 千公顷），我国已成为世界举足轻重的葡萄酒生产及消费大国。

我国近现代葡萄酒历史主要大事件简表

三、酒标阅读

目前，我国葡萄酒标签执行两个标准 GB7718—2011《食品安全国家标

我国葡萄酒行业重要标准及产业政策

准预包装食品标签通则》和GB/T15037—2006《葡萄酒》。标准规定的我国葡萄酒标必须内容有：酒名、原料、净含量、规格、生产者或经销者名称、地址与联系方式、生产日期和保质期、贮存条件、食品生产许可证编号、产品标准代号、按含糖量分的产品类型或含糖量等，同时酒标上标识或宣传内容须符合《中华人民共和国广告法》规定。针对进口葡萄酒而言，根据《中华人民共和国广告法》规定进口酒必须有中文背标。正标文字可以是原产国和官方语言或国际通用语言；中文背标是进口商或原产国酒厂、酒庄按进口商和中国政府的规定附上的中文酒标签。中文背标包括：净含量、酒精度、原料、灌装时间、葡萄酒名称、进口商名称、进口经销商地址、原产国、产区和贮存条件等信息。我国葡萄酒标示内容，见表8-2。

表8-2　我国葡萄酒标示内容

区分	强制性内容	非强制性内容
正标	酒精度：使用%vol标示 生产者：详细信息可在背标显示 产品名称：品牌或酒名 净含量：通常为750mL 生产商名称：详细信息可在背标标示	品种：标注品种所占比例不低于酒含量的75% 年份：所标年份所占比例不低于酒含量的80% 产地：所标产地酿造的酒比例不低于酒含量80% 产品特点：未强制标示 质量等级：暂无明确要求
背标	产品类型：干、半干、半甜、甜 原料与辅料：葡萄和二氧化硫 贮存条件：强制标示 保质期：多为8或10年 生产日期：灌装日期 生产者信息：名称、地址及联系方式 警示语：过量饮酒有害健康等	适饮温度：推荐性标示 风格质量：酿造风格及口感描述 等级划分：未强制标示 致敏物质：推荐性标示

四、主要品种

我国拥有广泛的葡萄种植区域，品种具有多样性，我国的鲜食葡萄栽培面积在世界上占有绝对优势，酿酒葡萄仅占总栽培面积的20%，随着我国葡萄酒市场的快速发展，酿酒葡萄的种植与生产正在快速提升。目前我国各产区酿酒葡萄除了东北产区以山葡萄为主、南方特殊产区以刺葡萄和毛葡萄为主外，其余产区均以国际品种为主，品种结构大致相同，红葡萄品种有明显

主导优势，红葡萄品种的种植比例约占 80%，白葡萄品种约占 20%。主要红葡萄品种有赤霞珠、美乐、品丽珠、蛇龙珠、黑皮诺、马瑟兰、西拉、小味尔多、歌海娜、佳丽酿以及一些本土（亚洲种群）品种山葡萄、刺葡萄、欧美杂交以及山欧杂交品种等。白葡萄品种主要有威代尔、贵人香、霞多丽、长相思、白诗南、琼瑶浆、白雷司令、白玉霓、维欧尼、小芒森以及本土品种龙眼等。这些葡萄品种中，马瑟兰在中国表现突出，近年来发展迅速，在宁夏、山东、新疆、河北、山西等各产区均有广泛种植，产区的品种特征明显，果香突出，口感柔顺，在国际上获得多项大奖，已成为我国最具特色的红葡萄品种之一；蛇龙珠、品丽珠也表现出独特的中国风格，市场表现强劲，潜力大；白葡萄品种之中龙眼作为我国古老而著名的晚熟酿酒葡萄品种，非常有特色。另外，小芒森在我国东部产区有突出表现。

五、主要产区

中国是典型的大陆性季风气候，冬春干旱、夏秋多雨，葡萄产区涵盖了干旱、半干旱、半湿润及冷凉区、中温区、暖温区、暖热区等。葡萄园所处海拔多为 100~3000 米，主要分布在北纬 24°~47° 和东经 76°~132° 之间广袤的土地上，亚气候复杂多样，可满足各种方向葡萄酒的生产，有生产优质葡萄酒的巨大潜力。

目前，国内葡萄酒产区大致可以划分为东部、中部、西部和南部四大片区。这四大片区由于地域环境的不同形成了不同产区风格。按照不同的地理方位可以细分为山东产区、河北产区、京津产区、山西—陕西产区、宁夏—内蒙古产区、甘肃产区、新疆产区、东北产区、黄河故道产区、西南产区以及其他特殊产区（湖南一带）。我国葡萄酒产区名称以行政名称为主，兼顾气候相似、地理位置接近等因素，便于消费者认知。

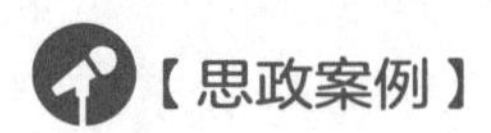

张骞出使西域

建元元年（前 140 年），汉武帝刘彻即位，张骞任皇宫中的郎官。建元三年（前 138 年），汉武帝招募使者出使大月氏，欲联合大月氏共击匈奴，张骞应募任使者，于长安出发，经匈奴，被俘，被困十年，后逃脱。西行至大宛，经康居，抵达大月氏，再至大夏，停留了一年多才返回。在归途中，张骞改从南道，依傍南山而行，以避免被匈奴发现，但仍为匈奴所得，又被拘留一年多。元朔三年（公元前126），匈奴内乱，张骞乘机逃回汉朝，向汉武帝详细报告了西域情况，武帝授以太中大夫，封博望侯。因张骞在西域有威信，后来，汉遣使者多称博望侯，以取信于诸国。

张骞出使西域本为贯彻汉武帝联合大月氏抗击匈奴的战略意图，但出使西域后，促进了汉朝与西域各政权文化的交往交流，使中原文明通过“丝绸之路”迅速向四周传播。因而，张骞出使西域这一历史事件便具有特殊的历史意义。张骞对开辟从中国通往西域的丝绸之路有卓越贡献，举世称道。

案例思考：

探讨丝绸之路对世界葡萄酒文化传播的意义及“敢为天下先”的开拓精神与民族精神。

思政启示：

“丝绸之路”的开辟是我国古代劳动人民的创举，它成为东西方文化交流的桥梁，在古代东西方经济文化交流史上发挥了巨大的作用。通过案例解析，使学生理解中华民族为人类文明发展所做的贡献，增强学生民族自豪感，弘扬爱国主义精神。同时，将张骞出使西域的磨难与通向西域之坦途进行对比讲解，让学生了解历史先贤为此付出的艰辛与努力，引导学生牢记艰苦奋斗的精神，培育学生为中华民族崛起的责任感与使命感。

□ **知识训练**

1. 绘制中国葡萄酒产区示意图，掌握主要葡萄酒产区位置与地理名称。
2. 介绍中国风土环境、主要品种、栽培酿造及葡萄酒风格。
3. 介绍中国现代葡萄酒工业发展阶段与重要事件。

□ **能力训练**

中国酒标阅读与识别训练

第二节　山东（胶东）产区 *Shandong Region*

【章节要点】

- 了解山东葡萄酒发展史、葡萄酒发展产业环境及产业政策
- 掌握山东主要子产区名称及风土环境
- 归纳山东主要酿酒葡萄品种及酒的风格

一、地理概况

山东省是中国华东地区的一个沿海省份，简称“鲁”，省会济南，位于中国东部沿海北纬 34° 至 38° 之间。山东中部山地突起，西南、西北低洼平坦，东部缓丘起伏，地形以山地丘陵为主，东部是山东半岛。山东葡萄酒产区主要集中山东半岛的胶东半岛，可以细分为烟台和青岛两个产区，主要包括青岛、蓬莱区、烟台开发区、莱山区、龙口、莱州、莱阳、莱西等地。

二、风土环境

山东酿酒葡萄的种植地主要集中在胶东半岛，约占总产区的 90% 以上。这里三面环海，四季分明，由于受海洋的影响，与同纬度内陆相比，气候温和，夏无酷暑，冬无严寒。连绵起伏的海岸山地及向阳的丘陵山坡，特别适合葡萄的种植。这里属于典型的温带海洋性气候，年活动积温为 3800℃ ~4526℃，无霜期为 190~216 天，近十年平均降雨量 650 毫米左右，年日照时数 2524.5 小时，有效积温 2218℃ ~2532℃，是中国北部唯一免埋土越冬的酿酒葡萄种植区域（省内其他大部分县区需要埋土防寒，埋土防寒线从莱州经过潍坊、昌邑、淄博直至泰安、济宁和菏泽的县市区），年降雨量为 676~750 毫米。气温上，半岛西部高于东部，北部高于南部，沿海低于内陆（多数情况下），其中莱州、平度、蓬莱、龙口是高温区。降水量在东部地区较多，西部的大泽山、莱州、龙口、招远、蓬莱的降水量较小，在 676.4 毫米左右。土壤条件方面，胶东半岛鲁东丘陵区，分布着酸性粗骨土以及酸性石质土，在低山、丘陵以上多分布棕壤性土，在北部蓬莱、龙口、莱州一带，从丘陵坡地到山前平原，分布着棕壤性土—棕壤—非石灰性滨海潮土的土壤组合。

棕壤稍显酸性，透气性强，为葡萄根系生长提供了很好的环境。山东半岛有近2万平方千米的区域，各地小气候和土壤条件各一，产区环境略有差异。

三、栽培酿造

山东产区主要分布在沿海地区，夏季温和凉爽，成熟季多雨，光照时数偏低，葡萄病虫害相对严重，这成为困扰当地葡萄酒质量的重要问题，抗病性强及晚熟品种（避开降雨量大的7月与8月）是当地葡萄种植的理想选择。另外酒庄在地形选择、苗木培形等方面也下大功夫以降低病虫害带来的风险。当地积极倡导标准化种植，大力研究和推广各种新技术，葡萄种植方式逐步由小行距、大密度转变为大行距、中密度，葡萄的采光、通风条件得到极大的提高。同时，严格控制采摘的时间和产量，有效提高了葡萄质量。葡萄酒酿造方面，充分发挥当地风土条件，叫响“海岸葡萄酒”品牌，酿造具有海洋性风格葡萄酒成为该产区一大特色。

四、主要品种

该地区相对冷凉的气候，尤其适合白葡萄的种植，果香型雷司令、小芒森、白玉霓、维欧尼等均有十分优异的表现。霞多丽葡萄酒是最常见的酒款，该地白葡萄酒通常有酸度突出、果香丰盈、清爽自然、平衡感佳的特点。红葡萄品种以美乐、品丽珠、马瑟兰、蛇龙珠、赤霞珠等为主，用其酿造的葡萄酒多呈现酸度明显、酒体中等、果香充沛的特征。山东半岛主要代表性酒庄葡萄栽培情况见表8-3。

表8-3　山东半岛主要代表性酒庄葡萄栽培情况

产区	酒庄名	主要品种	种植面积/约数	创建时间
蓬莱	君顶酒庄	丹菲特/美乐/泰纳特/小味尔多/赤霞珠/品丽珠/马瑟兰/霞多丽/威欧尼/贵人香/小芒森	6000亩	1998
	苏各兰酒庄	阿娜/小味尔多/赤霞珠/品丽珠/桑娇维塞/黑歌海娜/梅鹿辄/马瑟兰/西拉/维欧尼/霞多丽/小白玫瑰	270亩	2004
	国宾酒庄	泰纳特/玛娃斯亚/小味尔多/品丽珠/蛇龙珠/赤霞珠/霞多丽/贵人香/小芒森	2000亩	2006
	瓏岱酒庄	西拉/品丽珠/赤霞珠/马瑟兰/美乐/紫北塞	450亩	2009

续表

产区	酒庄名	主要品种	种植面积/约数	创建时间
蓬莱	龙亭酒庄	品丽珠/马瑟兰/霞多丽/小芒森/小味尔多/威代尔	500亩	2009
	逃牛岭酒庄	佳丽酿/卡拉多克/科特/赤霞珠/佳美/马瑟兰/小味尔多/马瑟兰/佳美/麝香/克莱雷/长相思/维欧尼/霞多丽	600亩	2012
	安诺酒庄	美乐/马瑟兰/小味尔多/赤霞珠/霞多丽/小芒森	400亩	2013
	中粮长城	马瑟兰/赤霞珠/小味尔多/霞多丽/贵人香/小味尔多	8000亩	2008
	嘉桐酒庄	黑品诺/桑娇维塞/霞多丽/小芒森/贵人香/威代尔	500亩	2015
青岛	九顶庄园	赤霞珠/品丽珠/美乐/小味尔多/西拉/马瑟兰/蛇龙珠/阿里波特（Alibernet）/霞多丽/小芒森	2000亩	2008
烟台	瀑拉谷酒庄	马瑟兰/赤霞珠/小味尔多/美乐/霞多丽/小芒森/贵人香/威代尔	20 000亩	2014
	张裕卡斯特	蛇龙珠/马瑟兰/廷托雷拉	2000亩	2001
	张裕工业园基地	赤霞珠/蛇龙珠/西拉/美乐/马瑟兰/白玉霓	1650亩	2011

来源：蓬莱区葡萄与葡萄酒产业发展服务中心/所属酒庄

五、主要产区

（一）烟台

烟台是我国葡萄酒工业的发祥地，也是国内著名的葡萄酒产区。葡萄种植主要分布地蓬莱、开发区、莱山区、莱州、龙口等属于典型渤海湾半湿润区。该产区年活动积温3800~4500℃，无霜期217到252天，7月平均气候25℃。烟台属于温带季风气候，夏季空气比较干爽，冬季比较温润。气候受海洋影响较大，近海及山地夏季气温不高，温暖但不潮湿，有利于葡萄风味的平衡发展，平均年降雨量600~800毫米（雨季启始期6月末至7月初，结束期8月末至9月初），成熟季降雨量偏高，适合晚熟及抗病性强的品种种植，雷司令、小芒森、赤霞珠、马瑟兰等表现较优异，而西拉、白羽及神索等相对不宜种植。

1. 气候条件

蓬莱是当地的明星产区，地处山东半岛北海岸，深入海中，受海洋气候影响大。冬季无严寒，夏季无酷暑，气候凉爽，光照充足。夏季虽受太平洋南来季风控制，但南部群山将大部分水汽阻挡，一定程度上减少了雨量（蓬莱年平均降雨量 592 毫米），葡萄成熟期持续时间长。蓬莱的降雨量自 8 月上旬开始下降，蓬莱主栽的赤霞珠等品种 8 月中旬才开始进入成熟期，正好避开了降水高峰。这里光照充足，温度变化平缓，利于葡萄品质的形成。后期气温下降多，昼夜温差大，有利于葡萄风味物质平衡积累和质量形成。冬季气候温和，不需埋土防寒，且空气湿度较大，蒸发量较小，葡萄枝条水分不易流失。

蓬莱产区南部多丘陵、山地，北部沿海一带地势较为平坦，地势特点为南高北低。土壤类型分为棕壤、褐土、潮土和风砂土四种土类。在特定的生物气候、地形、土质和水文的综合影响下，形成了以棕壤土类占主要土壤的分布规律（占全市总利用面积的 78%），土壤偏酸到微酸，适宜葡萄根系的生成。但部分地质的有机质含量偏低，建园前需要实地测量各种元素含量，并加以改良。山丘地区的岭坡梯田以上和岭地主要是棕壤性土亚类，潮土主要分布在河流两岸和近海地带，河流两岸为河潮土和石灰性河潮土；近海地带为滨海潮土，土壤质地的划分以土壤中砂土和黏土组成的比例为主。南部山区以丘陵为主，土中多砾石，土质较轻，透气性好，根系分布广，土壤矿物质含量比较丰富。北部沿海滨的平缓地，主要分布潮土类和棕壤亚类，土壤表层呈屑粒及碎块状，孔隙多，透气性好，且无返盐现象，均出产品质优良的酿酒葡萄。

2. 主要品种

蓬莱产区位于沿海地带，无霜期长，热量条件完全能满足任何成熟期的葡萄品种。土壤呈微酸性，透气性好，适合葡萄生长。此区最大的优势在于夏季温度不会过高，温和的气候可以让葡萄慢慢成熟。蓬莱产区所适宜栽植的品种均为中晚熟品种，以红葡萄居多，赤霞珠、马瑟兰在烟台均表现优良。白葡萄品种，如贵人香、小芒森、雷司令等优势品种适宜烟台种植。白葡萄品种物候期较早，霞多丽最早，其次是贵人香，一般集中在 9 月上中旬成熟；红葡萄品种成熟期较晚，美乐、西拉、品丽珠、马瑟兰集中在 9 月中下旬成熟，小味尔多、蛇龙珠集中在 10 月上旬，赤霞珠集中在 10 月上中旬成熟，小芒森为极晚熟品种，成熟期一般在 10 月中下旬，个别年份可以持续到 11 月上旬。另外，由于这里气候温和，雨水过多，抗病性品种的选择也是该产区的重点。

3. 产区分布

蓬莱结合该产区地形、土壤等自然条件及现有的产业基础，构建了以滨海葡萄产业带和南王山谷、丘山山谷、平山河谷为核心的“一带三谷”酒庄发展格局，着重建设特色鲜明的精品园区和功能带。海岸葡萄观光带，主要打造集科技研发、文化创意、康养休闲、工业旅游于一体的滨海葡萄风情带；丘山山谷，以创立葡萄酒“世界之窗”为目标，打造引领蓬莱乡村振兴的葡萄酒休闲体验区；南王山谷，则主要突显联北通南的区位优势，建设产区最大的生态标准化示范园区，打造彰显酒旅融合发展的国际度假新高地；平山河谷，着力打造蓬莱葡萄酒生产基地组团，形成以生产加工、平台交易、仓储物流、数字销售为一体的葡萄酒商业活力圈。

南王山谷位于蓬莱南 10 千米处，其规划区多缓坡岭地，土壤结构优良，产区内的凤凰湖为该产区调节了温度，山湖相映，形成了独特的气候环境，为葡萄的种植提供了优良的自然条件。该产区主要代表性酒庄为君顶酒庄。

丘山山谷位于蓬莱市南部，地理位置优越。这里是蓬莱“一带三谷”葡萄酒产业发展布局中的核心板块，也是蓬莱全域旅游发展三大板块之一。丘山山谷拥有道教名山丘山（因道教丘处机而得名）及蓬莱境内最大的水源地丘山水库，自然风光优美、人文资源丰富、旅游资源富集，是烟台工业旅游发展的典型示范区域。丘山山谷拥有生态优美的自然风光，以及得天独厚的葡萄自然生长条件，土壤也属棕壤性土，石砾含量高达 30%~50%，对于发展葡萄种植、建设葡萄酒庄具有绝佳优势，已拥有瓏岱酒庄、苏各兰酒庄、安诺酒庄、逃牛岭酒庄、仙岛酒庄、盛萄菲酒庄、纳帕溪谷酒庄等诸多精品酒庄品牌。

平山河谷位于蓬莱市 206 国道上，土壤属淋溶褐土，其成土母质富含石灰，葡萄栽培条件优越。该产区近几年正在加强葡萄酒及配套企业和酒庄的建设。

滨海观光带指在 206 旅游观光大道两侧建设酒庄，形成集葡萄庄园、葡萄酒加工及葡萄生态旅游为一身的葡萄观光产业带。该区域交通便利，具有发展葡萄酒 + 滨海旅游度假休闲区的优势地位。该地土壤属棕壤土，棕壤土质地多为壤土至壤黏土，棕壤性土质地更轻，多为砂质壤土。葡萄园多位于两侧山丘之上，景色优美，环境卓越。龙亭酒庄是这一区域的代表性酒庄。

【产区名片】

地理位置：山东半岛中心城市，国家历史名城

气候类型：典型的海洋性气候，温带季风气候

地形地貌：多低山丘陵，山地36%，丘陵40%，平原21%
葡萄园海拔：100~300米（蓬莱）
年均日照数：2852小时（蓬莱）
无霜期：242天（蓬莱）
年均降雨量：665毫米（蓬莱）
土壤类型：棕壤土、褐土、风沙土、潮土、砾石等

【思政案例】

蓬莱精品酒庄发展进入快车道

近十年来，国内外知名葡萄酒企业纷纷抢滩烟台，先后有中粮集团、青岛华东、云南香格里拉、北京用友以及法国、加拿大、意大利、比利时、英国、新加坡及我国的香港与台湾等地投资商来烟投资建设酒庄，烟台成为中国乃至世界葡萄酒企业的投资热土。

- 1998年，中粮长城（烟台）有限公司落户烟台，带动葡萄酒产业进入一个全新的发展时期。
- 2002年，烟台张裕卡斯特酒庄在烟台落成。张裕集团与法国卡斯特公司合作，将酒庄概念引进国内。
- 2006年，国宾酒庄兴建，集葡萄种植、酿造、餐饮、旅游观光休闲度假于一身的中式唐风酒庄。
- 2007年，君顶酒庄揭幕，开启烟台产区酒庄发展的新纪元。
- 2009年，经过长时间多地考察比选，拉菲罗斯柴尔德集团看中烟台产区潜力，最终将在全球建设的第三个酒庄落户在烟台蓬莱。历经10年的建设和打造，2019年，酒庄被命名为“瓏岱”并正式揭幕。
- 2009年，龙亭酒庄创立，2019年开庄，酿造精品，酒庄还拥有配套完善的度假酒店和田园餐厅。
- 2013年，安诺酒庄成立，2020年开庄，是集美酒、美食、休闲、娱乐为一身的旅游度假酒庄。
- 2014年，逃牛岭酒庄兴建立，2019年开庄，该酒庄由中国香港利雄集团和法国勃艮第产区合作共同投资建设，主要生产酒庄酒及提供与酒庄相关的观光、休闲、度假等旅游服务。
- 2016年总投资60亿元、占地6200亩的烟台张裕国际葡萄酒城项目投产，主要包括葡萄与葡萄酒研究院、葡萄酒生产中心、丁洛特葡萄酒酒庄、可雅白兰地酒庄、葡萄种植示范园、先锋国际葡萄酒交易中心、海纳葡萄酒

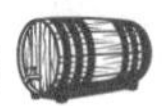

小镇七大主题功能区。张裕国际葡萄酒城旨在打造世界一流的葡萄酒现代大工业酿造示范区，世界一流中国原产地标准的种植酿造示范区和中国第一个葡萄酒工业旅游5A级景区。

来源：蓬莱区葡萄与葡萄酒产业发展服务中心

案例思考：

分析蓬莱产区发展葡萄酒产业的优势之处及对当地经济发展的推动作用。

思政启示：

烟台拥有发展葡萄酒产业的众多风土优势，产区发展动力十足。通过对当地葡萄酒产业发展情况的梳理，明晰葡萄酒产业具有的一二三产融合的典型属性，洞悉其对当地发展绿色旅游，助力乡村振兴的推动作用。提升区域自信，培养学生的“大国三农”情怀，增强学生服务区域农业现代化、乡村旅游及乡村振兴的使命感和责任感，培养“葡萄酒＋战略”创新人才。

（二）青岛

青岛产区的主要葡萄种植基地集中在平度市北部大泽山区（位于山东省平度、莱州、莱西交界处），这里也是鲜食葡萄的重要种植区域，素有“葡萄之乡”的美誉。大泽山地处胶东半岛西部，属于温暖半湿润季风大陆性气候。年平均降雨量为688.4毫米，无霜期190~200天，比较适合种植葡萄。另外，大泽山脉绵延上百平方千米，呈东西走向，横贯于胶东半岛西部，像一道天然屏障为该地挡住了北方的寒流。同时这里三面环山，缓冲了冬夏冷暖气流，形成了独特的微气候。光热资源丰富，适宜种植葡萄。这里葡萄多种植于坡田上，积土层较厚，分布着典型的棕壤、砂砾质土壤，这些土壤颗粒粗润、疏松、空隙大、通透性好，适合葡萄生长。该地降雨量适中，夏季受海洋季风影响，雨量多集中在6~7月，多达160~249毫米，8~9月葡萄成熟季，大多数年份天气晴朗少云，雨量少，为葡萄成熟提供理想条件。据1993年气象资料统计，8月降水量31毫米，9月降水量93.8毫米，与法国波尔多地区降水量相近。

当地主要品种也以晚熟型、抗病性强品种为主，适宜赤霞珠、品丽珠、小芒森、雷司令、白玉霓、霞多丽等种植。

【产区名片】

地理位置：山东副省级城市，地处山东半岛东南

气候类型：暖温带大陆性季风气候

地形地貌：丘陵城市，地势东高西低

年均日照数：2200 小时
年均降雨量：688 毫米
无霜期：190~200 天
平均海拔：78~100 米
土壤类型：棕壤、砂姜黑土、潮土、褐土、盐土

【节尾案例】

2020 年九顶庄园采收报告

2020 年 10 月 22 日，我们完成了今年全部的采收工作。

2020 年，对于葡萄种植者而言是一个充满挑战的年份，不过，经过我们合理有效的管理，最终还是收获了一份比较满意的答卷。今年春季降雨比较均匀，温度适宜，保证了葡萄树萌芽的整齐度，各种葡萄树的长势较往年旺盛。

5 月至 8 月，是葡萄树的生长期，这期间每个月降雨量充足，较往年降雨量增加，空气湿度大，导致霜霉病发生，较往年严重，但是经过我们实施合理的病害防控方案，病害得到有效控制。今年，山东莱西地区有 3 次较为严重的冰雹灾害，而我们的葡萄园很庆幸躲过了所有的冰雹灾害。

8 月至 10 月是葡萄成熟期，期间的降雨量为 0 毫米，我们利用滴灌设施对葡萄树进行了合理灌溉，保证了葡萄树体和果实的正常生长；同时，充足的光照、昼夜温差大，为生产高品质葡萄奠定了很好的基础。但是，今年的平均温度较往年降低了 3℃左右，从而导致了葡萄成熟期延迟 7~10 天。

8 月 28 日，我们开始采收霞多丽，正式拉开 2020 年采收季的序幕。根据不同地块霞多丽的成熟度，我们分两批次进行采收。结束霞多丽的采收后，接下来我们陆续采收其他品种。9 月中旬采收西拉，9 月底采收美乐，10 月初采收品丽珠、蛇龙珠和马瑟兰，10 月中旬采收小味尔多和小芒森，最后采收的是赤霞珠。10 月 22 日我们结束今年所有葡萄的采收和加工工作。

2020 年，九顶庄园的各个葡萄品种品质总体表现很理想，尤其是霞多丽、蛇龙珠、小味尔多、马瑟兰等表现非常出众，品丽珠和美乐品质其次，同时，赤霞珠的品质较往年也提升了很多。霞多丽采收时糖酸达到了很好的平衡，糖度超过了 198g/L，酸度保持在 6.5g/L 左右。红色葡萄品种采收时，大体上糖度超过了 245g/L，总酸 6.0g/L，酚类物质积累与成熟较好。今年，我们共采收了 471 吨酿酒葡萄，其中白色葡萄收获 96 吨，红色葡萄收获 375 吨，预计可出葡萄酒 40 万瓶。

来源：青岛九顶庄园。

案例思考：

作为沿海产区，山东半岛产区的葡萄园采收管理与世界上哪些产区有相似性？

【章节训练与检测】

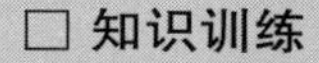

1. 绘制中国葡萄酒产区分布简图，识别我国葡萄酒主要产区分布及地理坐标。

2. 简述山东葡萄酒产区风土环境、主要品种、种植酿造及葡萄酒风格。

3. 分析烟台蓬莱产区近年葡萄酒产业政策及对产区发展的影响。

4. 分析烟台蓬莱葡萄酒产区旅游规划及产业布局。

5. 山东半岛产区精品酒庄发展情况及酒庄介绍。

☐ **能力训练**（参考《内容提要与设计思路》）

☐ **章节小测**

【拓展阅读】

山东（胶东）葡萄酒 & 旅游

山东（胶东）葡萄酒 & 美食

第三节　河北产区 *Hebei Region*

【章节要点】

- 了解河北葡萄酒发展史、葡萄酒发展产业环境及产业政策
- 掌握河北主要代表性子产区名称及风土环境
- 归纳河北主要酿酒葡萄品种及酒的风格

一、地理概况

河北简称“冀”，省会石家庄。位于中国华北地区，界于北纬 36°~42°。河北地处华北平原，东临渤海、内环京津，西为太行山，北为燕山山脉。地理位置优越，是我国经济由东向西梯次推进发展的东部枢纽地带，是中国重要瓜果蔬菜及粮棉产区。河北省酿酒历史悠久，是仅次于山东的葡萄酒生产大省。

二、风土环境

河北位于首都北京周围区域，该省主要葡萄的种植集中在张家口市的怀来与秦皇岛的昌黎两地，是南部黄河平原到北部燕山的各种景观的所在地。怀来位于北京西南燕山余脉围成的盆地上，坐落于长城脚下，属于半干旱大陆性季风气候，四季分明：春季冷暖多变，干旱多风；夏季炎热潮湿，雨量集中；秋季风和日丽，凉爽少雨；冬季寒冷干燥。总体气候条件良好，日照充沛，适宜各类农作物种植。葡萄生产地域含部分丘陵地区和全部河川区，受燕山山脉影响，阻隔了北方的冷空气。光照充足，热量适中，夏季凉爽，气候干燥，雨量偏少，土壤质地偏砂质，多丘陵山地，适合葡萄的生长。昌黎东临渤海，北依燕山，属于我国东部季风区、暖温带、半湿润大陆性气候。日照充足、四季分明，秋季延续时间长，无霜期长，水热系数小。北部山区的低山、丘陵地带为褐土，粗沙含量大，夹有石砾，疏松，含钾多。山前平原及铁路沿线为褐土，土层深厚，轻壤质，通透性好。

三、栽培酿造

北部山区的丘陵地带为褐土，粗砂含量大，有利的地势及土壤条件成就了葡萄的种植。怀来现有栽植葡萄品种 368 个。其中，鲜食葡萄品种为 308 种，主栽品种有白牛奶、龙眼、红地球、美人指、巨峰等（龙眼为鲜食、酿酒兼用品种）。酿酒葡萄品种为 60 种，主栽品种有赤霞珠、美乐、白玉霓、马瑟兰、霞多丽、小芒森等。昌黎拥有以玫瑰香为代表的优质葡萄品种 100 余种，70 年以上葡萄树 150 余株，最长树龄达 154 年，已形成酿酒专用（赤霞珠、霞多丽、品丽珠、马瑟兰）、鲜食专用（红提、巨峰、马奶）、酿酒鲜食兼用（玫瑰香、巨峰）三大系列。河北产区冬季严寒，葡萄树需要埋土越冬。另外，受山川影响，怀来局部地区夏天也会发生冰雹灾害，因此当地葡萄种植者全使用防雹网下种葡萄树。河北主要代表性酒庄葡萄栽培情况见表 8-4。

表 8-4 河北主要代表性酒庄葡萄栽培情况

产区	酒庄名	主要品种	自有葡萄园面积	创建时间
怀来	桑干酒庄	西拉 / 赤霞珠 / 美乐 / 黑皮诺 / 宝石 / 品丽珠 / 马瑟兰 / 雷司令 / 霞多丽 / 赛美蓉 / 琼瑶浆 / 白诗南 / 长相思	1122 亩	1979
	马丁酒庄	赤霞珠 / 美乐 / 蛇龙珠 / 黑皮诺 / 马瑟兰 / 霞多丽 / 雷司令	200 亩	1997
	红叶庄园	赤霞珠 / 美乐 / 西拉 / 马瑟兰 / 霞多丽 / 琼瑶浆	1350 亩	1998
	中法酒庄	赤霞珠 / 美乐 / 品丽珠 / 小味尔多 / 马瑟兰 / 小芒森 / 马尔贝克 / 丹魄 / 黑皮诺	360 亩	2005
	瑞云酒庄	赤霞珠 / 西拉	600 亩	2009
	贵族酒庄	赤霞珠 / 美乐 / 西拉 / 马瑟兰 / 龙眼 / 马瑟兰（培育中）	1800 亩	2009
	紫晶庄园	赤霞珠 / 西拉 / 美乐 / 品丽珠 / 小味尔多 / 霞多丽 / 琼瑶浆 / 小芒森	600 亩	2008
	迦南酒业	赤霞珠 / 美乐 / 西拉 / 丹魄 / 黑皮诺 / 雷司令 / 长相思 / 霞多丽	4500 亩	2008

续表

产区	酒庄名	主要品种	自有葡萄园面积	创建时间
碣石山	华夏酒庄	赤霞珠 / 美乐 / 西拉 / 马瑟兰 / 霞多丽 / 小白玫瑰 / 小味尔多	1700 亩	1988
	仁轩酒庄	赤霞珠 / 马瑟兰 / 小味尔多 / 霞多丽 / 白玉霓 / 小芒森	1900 亩	1998
	朗格斯酒庄	赤霞珠 / 美乐 / 西拉 / 马瑟兰 / 霞多丽 / 维欧尼 / 阿拉奈尔 / 瑚珊 / 小白玫瑰 / 宝石解百纳 / 紫大夫 / 小味尔多 / 小芒森	1800 亩	1999
	茅台凤凰庄园	赤霞珠 / 马瑟兰 / 霞多丽 / 小芒森 / 威代尔	500 亩	2002
	金士酒庄	马瑟兰 / 小味尔多 / 小芒森 / 霞多丽 / 贵人香 / 马尔贝克 / 威代尔 / 小白玫瑰	200 亩	2009
	海亚湾酒庄	赤霞珠 / 西拉 / 马瑟兰 / 威代尔	300 亩	2011
	柳河山庄	马瑟兰 / 北冰红 / 玫瑰香	300 亩	2013
	燕玛酒庄	赤霞珠 / 马瑟兰 / 小白玫瑰 / 小芒森 / 小味尔多	550 亩	2015
	龙灏酒庄	北红 / 北玫 / 赤霞珠 / 马瑟兰	1165 亩	2016

来源：怀来 / 昌黎葡萄酒局

四、主要产区

（一）怀来

怀来县地处河北省西北部，张家口市东南部，处于北纬 40°。酿酒葡萄主要分布于丘陵与河川区的沙城镇、土木镇、北辛堡镇、桑园镇、小南辛堡镇、东花园镇及瑞云观乡。怀来县位于怀来盆地内，怀来盆地北依燕山，南靠太行余脉，中有桑干河、洋河横穿其中。怀来产区地形地貌类型复杂，中山、低山、丘陵、阶地、河川旱地皆有，四周两山之间地势呈现“V”字形（南北两山形成怀来盆地的天然屏障），分别向南北崛起，西北高而东南低。梯级倾斜，海拔从 394 米到 1978 米（生长季节昼夜温差为 12.5℃，最高可达 15℃，有利于糖分积累与酸度保持），海拔高差明显为当地形成了不同高差带的小气候区域，这为葡萄的垂直分布、不同品种葡萄栽植、获得适合不同酒型和酒种的优质原料提供了良好的地理条件。这里聚集了一大批精品酒庄，主要有中法庄园、迦南酒业、紫晶庄园、马丁庄园、贵族庄园及瑞云酒庄等。

【产区名片】

地理位置：河北省西北部，张家口市东南部

气候类型：温带大陆性季风气候

地形地貌：地势由盆地向南北崛起，西北高东南低，怀来县平均海拔 792 米

年均日照数：2800~3000 小时

年均降雨量：418 毫米

无霜期：199 天

土壤类型：卵石、粗骨土、沙土

1. 土壤条件

怀来盆地由于地层断裂，使原盆地底部湖底的卵石层分布在不同深度的土层中，而多数则裸露在地表。所以卵石、粗骨土、沙土成为怀来盆地的主要土质，有棕壤、褐土、草甸土、水稻土、灌淤土、风沙土等 10 个大类，其中褐土分布最广。河川地区多为沙壤土，坡地多为风积粉细砂持土壤，土壤条件多样，为不同品种葡萄栽培提供了条件。

2. 气候条件

怀来盆地，地处中温带半干旱区，属于温带大陆性季风气候。由于燕山山脉、太行山山脉的阻挡和季风气候的影响，造成了盆地内独特的气候特点，具有四季分明、光照充足、昼夜温差大、雨热同季的特点。春季常受冷空气影响，天气多变，干旱多风；夏季受太平洋副热带高气压的影响，温暖湿润，降雨增多；秋季暖湿气候减弱，西北来的干冷气候加强，天气严寒少雪。

3. 光照条件

怀来盆地光照条件佳。怀来盆地常年盛行河谷风，大风受“南北两山夹一川”的特殊地形所决定。河谷风在葡萄生长季形成干热气流，使怀来盆地地质地貌直接影响到局部的气候，晴朗日数多，阴雨天数少。这里太阳辐射强，光照时间长，光照强度大，日光能系数高，年日照时数在 2800~3000 小时，光能资源非常丰富，属长日照区，可满足各种葡萄品种对光能的需要。该产区葡萄成熟极好，有利于葡萄花青素的形成，各品种均能表现特有的风味和理想的品质。

4. 降雨条件

怀来属暖温半干旱的少雨地区，年降水在 330~420 毫米，平均为 418 毫米，对种植葡萄来说降雨量明显不足。春旱严重，需要灌溉。降雨期集中分布在 6、7、8 三个月，占年降雨量的 70.1%，干旱季节需要灌溉。进入 9 月后降雨量降到40毫米以下，为葡萄成熟提供了良好的气候保证。另外，怀来葡萄园大多建在盆地风、光条件好的缓坡地，土层深厚，排水良好，渗水及时，不易造成葡萄园湿度过大而引发严重病害发生。

5. 主要品种

该产区主要品种以赤霞珠为主，马瑟兰、霞多丽、小芒森、西拉、美乐、蛇龙珠、雷司令、长相思等都有种植，比较多样。其中马瑟兰作为已引入的国际品种中表现最为突出的一个，该品种是由法国国家农业研究院（French National Institute for Agricultural Research，简称INRA）培育出的一种新的杂交品种，其亲本分别是赤霞珠和歌海娜（Grenache Noir）。2001年，马瑟兰被第一次引入中国，在河北怀来的中法庄园种植，并由农业部国际合作司欧洲处的马四近翻译命名，2004年中法庄园灌装出中国第一瓶单品种马瑟兰，受到极大关注。马瑟兰拥有浓郁的色泽、丰富的果香和细致的单宁，在我国发展的不到20年时间里，已覆盖到全国大部分核心产区，表现出极为丰富的风格特性。其中怀来被视为最优秀的马瑟兰主产地之一。

葡萄酒旅游：中国怀来的机会——怀来葡萄酒战略的实施与评估

研究别的葡萄酒产区的做法，此时是有用的，这包括研究“最优葡萄酒旅游大奖”，以决定采用哪种做法，以下就是可以开展的一些做法。

● 葡萄酒线路。这要见于产区网站、移动电话、APP和推广小册子上。

● 特别的葡萄酒活动和节日。这些活动和节日可以让旅游者每过一段时间就会故地重游。怀来已有一个著名的葡萄节，它由怀来县政府资助，已有20多年历史，2019年，前来参观的游客超过70 000人次，这是相当喜人的，应该在此基础上在具体的酒庄和产区创立更多的活动。

● 体验性葡萄酒项目。向葡萄酒旅游者提供独特的体验性项目，如采收季节邀请游客帮助采摘、在酒庄遛狗、调配葡萄酒或其他有趣的活动。

● 独特的葡萄酒观光。向游者提供参观产区机会，如驾吉普车、划船、骑马、骑自行车、乘坐热气球等。

● 独特的合作关系。嫁接产区的合作资源，推出一些独特的体验，如高尔夫葡萄酒、SPA葡萄酒、音乐与葡萄酒、瑜伽与葡萄酒等。

● 聚焦艺术与建筑。有些酒庄以艺术画廊、雕塑花园或酒庄建筑吸引旅游者，在怀来已有实践酒庄。

● 有住宿条件的酒庄。如桑干酒庄能够提供住宿，或与一些酒店建立合

作关系，给游客提供住宿。

● 与葡萄酒相关的美食之旅。把葡萄酒与烹饪课、餐厅、野餐、烧烤或其他与食物相关的活动结合起来，通常很受游客的欢迎。在怀来有几家酒庄正在这样做。

● 聚焦于可持续性或生态旅游。许多游客如今对可持续的和有机的产品感兴趣，因此，酒庄可以结合自己正在实践的有益于环境和社会的做法，安排一些教育环节和参观路线。

● 家庭投寄 & 在线推广。有些酒庄邀请游客加入其葡萄酒俱乐部，每隔几个月就往他们家里邮寄酒样。这是一种让消费者与酒庄保持联系并成为酒庄的忠实支持者的办法。酒庄还邀请他们参加酒庄特别活动，并通过新媒体或其他方式与消费者保持接触。

● 在线虚拟葡萄酒旅游。许多聪明的酒庄正在推出线上虚拟旅游。他们通过精美的视频以及 360° 或 3D 的虚拟影像展示酒庄，观众仿佛感到自己正在葡萄园漫步。此外，许多酒庄推出虚拟“线上品鉴”，酒庄常常提前把葡萄酒邮递给消费者，远程与消费者进行品鉴活动。

总结起来，怀来葡萄酒产区具有多方面的有利条件，这些应该得到充分的利用。另一个机会是建立一个强有力的产区协会，借鉴世界其他高水平葡萄酒产区，建立葡萄酒旅游网站，这包括葡萄酒地图、名酒名录、所获奖项、餐厅、饭店、节日、大型活动，以及其他重要的旅游者所需要的信息。还需要一个有力的推广计划，需要葡萄酒媒体与酒评人，社交媒体和虚拟葡萄酒体验也应被产区协会和各个酒庄所应用。

作者：莉斯·撒奇（Liz Thach），摘自《中国怀来与葡萄酒》

案例思考：

分析怀来葡萄酒产区开展旅游项目的优势之处。

思政启示：

通过案例解析，明确葡萄酒产业对推动乡村旅游与乡村振兴的作用，增强学生对区域葡萄酒产业发展的自信。同时，引导学生树立和践行绿水青山就是金山银山的理念，加强学生生态文明教育。

知识链接：

葡萄酒产业发展应积极探索一二三产业资源融合发展路径，结合酒庄丰富的生态资源，通过把葡萄酒旅游文化与田园风光观光游、乡村生活体验游、休闲运动游、绿色生态游、康养度假游等深度融合，丰富乡村休闲旅游业态，推动企业经营管理模式改革创新，最终实现葡萄酒产业的经济价值、生态价值、社会价值及文化价值。

（二）昌黎

昌黎隶属河北省秦皇岛市，位于河北省东北部，秦皇岛市西南部。昌黎东临渤海，北依燕山，西南扶滦河的独特地理特性成就了昌黎产区，这里年日照时长2600到2900小时，昼夜平均温差12℃，年降雨量在400~600毫米，属于东部季风区，典型的暖温带、半湿润大陆性气候。区域内日照充足、四季分明，秋季延续时间长，无霜期长，水热系数小。北部山区的低山、丘陵地带为褐土，粗沙含量大。山前平原及铁路沿线多为褐土，土层深厚，轻壤质，通透性好。中南部沙地为潮土，土质贫瘠。东部滨海地区为轻壤质。辖区包括卢龙、昌黎和抚宁三县，产区内不同地域所产葡萄酒各具特色。这里也集结了大量优秀葡萄酒生产商，主要包括中粮华夏长城葡萄酒公司、贵州茅台酒厂（集团）昌黎葡萄酒业有限公司、朗格斯酒庄、金士国际酒庄及仁轩酒庄等。

【产区名片】

地理位置：秦皇岛西南部
气候类型：暖温带半湿润大陆性季风气候
地形地貌：山丘区和平原区
年均日照数：2809.3小时
年均降雨量：538毫米
平均海拔：20~150米
无霜期：186天
土壤类型：褐土、潮土等

1. 气候条件

昌黎产区位于滦河下游，东临渤海湾，北部有燕山余脉—碣石山（主峰海拔695米），产区位于碣石山岭的向阳面，种植园多分布在丘陵地带，葡萄的生长条件较优。昌黎受东亚季风环流的影响，形成了典型的温带季风气候，从葡萄生长季节（4~10月）的环流形式来看，昌黎多盛行东南风，恰为来自太平洋的迎岸风，成为昌黎该季节降水的主要水汽来源。境内大气污染源少，透明度高，紫外线辐射强。从海陆位置看，临近水面的葡萄园由于水体反射出大量蓝紫光和紫外线，浆果着色和品质较好。

2. 光照条件

产区内光能资源丰富，年太阳辐射能达558 520焦尔 / 平方厘米，年日照时数为2600~2900小时，日光能系数为5.08，高于晚熟品种所要求4.0的标准。

尤其是北部碣石山周边丘陵地区，紫外线辐射强，光能和通风条件好，而且绝大多数葡萄园地处向阳山坡，不仅光热条件好，而且昼夜温差大，对葡萄生长更为有利。在葡萄生长后期（9 月 16 日—10 月 13 日）的平均日温差可达 13~15℃，极有利于葡萄糖分的积累。酿酒葡萄成熟后品质极好，各品种均能表现出其独特风味和优良品质。

3. 降雨条件

由于大陆季风的影响，产区春季比较干旱，降雨少，降水主要集中在 7 至 8 月，9 至 10 月降雨量减少，与中晚熟品种（赤霞珠、马瑟兰等）的生长需求基本吻合。年平均降水 538 毫米，近年降水为下降趋势，近 15 年每年约平均下降 4 毫米以上。4 至 9 月，平均温度 21℃；降水量 567 毫米；蒸发量 1183.6 毫米；水分平衡（P-ETP）为 −616.6 毫米；水热系数小（当 K 小于 1.0，葡萄的品质最好），7 至 9 月（酿酒葡萄采收前 3 个月）水热系数平均值 1.5。

4. 土壤条件

碣石山产区地带性植被类型为暖温带落叶阔叶林，并有温性针叶林分布。属燕山山脉东段，山区植被完好，有广阔林区，全市境内植物共 138 科 1323 种，具有资源意义的植物有 1000 种以上。全境处于东北亚与东亚过渡地带，动物资源比较丰富，尤其是候鸟重要的迁徙停息地。产区内的低山、丘陵地带为棕壤及褐土，土壤中矿物质含量较丰富，物理、化学风化都比较强烈，加上一定程度的淋溶作用，呈微酸性。因地势较高，排水良好，地下水矿化度低，水质较好。山前平原及铁路沿线为褐土及潮土，土层较厚，土体结构好。耕层多为沙壤、轻壤，通透性好，心土层较黏，一般为中壤，有利于保水、保肥、供肥和作物扎根生长。

“大器晚成”的 2021 年

2021 年的春节过后直到萌芽，有效积温比往年都要低，导致葡萄的萌芽时间推迟。美乐、品丽珠的萌芽非常不均匀，但萌芽较晚的赤霞珠表现还不错，从一个侧面显示出这个品种的天然优势。

4 月 30 日，一场大幅度降温对葡萄造成了不小的影响。这次降温后的回温过程较慢，枝条长势受阻，生长缓慢，开花期与往年相比推迟了近一周时间。

6 月 30 日，一场持续 8 分钟的密集冰雹降临，近 50% 的果粒被冰雹打伤。这也是中法庄园近 10 年来遭遇的最严重的一场冰雹，使得葡萄园产量直接减半。所有工作人员都心痛不已，再次体会到这个行业“靠天吃饭”的感受。冰雹过后，为抵抗居高不下的空气湿度，酒庄调动了所有人力进行病害防护，在一天时间内完成药剂保护，很好地控制了后期潜在的白腐病威胁。由于枝条和果实受伤后需要时间愈合，这期间长势更为缓慢，转色期至少推迟了 10 天。

7 月和 8 月，转色期间降雨频繁，降雨量也是近几年来最多的；与降雨量相对较低的 2019 年相比，2021 年同期降雨量增长了 62%；与降雨量较多的 2020 年相比，也增长了 13%。较大的湿度极易导致霜霉病的爆发。凭借多年的葡萄园科学管理经验，园艺团队及时进行田间调查并进行防治。

9 月和 10 月，天气更是少见，温度很低，降雨较多，阴天时间较长，导致整个成熟期推迟近 15 天。幸运的是，对于成熟较早的葡萄品种，如美乐、品丽珠、马瑟兰，影响并不是很大。较晚熟的赤霞珠受到了一定影响。为保证果实的完全成熟，中法庄园 2021 年份赤霞珠采收时间打破了历史纪录，采收于 10 月 30 日，我们相信其大器晚成的特质，给足了晚熟品种时间，最终等到了令人满意的结果。

令人惊喜的是，中法庄园在如此冷凉的年份里酿出的酒，依然拥有高饱和度的颜色和浓郁的果香。酒体有别于炎热年份的恢弘磅礴，增加了更多优雅与细腻。这一年份的适饮期将会比炎热年份稍稍提前，但陈年潜力依然不可小觑。

晚收小芒森是受天气影响相对较小的品种，2021 年晚秋和初冬气候恢复稳定，小芒森依旧是在 11 月中下旬采收。虽然 11 月初的一场雪给葡萄带来一些湿润的环境，但雪后的干燥与怀来产区秋季持续的西北风天气给小芒森葡萄皱缩创造了理想条件。“高酸”“高糖”“高集中度”是它的代名词，2021 年份的小芒森延续一贯的丰富、细腻风格，带给人们甜蜜的美好。

来源：怀来中法庄园。

案例思考：

2021 年怀来产区年份表现对葡萄酒风格有哪些影响？

【章节训练与检测】

☐ **知识训练**

1. 简述河北葡萄酒产区风土环境、主要品种、种植酿造及葡萄酒风格。
2. 简述怀来、昌黎产区风土环境及葡萄酒风格。
3. 简述怀来、昌黎产区葡萄酒历史发展沿革及政策环境对葡萄酒产业的

影响。

4. 分析怀来产区葡萄酒旅游规划及产业布局。

5. 河北产区精品酒庄发展情况及酒庄介绍。

☐ **能力训练**（参考《内容提要与设计思路》）

☐ **章节小测**

【拓展阅读】

河北葡萄酒 & 旅游

河北葡萄酒 & 美食

第四节　宁夏产区 *Ningxia Region*

【章节要点】

- 了解宁夏葡萄酒发展史、葡萄酒发展产业环境及产业政策
- 掌握宁夏主要代表性产区名称及风土条件
- 归纳宁夏主要酿酒葡萄品种及酒的风格

一、地理概况

宁夏位于中国西北内陆黄河中上游地区，东邻陕西，西、北接内蒙古，南连甘肃，地处北纬 35°~39°。这里地形地貌分为：黄土高原、鄂尔多斯台地、洪积冲积平原和六盘山、罗山、贺兰山南北中三段山地。平均海拔 1000 米以上。按地表特征，还可分为南部暖温平原地带、中部中温带半荒漠地带和北部中温带荒漠地带，属于典型的大陆性干旱、半干旱气候，土壤贫瘠，环境恶劣，水资源缺乏，但该地光照充足，昼夜温差大，非常适宜枸杞、西瓜、葡萄等果树生长。宁夏历来素有“塞上江南”的美称，“贺兰山下果园成，塞北江南旧有名”是宁夏的真实写照。宁夏位于陕、甘、蒙交界，地扼中原进入西部的咽喉，自古是我国丝绸之路上的主要节点，因此这里很早便受西域影响开始了葡萄的种植，葡萄栽培与酿酒史源远流长。

二、风土环境

宁夏深居西北内陆高原，地势从西南向东北逐渐倾斜。黄河自中卫入境，向东北斜贯于平原之上，顺地势经石嘴山出境。宁夏葡萄酒主要集中在贺兰山东麓产区，这里是我国半湿润区与半干旱区的分界线，也是农耕文明与游牧文明的分界线，属于典型的大陆性气候，为温带半干旱半湿润地区。葡萄种植区域集中在贺兰山东麓地带，宁夏贺兰山呈南北分布，南北长 200 千米，东西宽 5~30 千米。这里海拔由北向南平均处于 1100~1450 米，呈明显的地带性分布。气候与山东、河北等产地风土截然不同，炎热干燥，太阳辐射强，降水较少，空气湿度小，气温日较差较大、日照时间长是该地气候的典型特征，属于中国日照和太阳辐射最充足的地区之一。夏季干热，春秋季冷凉，冬季干冷，宁夏产区的葡萄冬天需要埋土防寒。

（一）光照及降雨条件

贺兰山东麓葡萄酒产区拥有优良的光照条件，这里年日照时数 2799~3044 小时，转色期的 8 月日平均气温在 20℃以上，昼夜温差大（气温日较差在 12℃~15℃），不仅有利于葡萄浆果果皮色素的形成和总挥发酯类物质的积累，提高葡萄的呈香物质含量，而且有利于糖分的积累、总酸度的下降，使得葡萄着色均匀，糖、酸、酚类物质丰富而又平衡，葡萄酒呈现果香浓郁，酒体饱满的特征。贺兰山东麓葡萄酒产区年降雨量保持在 167~260 毫米（蒸发量变幅在 800~1600 毫米，是中国水面蒸发量较大的省区之一），8 月和 9 月葡

 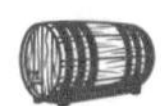

萄浆果成熟期间平均降雨量分别为42毫米和26毫米，霞多丽、美乐等中晚熟品种从8月下旬至9月上旬逐渐开始进入成熟期，大多数年份能够避开降水高峰期，由于降雨量少，气候干燥，病虫害风险较低。气温条件优越，该地大部分葡萄园就集中在这片峰峦叠嶂、崖谷险峻、阻挡了戈壁沙漠的贺兰山东麓中。贺兰山山脉南北纵横，主峰敖包疙瘩位于银川西北，海拔3556米，绵延200多千米，葡萄园呈南北走向分布在这块天赐宝地之上，葡萄园大部分面向东、南方向铺开（部分为东北坡与西坡），巍峨的贺兰山最大程度上阻断了北方来的寒冷气流与沙尘暴，使得这里的葡萄可以吸收最充足的日照。

（二）地质及水源条件

宁夏贺兰山东麓位于宁夏黄河冲积平原和贺兰山洪积扇之间，地形类型多样，自西向东分别为贺兰山山地、洪积扇前倾斜平原、洪积冲击平原、冲击湖沼平原、河谷平原及河漫滩地等。土壤成土母质以洪积物为主，土壤含有砾石、砂粒，土壤类型以灰钙土为主，占到70%以上。其他为风沙土、灰漠土和灌淤土，土层厚度为40-150厘米，pH值在8.0~9.0之间，有机质含量相对低，通气透水性强，土壤通透利于葡萄根系下扎吸收深层土壤的矿质营养元素，适合优质酿酒葡萄生长。宁夏产区还有一项重要的风土条件便是黄河，发源于青藏高原的黄河水出青铜峡后冲刷出美丽富饶的银川平原，平原西侧即为闻名遐迩的贺兰山。该地水源相对匮乏，引黄灌溉为当地解决了水源短缺的问题。这里大部分酒庄采取比较先进的滴灌技术，保障葡萄吸收合理的水分。

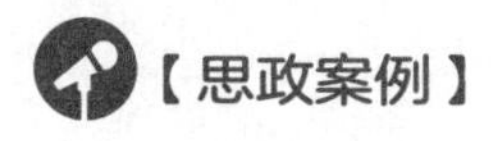

一部宁夏史，半篇书移民

宁夏是我国半湿润区与半干旱区的分界线，也是农耕文明与游牧文明的分界线，这里自古是一个交汇之地。宁夏人的历史是一部群体迁徙史，在各个移民浪潮中有军事移民、农垦移民、文化移民、生态移民等。移民是文化最活跃的载体，为当地形成了独具特色的移民文化。自大秦帝国统一中原后就开始向宁夏地区移民，为当地带来了农耕文明，并开凿了宁夏平原上第一条引黄灌溉渠——秦渠。

20世纪80年代开始，宁夏先后组织了吊庄移民、扶贫扬黄工程移民、“十二五”生态移民等工程，实现了生态改善和脱贫致富的双赢。1997年，福建、宁夏对口扶贫协作开始，建设了闽宁村，招商引资，大力推广蘑菇、枸杞、葡萄的种植。如今的闽宁村已升级为闽宁镇，从当年只有8000多人的贫困移民村发展成为拥有6万多人口的“江南小镇”，当年的干沙滩已经变成金沙滩，电视剧《山海情》反映的就是闽宁对口帮扶的艰苦历程，这也是东西部对口扶贫协作的典范。

案例思考：

分析宁夏葡萄酒产业对推动当地乡村就业及乡村振兴的意义。

思政启示：

宁夏是我国东西部对口扶贫协作的典范，是我国社会主义制度兼顾公平和效率的生动体现。通过案例解析，引导学生树立和践行社会主义核心价值观，并使学生深入体会党中央扎实推进西部地区共同富裕建设的指示精神，明确葡萄酒产业对推动西部大开发、解决当地农村劳动力充分就业以及推动乡村振兴、实现共同富裕的重要意义，培育知农爱农创新人才。

知识链接：

宁夏葡萄酒产业的情况：据世界葡萄与葡萄酒组织及国内相关专业机构的报告，中国2020年种植欧亚美品种酿酒葡萄约150万亩，其中宁夏产区约49万亩，占全中国的30%左右，是中国最大的集中连片酿酒葡萄种植区；宁夏产区现有酒庄211家，其中建成酒庄101家，在建110家，约占全中国葡萄酒庄的30%，连续获得世界权威葡萄酒评奖数量占中国酒的79%以上，是中国最大最有影响力的酒庄酒产区。

来源：宁夏宣讲网，2021-06-29

三、栽培酿造

宁夏酿酒葡萄种植最早始于农垦玉泉营农场，该场1982年从河北省昌黎引进龙眼、玫瑰香、红玫瑰等酿酒与鲜食兼用的葡萄品种。

该产区拥有优良的葡萄栽培条件，由于宁夏冬季气温低，酿酒葡萄树抗冻性差，宜发冬季冻害，2005年，自治区发布实施了DB 64/T 204—2005《宁夏酿酒葡萄栽培技术规程》，提倡采用贝达等抗寒砧木嫁接的种苗建设葡萄园。21世纪初前后，随着宁夏先后多次从国内外规模引进优质无毒酿酒葡萄苗木，以及农垦集团组培苗技术的研发，在永宁县、吴忠市利通区、农垦集团都建立了脱毒优质酿酒葡萄苗木繁育基地，并从2014年起，宁夏连续5年对计划出圃酿酒葡萄苗木进行质量和病毒检测，并将检测结果公示，引导种植户使用优质脱毒苗木建园。栽培模式上采用的主要架式是直立龙干树型，葡萄出土后直立上架，但随着树龄增长，埋土难度逐年增加。2006年，

宁夏果树技术工作站发布《宁夏酿酒葡萄低产园改造提升方案》（宁果站发〔2006〕03 号），提出改直立上架为倾斜上架，对主蔓粗度在 3cm 以下的，出土后将主蔓顺行呈 30° 斜引，固定后再直立上架；对粗度超过 3cm 的，出土时重清一侧土，强行斜引，以降低主蔓弯曲形成的高度，避免冬季埋土因压不倒而增加行间取土量。2011 年，自治区又提出“厂字形”树形，即葡萄主蔓基部与地面倾角不超过 45°，上扬到第一道丝后水平绑缚，结果枝均匀着生在主蔓上，并垂直向上生长；“居由”树形，即葡萄主干上直接着生一到多个结果枝组，每个结果枝组由一个长梢修剪的结果母枝或一个短梢修剪的更新枝组成。病虫害治理方面，宁夏气候干燥少雨，病虫害发生较轻。防治方法病害以发生初期预防为主，虫害以诱杀及关键期药剂防治为主，一般年份全年用药次数 3~6 次。葡萄酒酿造方面，产区先后引进法国、美国、澳大利亚等 23 个国家的 60 名国际酿酒师来宁交流，大力引入国际先进酿酒设备与技术，产区立足实际，不断研究创新的基础上，广泛吸收并引入世界先进葡萄酒酿酒设备与技术工艺，有效提升了宁夏酿造工艺和葡萄酒品质。近 10 年，宁夏各市区葡萄种植面积及酒庄都有迅猛发展。2021 年宁夏葡萄酒产业发展现状统计情况见表 8-5。

表 8-5　2021 年宁夏葡萄酒产业发展现状统计

单位：万亩，个

序号	市县（区）	2021 年葡萄种植面积	已建成酒庄数量
	合计	52.48	114
1	**银川市**	**18.5**	**53**
1.1	金凤区	0.52	4
1.2	西夏区	4.48	27
1.3	永宁县	11.33	7
1.4	贺兰县	2.15	15
1.5	灵武县	0.01	
2	**吴忠市**	**26.53**	**43**
2.1	青铜峡市	12.91	22
2.2	利通区	0.09	1
2.3	红寺堡区	10.94	20
2.4	同心县	2.59	

续表

序号	市县（区）	2021年葡萄种植面积	已建成酒庄数量
3	**中卫市**	**0.20**	**2**
3.1	沙坡头区	0.20	1
3.2	中宁县	1	
4	**石嘴山市**	**0.74**	**3**
4.1	大武口区	0.24	1
4.2	惠农区	0.31	2
4.3	平罗县	0.19	
5	**农垦集团**	**6.51**	**13**

来源：宁夏贺兰山东麓葡萄酒产业园区管委会

四、主要品种

宁夏产区种植的葡萄品种以国际品种为主，这里最早的酿酒葡萄种植始于农垦玉泉营农场，该场1982年从河北省昌黎引进龙眼、玫瑰香、红玫瑰等酿酒与鲜食兼用的葡萄品种。1997年，农垦玉泉营农场从法国引进了赤霞珠、美乐、品丽珠、黑皮诺、西拉5个酿酒葡萄品种（18个品系）；之后，银广夏葡萄酒公司从法国引进了赤霞珠、品丽珠、梅鹿辄、神索、歌海娜、霞多丽、雷司令、贵人香等近30个酿酒葡萄品种。截至2019年底，宁夏产区从国内外引进了60余个酿酒葡萄品种，产区主栽品种近20个，白葡萄品种有霞多丽、贵人香、雷司令、长相思、威代尔等，约占10%；红葡萄品种有赤霞珠、美乐、蛇龙珠、品丽珠、西拉、黑皮诺、马尔贝克、马瑟兰等，约占90%（其中赤霞珠占65%、美乐占15%，蛇龙珠、马瑟兰等占10%）。国内特色品种蛇龙珠及马瑟兰等也都有大量种植，与山东及怀来产区马瑟兰形成迥异的风格。根据2021年初发布的宁夏葡萄酒产业高质量发展实施方案，宁夏将在品种规划方面进行优化布局，推进产区酿酒葡萄结构化、特色化、差异化发展。在海拔1200米以下高标准建设优质干红原料基地，适当增加马瑟兰、马尔贝克、黑皮诺等适宜品种。在海拔1200米以上高标准建设优质干白原料基地，适当增加霞多丽、贵人香、雷司令、长相思等适宜品种。宁夏部分酒庄主要葡萄品种栽培情况见表8-6。

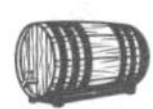

表 8-6　宁夏部分酒庄主要葡萄品种栽培情况

产区	酒庄名	主要葡萄品种	面积/亩	创建
石嘴山	贺东庄园	赤霞珠/蛇龙珠/美乐/黑皮诺/西拉/品丽珠/马瑟兰北玫/北红/霞多丽	2000	1997
永宁县	巴格斯	赤霞珠/西拉/美乐/威代尔	1000	1999
	类人首酒庄	赤霞珠/美乐/蛇龙珠/西拉/黑皮诺/紫大夫/马瑟兰/贵人香/霞多丽	1200	2002
	长城天赋	赤霞珠/美乐/西拉/马瑟兰/丹菲特/品丽珠/小味尔多/黑皮诺/马尔贝克/霞多丽/雷司令/长相思/白玉霓等	5000	2012
	保乐力加贺兰山	赤霞珠/美乐/霞多丽	2044	2012
	长和翡翠	赤霞珠/霞多丽/美乐/黑皮诺/马瑟兰/品丽珠/西拉/小味尔多/紫大夫/马尔贝克/小芒森/维欧尼	1236	2013
	轩尼诗夏桐	霞多丽/黑皮诺	1020	2013
	新慧彬酒庄	赤霞珠/霞多丽/美乐/蛇龙珠/黑皮诺/马瑟兰/品丽珠/西拉	2000	1997
	宁夏鹤泉	赤霞珠/蛇龙珠/美乐/霞多丽/贵人香/雷司令	430	2002
西夏区	留世酒庄	赤霞珠/美乐/马瑟兰/霞多丽	450	1997
	志辉源石	赤霞珠/品丽珠/蛇龙珠/西拉/马瑟兰/小味尔多/美乐/紫代夫霞多丽/贵人香/威代尔/小芒森/小白玫瑰	2000	2007
	贺兰晴雪	赤霞珠/马瑟兰/黑比诺/美乐/品丽珠/马贝克/霞多丽	400	2005
	迦南美地	赤霞珠/美乐/蛇龙珠/霞多丽/雷司令/长相思	252	2011
	美贺庄园	赤霞珠/美乐/西拉/马瑟兰/霞多丽/维欧尼/雷司令	1800	2011
	博纳佰馥	赤霞珠/霞多丽	100	2012
	张裕龙谕酒庄	赤霞珠/美乐/西拉/马瑟兰/蛇龙珠	1000	2012
	贺兰亭酒庄	赤霞珠/美乐	1000	2012
贺兰县	银色高地	赤霞珠/美乐/霞多丽	1500	2007
	原歌酒庄	赤霞/美乐/马瑟兰	200	2010
	嘉地酒庄	赤霞珠/美乐/品丽珠/小味尔多/马瑟兰/霞多丽	225	2013

续表

产区	酒庄名	主要葡萄品种	面积 / 亩	创建
青铜峡	华昊酒庄	赤霞珠 / 美乐 / 西拉 / 马瑟兰 / 蛇龙珠	200	2013
	西鸽酒庄	赤霞珠 / 蛇龙珠 / 美乐 / 黑皮诺 / 马瑟兰 / 马尔贝克 / 小味尔多 / 西拉 / 霞多丽 / 贵人香 / 白玉霓 / 白诗楠 / 琼瑶浆 / 长相思	30 000	2017

来源：所属酒庄

五、主要产区

宁夏贺兰山东麓是业界公认的世界上最适合种植酿酒葡萄和生产高端葡萄酒的黄金地带之一。从空间布局上，宁夏构建“一体、两翼、一心、一园区、八镇”的发展格局，大力推动产区发展。“一体”指以靠近贺兰山东麓的惠农区、大武口区、贺兰县、西夏区、永宁县和青铜峡市相关联区域为产区主体；“两翼”指产区主体向西南辐射延伸至中宁县、沙坡头区构成西南翼，向东南辐射延伸至红寺堡区、同心县构成东南翼；“一心”指在闽宁镇建设贺兰山东麓葡萄酒全产业链聚集展示中心；“一园区”为贺兰山东麓葡萄酒产业园区；“八镇”指西夏镇北堡葡萄酒旅游小镇、大武口贺东庄园葡萄酒诗酒田园小镇、贺兰金山葡萄酒康养小镇、永宁贺兰神酒庄博物馆特色小镇、玉泉营葡萄酒历史风情小镇、青铜峡鸽子山葡萄酒文化小镇、红寺堡肖家窑葡萄酒生态小镇、同心韦州葡萄文化创意小镇。主要子产区如下。

（一）石嘴山（Shizuishan）

石嘴山市位居宁夏最北端，为典型的温带大陆性气候，因黄河两岸“山石突出如嘴”而得名。这里地处宁东、蒙西两个国家千亿吨级煤田之间，号称“塞上煤城”。黄河在东侧穿过，西依贺兰山，湿地面积达 415 平方千米，宁夏著名的全国首批 5A 级旅游景区沙湖位于此地。

石嘴山位于贺兰山东麓葡萄酒主产区的最北翼，北纬 38°。这里地质地貌为洪积扇冲积平原，土壤贫瘠、盐碱化程度高，以灰漠土和盐化灰钙土为主。葡萄园均靠近贺兰山脚下，土壤类型为中砾石及沙石土壤。葡萄园种植区多位于山坡，具有日照充足、蒸发强烈、空气干燥、昼夜温差大、风土条件好等自然禀赋。这里是国内天然富硒区之一，特别是贺兰山东麓地区，是宁夏土壤硒含量最高的区域，而且分布集中连片，土壤偏碱性，有利于硒的积累，

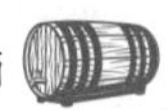

生产的酿酒葡萄、酿造的葡萄酒具有硒含量高、品质好等优势。石嘴山市酿酒葡萄种植面积约为 7000 亩，品种主要为赤霞珠、品丽珠、蛇龙珠、西拉、黑皮诺、霞多丽等。目前，该市葡萄酒产业在全区占比小，葡萄酒产业链条还有待完善。该地主要代表性酒庄为贺东庄园。

【产区名片】

地理位置：宁夏最北端
气候类型：温带大陆性气候
地形地貌：东临鄂尔多斯台地，西踞银川平原北部
年均降雨量：167.5~188.8 毫米
无霜期：125~165 天
平均海拔：1090~3475.9 米
土壤类型：中砾石及沙石土壤
主要水源：山泉、沙湖、农渠等

（二）银川

银川为宁夏首府，是历史悠久的塞上古城，史上为西夏王朝都城。该地区是宁夏精品酒庄的最早发展区域。这里汇集了宁夏最多的酒庄集群，根据 2020 年宁夏数据统计这里已建成酒庄为 47 家，发展速度快。银川市下分兴庆区、西夏区、金凤区、永宁县、贺兰县、灵武县。葡萄种植多集中在永宁县，其次为西夏区、贺兰县及金凤区。银川市地质地貌为贺兰山洪积扇山前平原，富含砾石，以砾质粗古灰钙土为主。土壤都拥有极佳的渗水性，能使葡萄根系深入土层向下生长，更有利于养分摄取。

【产区名片】

地理位置：宁夏平原中部，宁夏首府城市
气候类型：中温带大陆性气候，气候干燥，风大沙多，昼夜温差大
地形地貌：西部、南部较高，北部、东部较低
年均降雨量：200 毫米
年均日照量：2800~3000 小时
无霜期：185 天
平均海拔：1010~1150 米
土壤类型：砾石土壤、风沙土壤、灰钙土、灌淤土等
主要水源：引黄灌溉、山泉、农渠等

1. 永宁玉泉营

永宁玉泉营的宁夏葡萄酒产业的发源地，产区呈东西分布，西部靠近贺兰山脚下，土壤为砾石土壤，东部为风沙土壤。产区内大型酒庄居多，产量及规模位居全国前列。代表性酒庄有贺兰神、法国酩悦轩尼诗公司、长城天赋酒庄、保乐力加酒庄、西夏王、类人首酒庄等。

2. 贺兰县

贺兰县位于贺兰山苏峪口北侧，为贺兰山洪积扇地貌。土壤类型为重砾石及沙石土壤，越靠近山脚，砾石越大，数量越多。这里属于青铜峡引黄灌溉区中部，水资源 98% 来自黄河自流灌溉，该区代表性酒庄有嘉地酒园。

3. 西夏区

西夏区位于银川市西部，南北分别为永宁县与贺兰县。这里气候干燥，晴天多，日照充足，光能资源丰富。主要水源来源为黄河、农渠、山泉、降水四类。葡萄种植已具有相当规模，葡萄面积已超 4 万亩，同时集中了银川最多的酒庄，已建成酒庄数量为26家，较有代表性的有留世酒庄、志辉源石、贺兰晴雪、银色高地、原歌、迦南美地、美贺庄园、博纳佰馥以及张裕龙谕酒庄等。

4. 金凤区

金凤区地处银川市中心，西与西夏区相邻，南部紧靠永宁，北接贺兰县。代表性的酒庄有利思酒庄、卓德酒庄等。银川各子产区风土条件见表 8-7。

表 8-7　银川各子产区风土条件

产区	气候类型	年均日照数（小时）	平均海拔（米）	土壤	年均降雨量（毫米）	水源
永宁县	中温带干旱气候	2866.7	1433~2516	灰漠土、盐化灰钙土	201	灌溉渠、湖泊沼泽
贺兰县	中温带干旱气候	2935.5	1109	沙石、砾石含量高	138	引黄灌溉
西夏区	中温带干旱气候	3039	1144	淡灰钙土、普通灰钙土	100~233	黄河、农渠、山泉
金凤区	中温带干旱气候	2800~3000	1100~1200	灰钙土、草甸土和灰褐土、灌淤土	143~195	引黄灌溉

【知识链接】

农垦系统——宁夏贺兰山东麓葡萄酒产业的先行区

1950年，宁夏农垦创建成立，在恶劣的自然条件和艰苦的工作环境下，农垦人开始了漫长艰辛的奋斗历程。

1978年，玉泉营农场在贺兰山东麓种下了第一株酿酒葡萄，自此拉开了宁夏葡萄酒产业发展的序幕。

1981年，玉泉营农场，为调整种植结构，提出了在贫瘠的沙砾土农田里大面积种植葡萄的设想。

1982年，一次性种下3000亩葡萄。

1983年，选派青年职工到河北昌黎葡萄酒厂学习技术。

1984年，宁夏第一家葡萄酒企业——玉泉葡萄酒厂开工建设，宁夏第一瓶葡萄酒在这里诞生。

1995年，玉泉葡萄酒厂与玉泉营农场分离，成为农垦局直属工业企业。

1998年，宁夏西夏王葡萄酒业有限公司设立。

2003年，以玉泉营农场为核心的宁夏贺兰山东麓产区被国家评为第三个葡萄酒地理标志产品保护区。

（三）青铜峡

青铜峡隶属吴忠市，位于宁夏平原中部，北与永宁县相临。青铜峡是黄河上游段的最后一个峡口，自秦汉时期这里就成为西北边防的重要战略要地，古人自古从青铜峡开渠道，引黄灌溉。现代的青铜峡水利枢纽工程为宁夏开启了有坝引水的新篇章，扩大了宁夏北部平原的灌溉面积。这里气候干燥，与宁夏其他产区一样，属于典型的中温带干旱气候，平均海拔为1144米，昼夜温差大，年降水量约为260毫米，日照时数为2955小时，光照充足。红寺堡区地质地貌为三山环抱，中央盆地，地势南高北低，主要为缓坡丘陵、洪积扇、沙地、洪积平原，以黄绵土、淡灰钙土和普通灰钙土为主。

青铜峡是贺兰山东麓葡萄酒产区的核心产区之一，该产区起步于1998年，初期葡萄种植面积不到6万亩，主要为一些大型酒厂提供原料。现在，该市葡萄种植面积已增长了近1倍，目前约为12万亩。产区内酒庄也升级换代，先后引进多家知名葡萄酒龙头企业前来投资建设酿酒葡萄基地和酒庄，诞生了一批拥有先进技术与设备的精品酒庄。目前该产区已形成甘城子黄金产区、鸽子山中法葡萄酒酒庄集群示范区和广武产区3个特色产区，葡萄酒各具特色，在国际舞台上开始崭露头角。该产区代表性酒庄有华昊酒庄、西鸽酒庄等，西鸽酒庄是一家数字化、现代化的智慧葡萄酒庄，也是一个国家AAA级旅游景区，自建成以来，广受关注。

【产区名片】

地理位置：隶属吴忠市，北与永宁县相邻

气候类型：中温带大陆性气候

地形地貌：西南向东北自高而低呈现阶梯状分布

年均降雨量：260毫米

年均日照量：2955小时

无霜期：182天

平均海拔：1240~1450米

土壤类型：黄绵土、淡灰钙土和普通灰钙土为主

主要水源：青铜峡水库、唐徕峡、西干渠等

（四）红寺堡

红寺堡隶属吴忠市，产区位于贺兰山东麓地理标志的最南端，地处北纬37°。这里地势南高北低，平均海拔较高，地处在1240~1450米，昼夜温差大，日照时间长，降雨量少，土壤透气性好。该地由于地势较高，水资源缺乏，国家于20世纪90年代建设完成了国家大型水利枢纽工程——宁夏扶贫扬黄灌溉工程，该工程也是全国最大的生态扶贫移民集中区，目前该工程为宁夏平原中部地区解决了最重大的灌溉水源问题。该产区土壤为淡灰钙土，粉粒比例高，砂粒和黏粒含量较少，土壤孔隙较多，保水保肥能力较强。葡萄种植面积已超10万亩，主要品种有赤霞珠、美乐、品丽珠、蛇龙珠、威代尔、霞多丽、黑皮诺。代表酒庄有汇达酒庄、罗山酒庄、紫尚酒业、宁夏汉森、龙驿酒庄等。

【产区名片】

地理位置：隶属吴忠市

气候类型：中温带大陆性气候

地形地貌：南高北低

年均降雨量：240毫米

年均日照量：2900~3550小时

无霜期：200天

平均海拔：1240~1450 米
土壤类型：黄绵土、淡灰钙土和普通灰钙土为主
主要水源：扬黄灌溉

2011 年，经国家质量监督总局批准，红寺堡产区被纳入贺兰山东麓葡萄酒国家地理标志产品保护范围，并被世界 OIV（国际葡萄与葡萄酒局）组织评为宁夏优质酿酒葡萄明星产区的精品区。红寺堡产区葡萄酒近年来在国内外葡萄酒大奖赛上获奖不断，这里不断推进葡萄全产业链发展，葡萄酒产业已经成为红寺堡区绿色转型发展、助力农民增收的一个重要发力点。宁夏各子产区风土条件见表 8-8。

表 8-8　宁夏各子产区风土条件

产区	气候类型	纬度	年均日照数（小时）	海拔（米）	年均降雨量（毫米）	土壤	水源
石嘴山	大陆干旱气候	38~39°	3000–3200	1102	170	灰漠土 / 盐化灰钙土	贺兰山水源 / 黄河干流 / 沙湖
银川	大陆干旱气候	38~38°	2800–3000	1000~1150	200	沙石 / 砾石含量高	鸣翠湖、阅海、鹤泉湖 / 引黄灌溉
青铜峡	大陆干旱气候	37~38°	2955	1144	260	淡灰钙土 / 普通灰钙土	黄河秦渠、汉渠、唐徕渠
红寺堡	大陆干旱气候	37°	2900–3500	1200~1450	240	沙地 / 丘陵 / 洪积平原 / 黄绵土	扬黄灌溉工程

来源：宁夏葡萄酒局

2021 年龙谕赤霞珠干白采收情况报告

龙谕赤霞珠干白是国内首款以赤霞珠葡萄酿造的干白葡萄酒。该酒所采用的葡萄原料为宁夏张裕龙谕酒庄种植的树龄为 12 年的赤霞珠，酒庄位于宁夏贺兰山东麓产区，葡萄园采用滴灌灌溉方式，土壤为砂砾土，合理控产，亩产在 400 千克，葡萄成熟度较好。

2021 年 1 至 10 月降雨量与往年差异较大，1 至 10 月降雨量为 73.8 毫米，相比往年都少；昼夜温差较大，相差10℃左右，有利于葡萄积累糖分，并且降低了葡萄病害。龙谕赤霞珠干白采用气囊压榨的方式进行取汁，取汁澄清脱色后，采用干白葡萄酒的发酵工艺进行发酵。葡萄汁的糖度为245g/L，总酸为6.9g/L，酒精发酵结束后酒精度为15.1%vol，总酸为5.4 g/L，龙谕赤霞珠干白目前上市的主要以果香型为主，后续会增加木桶赤霞珠干白，在国内上市。

龙谕M6赤霞珠干白品评：深禾秆黄色，澄清透明，具有浓郁的白色水果香气，并具有青苹果的香气，入口酸度适中，甜润感较好，并带有丝丝单宁的感觉，回味较长。

来源：宁夏张裕龙谕酒庄有限公司

案例思考：

分析龙谕赤霞珠干白葡萄酒风格的形成因素。

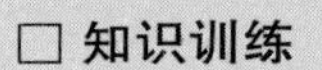

【章节训练与检测】

□ **知识训练**

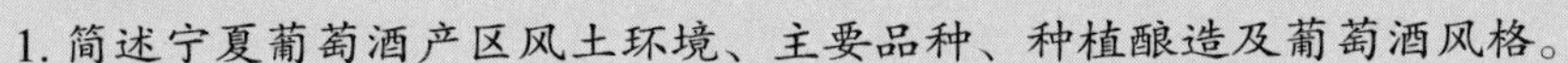

1. 简述宁夏葡萄酒产区风土环境、主要品种、种植酿造及葡萄酒风格。
2. 简述宁夏各子产区风土条件及葡萄酒风格。
3. 简述宁夏产区葡萄酒历史发展沿革及政策环境对葡萄酒产业的影响。
4. 分析宁夏产区葡萄酒旅游规划及产业布局。
5. 宁夏产区精品酒庄发展情况及酒庄介绍。

□ **能力训练**（参考《内容提要与设计思路》）

□ **章节小测**

【拓展阅读】

宁夏葡萄酒 & 旅游　宁夏葡萄酒 & 美食

第五节　新疆产区 *Xinjiang Region*

【章节要点】

- 了解新疆葡萄酒发展史、葡萄酒发展产业环境及产业政策
- 掌握新疆主要子产区名称及风土条件
- 归纳新疆各子产区主要酿酒葡萄品种及酒的风格

一、地理概况

新疆维吾尔自治区是历史上重要的古丝绸之路的重要通道，地理位置卓越，是链接中亚、直通西亚的必经门户，是多民族的聚居区，有非常浓厚的地域特色。历史上，早在公元前 60 年，西汉便在此设立西域都护府，自此，打通了一条通往西方的丝绸之路，西域的农作物胡麻、蚕豆、石榴、大蒜、葡萄、苜蓿等相继传入内地，东西方经济文化得以广泛交流与传播。

二、风土环境

新疆地处我国最西端，首府乌鲁木齐被誉为“亚心之都”，是距离海洋最为遥远的大型城市。由于新疆深居内陆距海遥远，加上地形封闭，海洋水汽难以到达，终年受大陆气团的控制，降水稀少，气候干旱，以温带大陆性气候为主。这里地处北纬 41°~46°，位于全球酿酒葡萄黄金种植带上，具备种植优质酿酒葡萄的自然气候条件，光照充足、空气干燥、大气透明度高、昼夜温差大，有利于糖分有效积累。

（一）地形地势

新疆全境被山脉与盆地相间排列盆地与高山环抱，被喻称“三山夹二盆”。北部为阿尔泰山系，南部为昆仑山系，天山横亘于新疆中部，把新疆分为南北两半，南部是塔里木盆地，北部是准噶尔盆地。习惯上称天山以南为南疆，天山以北为北疆，哈密、吐鲁番盆地为东疆。新疆高山山系及分流的冰雪融水给新疆的周围创造了绿洲，成为新疆四大葡萄酒产区的重要的水资源来源。另外，高山雪水纯净无污染，适合发展绿色有机种植。三大山系也是该地的一道天然屏障，均呈东西走向，山体成功阻隔了北方吹来的寒冷空气，这为葡萄生长季增加了热量。

（二）降水量

这里主要的气候特征表现为冬冷夏热，气温日差和年差大，年降水量稀少。新疆几乎很少得到来自太平洋和印度洋的水汽，新疆的降水主要是由西风带带来的大西洋水汽，以及少量来自北冰洋的水汽，新疆北疆地区的降水多于南疆地区。全年平均降雨量在 150 毫米左右，属于干旱地区，比宁夏更加干燥，这使得该地不易发生果实霉变和病虫害。新疆气候干燥可以有效减少农药化肥使用和病虫害发生，适宜种植绿色有机葡萄和出产优质葡萄酒产品。

（三）日照

新疆日照时间充足，年日照时间高达 2500~3500 小时，日照时间非常长，阳光异常充足，葡萄可以积累更多酚类物质，酿出的葡萄酒色泽鲜艳，果香浓郁；新疆区域酿造的葡萄酒在色度、抗氧化物含量、酒精度等主要指标方面普遍高于国内其他产区。另外，昼夜温差大，有利于维持葡萄的酸与果糖的平衡。

（四）土壤

这里土壤以灰漠土、砂质土、岩石土壤、砂壤土为主，戈壁砂石土壤导热快，富含硒、钾、钙等矿物质，为葡萄的生长提供了很好的环境。

三、栽培与酿造

新疆一直以来以盛产葡萄、哈密瓜、苹果等水果闻名于全国，强烈的光照条件及地质资源造就了我国著名的果香馥郁、甜美香醇的水果种植基地。在葡萄种植及葡萄酒酿造上已形成规模优势，是全国最大的葡萄原酒生产基地，地位举足轻重。同时，新疆葡萄酒产业业态和模式多样，既有规模化企业，也有各具特色的精品酒庄，一些精品酒庄的知名度与影响力日益扩大。

他们引入先进的酿酒设备与酿酒理念，为当地葡萄酒产区发展注入新的活力。葡萄酒酿造类型上种类丰富，此外，当地还出产慕萨莱思、蒸馏酒等新疆地域特色产品。

慕萨莱思可谓新疆葡萄酒的始祖，古时候的西域盛产葡萄，人们饮用的酒主要是葡萄酒。而阿瓦提县的慕萨莱思则是西域葡萄酒中最原始的一种，已有几千年的悠久历史，曾通过古老的"玉石之路"和"丝绸之路"走向世界。这种味美醇香的葡萄饮品药用价值高，富含人体所需的氨基酸、多种维生素、葡萄糖、铁等营养成分和微量元素，非常受当地人们的喜爱。另外，蒸馏酒作为国内消费者日益青睐的对象，新疆也有一定产量的出产。南疆三地州有种植鲜食葡萄的传统和优势，种植总面积与产量均较大，大量的鲜食葡萄为葡萄蒸馏酒生产提供了成本低廉的原料。近年来，南疆三地州加大招商引资力度，一批葡萄蒸馏酒企业陆续落地建设，葡萄蒸馏酒新兴酿酒产区已呈现出良好的发展态势。

新疆气候干燥，葡萄藤多需要浇灌，现代化的酒庄一般实现了滴灌种植。但新疆各主产区酿酒葡萄种植品种还处于较单一状态，同质化现象严重，缺乏优质品种和特色品种培育，标准化种植技术仍需加快推广。另外，这里气候条件较为恶劣，冬季气温低，葡萄藤种植管理上越冬需要埋土。同时，这里地域广阔，很多酒厂地处偏远，物料供给、产品运输及人工等成本较高，为葡萄种植与酿造增加成本。

四、主要品种

得益于优越的地理位置，新疆是我国引入欧洲葡萄最早的区域，可以追溯到 2300 多年前。多样的风土环境使这里成为葡萄种植的天堂，葡萄品种非常多样。除有大量鲜食与制干葡萄外，这里的酿酒葡萄也非常丰富。近几十年来，随着新疆四大核心产区的确立，大批新锐酒庄开始出现在人们眼前，他们在原有基础上开始大量引入小众品种，新疆酿酒葡萄渐成体系，产区品种特性也开始凸显。该产区常见的红葡萄酿酒品种有：赤霞珠、蛇龙珠、品丽珠、美乐、西拉、黑皮诺、丹菲特、佳美、丹魄、桑娇维赛、小味尔多、马尔贝克、萨比拉维（又称晚红蜜）、歌海娜、北红、北玫、北醇等；主要白葡萄品种有：霞多丽、雷司令、小芒森、贵人香、白玉霓、维欧尼、小白玫瑰、长相思、威代尔、白羽、瑚珊等。新疆部分酒庄主要葡萄栽培情况见表 8-9。

表 8-9　新疆部分酒庄主要葡萄栽培情况

产区	酒庄名	主要品种	葡萄种植面积	创建时间
天山北麓－石河子	新雅酒业	赤霞珠 / 美乐 / 西拉 / 霞多丽 / 雷司令 / 烟 73	6000 亩	2004
	西域明珠酒庄	赤霞珠 / 美乐	1400 亩	2012
	张裕巴保男爵酒庄	赤霞珠 / 美乐 / 西拉 / 霞多丽 / 贵人香 / 雷司令	6000 亩	2012
	大唐西域酒庄	赤霞珠 / 美乐 / 霞多丽	10 000 亩	2013
焉耆盆地－和硕－焉耆	芳香庄园（和硕）	赤霞珠 / 美乐 / 霞多丽 / 雷司令	34 000 亩	2001
	国菲酒庄（和硕）	赤霞珠 / 西拉 / 美乐 / 霞多丽 / 雷司令	2000 亩	2016
	乡都酒业	赤霞珠 / 西拉 / 美乐 / 霞多丽等	40 000 亩	1998
	天塞酒庄	赤霞珠 / 西拉 / 美乐 / 马瑟兰 / 品丽珠 / 马尔贝克 / 小味尔多 / 霞多丽 / 雷司令 / 维欧尼 / 麝香	2800 亩	2010
	中菲酒庄	赤霞珠 / 西拉 / 美乐 / 品丽珠 / 霞多丽 / 味尔多 / 马瑟兰等	3000 亩	2012
伊犁河谷	丝路酒庄	赤霞珠 / 蛇龙珠 / 美乐 / 晚红蜜 / 马瑟兰 / 小味尔多 / 品丽珠 / 雷司令 / 霞多丽 / 贵人香等	3000 亩	2000
	伊珠酒庄	赤霞珠 / 蛇龙珠 / 美乐 / 白玉霓 / 霞多丽 / 雷司令 / 贵人香 / 佳丽酿 / 晚红蜜 / 白羽	12 000 亩	2000
吐哈盆地	蒲昌酒庄	北醇 / 赤霞珠 / 黑皮诺 / 美乐 / 晚红蜜 / 白羽 / 贵人香 / 亚尔香等（品丽珠 / 丹魄培育中）	1000 亩	1975
	楼兰酒业	赤霞珠 / 美乐 / 贵人香等（2007 年建立酒庄）	8000 亩	1976

来源：笔者据所属酒庄及网络数据整理

五、主要产区

新疆葡萄酒产业经过 50 多年的发展，已形成地理跨度大、风土多样化和

特色鲜明的四大葡萄酒主产区，分别为新疆北麓产区、吐哈盆地、焉耆盆地与伊犁河谷，产业体系较为健全和完备。这些产区各具不同的风土条件，产区优势与葡萄酒风格正逐渐形成。新疆有丰富的土地资源作保证，可迅速扩大种植规模；有独特的自然气候条件，可生产出优质的葡萄酒产品，这是该产区葡萄酒产业发展的最基本保障。同时，新疆提出做优做强葡萄酒产业，这为葡萄酒产业加快发展注入了强大动力。随着国家、自治区支持政策力度不断加大，"丝绸之路"经济带核心区建设步伐加快，对口援疆工作进一步深化，对外交流、交往及合作持续扩大，葡萄酒产业将成为新疆主动破解现有产业持续发展制约、拓展产业发展新空间的有效手段。新疆将立足葡萄酒产业基础，充分发挥兵团、地方资源优势和发展优势，以天山北麓、伊犁河谷、焉耆盆地、吐哈盆地四大主产区引领发展，同时，推动阿克苏传统慕萨莱思葡萄酒特色产区和南疆三地州葡萄蒸馏酒新兴产区加快发展，鼓励支持具备产业基础和发展条件的其他地区发展葡萄酒产业，在全疆形成"4+2"为主的葡萄酒产业发展格局。有关新疆四大核心主产区介绍如下：

（一）天山北麓

天山北麓产区主要包括昌吉州、塔城地区乌苏市和兵团第八师石河子市、第六师五家渠市、第十二师。这里的葡萄酒产业布局为：以"龙头企业带动+酒庄示范"模式为主加快发展，继续进一步扩大酿酒葡萄种植基地面积，引进和布局大型葡萄酒生产企业，在增加中高档葡萄酒产量和品种的同时，积极发展佐餐酒和蒸馏酒，把天山北麓产区建设成为全国最大的葡萄原酒、葡萄蒸馏酒供应基地和中高档葡萄酒产业集聚区。

【产区名片】

地理位置：天山山脉北麓、准噶尔盆地南缘
气候类型：中温带大陆性干旱气候
年均降雨量：194 毫米
年均日照量：2800 小时
无霜期：175 天
平均海拔：450~1000 米
纬度坐标：北纬 43°~45°
土壤类型：砾石沙壤土

天山北麓位于新疆天山山脉北麓、准噶尔盆地南缘，地处北纬 43°~45°，属中温带大陆季风性干旱气候。新疆天山北麓小产地生态葡萄园处于 1990 年被联合国教科文组织设立的“博格达人与生物圈”保护区范围内，这为酿造生态、健康、高品质的葡萄酒提供了优质的葡萄原料供应基地。这里全年有长达2800小时的日照时数，葡萄果实积累的天然糖分平均高达210~220g/L。同时拥有20℃以上的昼夜温差，干燥的气候条件，在葡萄积累充足天然糖分的同时更让葡萄远离病虫害侵袭，避免农药残留。土壤条件上，这里多属于pH8.0弱碱性砾石沙壤土，土壤通透性好，导热性强，排水良好，非常适合葡萄生长。另外，弱碱性、少氮磷、富钾钙和矿质元素的土壤特性能够防止葡萄枝蔓过度生长，使果实富集更多养分。水资源上，这里降雨量稀缺，年平均为194毫米，气候干燥，让葡萄免除病虫害威胁，有机绿色种植。葡萄园需定期灌溉，新疆天山北麓小产地生态葡萄园属于绿洲灌溉型农业区，主要靠头屯河、玛纳斯河、霍尔果斯河等汇集了天山的万年冰川雪水灌溉，不但保证水质纯净无污染，而且确保了葡萄原料的纯净。这里海拔多在450~1000米处，昼夜温差大，给葡萄带来丰富卓越的色泽与风味。

该地有两个主要酿酒区域，分别是石河子与玛纳斯，两地主要葡萄品种都以赤霞珠、美乐等国际品种为主。近年来，该产区也在不断尝试一些新的小众品种。丹菲特、小味尔多以及白玉霓都在该地有上佳表现。另外，长相思作为我国为数不多的产地，在玛纳斯产区也有一定量的分布，值得关注。该产区主要代表性酒庄有张裕巴保男爵酒庄、沙地酒庄、中信国安酒庄、汇德源酒庄、大唐西域酒庄等。天山北麓产区主要酿酒葡萄品种见表8-10。

表8-10 天山北麓产区主要酿酒葡萄品种

主要红葡萄品种		主要白葡萄品种	
石河子	玛纳斯	石河子	玛纳斯
赤霞珠 Cabernet Sauvignon 美乐 Merlot 马瑟兰 Marselan 黑皮诺 Pinot Noir 西拉 Syrah 丹魄 Tempranillo 桑娇维赛 Sangiovese 蛇龙珠 Cabernet Gernishct	赤霞珠 Cabernet Sauvignon 美乐 Merlot 马瑟兰 Marselan 黑皮诺 Pinot Noir 小味尔多 Petit Verdot 品丽珠 Cabernet Franc 丹菲特 Dornfelder 烟 73/74	霞多丽 Chardonnay 小芒森 Petit Manseng 维欧尼 Viognier 小白玫瑰 Muscat	长相思 Sauvignon Blanc 霞多丽 Chardonnay 贵人香 ItalianRiesling 雷司令 Riesling 白玉霓 Ugni Blanc

（二）吐哈盆地

吐哈盆地产区主要包括吐鲁番市、哈密市及兵团第十三师，这里的葡萄酒产区布局为利用当地优势资源，布局一批具有区域特色的甜葡萄酒、蒸馏

酒和干型葡萄酒生产企业，支持具有一定规模的葡萄酒企业做强做优。

【产区名片】

地理位置：新疆东部，南北分别与塔里木盆地、准噶尔盆地隔山相望
气候类型：中温带大陆性干旱气候
地形地貌：四周环山
年均降雨量：20 毫米
年均日照量：3200 小时
无霜期：220 天
平均海拔：–155 米
纬度坐标：北纬 41°~43°
土壤类型：沙土、黏土、砾石

吐哈盆地是吐鲁番盆地和哈密盆地的统称，是新疆第三大盆地（富含油气，国内一个新兴石油基地），位于新疆的东部，呈东西向分布，南北分别与塔里木盆地、准噶尔盆地隔山相望。吐哈盆地地处北纬 41°~43°，海拔最低达到 –155 米，是新疆东部天山山系中一个完整的山间断层陷落盆地，四面大山环抱，为我国地势最低处，也是我国夏季气温最高处。盆地边缘群山环抱，最高的博格达峰（5445 米）终年积雪，成为该地主要的灌溉水源，这些水源通过坎儿井，进入水渠流经葡萄园，这是当地最重要的灌溉方式。吐鲁番、鄯善、托克逊三处为该盆地最主要的三个绿洲所在地，是我国重要的葡萄（鲜食与制干尤其多）生产基地。这里自古是“丝绸之路”重镇，也是古西域高昌国所在地。这里有超过 2000 年的葡萄种植史，以盛产葡萄等瓜果闻名于世。

这里气候奇特，极端干旱少雨（平均降雨量 20 毫米左右），日照充沛，年日照时数 3200 小时以上，活动积温在 5300℃以上。夏季有极度高温，最高可达 50℃，地表温度高达 70℃，新疆有名的火焰山正是位于此处，加之昼夜温差，容易积累较高的含糖量，又能保持较好的酸度。土壤呈弱碱性，富含矿物质，土壤结构以沙土、黏土、砾石为主。葡萄品种，除大量国际品种外，北醇、晚红蜜、白羽等小众品种在当地有单一品种葡萄酒的出产，表现令人惊艳。白羽（Rkatsiteli）为欧亚种，原产格鲁吉亚，是当地最古老的品种之一。1956 年引入中国，耐旱，适应性强，所酿葡萄具有新鲜的果味。该品种也是目前市场较流行的“橙酒”的传统使用品种（最早起源格鲁吉亚，在当地人们使用白羽酿造陶土罐葡萄酒，呈深橙黄色）。北醇是 1954 年由中国科

学院植物研究所北京植物园以玫瑰香与山葡萄杂交培育而成的杂交品种，抗寒、抗旱、抗湿性强（不需要埋土越冬），葡萄酒口感柔和，酒香丰富（玫瑰、草莓、成熟浆果）。蒲昌酒业目前栽培有30年老藤白羽与35年以上老藤北醇，受到业界众多好评。亚尔香是吐鲁番地区极为独特的品种，最多的一种说法是亚历山大麝香与野葡萄杂交后的变种，果肉紧实多汁，糖分高，具有极为独特浓郁的香气，典型香气有麝香、桃子、杏、荔枝及蜂蜜等。当地代表性酒庄有蒲昌酒庄、驼铃酒庄、楼兰酒庄等。吐哈盆地主要酿酒葡萄品种见表8-11。

表8-11　吐哈盆地主要酿酒葡萄品种

红葡萄品种	白葡萄品种
赤霞珠 Cabernet Sauvignon 美乐 Merlot 马瑟兰 Marselan 黑皮诺 Pinot Noir 小味尔多 Petit Verdot 北醇 BeiChun 晚红蜜 Saperavi 丹魄 Tempranillo 品丽珠 Cabernet Sauvignon	霞多丽 Chardonnay 白羽 Rkatsiteli 贵人香 ItalianRiesling 雷司令 Riesling 亚尔香 Clovine Muscat

（三）焉耆盆地

焉耆盆地产区是以和硕、焉耆、博湖三县为中心的巴州酿酒葡萄产区，包括周边适宜发展葡萄酒产业的县市和兵团第二师。这里主要的产业布局为积极推进精品酒庄与高端葡萄酒规模化生产企业，打造优质干型葡萄酒产业集聚区。

【产区名片】

地理位置：新疆天山南麓

气候类型：中温带荒漠气候

地形地貌：四周环山，西霍拉山、东克孜勒山、南鲁克塔格山、北萨阿尔明山

年均降雨量：65毫米

年均日照量：3200小时

无霜期：184天

平均海拔：1000~1200米

纬度坐标：北纬 42°
土壤类型：戈壁砂砾土
主要水源：博斯藤湖、开都河、孔雀河

与吐鲁番一样，焉耆在古代也是“丝绸之路”的必经之地，当年玄奘去印度取经，从高昌国（位于现吐鲁番市高昌区东南）向西出发，第一个到达的就是焉耆古国。焉耆古国是西域传统的五大城邦王国之一，它是一个绿洲农耕文明生活形态的城郭，也是南疆塔里木盆地地区为数不多的绿洲城邦之一，在该地创造了灿烂的文明。《魏书·列传第九十》中记载，“焉耆国，在车师南，都员渠城，白山南七十里，汉时旧国也。气候寒，土田良沃，谷有稻粟菽麦，畜有驼马。俗尚蒲萄酒，兼爱音乐。南去海十余里，有鱼盐蒲苇之饶。”这里提到了良田沃土，还提到了葡萄酒酿造的风俗，不难看出，这里是我国葡萄酒文明的重要产区。

焉耆盆地位于新疆天山南麓，西有霍拉山、东有克孜勒山、南面是鲁克塔格山、北面是萨阿尔明山，群山环绕，而焉耆盆地正是位于这腹地之中。这里一面濒临博斯腾湖，是中国最大的内陆淡水吞吐湖，水域总面积 800 多平方千米（2014 年）。该湖有稳定的雪山融水汇入，在当地主要补给开都河与孔雀河。在产区正是天山雪水融化的开都河与大巴伦渠古河道由西至东南穿过滋养了这片葡萄酒酒庄集群。这里地处北纬 42°，和硕和焉耆是该产区的典型代表区域，该地属于中温带荒漠气候。海拔为 1000~1200 米，年日照时数接近 3200 小时，气候干燥，年平均降雨量约为 65 毫米。这里相比天山北麓与伊犁河谷产区，气候更加温暖，温差更大，日照强烈，多数葡萄酒表现出充沛的果味。大量的红色品种在该地种植，主要为赤霞珠、美乐等国际品种。马瑟兰是该产区近些年的明星品种，各酒庄都出产单一品种的马瑟兰葡萄酒，品质走在国内前列。另外，原产于法国罗讷河谷的西拉与维欧尼在该地开始崭露头角。单品的西拉与维欧尼都有大量出产，果味充沛，口感柔顺又不失优雅。另外，使用两者调配混酿成为这一地区的特色，葡萄酒一经推出，评价高，获得了很好的认可度。和硕地区的主要酒庄有芳香庄园、国菲酒庄、西丹酒庄；焉耆主要有中菲酒庄、乡都酒庄与天塞酒庄等。焉耆盆地主要酿酒葡萄品种见表 8-12。

表 8-12　焉耆盆地主要酿酒葡萄品种

红葡萄品种	白葡萄品种
赤霞珠 Cabernet Sauvignon	霞多丽 Chardonnay
蛇龙珠 Cabernet Gernishct	雷司令 Riesling
美乐 Merlot	贵人香 Italian Riesling
西拉 Syrah	威代尔 Vidal
品丽珠 Cabernet Franc	长相思 Sauvignon Blanc
马瑟兰 Marselan	白玫瑰香 Muscat Blanc
小味尔多 Petit Verdot	维欧尼 Voginer
马尔贝克 Malbec	瑚珊 Roussanne
萨比拉维 Saperavi	阿拉奈尔 Aranèle
黑皮诺 Pinot Noir	
歌海娜 Grenache	
佳美 Gamay	
北红 Bei Hong	
北玫 Ber Mei	

（四）伊犁河谷

伊犁河谷产区主要包括伊犁州第四师 62 团、63 团、67 团及 70 团。这里的产业布局为：充分发挥伊犁河谷产区自然灾害少、种植成本低、葡萄酒品质好的优势，加大优势资源整合力度，通过政策引导和技术支持，充分发挥现有产能，扩大酿酒葡萄种植面积，推动基地规模化发展和特色酒庄建设，适度发展葡萄蒸馏酒，打造优质干型葡萄酒和冰葡萄酒产业集聚区。

【产区名片】

地理位置：中国新疆西北角，地靠我国边界

气候类型：温带大陆性气候

地形地貌：四周环山，西霍拉山、东克孜勒山、南鲁克塔格山、北萨阿尔明山

年均降雨量：400 毫米

年均日照量：2870 小时

无霜期：184 天

平均海拔：500~1000 米

纬度坐标：北纬 42°~44°

土壤类型：砂质土壤、碎石沙土

主要水源：伊犁河

伊犁河谷位于中国新疆西北角，地处北纬 42°~44°，这里地靠我国边界，西与哈萨克斯坦共和国接壤，是我国古“丝绸之路”的北道要冲，地域优势十分突出。该地北、东、南三面环山，北面有西北—东南走向的科古琴山、婆罗科努山；南有东北—西南走向的哈克他乌山和那拉提山；中部有乌孙山、阿吾拉勒山等横亘，构成“三山夹两谷”的地貌轮廓。伊犁河谷流域形似向西开口三面环山的三角形，三山两谷促使当地形成了向西的 V 字型（喇叭形）敞开式独特地理构造。这一独特构造，一方面抵御了西伯利亚寒流的南下，阻挡了塔克拉玛干沙暴干风的北上，另一方面接纳了大西洋和地中海的暖湿气流。另外南侧山体又阻挡了南部吹来的热风，使该地成为新疆为数不多的湿润带。天山雪水养育的绿洲，带来了如网织的河流，汇聚在一起形成了美丽的伊犁河谷，伊犁成为名副其实的“塞外江南”，自古这里便是我国多民族栖居的宝地。

伊犁河谷三面环山，山脉阻挡了寒流、热浪、沙尘暴等恶劣气候，西面开口，敞开怀抱迎接了来自大西洋的暖湿气流。伊犁河谷气候温和湿润，属于温带大陆性气候，年平均气温 10.4℃，年日照时数 2870 小时。伊犁河谷是新疆降雨量最多的区域，年均 400 多毫米，山区可高达 600 毫米，是新疆最湿润的地区。发源于天山汗腾格里峰北侧，总长达 1000 多千米的伊犁河顺着天山南麓沿河谷流出，向西汇入霍尔果斯河，进入哈萨克斯坦境内，水流充沛，造就了“塞外江南”的美景和丰富的物产，也能为葡萄种植提供必要的水资源。该地海拔处于 500~1000 米，光照充足，昼夜温差大，超长的葡萄生长季有利于葡萄糖分和酚类物质的积累和成熟。当地土壤属于排水性好且肥力不高的砂质土壤，上面覆盖有碎石沙土，透气性良好，有利于排水，同时有利于葡萄深入扎根。该地冬季有极端低温，需要埋土抗寒抗干，葡萄架形受到一定限制。

67 团是伊犁河谷最佳的酿酒葡萄种植产区，这里的酿酒葡萄种植从 2010 年开始，现有葡萄面积为 1.5 万亩（包括辖区 78 团和 79 团的两个连队），已成为伊犁河谷最大的酿酒葡萄产区。主要品种有赤霞珠、美乐、雷司令、霞多丽等。国际品种居多，其中晚红蜜是当地特色品种，在伊利河谷 70 团有上千亩的种植。雷司令、威代尔在当地有突出上好表现，可以酿造质量优越的干型、半干型及甜型冰酒。这一产区近几年刚刚开始种植马瑟兰及歌海娜，良好的生态条件为当地多样性品种种植创造条件。主要代表性酒庄为丝路酒庄与伊珠酒庄。伊犁河谷主要酿酒葡萄品种见表 8-13。

表 8-13　伊犁河谷主要酿酒葡萄品种

红葡萄品种	白葡萄品种
赤霞珠 Cabernet Sauvignon 蛇龙珠 Cabernet Gernishct 品丽珠 Cabernet Franc 马瑟兰 Marselan 小味尔多 Petit Verdot 马尔贝克 Malbec 晚红蜜 Saperavi 黑皮诺 Pinot Noir 歌海娜 Grenache 西拉 Syrah	雷司令 Riesling 霞多丽 Chardonnay 贵人香 Italian Riesling 威代尔 Vidal

除以上四大产区外，阿克苏特色产区及南疆三地州也是新疆备受关注的葡萄酒产地。阿克苏特色产区主要为阿克苏传统慕萨莱思葡萄酒特色产区，它包括阿克苏地区和兵团第一师，以阿瓦提县为重点。“十四五”期间，这里将挖掘传统葡萄酒历史文化，结合刀郎、木卡姆等特色民族文化，加大政策引导和资金扶持力度，鼓励支持“传统葡萄酒 + 文化 + 旅游”融合发展，带动新疆传统慕萨莱思葡萄酒产业振兴。南疆三地州是新兴产区，这里主要为葡萄蒸馏酒新兴产区。它包括喀什地区，和田地区，克州和兵团第三师、第十四师，以喀什地区为重点。“十四五”期间，将充分利用鲜食葡萄资源丰富的优势，延伸产业链，提升葡萄种植的整体效益，利用鲜食葡萄酿造葡萄蒸馏酒，打造中国葡萄蒸馏酒新兴产区和优势产区。新疆四大主产区风土条件见表 8-14。

表 8-14　新疆四大主产区风土条件

产区	气候类型	纬度	年均日照数（小时）	海拔（米）	年均降雨（毫米）	土壤	水源
天山北麓	温带大陆性气候	北纬 44°	2800	450~1000	194	弱碱性砾石沙壤土	头屯河、玛纳斯河、霍尔果斯河
吐哈盆地	温带大陆性及盆地气候	北纬 41°~43°	3200	最低处 -155	20	戈壁砾石土	北部天山众多支流冰川融水
焉耆盆地	中温带荒漠气候	北纬 42°	3200	1000~1200	64.7	戈壁滩	博斯腾湖水、霍拉山冰雪融水
伊犁河谷	大陆性气候、大西洋暖湿气流	北纬 42°~44°	2870	530~1000	420	砂质土壤	伊犁河

【思政案例】

千年的文化阿瓦提慕萨莱思——西域葡萄酒的始祖

新疆葡萄酒历史悠久，底蕴丰厚，慕萨莱思葡萄酒酿造历史可追溯到2000多年前，有“中国葡萄酒活化石”之称，酿造技艺被认定为新疆第一批非物质文化遗产，是中国唯一与葡萄酒相关的非物质文化遗产。

古时候的西域盛产葡萄，人们饮用的酒主要是葡萄酒，而阿瓦提县的慕萨莱思则是西域葡萄酒中最古老的一种，已有几千年的悠久历史，曾通过古老的“玉石之路”和“丝绸之路”走向世界。在《博物志》中有“西域有葡萄，积年不败，可十年饮之”的记载，并有“葡萄酒熟红珠滴”的赞美诗句，以及“自酿葡萄不纳官”（即自酿自饮，不交赋税）的说法。

阿瓦提县属典型的温带大陆性气候，光照充足，无霜期长，昼夜温差大，土地由纯净无污染的天山冰川雪水浇灌。这里的居民家家种葡萄，大多数人家会酿制慕萨莱思。每到金秋，阿瓦提红葡萄熟了的季节，这里就出现了“村村舍舍煮酒忙，香气氤氲漫农家”的景象。当地的刀郎人（刀郎人是蒙古及维吾尔等民族融合而成，被划定为维吾尔族的一支）将这古老的葡萄酒酿制方法代代相传，一直至今。于是，慕萨莱思被人称作西域葡萄酒的始祖，成为中国酒文化研究的“活标本”与“活化石”。

案例思考：

分析新疆葡萄栽培及酿造的自然与人文环境。

思政启示：

探寻我国区域葡萄酒文化遗产魅力，弘扬我国优秀传统文化，树立学生的文化自觉与文化自信。

【章节训练与检测】

□ 知识训练

1. 简述新疆葡萄酒产区风土环境、主要品种、种植酿造及葡萄酒风格。
2. 简述新疆各子产区风土条件及葡萄酒风格。
3. 简述新疆产区葡萄酒历史发展沿革及政策环境对葡萄酒产业的影响。

4. 新疆产区精品酒庄发展情况及酒庄介绍。

☐ **能力训练**（参考《内容提要与设计思路》）

☐ **章节小测**

【拓展阅读】

新疆葡萄酒 & 旅游

新疆葡萄酒 & 美食

第六节　其他产区 *The others*

【章节要点】

- 了解我国其他产区葡萄酒发展历史与人文特征
- 掌握云南、甘肃、东北三省、山西、陕西等主要产区子产区名称及风土条件
- 归纳各产区主要酿酒葡萄品种及葡萄酒风格

一、云南产区

云南简称“滇”，地处中国西南边陲，位于北纬 20°~28°，属于亚热带高

原季风气候。云南属于山地高原地形，平均海拔2000米左右，地势较高，高山和河谷分布广泛，日照时间长。另外，土壤类型和气候类型差异巨大，适合各种水果的种植，美丽富饶的云南以盛产各种果蔬闻名全国。19世纪末，欧洲传教士将葡萄藤带到云南，开始广泛种植，并逐渐形成了独具特色的高原葡萄酒。云南属亚热带高原型季风气候，各地的年平均气温受海拔和纬度的影响差异很大。由于受太平洋和印度洋气流的影响，这里四季变换不明显，而干湿季分明。这里地处青藏高原东南缘，属青藏高原南缘部分，又属横断山脉西南腹地，位于云贵高原向青藏高原过渡带，境内地形呈纵深切割之势，地势北高南低，著名的三江并流腹地，其间有澜沧江、金沙江自北向南贯穿全境，这里是我国重要的水资源源头。近些年来，云南产区发展迅速，得益于高海拔葡萄园的特殊优势，已成为我国非常具有独特风土特征的精品葡萄酒产区。代表性的葡萄酒企业及精品酒庄有香格里拉酒业、敖云、云南红酒庄以及太阳魂酒业、腊普河谷酒庄等。

（一）栽培与酿造

云南省的酿酒葡萄主要分布在迪庆藏族自治州的德钦、维西和红河哈尼族彝族自治州的弥勒，云南产区是我国出产优质高山风格的葡萄酒产区，高山环境成就了高品质葡萄酒。但因为葡萄园分布较为分散，不同的地块气候差异大，葡萄酒风格也迥异多变，适合单一葡萄园酿造。这些地区有很多典型的干热河谷地带，大温差、高积温和长日照是干热河谷的基本特征，这种气候很适合葡萄等水果作物的生长。高海拔地区由于昼夜温差较大，葡萄的生长周期相对较长，有利于葡萄风味物质和香气积累，并保留充足的酸度，从而赋予葡萄酒更浓郁的花香、果香和清新感。该地的葡萄酒普遍具有浓郁醇厚、香气丰富、酸甜平衡的特点。不同葡萄园因海拔差异、光照差异、行向差异、风等影响，采收时间不一，葡萄酒风格多变，这里成为国内最典型的单一园葡萄酒产区。2018年，香格里拉酒业牵头起草的《迪庆高原酿酒葡萄种植技术规程》正式发布，这标志着中国建立了首个单一葡萄园标准。该地相比北方地区气候较为温暖，葡萄藤不需埋土过冬，但葡萄园多分布于零散的山田之上，交通、人力等管理成本较高。葡萄品种主要有赤霞珠、美乐、水晶、玫瑰蜜、霞多丽、黑皮诺等。

（二）弥勒产区（Mile）

弥勒是云南省红河哈尼族彝族自治州下辖县级市，位于云南省东南部、红河州北部。该地地貌属岩溶山原地貌，特征是山地高原为主，丘陵平台镶嵌其中，形成了面积较大的山中盆地。东风农场场区的土壤由砾岩和白云岩风化而成，土壤中有机质含量高，肥力中上等，非常适合葡萄的生长。该区葡萄通常 2 月初萌芽，早熟品种 6 月上中旬成熟，晚熟品种成熟期为 7 月上中旬。生长期≥ 10℃的活动积温 3500℃左右。该区全年降雨量 720.49 毫米，集中在 6 至 10 月。

弥勒地处亚热带季风气候区，海拔最高在东山金顶山 2315 米，最低在江边河谷 862 米。属于亚热带、干燥季风气候类型，接近北回归线，主要农业区光热条件好，其特点是温和，冬无严寒、夏无酷暑，年温差小，日温差大。表现为积温高，光照充足，紫外线强，雨量少，气候凉爽，昼夜温差大。早熟的酿酒品种可以在 6 月下旬成熟，晚熟品种可在 7 月中旬成熟。这里微气候属于典型的冷凉河谷气候，处于高海拔和低纬度并存的地带，积温相对较高，光照充足，逐渐形成了高海拔、低纬度种植酿酒葡萄和酿制高档葡萄酒的独特地理格局。由于地处河谷地带，白天在高强度阳光照射下，加上河谷内空气流动受限，温度较高，而夜晚高山上的冷空气下降，地面高温空气上行，气温下降较快，使得昼夜温差加大，这样的条件非常有利于葡萄果实特别是赤霞珠葡萄果实内糖分的积累。

【产区名片】

地理位置：云南省东南部、红河州北部

气候类型：亚热带季风气候区

地形地貌：东西多山，中部低凹，地势北高南低，在群山环抱中，形成狭长的平坝及丘陵地带

年均降雨量：835 毫米（2012 年）

年均日照量：2870 小时

无霜期：323 天

海拔高度：862~2315 米

纬度坐标：北纬 23°~24°

土壤类型：岩溶山原地貌，土壤由砾岩和白云岩风化而成

主要种植区域为弥勒坝区东风农场，该地地貌属岩溶山原地貌，特征是山地高原为主，丘陵平台镶嵌其中，形成了面积较大的山中盆地。东风农场场区的土壤由砾岩和白云岩风化而成，土壤中有机质含量高，肥力中上等，非常适合葡萄的生长。主要种植的葡萄品种为水晶、玫瑰蜜（Rose Honey）。玫瑰蜜是当地的特色品种，葡萄酒呈宝石红色，具有特殊的玫瑰香气和蜂蜜香气，香气的浓郁度极强，酒质丰满，表现佳。当地的低纬度、高海拔及多样性气候，赋予了玫瑰蜜独特的个性。该品种于 1958 年引入，1990 年，经过

权威植物学家鉴定，证实了东风农场的该葡萄是法国最古老的酿酒名种之一玫瑰蜜。21世纪初据专家考证，玫瑰蜜在法国已退化，而弥勒这片葡萄园是唯一保留法国古老优良葡萄品种玫瑰蜜的葡萄园。

（三）香格里拉迪庆高原产区

香格里拉高原产区位于青藏高原南缘横断山脉，滇、川、藏三省区交界部，地处迪庆香格里拉腹心地带，是世界著名景观“三江并流”之地，境内三山挟两江：梅里雪山山脉、云岭雪山山脉、中甸雪山山脉，其间有澜沧江、金沙江自北而南贯穿全境，形成“雪山为城，江河为池”，以山地、高原和峰岭为主的特殊地貌。迪庆是滇西北高原一颗璀璨明珠，素有“高山大花园”“动植物王国”之称。这里是青藏高原南延部分，包括德钦和维西两个主要子产区。最高海拔梅里雪山海拔6740米，平均海拔3380米，梅里雪山和白马雪山挡住来自印度洋季风性气候的影响，形成澜沧江和金沙江河谷小气候特点。香格里拉市北部与德钦县隔金沙江相望，一衣带水。这里酿酒葡萄种植区域主要集中在海拔1800~2800米，是国内平均海拔最高的葡萄酒产区。海拔高，太阳辐射强，空气新鲜，干湿季分明，立体气候明显，年降雨150~600毫米，昼夜温差适宜，冬季不用埋土防寒，是中国及世界极具潜力的产区之一。

【产区名片】

地理位置：云南省西北部，青藏高原横断山区腹地，滇、川、藏三省区交界地

气候类型：寒温带山地季风性气候

地形地貌：气候多样交错，季风气候、高原气候、山地小气候及立体气候

年均降雨量：268~945毫米

年均日照量：1980小时

无霜期：129~197天

平均海拔：1800~2800米

纬度坐标：北纬26°~34°

土壤类型：砾石沙壤土

1. 德钦

德钦县地处云南省中部偏南，位于迪庆藏族自治州西北部，处于北纬27°~29°，毗邻传奇的香格里拉市，地处横断山脉腹地，与香格里拉同属“三江并流”之地，澜沧江在德钦境内流程150千米，梅里雪山位于迪庆藏族自治州德钦县境西部，呈南北走向，有效阻挡印度洋季风气流，为当地带来微

气候，全境山高坡陡，峡长谷深，地形地貌复杂，其特点为“峰峦重叠起伏，峡谷急流纵横”。所有的葡萄种植基地均位于河谷地带，海拔均在2400米左右，属于高海拔起伏山地的较低处，周围是海拔在3000米以上的高山。

德钦产区的气候属寒温带山地季风性气候，气候受海拔的影响较大。随着海拔的升高，气温降低，降水增大，大部分地区四季不分明，冬季长夏季短，正常年干湿两季分明，年平均降雨量633.7毫米，日照时数为1980.7小时。德钦产区日照强烈，夜间因高海拔而气温较低，使赤霞珠可以在得天独厚的气候条件下生长，风味浓郁且饱满。当地农民数百年来一直在这里耕作劳动，因地制宜地调整他们在陡峭山坡上的劳作技术。由于这里海拔较高，从葡萄转色到采摘，通常会比波尔多的葡萄多20天左右的成熟期。葡萄有更长的成熟期，意味着酿出的酒更具复杂度、清新度和香气的多层次性。德钦地区主要种植品种为赤霞珠、霞多丽、美乐、西拉、玫瑰蜜，同时也生产少量冰葡萄酒。

【产区名片】

地理位置：云南省西北部，毗邻传奇的香格里拉市

气候类型：寒温带山地季风性气候

地形地貌：山高坡陡，峡长谷深，地形地貌复杂

年均降雨量：633毫米

年均日照量：1980小时

无霜期：129天

平均海拔：1800~2400米

纬度坐标：北纬27°~29°

土壤类型：冲板形成的沙质土壤

2. 维西

维西傈僳族自治县位于云南迪庆藏族自治州西南部，东与香格里拉市隔江相望，东南与丽江市玉龙县接壤，南邻兰坪县，西邻贡山县、福贡县，北与德钦县衔接，距迪庆州府驻地219千米。地处世界自然遗产“三江并流”腹地，地处低纬高原，属亚热带与温带季风高原山地气候，其特点是：冬长无夏，春秋相连，仅有冷暖、干湿和大小雨季之分。又由于地质结构复杂，海拔高差悬殊，光、温、降水分布皆不均匀，形成立体气候，适合葡萄的种植。维西冰酒产业经过10多年的发展，现已初步形成产业规模。该地低纬度、高海拔的高山地气候，具有发展冰葡萄酒产业的优良自然条件，该县已形成具有特色的冰葡萄酒产业群，取得了良好的社会、经济、生态效益。

二、东北产区

东北产区主要位于东北三省内，包括北纬45°以南的长白山麓和东北平原地带，葡萄种植区域主要分布在辽宁桓仁、吉林通化、黑龙江东宁三地，其中吉林省的葡萄酒生产规模最大，辽宁省次之，黑龙江最小。东北产区也是我国相对较早的葡萄种植基地，早在1936年与1937年，这里分别建成了吉林市长白山葡萄酒厂、吉林通化葡萄酒厂，一定程度上为东北地区的葡萄酒发展奠定了基础。

【知识链接】

桓仁冰酒产区近年主要政策支持

2006年，国家质监总局公布对桓仁冰酒实施地理标志产品保护；

2008年，桓仁先后主导制定了《冰葡萄酒》国家标准、《冰酒用葡萄栽培技术规程》辽宁省地方标准、《冰葡萄农药使用规程》辽宁省企业联盟标准等11项国家、省、联盟标准；

2011年，辽宁省人大常委会通过了《桓仁满族自治县冰葡萄酒管理条例》；

2013年，辽宁省本溪市桓仁满族自治县人大常委会通过了《桓仁满族自治县冰葡萄酒管理条例〈实施细则〉》；

2014年，辽宁省本溪市桓仁满族自治县政府发布《桓仁满族自治县冰葡萄酒生产质量管理规定》和《桓仁满族自治县冰葡萄酒分级管理规定》。

来源：桓仁满族自治县葡萄酒局

（一）种植环境

该地区属于温带湿润、半湿润大陆性季风气候，冬季严寒干燥（最低可达-40℃至-30℃），春秋季节短暂，葡萄生长季也相应较短。在这种冬季寒冷的气候条件下，欧洲种葡萄的浆果不能完全成熟，因此，长期以来，该地区酿酒原料一直很受局限。长白山野生山葡萄因抗寒力极强，已成为这里栽培的主要品种。山葡萄在葡萄分类中，属于东亚种群，主要分布在中国东北、朝鲜、俄罗斯远东等地。山葡萄是葡萄中最耐寒的一种，富含花青素和酸度，但缺少糖分，具有粒小、皮厚、色素浓、酸度高、糖度低、果香独特、干浸出物含量高、有机物含量高的特点，果实在8月下旬或9月上旬成熟。当地栽培品种以山葡萄品系或用于酿造冰酒的品种为主，这些品种对热量需求较低且耐寒性极佳，主要包括山葡萄系列的双红、双优、北冰红、公酿1号、北玫、北红、北醇等，威代尔也是当地主流品种之一，此外，赤霞珠、霞多丽、雷司令、品丽珠、公主白、贝达等也有种植。东北产区土壤肥沃，主要为黑钙土，土质松软，结构均衡，利于水分渗透，促进葡萄根部对水分吸收，同时利于葡萄根部的保温和透气。

（二）主要产区

1. 桓仁

桓仁地处辽宁省最东北地段山区，北靠通化，南临丹东，是我国著名的冰酒产地。该产区位于辽宁省最大水库桓龙湖畔，地处北纬40°~41°，与世界冰酒之国加拿大的冰酒产区纬度相近，有“东方安大略”之称。桓仁地区特别是桓龙湖周边地区，形成了世界少见的适合高品质冰葡萄生长的小气候，被国际葡萄酒专家称为“黄金冰谷”。冬天气温较低，极端低温可达 -30℃，一般在0 ℃以下，这对冰葡萄的形成非常有利，用威代尔、雷司令、北冰红及当地山葡萄酿造的冰酒已成为东北的标志性葡萄酒。2001年，在桓仁满族自治县委、县政府的积极努力下，该产区从加拿大引进了威代尔冰葡萄种苗5000株，在北甸子乡长春沟试栽成功。2011年，桓仁冰葡萄产业发展规模已达到全国领先水平，被辽宁省人民政府确定为“一县一业”示范县。目前，桓仁无论是冰葡萄种植面积还是冰葡萄酒产量都居国内首位，已成为继德国、加拿大、奥地利之外的世界第四个冰葡萄主产区。使用威代尔酿造的冰酒带有蜂蜜、杏干和蜜桃风味，甜蜜的口感与脆爽的酸度相均衡，酒体饱满，风格优雅迷人。主要代表性的酒庄有辽宁张裕冰酒酒庄有限公司、辽宁五女山米兰酒业有限公司及思帕蒂娜冰酒庄园等。

【产区名片】

地理位置：辽宁东部山区，隶属于本溪市

气候类型：中温带大陆性湿润季风气候

地形地貌：桓仁县桓龙湖畔，长白山余脉、千山山脉东北侧的丘陵地带

年均降雨量：870毫米

年均日照量：2685.6小时

无霜期：140~180天

平均海拔：380米

纬度坐标：北纬41°

土壤类型：黑钙土、暗色草甸土

【思政案例】

2021 年冰葡萄采收情况报告

张裕冰酒酒庄坐落于北纬 41° 的辽宁桓龙湖畔，依山傍水，其得天独厚的地理和气候条件——冰雪、湖泊、阳光，成为冰酒的摇篮，该产区被专家誉为“黄金冰谷”，与加拿大安大略省和德国莱茵黑森齐名为世界冰酒三大优质产区。张裕冰酒主要采用威代尔葡萄酿造而成，该品种十分耐寒，果皮厚，香味物质丰富，且不易腐烂，易保存，是世界上酿造典型冰葡萄酒最主要的原料品种之一。

2021 年对辽宁桓仁产区来说是一个好的年份，全年阳光充足，前期 6 至 7 月雨水较多，葡萄长势较好，8 至 10 月降雨量少，晴天多，温差大，葡萄成熟度较好，葡萄果实风味物质积累较多。张裕冰酒酒庄葡萄采收时间从 2022 年 1 月 2 日开始，外界温度持续为 −22℃ ~−13℃，葡萄冷冻较好，采收压榨出汁糖度为 470~500g/L，酸度为 10~12g/L，亩产量 500~600 千克，采收压榨时间预计为 23 天左右。

张裕冰酒主要特点：呈浅金黄、金黄、赤金黄色；澄清光亮，具有浓郁的果香（菠萝、芒果及杏桃等）、花香、蜜香，纯正优雅；口感圆润、饱满，酸甜适中，结构完整，典型性强。

来源：辽宁张裕冰酒酒庄

案例思考：

列举世界主要冰酒出产地与我国东北产区风土环境及葡萄酒风格进行比较。

思政启示：

我国同样拥有酿酒冰酒的优质产区，通过理论或品鉴对比分析，培养学生辩证思维的同时，增强学生对我国本土冰酒产区风土优越性的认识，增强文化自信，激发发展民族产业的信念。

知识链接：

中国辽宁桓仁产区特别是桓龙湖周边地区，拥有高品质冰葡萄生长的小气候，被国际葡萄酒专家称为“黄金冰谷”。冬天的极端低温可达 −30℃，一般在 0℃以下，这对冰葡萄的形成非常有利。当地除了使用国际上常用的威代尔、雷司令酿造冰酒之外，我国在 1995 年还研究培育出山欧杂种的北冰红。北冰红及当地山葡萄酿造的冰酒已成为我国极具代表性的葡萄酒类型，发展潜力大。可耐 −27℃低温，抗寒性和抗病性佳。10 余年来，北冰红葡萄栽培寒地区域化试验取得了较大成效，自2005年以来，我国北方大部分地区以及西部地区相继引种栽培，栽培区域遍布内蒙古、陕西、甘肃、东北等地。

2. 通化

通化是我国东北地域的传统葡萄酒产区，早在1937年通化酒厂便已创立，历史悠久。这里有得天独厚的地理条件，地处长白山脉的老岭山脉与龙岗山脉之间，群山环抱，河流众多，分归鸭绿江、松花江水系。发源于长白山的中朝界河鸭绿江流经通化，境内流长203.5千米，土壤肥沃。该地为湿润性温带季风气候，受海洋暖湿气流影响，葡萄春季发芽较早，同时北部的山区挡住了更北部吹来的寒风，是吉林省相对最温暖的区域，主要生产红葡萄酒。葡萄品种以当地特色亚洲属山葡萄为主，这其中尤其以北冰红（1995年由中国农科院特产研究所培育的酿造冰酒的山葡萄品种）为当地特色品种，酿造出的冰酒具有浓郁的蜂蜜和大枣复合香气，优雅，回味绵长，酒体平衡醇厚。该地除山葡萄外，赤霞珠、霞多丽等国际品种也有种植。

【产区名片】

地理位置：吉林省南部，东接白山市，西与辽宁省的本溪、抚顺、丹东等市相邻

气候类型：中温带大陆性湿润季风气候

地形地貌：桓仁县桓龙湖畔，长白山余脉、千山山脉东北侧的丘陵地带

年均降雨量：870毫米

年均日照量：2200小时

无霜期：136天

纬度坐标：北纬40°~43°

土壤类型：火山土、石灰岩、黏土为主

3. 东宁

地处北纬44°，也是冰酒的重要子产区。东宁县酿造冰葡萄酒的历史悠久，据《东宁县志》记载，19世纪末东宁人就能利用冻山葡萄酿酒，20世纪80年代，东宁县成立了县糖酒公司，专门研究生产葡萄酒等各类果酒。经过不懈的探索和努力，2005年当地禄源酒业有限公司建成了黑龙江省唯一的威代尔冰酒酒庄，大力引入国际先进酿酒技术，并在多项国际大赛中获得佳绩。2011年，黑龙江天隆酒庄有限公司开始建设北冰红葡萄种植基地，目前已建成基地3300亩，成为全省最大的冰酒生产基地。东宁冰酒品质得到大力

提升，这里已发展为我国著名的冰酒产地。该产区内黑龙江省四大独立水系之一的绥芬河横穿而过，水资源量十分丰富，河水能较多吸收太阳辐射能量，利于葡萄果实品质的提升。产区内土壤结构良好，由地质时代火山活动沉积而成，土壤多是熔岩黑钙土和冲积沙壤土，结构良好，通气透水，含有丰富的钾、钙、镁、铁、硼、锌等多种矿物质，可以有效促进果实中糖分、单宁、色素等物质的积累。气候方面，受海洋性气候影响，较为温和，夏秋昼夜温差大，冬季寒冷。葡萄种植集中在东宁县东宁镇、三岔口镇和大肚川镇 3 个镇，所产冰酒主要用威代尔品种酿造而成，品质出众，还有一些国际品种的种植，如赤霞珠、霞多丽、品丽珠等。

【产区名片】

地理位置：牡丹江市代管的县级市

气候类型：大陆性季风气候区，受海洋性气候影响，较温和

年均降雨量：530 毫米

年均日照量：1160 小时

无霜期：150 天

平均海拔：最高点 1102 米

纬度坐标：北纬 43°~44°

土壤类型：暗棕壤、白浆土、草甸土、沼泽土、泥炭土、河淤土和水稻土

三、北京产区

北京产区位于首都圈内，地处华北平原北部，属于温带大陆季风气候。该地区葡萄园主要分布在房山区、延庆区及密云区等地。

1. 房山区

房山是新兴的葡萄酒产区，地处北纬 39°，昼夜温差大、升温快、阳光照射充足，土壤有机质与矿物质含量丰富、透气性良好，具备发展酒庄葡萄酒的良好条件。目前，房山葡萄酒产区主要种植赤霞珠、品丽珠、霞多丽等 20 多种酿酒葡萄，国际品种是该地区的主打产品。该地涌现出很多精品酒庄，如莱恩堡酒庄、波龙堡酒庄等，这些酒庄积极参与各类葡萄酒大赛，葡萄酒屡次在国内外大赛中获奖，收获了良好的声誉。2012 年，房山区葡萄种植及葡萄酒产业促进中心成立，这是北京市唯一的酒庄葡萄酒管理部门，这一职能部门为北京房山区葡萄酒产业发展提供保障。该区发挥临近大城市的优势，

以酒庄旅游为产业发展新亮点，打造精品的酒庄旅游路线，推动酒庄与旅游休闲产业融合发展，力争打造北京生态涵养区的绿色休闲典范。目前也有众多酒庄积极发展酒庄旅游、餐饮与会议客房等项目，市场资源丰富，已形成了优质的旅游产区链条，带动了整个产区经济的发展。

2. 密云县

密云县也是北京优质葡萄酒产区之一，属暖温带季风型大陆性半湿润、半干旱气候。冬季受西伯利亚、蒙古高压控制，夏季受大陆低压和太平洋高压影响，四季分明，干湿冷热变化明显。葡萄园处于山坡地和丘陵地，土壤为砂砾结构土质，土质中富含石灰质的砾石混合土壤，矿物质含量极其丰富。张裕爱斐堡是该地最有代表性酒庄，建立于2007年，是一家融酿酒、旅游、休闲以及葡萄酒知识培训等多种功能为一体的综合性国际酒庄。

3. 延庆县

延庆县位于北京西北方向，目前延庆葡萄种植规模较小，缺少龙头企业，缺乏葡萄酒产业基础，生态资源和土地资源有一定约束，发展较为迟缓。代表酒庄有辉煌云上酒庄（Château Nuage），该酒庄于2007年开始动工兴建，目前葡萄园有600亩。

四、山西产区

山西位于中国华北地区，省会太原，属于典型的黄土覆盖的山地高原，地势东北高西南低。高原内部起伏不平，河谷纵横，地貌有山地、丘陵、台地、平原，山区面积占总面积的80%，跨黄河、海河两大水系。这里地处黄土高原，大部分地区海拔在1000米以上，气候干燥，日照充足，属于温带大陆性季风气候。山西总的地势为“两山夹一川”，外缘有吕梁山脉（西部）、太行山脉（东部）等环绕，很难受海风影响，使得气候表现出较强的大陆性。该地区土壤多为褐土，含有丰富的矿物质利于根系生长，宜于糖分积累和芳香物质的合成。山西葡萄酒历史由来已久，唐代时期，山西葡萄酒便成为当时太原府的贡品之一，元代时已经有大量葡萄酒在市场上出售。据《马可·波罗游记》记载，在山西太原府有许多优良的葡萄园，酿造很多葡萄酒，贩运到各地去销售。这是当时葡萄酒发展景象的最好见证。目前山西葡萄酒产区主要分布在清徐县、太谷县和乡宁县。山西产区主要种植的葡萄品种多为国际葡萄品种，如赤霞珠、美乐、品丽珠、霞多丽、白诗南以及马瑟兰等。

1. 清徐县

清徐县自古是我国最早葡萄种植的产区之一，其栽培历史可上溯到2000

年之前。三国时期的山西是魏国的属地，魏文帝曹丕非常喜欢喝清徐葡萄酒，留下不少相关记载。作为我国老四大产区之一，清徐产区优势明显，清徐葡萄多种植在山区，这里海拔高，昼夜温差大，气候凉爽，土壤质地疏松，光照充足，降水时空分布良好，地下水资源极为丰富、浅层水质好，提供了有利的灌溉条件。土壤类型为褐土性土亚类，质地较粗、沙砾较多，土壤养分较高，保水保肥性能好，宜植性广。龙眼是当地的特产，还有赤霞珠、美乐等。该地于 2013 年荣获“清徐葡萄农产品地理标志”。另外，清徐葡萄酒旅游活动也非常丰富，每年都在全国农业旅游示范点清徐县葡峰山庄举办中国·清徐葡萄采摘月活动，吸引大量游客。

2. 太谷县

太谷县位于徐清县东部，由太行、吕梁山脉环绕，平均海拔 870~950 米，属于典型的大陆性气候，冬冷夏热，降水集中，四季分明，干旱、雨水少，日照强烈，昼夜温差大，很适合酿酒葡萄的种植。土质主要为沙壤土，土层深厚，排水性良好。年平均降雨量 450 毫米，气候相对干燥，有利于防止细菌、真菌和害虫等病害。主要种植品种为欧洲葡萄，包括赤霞珠、品丽珠、美乐、霞多丽、雷司令等。当地根据地形、地貌、土壤质地、水利条件以及种植现状，规划布局 20 个酿酒葡萄园区，主要有布袋庄、段村、西贾村、坪上、石亩、龙坪以及怡园酒庄园区等，葡萄种植与酿造已有相当的规模。太谷县最具代表性的酒庄为怡园酒庄。

3. 乡宁县

乡宁县隶属于山西临汾市，这里属于典型的黄土高原，属于温带大陆性气候，阳光充足，昼夜温差大，独特的黄土高原小气候赋予这里的葡萄酒独特的魅力，这里的土壤为石灰性砂壤土、沙壤土、壤土、黏壤土、壤质黏土。乡宁县的葡萄酒产业以山西戎子酒庄为代表。

五、陕西产区

陕西位于我国西北地区东部的黄河中游，东隔黄河与山西相望，西连甘肃、宁夏，南与四川相接，是新亚欧大陆桥和中国西北、西南、华北、华中之间的门户，地处东西结合部，具有十分独特的区位优势。陕西省会西安是中国历史古都，葡萄种植有着悠久的历史，早在张骞出使西域后，这里便被带来了欧亚葡萄，唐朝时期葡萄的种植十分兴盛。该地以秦岭为界，形成了陕北黄土高原、关中平原和陕南秦巴山地三个各具特色的自然区，三个区域由于南北横跨较大，气候也有很大差异。秦岭北麓，大部分属于暖湿气候，陕南一带属于亚热带气候。目前该地葡萄种植区域主要集中在秦岭北麓的蓝田、渭城、鄠邑区、泾阳、三原、蒲城的阶地与丘陵地带上，这里土壤资源丰富，主要为黄绵土、黄棕土、风沙土、黑垆土等土壤类型，空隙大，通气性好，适合葡萄扎根。该区域主要葡萄品种有黑皮诺、美乐、蛇龙珠、赤霞珠、霞多丽、雷司令、贵人香、白玉霓等，此外，还有冰葡萄品种威代尔、北冰红等。代表性酒庄有西安玉川酒庄、张裕瑞那城堡、盛唐酒庄及丹凤葡萄酒厂等。

六、甘肃产区

地形呈狭长状，东西长 1655 千米，南北宽 530 千米，最窄处仅 25 千米，地貌复杂。甘肃大部分地区气候干燥，干旱、半干旱区占总面积的 75%，年平均降水量在 40~750 毫米。甘肃葡萄酒历史由来已久，历史上这里是著名的“丝绸之路”要冲，唐代著名诗人王翰的《凉州词》“葡萄美酒夜光杯，欲饮琵琶马上催”，正是这里的真实写照。甘肃产区位于河西走廊东部，该产区主要分为武威、张掖、嘉峪关三部分。大部分酿酒葡萄主要集中于武威地区。武威古称凉州，坐落于祁连山脉脚下，拥有高原、绿洲和戈壁沙漠的综合环境条件。武威属于典型的大陆性气候，位于冷凉性的干旱沙漠、半荒漠区域，昼夜温差大，葡萄成熟度高，酸糖积累平衡，葡萄病虫害较少。武威地处河西走廊东端，葡萄园分布在民勤县、武威市和古浪县北部的沙漠沿线区，降雨在 200 毫米以下，相对湿度低，病虫害大大降低，适合发展无污染绿色有机农业。主要品种有黑皮诺、美乐、品丽珠、赤霞珠、霞多丽、雷司令等。主要葡萄酒公司有紫轩酒业、莫高葡萄庄园、祁连葡萄酒业有限责任公司、甘肃威龙有机葡萄酒有限公司、旭源酒庄等。

武威【产区名片】

地理位置：古称凉州，甘肃省辖地级市，甘肃省中部，河西走廊东端

气候类型：温带大陆性干旱气候

年均降雨量：166 毫米

年均日照量：2200~3030 小时

平均海拔：1020~4874 米

无霜期：155 天

纬度坐标：北纬 36°~39°

土壤类型：沙质土为主，土壤结构疏松，孔隙度大

主要水源：黄河及其支流、石羊河

七、其他产区

除以上产区外，黄河古道、湖南及广西等地也出产优良的葡萄酒。我国地域广阔，多样的气候及土壤类型为葡萄酒产业发展创造了条件。近年来，国内精品酒庄迅速崛起，他们出产的精品葡萄酒在国际葡萄酒大奖赛上获奖不断，为其赢得声誉的同时增长了我国葡萄酒产业的信心；从消费市场上看，星级酒店、米其林餐厅及高端餐饮渠道葡萄酒消费量也有了大幅度的提升。越来越多的中国精品葡萄酒开始走向海内外中高端餐饮机构，它们成了我国精品葡萄酒的形象代表，也成为餐厅对客推荐必不可少的一部分。综上来看，中国经济的快速发展及国内年轻一代消费意识的改变，催生了国内葡萄酒消费市场的繁荣，我国已成为国际上公认的兼备葡萄酒生产与消费的大国。我国葡萄酒生产者正在致力于培育产品风格，提升栽培酿酒技术，积累品牌文化，发展酒庄旅游以及补充销售短板等方面铆力前行。精品酒庄正摸索更多适合本土的发展模式，我国迎来了葡萄酒产业发展的崭新时代。

【节尾案例】

2021 年收成报告（山西）

从 4 月到 7 月，山西的气候条件一直很稳定，没有出现极端的天气情况，受此泽惠，葡萄园长势好，在种植团队精心修剪下始终保持着理想的叶幕，这种适时、准确的动态平衡对山西的葡萄园尤其重要。因为受大陆性季风气候影响，8 月至 10 月是当地的雨季，通透的叶幕有利于阳光洒满叶幕和果穗之间，同时适于空气流通。8 月一个清新干爽的秋日里，我们开始了霞多丽的采收。就霞多丽而言，这是一个非常好的年份，果实的品质和产量都十分理想，果实达到预期的成熟度，有着良好的香气与酸度平衡。

在 9 月初我们感受到了来自天气影响的压力，我们在大雨前采收了美乐，它成熟得恰好。一直到10月中旬的环境条件都很恶劣，几乎没有采收的窗口，完全不具备实施采摘的条件。事实上，这是山西省有气象记录以来 30 多年间历史同期的最高降雨量。这场雨确实对当地的农产品造成了一些损失。

通过比较过去 10 多年的采收数据，2021 年是降雨量和果实状况最灾难性的一年，2007 年次之。在这种情况下，我们通过提高叶幕管理，以及凭借对葡萄园的逐年了解，成功地为酒庄的旗舰系列采收到了一些优质的果实。在采收赤霞珠与马瑟兰的过程中，我们进行了严格的挑选，放弃了多达 40%

的受雨水严重影响的果实。酒品的最终结果还是令人满意的。虽然整体酒质不会像2019年份或2015年份那样带着饱满、强劲和张力的架构，但在风格上会显得更加内敛及优雅些，通过后期细致的桶陈管理，将能完整地体现出2021年份的潜力。

来源：山西怡园酒庄。

案例思考：

分析产区年份差异对葡萄酒风格的影响。

【章节训练与检测】

☐ **知识训练**

1. 综述中国近现代葡萄酒历史发展沿革。
2. 简述中国各葡萄酒产区风土环境、主要品种、种植酿造及葡萄酒风格。
3. 我国其他产区精品酒庄发展情况及酒庄介绍。

☐ **能力训练**（参考《内容提要与设计思路》）

☐ **章节小测**

【拓展阅读】

格鲁吉亚葡萄酒

第三篇 非洲葡萄酒

African Wine

本篇导读

非洲葡萄酒产区主要集中在南非，本篇内容阐述了南非葡萄酒相关知识，主要深入讲解了南非地理概况、风土环境、栽培酿造、主要品种、各产区葡萄酒风格形成因素及主要特征。在章节之中还附加了产区名片、拓展案例、拓展阅读（葡萄酒 & 美食、葡萄酒 & 旅游）及章节训练与检测等内容，以供学生深入学习。

思维导图

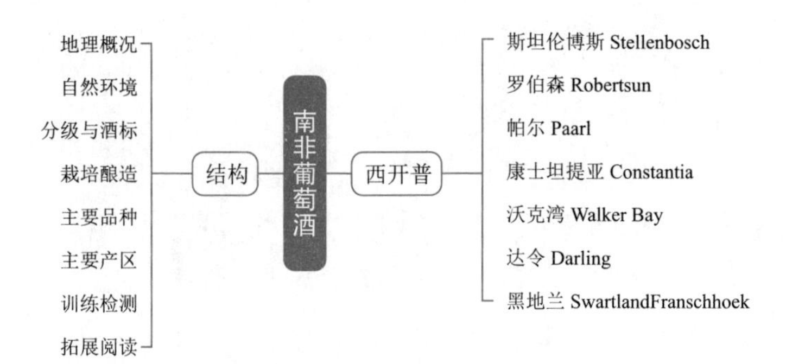

学习目标

知识目标：了解南非葡萄酒历史发展的人文环境、自然环境、葡萄酒旅游环境、当地美食及代表性酒庄等内容；掌握其葡萄酒法律法规、主要品种、栽培酿造及主要子产区地理坐标及风格特征，理解各产区葡萄酒风格形成的主客观因素，构建知识结构体系。

技能目标：能识别南非主要产区名称与地理坐标，运用所学理论，能够对南非葡萄酒的理论知识进行讲解与推介；能够科学分析南非重要产区葡萄酒风格形成的风土及人文因素；能够对南非代表性产区葡萄酒风格进行对比辨析与品尝鉴赏，具备一定的质量分析与品鉴能力；能在工作情境中，掌握对南非葡萄酒的识别、选购、配餐与服务等技能性应用能力。

思政目标：通过学习南非葡萄酒文化，让学生了解南非葡萄酒生产的历史与人文环境，理解民族团结、种族平等对国家发展的重要性，树立起正确的世界观和民族观；通过对该篇代表性产区葡萄酒的对比品鉴，进一步养成学生良好的职业精神与职业素养。

第九章
南非葡萄酒 *South Africa Wine*

第一节　南非葡萄酒概况　*Overview of South Africa Wine*

【章节要点】

- 理解南非两个相邻的海洋对南非葡萄种植的影响
- 掌握能对海岸葡萄园带来冷凉气候的洋流的名称
- 理解“开普医生”对南非葡萄种植的影响

一、地理概况

南非地处南半球，位于非洲大陆的最南端，大西洋与印度洋交汇之处，南纬 22°~35°，东、南、西三面被印度洋、大西洋包围。东面隔印度洋和澳大利亚相望，西面隔大西洋和巴西、阿根廷相望。南非西南端的好望角航线，历来是世界上最繁忙的海上通道之一，有“西方海上生命线”之称。南非地处非洲高原的最南端，南、东、西三面之边缘地区为沿海低地，北面则有重山环抱。北部内陆区属喀拉哈里沙漠，多为灌丛草地或干旱沙漠，此区海拔为 650~1250 米。周围的高地海拔则超过 1200 米。

南非全境大部分处副热带高压带，属热带草原气候。南非气温比南半球同纬度其他国家相对低，但年均温度仍在 0℃以上，一般在 12℃ ~23℃。温差不大，但海拔高差悬殊造成气温的垂直变化。本格拉洋流从南极北部流过，影响南非沿海地区气候，从海岸地区到内陆，气候逐渐变热。冬季内陆高原气温低，虽无经常性雪被，但霜冻十分普遍。

二、自然环境

南非占据了非洲大陆的最南端，是非洲最优秀的葡萄酒生产国。葡萄栽培主要集中在南纬 34° 左右。南非大部分属于热带草原气候（东部沿海为热带季风气候），葡萄种植区域主要集中在西南部（西开普省与南开普省），这一区域属于地中海气候，夏季长，有充足的日照量。虽然地处低纬度，但两洋交融，海域吹来的冷空气可以有效消减夏季的炎热。另外，从南极洲飘来的本格拉洋流（Benguela Current）使开普敦的气候较同纬度其他地区更为凉爽，加上从东南部海域吹来的“开普医生”（Cape Doctor）凉爽海风，使得南非南部沿海的气候比内陆凉爽许多。厄加勒斯（Agulhas）以南的地区以及西岸地区的葡萄成熟期更为漫长，酿制的葡萄酒也更为优雅、精致。南非地形多样，多丘陵地、山谷地，地势高低不平，优质葡萄园多分布于群山环抱的西南海岸地区。靠近内陆的地方，气候更加炎热，优质葡萄酒园须寻找更多微气候子区域，高纬度地带可以让葡萄缓慢成熟。降雨多集中在 5 至 8 月（冬季），雨量少，有时需要人工灌溉。土壤类型多样，多为花岗岩、砂土、石灰石、河流沉积土等。

三、分级制度与酒标阅读

为了保障葡萄酒的健康发展，1973 年，南非参照旧世界的法律体系引进了原产地命名制度（Wine of Origin Scheme，简称 WO）。该制度划归南非农业部下属的葡萄酒与烈酒管理委员会（Wine & Spirit Board）进行管理。首先，葡萄酒须经过独立的品酒委员会的评估，根据评估结果，得到认证的葡萄酒将会被该委员会授予验证印章，以保障酒标上原产地、品种、酿造年份等信息的真实可靠。不仅如此，该制度还把南非分为五大产区等级，从大到小依次是地理区域（Geographical Units）、大区级（Region）、地区级（District）、次产区（Ward），最小的单位是葡萄园，也就是酒庄级（Estate），通常单位越小，酒质越好。WO 制度有关规定如下：

- 酒标上所标的产地，必须 100% 来自所标产区。
- 85% 的葡萄酒属于该酒所标记的年份。
- 如果酒标上标记品种，则该葡萄品种含量必须达到 85% 以上。

南非葡萄酒产区划分见表 9-1。

表 9-1　南非葡萄酒产区划分

地理划分	产区举例
地理区域 Geographical Units	西开普 Western Cape

续表

地理划分	产区举例
大区级 Regions	海岸产区 Coastal Region
地区级 Districts	斯坦伦博斯 Stellenbosch、帕尔 Paarl、沃克湾 Walker Bay、黑地 Swartland
次产区 Wards	康斯坦提亚 Constantia
酒庄级 Estates	单一园 Single Vineyards

四、栽培酿造

南非葡萄栽培与酿造风格介于新旧世界之间，很多先进的酒庄会选择使用更加优良的品种，培形上也会采用哥登式（Cordon）代替传统的高杯式（Goblet），病虫害的管理也更加严格，以确保优良的品质。酿造方面，越来越多酒庄开始追赶潮流，他们加大在酿酒设备方面的投资，同时引入先进的酿酒理念，注重品种与土壤等风土条件的搭配，更多发挥葡萄园潜力。另外，在南非单一品种酿造或是多个品种混酿都非常普遍。

五、主要品种

南非是白葡萄酒占主导地位的国家，但近 10 年来，红葡萄酒的比例也在迅速上升。南非没有本土葡萄品种，大部分由欧洲引进。这里表现最好的为原产于法国卢瓦尔河的白诗南，约占总产量的 20%。白诗南适应能力极强，产量高，在该地展现出了多姿多彩的一面，尤其一些产区出产的老藤白诗南能够酿造南非的招牌葡萄酒。其他白葡萄品种中鸽笼白种植较多，天然高酸，在当地适合酿造蒸馏酒，霞多丽、长相思也表现突出。红葡萄品种中赤霞珠、美乐等波尔多品种栽培面积最大，西拉的种植也紧跟其后，酿造方法上多为波尔多式调配或者单一品种酿造。

正如每个国家都拥有一款当地标志性葡萄品种一样，对于南非来说，这个标志非皮诺塔吉（Pinotage）莫属。该品种是由亚伯拉罕·艾扎克·贝霍尔德（Abraham Izak Perold）教授于 1925 年使用黑皮诺（Pinot Noir）和神索（Cinsault，在南非被称为 Hermitage）培育出的一个杂交葡萄品种，两者结合得其名曰 Pinotage。该品种近几年在国际舞台上开始频繁获奖，向世人证明了它的实力所在。它兼具了勃艮第式黑皮诺的细腻优雅和神索的易栽培及抗病性强的优良品质，用它酿造的葡萄酒颜色幽深，呈现出各种浆果及香料风味，渐渐受到果农及消费者的喜爱。通常皮诺塔吉有两种风格，一种单一品种酿造，这种酒风格多变，有的轻盈，有的厚重，颜色浓郁，口感复杂，经橡木桶陈年后有橡胶、巧克力及咖啡的味道，回味悠深，结构感强；另一种是该品种的混酿，可以与一些国际品种搭配酿造，被称为“Cape Blend”。在南非还有桃红及波特风格的皮诺塔吉。

【历史故事】

发现好望角

在15世纪下半叶，葡萄牙国王决定寻找一条通往东方印度的航道。于1487年派遣了著名航海家迪亚士为首的探险队，从葡萄牙出发，沿着非洲西海岸航行。经过一年多的艰苦航行，当船队由大西洋转向印度洋时，遇到汹涌的海浪袭击，整个船队几乎遭到覆没，迪亚士率少数人逃生，在非洲南端岬角处登陆。迪亚士将岬角命名为“风暴角”，让人们永远记住这里风暴巨浪的威力。后来，这只船队返航回国后，迪亚士向国王汇报风暴角的历险经过时，国王对这个令人沮丧的名字极为不满，为了鼓舞士气，国王下令将“风暴角”改名为“好望角”，意味闯过这里前往东方就大有希望了。1498年，由葡萄牙航海家达·伽马率领的船队打通了葡萄牙经好望角到达东方的航线。

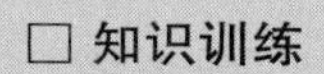
【章节训练与检测】

☐ **知识训练**

1. 绘制南非葡萄酒产区示意图，掌握主要产区位置与中英文名称。
2. 介绍南非风土环境、分级制度、主要品种及葡萄酒风格。

☐ **能力训练**

南非酒标阅读与识别训练

【拓展阅读】

南非葡萄酒 & 旅游

南非葡萄酒 & 美食

第二节 主要产区 *Main Regions*

【章节要点】

- 识别南非主要产区名称及地理坐标
- 归纳南非主要产区风土环境、主要品种及酒的风格

根据 WO 制度，目前南非分为六大地理区域、五大产区（Region）以及 27 个地方葡萄酒产区（District）和 78 个次产区（Ward）。六大地理区域分别是西开普（Western Cape）、北开普（Northern Cape）、东开普（Eastern Cape）、夸祖鲁-纳塔尔（Kwazulu-Natal）、林波波（Limpopo）、自由邦（Free State）。其中西开普是南非葡萄酒最集中的区域，约占南非总产量的 90%。西开普又下分五大产区，分别为布里厄河谷（Breede River Valley）、开普南海岸（Cape South Coast）、沿海地区（Coastal Region）、克林卡鲁（Klein Karoo）、奥勒芬兹河（Olifants River）。南非主要葡萄酒产区见表 9-2。

表 9-2 南非主要葡萄酒产区

六大地理区域	五大产区	地方产区（包括次产区）
Western Cape 西开普地理区域	Breede River 布里厄河谷产区	Breedekloof 布里厄克鲁夫 /Robertson 罗伯森 /Worcester 伍斯特
	Cape South Coast 开普南海岸	Cape Agulhas 厄加勒斯角 /Elgin 埃尔金 /Overberg 奥弗贝格 /Plettenberg Bay 普莱滕贝格湾 /Swellendam 斯瓦蓝德 Walker Bay 沃克湾

续表

六大地理区域	五大产区	地方产区（包括次产区）
Western Cape 西开普地理区域	Coastal Region 沿海地区大区	Cape peninsula 开普半岛 /Cape Point 开普海角 Darling 达令 /Franschhoek 弗兰谷 /Paal 帕尔 Stellenbosch 斯泰伦博斯 /Swartland 黑地 /Tulbagh 图尔巴 / Tygerberg 泰格堡 /Wellington 威灵顿
	Klein Karoo 克林卡鲁大区	Calitzdorp 卡利茨多普 Langeberg-Garcia 朗厄山-加西亚
	Olifants River 奥勒芬兹河大区	Citrusdal Mountain 橘之山 /Citrusdal Valley 橘之谷 Lutzville Valley 路茨镇谷
Northern Cape 北开普		Douglas 道格拉斯 /Sutherland-Karoo 苏德兰-卡鲁
Kwazulu-Natal 夸祖鲁-纳塔尔		Central Drakensberg 中央德拉肯斯堡
Free State 自由邦地理区域		Caeres Plateau 西瑞斯高原
Eastern Cap 东开普地理区域		无
Limpopo 林波波地理区域		无

这些产区从类型上分为两类，一类为内陆区，地处内陆，近东部海岸海拔 1700 米的德拉肯斯山脉阻断了海上的凉风及雨水，内陆区域气候更加干燥、炎热。土壤多为冲积土，降雨量少，很多葡萄园需人工灌溉。代表性地方葡萄酒产区为克林卡鲁（Klein-Karoo），这里生产南非最负盛名的几种加强型葡萄酒，如波特酒、雪莉酒等。一类为海岸区，这里的葡萄园分布于沿海山脉之间，土壤由花岗岩、砂岩等构成，气候虽然呈现明显的地中海气候，但这里有海洋寒流凉风，为当地带来了清凉，非常适合葡萄的生长。南非最大的葡萄酒产区斯泰伦博斯（Stellenbosch）、帕尔（Paarl）、康斯坦提亚（Constantia）都分布在海岸区内，世界水平的白诗南、长相思、西拉、赤霞珠、美乐、皮诺塔吉等葡萄酒大都出自该产区。以下介绍几个著名产区。

一、斯泰伦博斯（Stellenbosch District）

该产区位于开普敦东 40 千米处，两面环山，一面临海，有凉爽的海风吹过，位置优越，是南非最具代表性的葡萄酒产区，约占南非总产量的 20%。作为南非第二大古老城市，斯泰伦博斯历史悠久，文化古迹众多。葡萄酒历史可以追溯到 17 世纪，1679 年，西蒙·范·德·斯戴尔（Simon Van der Stel）成为开普地区新任长官。同年，正是他在斯泰伦博斯镇开始了葡萄酒

的酿造业。到19世纪英法战争期间，英国寻找葡萄酒新的贸易伙伴，这为该地提供了新的发展机遇。历史的过往为这里积累了浓厚的人文气息，南非著名的斯泰伦博斯大学也位于此地，该国大部分的葡萄酒酿酒师都出自这一大学。

【产区名片】

气象检测点：斯泰伦博斯 Nietvoorbij

纬度 / 海拔：33.54°N/146 米

1 月平均气温：21.5℃

年平均降雨量：740 毫米

3 月采摘季降雨：30 毫米

种植威胁：葡萄树病毒

主要品种：赤霞珠、西拉、美乐、长相思、白诗南、皮诺塔吉、霞多丽

（一）风土环境

该产区属于典型的地中海气候，夏季高温少雨，冬季温和湿润，非常适合葡萄的生长。优越的自然环境吸引了众多投资者的目光，他们带来的葡萄苗木及酿造技术促成了这一地区葡萄酒产业的繁荣。该地从东南部福尔斯湾（False Bay）吹来微凉的海风，为葡萄酚类物质和单宁的成熟提供了保障，葡萄能够积累充足糖分，同时又使葡萄保留了足够的酸度。土壤多为砂土、冲积土、花岗岩等，平均年降雨量为600~800毫米，周围群山环抱，不同的海拔、不同的山体朝向及土壤给葡萄生长提供了良好的环境。

（二）种植与酿造

该产区以红葡萄酒闻名，主要种植的红葡萄品种有赤霞珠、美乐、西拉、皮诺塔吉等，白葡萄有白诗南、霞多丽、长相思等。红葡萄酒主要沿用法国波尔多的酿酒风格，以调配的混酿型葡萄酒为主，采用多种红葡萄品种混合酿造，以赤霞珠和美乐为主，调配使用马尔贝克与皮诺塔吉。这里也出产优质的白葡萄酒。斯泰伦博斯白葡萄酒主要采用白诗南酿造而成，风格多样，从清爽的干白到不同甜度的葡萄酒应有尽有，还有非常有特色的白诗南老藤葡萄酒，所酿成的葡萄酒风味浓郁，层次复杂，常带有浓郁的柑橘和菠萝等水果香气。

（三）产区特征

这里以出产波尔多调配型葡萄酒而闻名，素有“南非的波尔多”之称，又因橡树众多被称为“橡树之城”。气候凉爽的区域生产高品质的长相思与霞

多丽。此产区云集了众多著名的酒厂，如肯福特酒庄（Ken Forrester Estate）、蒙得布什酒庄（Mulderbosch Estate）、美蕾酒庄（Meerlust Estate）等。需要说明的是，这些酒庄并不只生产本产区标识的葡萄酒，其生产的葡萄酒可以用数个产区的葡萄来混酿，酒标上会以“Coastal Region”或“Western Cape”来命名，价格低廉。

二、帕尔（Paarl District）

帕尔位于南非西开普省西部海岸地区（Coastal Region），坐落在克莱因德拉肯斯坦山（Klein Drakenstein）和西蒙堡山（Simonsberg Mountains）山脚附近，伯格河（Berg River）从帕尔产区穿过。这一小镇坐落于巨大的花岗岩层上。“帕尔”这个名字来源于当地土著语言“珍珠”（Pearl），由于该地的土壤原因，每当下雨过后，在阳光的照射下到处都会有闪耀的光芒，犹如珍珠一般，地区名称由此而来。产区气候较为炎热，伯格河为这里带来凉爽的气息，另外有一定海拔的多山地型为当地葡萄种植带来了微气候。土壤由砂粒、花岗岩等构成，排水性好，适合葡萄的种植。主要品种有赤霞珠、西拉、皮诺塔吉、白诗南、霞多丽、长相思等。

该产区自17世纪开始就有了酿酒的历史，产区内有几个著名的次产区在南非占有非常重要的地位。有着浓郁法国风情的法兰斯霍克小镇（Franschohoek）及西蒙斯贝格（Simonsberg）是当地知名的葡萄酒次产区，众多南非知名的酿酒厂也分布于此。法兰斯霍克原译为“法国之角”，16世纪法国掀起新、旧教徒纷争战乱时，法国新教派胡格诺教徒跟随荷兰商船流亡到此地，现在这一地区仍然随处可见当时遗留下来的历史遗迹。这里受法国影响较深，美食与美酒是该产区的一道风景线，酿酒技术大多沿用传统的酿造方法。作为前南非葡萄种植合作协会（KWV）总部和南非著名的葡萄酒拍卖场的所在地，帕尔无疑是南非葡萄酒的最重要地区之一，它与斯泰伦博斯（Stellenbosch）在南非葡萄酒产地中占据核心地位。

三、康斯坦提亚次产区（Constantia Ward）

1685年，该产区由开普敦第一任荷兰总督所建，距今已有300多年历史。该产区在等级上属于次产区，从18世纪开始酿造的甜葡萄酒（Vin deConstance）便闻名于欧洲各国。得益于荷兰东印度公司强大的流通网络，当时很多欧洲王室通过阿姆斯特丹拍卖行买入康斯坦提亚甜葡萄酒。该地甜

葡萄酒得到欧洲贵族、皇室的喜爱由来已久，特别是拿破仑对它钟爱有加。

该产区自然风光怡人，距离开普敦城仅有 5~10 千米的距离。葡萄园广泛分布于康斯坦提亚东部山体斜坡上，酿酒厂大都保留着传统的酿造习惯。土壤以砂岩构成的花岗岩为主，降雨量约在 1000 毫米，偏多，海风可以有效降低葡萄病虫害感染的风险。该地气候偏寒凉，非常适宜白葡萄的生长，该地出产的老藤长相思质量较高。霞多丽、赛美蓉表现也非常突出，赤霞珠、品丽珠等则在温暖区域有少量种植。

四、黑地（Swartland District）

该地区位于帕尔西北部，距离开普敦 65 千米。气候炎热，地形多样，葡萄园分布在不同的海拔之处，葡萄酒风格多变。这里适合红葡萄的生长，如皮诺塔吉、西拉等。葡萄酒风味浓郁，口感醇厚。近年来白葡萄酒开始崭露头角，获得了较好的声誉。

五、沃克湾（Walker Bay District）

该地区位于开普东南方向 100 千米处，是一个相对较新的产区。气候受海洋性影响大，相对凉爽。这里的葡萄园中有一部分靠海，受益于凉爽的海风；土壤类型包括带有花岗岩的砂岩和多碎石的页岩，非常适合喜欢凉爽气候的品种，尤其适合勃艮第品种。霞多丽、黑皮诺是当地明星品种，葡萄酒风味复杂，平衡性好。长相思、美乐、西拉等品种在该地也表现优异。

六、罗贝尔森（Robertson District）

该地区是传统的白葡萄酒产区，这里多呈现石灰岩土质，适宜霞多丽的生长，夏季炎热，来自印度洋的东南海风起到降温的作用，使得这里的霞多丽果香丰富，风格浓郁又能保持良好的酸度。近年来，西拉、赤霞珠等红葡萄品种有很大增长，备受关注，另外，还出产加强型甜葡萄酒。该地次产区为邦尼威（Bonnievale）。

七、厄加勒斯角（Cape Agulhas）

厄加勒斯角是非洲大陆的最南端，隶属西开普（Western Cape）区域开普南海岸（Cape South Coast）大区的子产区名称，大多数葡萄园位于南非最南端埃利姆（Elim）小镇周边附近的临海地区。这里是大西洋和印度洋的交汇之处，海洋气候对这里的葡萄酒有显著的影响，夏季平均气温为 20℃左右，气候凉爽，强劲的大西洋冷风为葡萄的夏天成熟季提供非常凉爽的生长环境。土壤以桌山砂岩和泥岩混合的红土（当地称为咖啡石）为主，非常适合长相思的生长，风格优雅，酸度活泼，有明显的矿物质风味，可与法国卢瓦尔河的长相思媲美。这里西拉也表现突出，潜力大。

八、开普角（Cape Point）

该产区坐落在南非西开普葡萄酒产区开普敦以南的狭窄多山半岛上。开普角是大西洋寒冷的本格拉洋流和印度洋温暖的阿古拉洋流交汇的海岸线的一部分，气候呈明显海洋性特征，大西洋凉爽的微风与东部福斯湾温暖的微风相辅相成，漫长的夏季和海风吹拂是这里葡萄生长环境的真实写照。这里与厄加勒斯角一样盛产白葡萄品种，喜欢凉爽气候的长相思表现最为突出，呈草本特征，具有明显的矿物质味。这里也在尝试种植霞多丽及赤霞珠等品种。这里葡萄园多呈南北向，这样可以充分利用海风，创造凉爽的环境。另外，海风还有助于预防真菌侵染葡萄园。

九、埃尔金（Elgin）

埃尔金位于首都开普敦东南方向，行车距离仅一个小时路程。该产区坐落于霍屯督荷兰（Hottentots-Holland）山脉之中，与斯泰伦博斯产区接壤。这里海拔在 250~400 米，常年受到偏南方影响，气候凉爽。这里是南非传统的优质苹果生产基地，天然凉爽的气候使得这里的白葡萄品种越来越受到关注。长相思、黑皮诺、霞多丽等颇具个性，葡萄成熟度高，果味突出。

【章节训练与检测】

□ **知识训练**

1. 绘制南非葡萄酒产区分布示意图，掌握西开普地理区域主要子产区地理分布。

2. 简述南非葡萄酒产区风土环境、主要品种、种植酿造及葡萄酒风格。

3. 分析比较南非白诗南与卢瓦尔河白诗南风格差异点。

4. 分析简述开普医生对南非葡萄种植环境的影响。

☐ **能力训练**（参考《内容提要与设计思路》）

☐ **章节小测**

第四篇
美洲葡萄酒
American Wine

本篇导读

本篇主要讲述了美洲葡萄酒，包含美国、加拿大、智利、阿根廷及其他美洲国家，内容包括该国葡萄酒概况与主要产区。深入讲解了美洲各国产区葡萄酒风格、形成因素及特征。章节之后另附加知识链接、产区名片、拓展案例、拓展对比（中国葡萄酒知识）、节尾案例、拓展阅读（葡萄酒 & 美食、葡萄酒 & 旅游）及章节训练与检测等内容。

思维导图

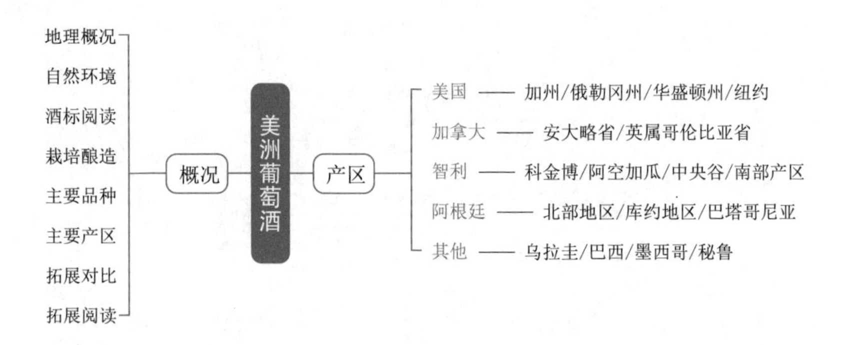

学习目标

知识目标：了解美洲核心产国葡萄酒历史发展的人文环境、自然环境、葡萄酒旅游环境、当地美食及代表性酒庄等内容；掌握其葡萄酒法律法规、主要品种、栽培酿造及主要子产区地理坐标及风格特征，理解各产区葡萄酒风格形成的主客观因素，构建知识结构体系。

技能目标：能识别美洲主要产区产国名称与地理坐标，运用所学理论，能够对美洲葡萄酒的理论知识进行讲解与推介；能够科学分析美洲重要产区葡萄酒风格形成的风土及人文因素；能够对美洲代表性产区葡萄酒风格进行对比辨析与品尝鉴赏，具备一定的质量分析与品鉴能力；能在工作情境中掌握对美洲葡萄酒的识别、选购、配餐与服务等技能性应用能力。

思政目标：通过学习美洲在葡萄栽培与酿造上技术革命与管理创新方面的特色之处，培养学生现代农业及产业创新的职业意识；通过对该篇代表性产区葡萄酒的对比品鉴，帮助学生牢固树立专注、客观、公正、标准的职业精神与职业素养；通过拓展对比，帮助学生熟练应用马克思主义辩证思维方法，并深入剖析我国葡萄酒产业在产区风土多样性、优秀人文传承及产业融合发展发面的厚积力量，根植奋斗精神，增强强国信念。

第十章
美国葡萄酒 *USA Wine*

第一节　美国葡萄酒概况 *Overview of USA Wine*

【章节要点】

- 了解美国葡萄酒发展史及风土特征
- 了解美国葡萄酒酒标上品种、年份、产区等最低要求
- 理解美国葡萄酒风格形成的风土与人文因素
- 掌握美国主要品种与栽培酿酒特征

一、地理概况

美国位于北美洲中部，地处北纬 25°~49°，这里气候类型多样，东南部属亚热带湿润气候，西部沿海多为温带海洋性气候、地中海气候，大部分属大陆性气候。该国国土地形地貌多样，地势西高东低，美国最高的山峰是麦金利山，海拔 6193 米，也是北美洲第一高峰。大部分地区属于大陆性气候，南部属亚热带气候。主要河流有密西西比河、科罗拉多河、哥伦比亚河。

【历史故事】

东海岸葡萄种植的探索

美国东海岸并没有放弃对葡萄种植的尝试。美国第三任总统托马斯·杰斐逊（Thomas Jefferson）就是波尔多葡萄酒的狂热爱好者和收藏家。18 世纪中后期，他尝试在东海岸自家酒庄里种植欧洲葡萄品种，但却最终失败。在宾夕法尼亚，德国的移民者对雷司令和琼瑶浆的种植也非常不理想。终于，18 世纪 30 年代，詹姆斯·亚历山大（James Alexander）开始尝试将种植转向本土美洲葡萄品种（Vitis Labrusca），其他人开始纷纷效仿。为了减弱葡萄本身所带有的狐臭味和其他风味，酿制出的葡萄酒都带有糖分。美国第一家成功的商业化酒庄出现在俄亥俄州的辛辛那提。它的特色产品是使用本土葡萄品种卡托巴（Catawba）葡萄酿制而成的起泡酒，凭借不错的品质甚至开始在英格兰变得流行起来。

来源：[英] 休·约翰逊著《美酒传奇　葡萄酒——陶醉 7000 年》

二、自然环境

美国地域广阔，地形复杂，各地气候差别大。美国葡萄酒中约有 90% 产自加利福尼亚州（以下简称加州），这里自然条件非常优越。西靠太平洋，夏季炎热干燥、高温少雨，日照量充足，属于典型的地中海气候。同时，南北走向的山脉遍布溪谷，形成了多样的微气候，石灰石、黏土、火山灰等土壤类型丰富，这为葡萄品种多样性提供了条件。

三、分级制度与酒标阅读

美国在欧洲原产地概念基础上，根据不同气候和地理条件建立美国法定葡萄种植区（American Viticultural Areas），这就是美国葡萄酒产业的 AVA 制度。这一制度于 1983 年由美国酒类、烟草和武器管理局（TTB）发起并实施，与法国的“原产地名称管制”（AOC）制度有类似之处，但并没有像法国 AOC 一样对产区、葡萄品种、种植、产量及酿造方法等进行繁杂严格的规定，它只是对被命名地域的地理标识与品种进行了规范，所以美国的这一制度有很大的自由空间。地理名称可以是一个州，也可以是一个县，也可能是来自该县的子产区山谷，一般情况下范围越大，葡萄酒质量越差。在美国，某一地区要获得 AVA 资格，种植者或葡萄酒的酿造者需要向 TTB 提交申请，该地需要具备独特的历史、地理及气候特征，并在得到认证和批准后方可成为 AVA 产区。根据 2007 年 4 月美国的相关法律，目前美国有 187 个 AVA 产区，其中大部分集中在加州。不过，值得注意的是各州 AVA 法律略有不同，如加州规定标明加州的葡萄酒必须是由 100% 的加州葡萄酿成，俄勒冈州法律规定标有俄勒冈任何产地的酒必须是 90% 由该产区的葡萄所酿。AVA 制度对葡萄酒不同产地起到了保护作用，品种的标识也需要达到相应的最低要求。美国葡萄酒相关法律法规见表 10-1。

 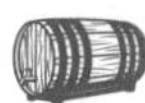

表 10-1　美国葡萄酒相关法律法规

品种 Variety
● 如果来自县，则至少由 75% 的品种组成（75% minimum varietal composition if from a county） ● 如果来自 AVA，则至少由 85% 的品种组成（85% minimum varietal composition if from an AVA） ● 俄勒冈州大多数品种最低要求为 90%（90% minimum in Oregion for most varieties）
年份 Vintage
● 如果来自州或县，则至少 85% 来自标明的年份（85% minimum from the vintage stated if from state or county） ● 如果来自 AVA，则至少 90% 来自所标年份（90% minimum from the vintage stated if from an AVA）
法定名称 Appellation or AVA
● 国家、州或县级产区，最低要求为 75%（75% minimum for country，state or county） ● 所标示 AVA 产区，最低要求为 90%（90% minimum from stated AVA） ● 标有单一园的，最低要求为 90%（90% minimum from stated single vineyard）
酒庄内装瓶 Estate Bottling
● 100% 的葡萄酒必须来自酿酒厂拥有或控制的土地上种植的葡萄，该土地必须来自标明的 AVA（100% of the wine must come from grapes grown on land owned or controlled by the winery which must be located in an AVA）

四、栽培酿造

美国的气候和土壤条件非常适宜葡萄的种植，葡萄种植面积非常广泛。美国属于新兴的葡萄酒大国，根据国际葡萄与葡萄酒组织（OIV）所发布的 2017 年世界各葡萄酒生产国排名看，美国位居第四位。美国葡萄酒的生产非常多样化，从日常餐酒到高端葡萄酒应有尽有，强大的消费市场（根据 OIV 数据统计，2020 年美国仍然是头号葡萄酒消费市场）成为美国葡萄酒产业可以稳步发展的强有力支撑。美国主要的葡萄园分布在加州，其他葡萄园较多的地区有俄勒冈州、纽约州以及华盛顿。美国葡萄的种植与酿造体现了技术与标准的高度融合，葡萄园管理机械化程度较高，葡萄酒的酿造靠拢法国传统，但创新性强，葡萄酒质量受当地风土、酿造条件、资金及技术投入等影响大。

五、主要品种

美国葡萄品种与其他新世界产酒国一样大部分为国际品种，红葡萄品种有赤霞珠、美乐、仙粉黛、黑皮诺、西拉、歌海娜、佳丽酿、品丽珠、索娇维塞、巴贝拉等；白葡萄品种有霞多丽、长相思、白诗南、灰皮诺、密思卡岱、琼瑶浆、赛美蓉等。

（一）霞多丽（Chardonnay）

霞多丽是加州年产量最大的品种，约占 20%，其风格也具有多样性：中央山谷的廉价大批量葡萄酒酸度低，果香为主；传统上加州的优质霞多丽则酒体饱满，酸度低，酒精度通常较高，具有明显的橡木、榛子及黄油的风味。如今高品质的霞多丽多来自凉爽产区，如卡内罗斯（Carneros）和俄罗斯河谷（Russian River Valley）等。

（二）仙粉黛（Zinfandel）

仙粉黛即意大利南部普利亚（Puglia）地区的普里米蒂沃（Primitivo），也常被看作是美国特色品种，当地有大量老藤。一般用来酿造日常餐酒，基本上所有葡萄酒类型都可以酿造，为加州葡萄酒的成功发挥了重要作用。典型的仙粉黛色泽亮丽、果香丰富，有鲜明的花香以及香辛料的风味，备受当地消费者喜爱。白仙粉黛（White Zinfandel）的桃红风格葡萄酒也有大量生产，有着新鲜的果香，颜色较浅，酒精度低且有中等甜度，至今仍占全美 10% 的销量。

（三）赤霞珠（Cabernet Sauvignon）

加州种植面积最大的红葡萄品种，尤其是在纳帕谷及整个北海岸等产区分布广泛，绝佳的气候也让加州 100% 赤霞珠的酿造成为可能。在美国赤霞珠的风格多样，优质赤霞珠往往会给予更长的成熟时间，以得到复杂丰富的风味，这些酒也往往有着明显的橡木桶烘烤风味。除了加州，在华盛顿也有高品质的赤霞珠的生产。

（四）美乐（Merlot）

美乐是美国曾经非常流行的品种，特别是价格低廉、单宁柔和的风格。如今出色的美乐主要在相对凉爽的产区，在华盛顿温暖的内陆有许多高品质的美乐。其特点为颜色深邃，单宁柔和细腻，酒体饱满，酒精度高，以黑莓和李子风味为主。如今美乐的高端葡萄酒更多地是选择与赤霞珠等波尔多品种调配酿造。

（五）黑皮诺（Pinot Noir）

黑皮诺在美国一些凉爽产区有大量种植，如加州的俄罗斯河谷、卡内罗斯以及俄勒冈的威廉米特谷（Willamette Valley）等，橡木桶熟成时间一般不超过 1 年。根据产区气候和酿酒师风格的不同，有的颜色浅，风味以经典的野味和植物性香气为主；有的颜色略深，以饱满成熟的红色浆果香气为主。

（六）长相思（Sauvignon Blanc）

该品种在美国有白富美（Fumé Blanc）之称（现已不再使用），这一名称是罗伯特·蒙大维（Robert Mondavi）于19世纪60年代发明的称呼，常指橡木桶熟化风格的长相思。不使用橡木桶酿造的长相思葡萄酒，厂家会在酒标标出长相思（Sauvignon Blanc）原有的名称，以做区分。在加州内陆地区气候过于温暖，而沿岸地区则能生产高酸、清爽的葡萄酒。所以长相思的风格也十分多样，有价格低廉、果香浓郁型，也有成熟饱满、橡木桶熟化的波尔多风格类型，还有甜型贵腐风格。

除上述品种之外，其他品种有琼瑶浆、雷司令、灰皮诺和桑娇维塞等。

【历史链接】

美媒：华工对加州酒乡功不可没，曾在此辛勤劳作

参考消息网2017年5月30日报道，美媒称，19世纪中期，许多华人在美国从事修筑铁路等工作。更鲜为人知的历史是，他们有些人也为加州远近驰名的葡萄酒产业打下了基础。

据美国之音电台网站报道，对拜访美国索诺玛县美景酒庄的顾客们来说，存放与酝酿葡萄酒的酒窖深处埋藏着一段被人遗忘的历史。酒庄人员汤姆·布拉克维德说："在19世纪50年代晚期到19世纪70年代，这边主要都是中国劳工。"

报道称，在索诺玛葡萄酒产业起步初期，来自中国的廉价劳工们用辛勤的双手为当地打下了基础，美景酒庄墙上中国劳工的影像显示了他们功不可没。布拉克维德说："他们接下了葡萄园土地上所有的工作：耕地、挖土、种植，接下来管理所有的葡萄园。他们肯定也在别的土地上工作，但是美景酒庄以拥有旧金山（圣弗朗西斯科）北部最大的华人劳工营著称。"

索诺玛–蓬莱姐妹城市委员会的丁骏辉（音）说："我的几位朋友给我看了人们所说的'华人石围栏'，当地人还记得华人劳工为他们做出的贡献。"

美国之音电台网站报道称，华人劳工们150多年前就挖掘这些洞穴，留存下来的是挖刨工具留下的标记，从这些洞穴取出的石头成为当时制酒厂房的基石，他们的故事通过当地人口耳相传流传了下来。

来源：参考消息网，2017–06–01.

【章节训练与检测】

□ **知识训练**

1. 绘制美国葡萄酒产区示意图，掌握主要产区位置与中英文名称。

2. 归纳美国风土环境、分级制度、主要品种及葡萄酒风格。

□ **能力训练**（参考《内容提要与设计思路》）

【拓展阅读】

纳帕谷葡萄酒 & 旅游

第二节　主要产区 *Main Regions*

【章节要点】

- 掌握各产区地理环境、风土与葡萄酒风格特征
- 识别加州主要产区名称及地理坐标
- 归纳美国加州、俄勒冈、华盛顿及纽约州主要 AVA 产区及酒的风格

美国大部分国土都可以种植葡萄，但主要集中在加州、俄勒冈州、华盛顿等地区。美国主要葡萄酒产区及品种见表 10-2。

表 10-2　美国主要葡萄酒产区及品种

大产区	主要 AVA 产区	主要品种
加州纳帕县 Napa County	奥维尔 Oakville AVA	赤霞珠 / 美乐 / 长相思
	卢瑟福 Rutherford AVA	赤霞珠 / 美乐 / 品丽珠 / 仙粉黛
	鹿跃区 Stags'Leap AVA	美乐 / 赤霞珠 / 桑娇维塞 / 霞多丽 / 长相思
	豪威尔山 Howell Mountain AVA	赤霞珠 / 美乐 / 仙粉黛 / 霞多丽 / 维欧尼
	央特维尔 Yountville AVA	赤霞珠 / 美乐
	卡内罗斯 Carneros AVA	黑皮诺 / 长相思 / 霞多丽 / 美乐

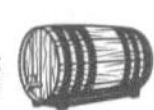

续表

大产区	主要 AVA 产区	主要品种
加州索诺玛县 Sonoma County	索诺玛谷 Sonoma Valley AVA	赤霞珠 / 美乐 / 霞多丽
	亚历山大谷 Alexandra Valley AVA	赤霞珠 / 霞多丽、美乐
	干溪谷 Dry Creek Valley AVA	仙粉黛 / 赤霞珠
	俄罗斯河谷 Russian River Valley AVA	黑皮诺 / 霞多丽 / 长相思 / 仙粉黛
	白垩山 Chalk Hill AVA	霞多丽 / 长相思
加州门多西诺县 Mendocino County	安德森山谷 Anderson Valley AVA	阿尔萨斯白 / 黑皮诺 / 仙粉黛 / 西拉 / 赤霞珠
加州中部海岸 Central Coast	蒙特利县 Monterey County 圣巴巴拉郡 Santa Barbara County	霞多丽 / 长相思 / 黑皮诺 / 罗讷河谷品种 / 波尔多品种
加州中央山谷 Central Valley	洛蒂 Lodi AVA	仙粉黛 / 霞珠 / 美乐 / 霞多丽
俄勒冈州 State of Oregon	哥伦比亚峡谷 Columbia Gorge AVA 哥伦比亚河谷 Columbia Valley AVA 蛇河谷 Snake River Valley AVA 南俄勒冈州 Southern Oregon AVA 威拉米特河谷 Willamette Valley AVA	黑皮诺 / 西拉 / 美乐 / 灰皮诺
华盛顿 State of Washington	普吉特海湾 Puget Sound AVA 红山 Red Mountain AVA 亚基马谷 Yakima Valley AVA 哥伦比亚谷 Columbia ValleyAVA 瓦拉瓦拉谷 Walla Walla Valley AVA	霞多丽 / 雷司令 / 维欧尼 / 琼瑶浆 波尔多红葡萄品种
纽约州 State of New York	长岛 Long Island AVA 五指湖 Finger Lakes AVA 哈得逊河 Hudson River AVA 尼亚加拉峡谷 Niagara Escarpment AVA 伊利湖 Lake Erie AVA	雷司令 / 霞多丽及本土品种

一、加利福尼亚州（California）

加州的葡萄栽培历史其实并不长，直到 1960 年后葡萄种植面积才翻了好几倍，精品酒庄和大型酒庄的数量都有了大规模增长，在中央山谷（Central Valley）主要酿造单一品种的葡萄酒，而优质酒则集中在沿海岸区域。该州是美国葡萄酒最有影响力的产区，虽然历史短暂，却后来居上，共有接近 3000

家葡萄酒厂，占美国葡萄酒厂的 51%。加州位于美国西海岸，西临太平洋，北靠俄勒冈，地域广阔。主要的子产区有纳帕县、索诺玛县、门多西诺县、中部海岸以及中央山谷等。

【产区名片】

地理位置：西部太平洋沿岸，北接俄勒冈州，东接内华达州和亚利桑那州，南邻墨西哥，西濒太平洋

气候特点：由于太平洋的影响，海岸地区较凉爽；根据距离海洋的远近，内陆地区气候从温暖到炎热；西部沿海为地中海气候，东部内陆为高原山地气候，东南部为热带沙漠气候

主要品种：白：霞多丽、长相思；红：赤霞珠、美乐、仙粉黛、黑皮诺

主要区域：北部海岸 / 中部海岸 / 中央山谷 / 塞拉山麓（North Coast/Central Coast/Central Valley/Sierra Foothills）

年均降雨量：中央谷地 200~500 毫米；东南部沙漠 50~75 毫米；西北部 4420 毫米

平均海拔：884 米

（一）地理风土

加州属于典型的地中海式气候，夏季炎热干燥，冬季温和多雨。与美国其他地区不同，加州降雨主要集中在每年 10 月至次年 3 月。夏季与雨季完美交错，为葡萄提供一个漫长而干燥的生长季。得益于漫长而干燥的生长季，加州的葡萄能够顺利健康地成熟，但需要进行灌溉。采收前稀缺的秋天降雨，使得种植者可以延迟采收葡萄，获得更成熟、糖分更高、平衡感更强的酿酒原料。

加州绵长的海岸线对当地风土起到调节的作用。在西海岸葡萄园的潜力大小主要取决于葡萄园受来自太平洋的加利福尼亚洋流（California Ocean Current）的影响的多少，纳帕谷（Napa Valley）和索诺玛（Sonoma）地区常有海洋气流形成的晨雾，这些薄雾有时至午后才能被阳光驱散，减缓温度上升的同时还可以为葡萄园提供一定的水分，使葡萄在较为温和的环境下成长。

加州地区以地形复杂而出名，沿海产区降温明显，适合冷凉葡萄品种。加州产区大多是群山环绕，谷地纵横。这些山脉能为葡萄藤提供天然的屏障，保护葡萄园免受极端天气的侵袭，例如热浪侵袭。而有山口的产区，尤其山口对海洋形成敞开式斜角的产区，则会形成冷空气穿行的风道，冷风吹入内陆，改善当地气候，如圣巴巴拉郡（Santa Barbara County）和蒙特利郡

（Monterey County）等。这使得这些产区能够种植喜爱冷凉气候的品种，如黑皮诺和霞多丽等。在内陆地区，山脉融雪还能为葡萄种植提供丰富的水资源。此外，海拔较高的葡萄园昼夜温差大，这有助于延缓葡萄成熟的速度，使得葡萄在缓慢成熟的过程中积累足够的糖分和发展出复杂的风味。加州复杂的地形还赋予了这里多样的土壤类型。其中一些山脉被火山岩浆包裹，土壤中含有大量的火山岩。这种土壤不仅排水性好，能吸收保留热量，还富含矿物质成分，为葡萄带来独特的风味和个性。

（二）栽培与酿造

加州拥有南北纵深 1300 千米海岸线，跨越约 10 个纬度，以温暖干燥的地中海气候为主，但是各个产区地形地势不同，小气候多变，也造就了不同产区的特色。充满阳光的加州由于受太平洋沿岸洋流的影响，既可以种植喜寒凉的葡萄品种，又可以种植喜温热的葡萄品种。由于中央山脉的阻隔，沿海和内陆的气候差异非常大。目前，加州有 100 多个法定葡萄产区（AVA），足见其风土的丰富。“不同产区，不同风土，不同风格”，恰恰说明加州葡萄酒风格的多样性，加之美国本身属于典型的移民国家，不同酒庄带有不同的人文特征，葡萄酒风格更加富有多元性。在加州几乎可以找到世界各地的所有主流葡萄品种，赤霞珠、美乐、西拉、黑皮诺、霞多丽、长相思、雷司令、灰皮诺都是这里最具代表性的品种。另外，众多意大利移民让如桑娇维塞、巴贝拉（barbera）等意大利葡萄品种在加州盛行。加州标志性的葡萄品种为赤霞珠、仙粉黛和霞多丽。

（三）北部海岸（North Coast）

1. 纳帕县（Napa County）

该产区位于旧金山以北 65 千米的山谷之处，以纳帕谷（Napa Valley）最为著名。纳帕谷南北跨越 50 千米，但宽度仅有 5 千米，是加州土地最贵、出产优质酒最多的产区，总产量占加州的 4%，价格普遍较高。纳帕谷于 20 世纪 70 年代开始受到广泛关注，这一时期，值得一提的大事件是“Paris Judgment”（巴黎审判）。在一次于法国巴黎举办的盲品大赛中，该产区鹿跃酒庄（Stags Leap Winery）的赤霞珠葡萄酒一举击败法国名庄荣膺桂冠，美国葡萄酒在此次比赛中大放光彩，也因此催生了美国膜拜酒（Cult Wine）的诞生。纳帕谷的崛起，主要依靠四大因素：1976 年的巴黎审判、罗伯特·帕克的影响、膜拜酒的名声以及当地出色的旅游业。

纳帕山谷之间的独特地理环境，形成了众多微气候，再加上各处不同的土壤特征，使得此地成为世界上为数不多的能与法国波尔多相媲美的著名产区。雨水主要集中在冬季，收获季节很少受到雨水的侵袭，但灌溉往往是必需的。在早上，晨雾会从圣巴勃罗湾（San Pablo Bay）进入山谷里，带来凉爽的影响。在纳帕，赤霞珠占 40%，是毫无疑问的标志性品种，还种植了许多霞多丽、长相思、仙粉黛、西拉和美乐。除了单一品种葡萄酒，也常酿造波尔多风格的调配葡萄酒。高品质的酒有着成熟的黑色樱桃般的果味，中等到高的酒精度以及柔软成熟的单宁。此外，也有不少产区位于山间，围绕着山谷。这些产区没有晨雾的影响，因此赤霞珠有着更加成熟深邃的果味和更高的酒精度，单宁也更为直接。纳帕县虽面积有限，却融汇了 300 多家酒庄（约占整个加州的三分之一），酒庄密度高，众多名庄云集于此。纳帕县根据土壤、气候与地形不同，又划分了 16 个 AVA 子产区，主要包括奥克维尔（Oakville）、卢瑟福（Rutherford）、鹿跃（Stags Leap）等著名 AVA 产区。

【产区名片】

气象检测点：纳帕谷圣海伦娜镇
纬度 / 海拔：38.3° N/60 米
7 月平均气温：21.7℃
年均降雨量 894 毫米
9 月采摘季降雨：10 毫米
种植威胁：冬季干旱、春霜
主要品种：赤霞珠、美乐、霞多丽

（1）奥克维尔（Oakville）

奥克维尔在 1993 年被认证为 AVA 产区，该产区位于谷底位置，土壤相对肥沃。奥克维尔主要以出产波尔多式混酿葡萄酒而著称，酒体饱满丰富，层次复杂多变，单宁强劲有力，中高酒精，有黑色浆果果香，完美平衡，品质卓越。著名的啸鹰（Screaming Eagle Winery）、作品一号（Opus One Winery）、哈兰（Harlan Estate）、蒙大维（Robert Mondavi Winery）和格鲁斯（Groth）及沙德酒庄（Schrader Cellars）等位于此产区。

【产区名片】

气候特点：地中海气候，较为温暖，夜间及凌晨雾气多
葡萄园海拔：23~150 米
夏季最高温度：34℃ ~35.5℃
年均降雨量：875 毫米
土壤类型：沉积砾石冲积土壤、火山岩，土层深厚

 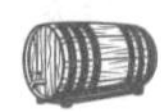

（2）卢瑟福（Rutherford）

卢瑟福在 1993 年被认证为 AVA 产区，比奥克维尔更温暖，有“加州左岸”之称，以出产卓越的赤霞珠葡萄酒而著称。阳光充足，早晚会受到太平洋海风的影响，气候较为凉爽，昼夜温差较大，出产的赤霞珠葡萄酒单宁强劲，酒体饱满，带有一定酸度，层次复杂，陈年潜力巨大。名庄有柏里欧酒庄（Beaulieu Vineyard）、卢瑟福山酒庄（Rutherford Hill Winery）、雷蒙德酒庄（Raymond）、炉边酒庄（Inglenook Estate）和佳慕酒庄（Caymus Vineyards）等。

【产区名片】

气候特点：更加温暖，下午有海风调节

夏季最高温度：34℃ ~35.5℃

葡萄园海拔：33~150 米

年均降雨量：950 毫米

土壤类型：沙质沉积土、砾砂、冲积土及火山岩

（3）鹿跃（Stags Leap）

鹿跃区在 1989 年被认证为 AVA 产区，西边的群山将圣巴勃罗（San Pablo）海湾的海风引入这个山谷，葡萄酒酸度突出。这里依山傍水，风土条件得天独厚，其土壤主要为火山石和黏土，培育的葡萄具有独特风味，被称为“谷中谷”（Valley within a valley）。这里以出产顶级赤霞珠著称，风格有“天鹅绒手套里的铁拳”美誉，鹿跃酒窖（Stag's Leap Wine Cellars）、克罗杜维尔酒庄（Clos Du Val）位于此产区内。

【产区名片】

气候特点：较为温暖，下午有海风调节

夏季最高温度：32℃ ~34℃

葡萄园海拔：20~123 米

年均降雨量：750 毫米

土壤类型：谷底火山砾石，山坡为岩石

（4）卡内罗斯（Los Carneros）

卡内罗斯在纳帕的南端，这里没有山脉影响，是一片平缓的土地，可以直接受到海洋的影响。来自圣巴勃罗湾的海风穿过佩塔卢马峡吹进这里，给这里带来了凉爽、多雾的气候。卡内罗斯以生产优质黑皮诺和霞多丽而闻名，

也出产高品质的起泡酒。嘉威逊酒庄（Cuvaison）是当地著名酒庄之一。

【产区名片】

气候特点：凉爽，海风影响大，昼夜温差小

夏季最高温度：27℃

葡萄园海拔：4.6~124 米

年均降雨量：72~90 毫米

土壤类型：黏土为主，山坡多冲积土

（5）维德山（Mt Veeder）

葡萄园分布在山谷周围陡峭山坡上，葡萄更加成熟，葡萄藤扎根深，果香更加集中，酒精度更高，并拥有结构紧致的单宁。维德山土壤以沉积土为主，排水性能良好，适宜赤霞珠、仙粉黛等葡萄品种生长。赫斯精选酒庄（The Hess Collection）是维德山著名的有机酒庄。

【产区名片】

气候特点：凉爽至温和

夏季最高温度：30℃

葡萄园海拔：183~650 米

年均降雨量：875 毫米

土壤类型：沉积土壤，酸度高，沙质或沙壤土

（6）圣海伦（St.Helena AVA）

这里受西部的山脉保护，较为温暖，较少受到海风或晨雾影响，这里是纳帕谷最狭窄地区，山坡可以反射给葡萄更多热量。赤霞珠、美乐、西拉等都有突出表现，白葡萄品种多为长相思。

【产区名片】

气候特点：温暖，较少受海风影响

夏季最高温度：30℃ ~35℃

葡萄园海拔：46~152 米

年均降雨量：950~1010 毫米

土壤类型：西部与南部更多为沉积土、碎石黏土等。北部多为火山岩，土层深，更加肥沃

（7）奇利谷区（Chiles Valley District AVA）

这里夏季相当温暖，但由于海拔较高，早晚会有雾气，为当地调节了温度。这里的葡萄酒展现出良好的活力与黑色水果的风味，主要品种为赤霞珠、美乐、品丽珠。该产区葡萄采收时间比奥克维尔略晚。

【产区名片】

气候特点：温暖，较少受海风影响

夏季最高温度：28.8℃ ~31℃

葡萄园海拔：242~394 米

年均降雨量：880 毫米

土壤类型：谷底为来自海洋冲积土、淤泥黏土，山坡多为石黏土及火山岩

1. 索诺玛县（Sonoma County）

索诺玛县位于纳帕谷的西侧，也是加州非常有名望的产区。总的来说，索诺玛县为地中海气候，夏季温暖干燥且昼夜温差明显，每个产区都有自己的微气候与独特土壤类型。整个产区内，红葡萄酒以赤霞珠、美乐、黑皮诺、仙粉黛为主，白葡萄酒则以霞多丽、长相思为主。该产区的索诺玛谷（Sonoma Valley）无疑最为出名，因具有与纳帕谷平行的地理位置，所以有着非常适宜葡萄生长的土壤、地形及气候条件，是继纳帕谷后美国第二大葡萄酒著名产区。产区内主要盛产口感圆润、酒体饱满的赤霞珠、美乐、霞多丽葡萄酒等。当地著名的酒庄有金舞酒庄（Kenwood Vineyard）、宝林酒庄（Clos Du Bois）、维斯塔酒庄（Buena Vista Winery）等。该产区面积较大且具有多样性，主要包括索诺玛谷（Sonoma Valley）、索诺玛海岸（Sonoma Coast）、亚历山大谷（Alexandra Valley）、干溪谷（Dry Creek Valley）、俄罗斯河谷（Russian River Valley）、白垩山（Chalk Hill）等产区，共计 13 个 AVA 产区，有接近 300 个大大小小的酒庄。

【产区名片】

产区位置：纳帕谷西侧

气候特点：较为温暖，靠近海岸区域气温凉爽，越往内陆越炎热

种植情况：因坡向、海拔的不同而使昼夜温差有别，适种葡萄品种也不同

酿造情况：浓郁的红葡萄酒，通常在新橡木桶中陈年；葡萄酒的类型取决于气候及土壤因素

土壤类型：沉积火山灰和火山岩熔岩土壤
夏季最高温度：29℃
气象检测点：索诺马镇
纬度 / 海拔：38.18° N/20 米
7 月平均气温：21.3℃
年均降雨量：737 毫米
9 月采摘季降雨：10 毫米
种植威胁：冬季干旱、春霜、采摘期降雨

（1）亚历山大谷（Alexander Valley）

亚历山大谷是索诺玛面积最大的子产区，种植密度也最大。这里种植了大量品种，都有不错的效果，特别是以出产结构柔和、酒体饱满的赤霞珠而闻名。此外，霞多丽、长相思、仙粉黛等也有出色的表现。

（2）干溪谷（Dry Creek Valley）

干溪谷是加州最著名的优质仙粉黛产区，花香、果香丰富，深受人们喜爱。这里因具有与勃艮第夏布利相似的土壤而著名，葡萄品种以霞多丽与长相思为主，香气上与夏布利相比果味浓郁。

（3）俄罗斯河谷（Russian River Valley）

俄罗斯河谷受到海洋大量的凉风和雾气影响，是最凉爽的子产区之一，以生产高品质的黑皮诺和霞多丽而知名，也包括起泡酒。这里是美国著名黑皮诺干红、黑皮诺起泡酒及经典霞多丽白葡萄酒的重要产区，其霞多丽葡萄酒既有法国勃艮第霞多丽的清新自然，又不失饱满圆润的质感。

（4）白垩山（Chalk Hill）

该区成立于 1983 年，拥有 1400 英亩葡萄园，具有似夏布利（Chablis）的白垩质土壤，适合酿造霞多丽和长相思葡萄酒。

2. 门多西诺县（Mendocino County）

门多西诺县在索诺玛县最北部，葡萄酒产量占加州总产量的 2%，是美国有机葡萄酒的种植区。这里因其高档黑皮诺葡萄和阿尔萨斯葡萄品种声名在外，该地有两个主要的气候区域：较炎热的内陆区域和较凉爽的沿海区域。

【产区名片】

产区位置：索诺玛县正北方，旧金山北边大约 140 千米处
气候特点：地理位置优越，濒临太平洋，沿海地区较为温和，内陆地区较为温暖

主要子产区：安德森谷（Anderson Valley AVA，凉爽的海岸气候，适宜种植霞多丽、黑皮诺等，传统起泡酒闻名）

土壤类型：冲积土、岩石层

气象检测点：门多西诺尤凯亚市（Ukiah）

纬度 / 海拔：39.09° N/180 米

7 月平均温度：23.2℃

年均降雨量：964 毫米

9 月采摘季降雨：20 毫米

种植威胁：冬季干旱、采摘期降雨

主要品种：霞多丽、增芳德、赤霞珠、美乐

（四）中部海岸（Central Coast）

中部海岸地区位于加州南部，横跨 3 个县，分别是圣巴巴拉县（Santa Barbara County）、圣路易斯奥比斯波县（San Luis Obispo）和蒙特利县（Monterey County）。圣路易斯奥比斯波县最重要的子产区为帕索罗布斯（Paso Robles）。近几年，帕索罗布斯地区的葡萄酒发展迅速，这为产区名声的稳步增长奠定了一定的基础。

【产区名片】

地理位置：加利福尼亚中部海岸的最南端，其南部和西部的边界线由太平洋海岸线组成

气候特点：从凉爽、潮湿、多风的海岸到内陆温暖干燥的地区，整体较凉爽，葡萄生长季长

主要子产区：Santa Maria Valley AVA、Santa Ynez Valley AVA、Sta.Rita Hills AVA

地形与朝向：沿海丘陵和河谷，葡萄园坐落在山谷的斜坡地区

主要品种：霞多丽、长相思、黑皮诺、罗讷河谷品种及波尔多品种等

气象检测点：中部海岸圣塔玛丽亚

纬度 / 海拔：34.54° N/70 米

7 月平均气温：17.3℃

年均降雨量：314 毫米

9 月采摘季降雨：10 毫米

种植威胁：晚熟

1. 蒙特利县（Monterey County）

蒙特利县位于中岸靠北区域，种植面积较大，依赖灌溉。该地包括 8 个法定产区，分别为沙龙（Chalone）、阿罗约塞科（Arroyo Seco）、圣特露西亚高地（Santa Lucia Highlands）、圣露卡斯（San Lucas）、梅斯谷（Hames Valley）、卡梅谷（Carmel Valley）、圣安东尼奥（San Antonio）和圣贝纳贝（San Bernabe）。这里受太平洋的凉爽气流影响显著，从蒙特利湾（Monterey Bay）吹来的凉爽空气使该地区的东北部非常凉爽，在靠近海洋的地区种植了大量的霞多丽和黑皮诺，这里每天都有海洋上吹来的冷风，大大降低了温度。气候较为凉爽，也出产优秀的阿尔萨斯葡萄，以出产各类芳香白葡萄酒及起泡酒闻名。蒙特利的霞多丽有出色的酸度，清爽的柑橘类果味和一些热带水果风味；黑皮诺有着成熟的果香；美乐则有着饱满的黑色浆果风味和直接的单宁。意大利的一些品种在当地也有种植，如桑娇维塞、内比奥罗等。该产区的有机葡萄酒一直在美国加州有相当大的名气。著名的酒庄有菲泽酒庄（Fetzer Estate）、玛利亚酒庄（Mariah Vineyard）、路易王妃酒庄（Roederer Estate）等。

2. 圣巴巴拉县（Santa Barbara County）

圣巴巴拉县主要种植黑皮诺，其中很大程度上受到电影《杯酒人生》（*Sideways*）的影响。这里气候条件出色，降雨量小，充足的太平洋雾气带来凉爽和湿润的海风，利于种植优质的霞多丽和长相思。主要子产区为圣巴巴拉（Santa Barbara）、隆波克（Lompoc）、圣伊内斯（Santa Ynez）、奥利弗斯（Los Olivos）、索尔万（Solvang）、巴尔顿（Buelton）和圣马丽亚（Santa Maria）等。

（五）中央山谷（Central Valley）

中央山谷位于旧金山南部，是美国加州重要的农业区，也是加州葡萄酒产量较大的一个区域。中央山谷位于内陆，从萨克拉门托山谷（Sacramento Valley）到圣华金山谷（San Joaquin Valley）绵延南北近 600 千米，气候干燥炎热，土壤肥沃，需要人工灌溉，葡萄酒产量大，多以餐酒为主。这里的葡萄种植完全按照工业的标准，有着完全自动化的灌溉系统，种植了大量国际品种。葡萄产量巨大，成本低廉，为加州的调配型葡萄酒提供了充足的葡萄原料。葡萄酒多混酿，品种有鲁勃德（Rubired）、宝石卡本内（Ruby Cabernet，美国加利福尼亚大学戴维斯分校培育的能适应该地的新品种）以及鸽笼白（Colombard）等。表现最好的品种为白诗南、巴贝拉、霞多丽等。主要子产区包括洛蒂（Lodi）、索拉诺县（Solano County）、绿谷（Green Valley）等。洛蒂（Lodi）虽然在地理上属于中央山谷，但受到旧金山海湾的凉爽海风影响，这里也是加州最大的优质酒产区，种植了大量品种，但最知

名的是老藤的仙粉黛，饱满成熟浓郁。白仙粉黛（White Zinfandel，一种桃红葡萄酒，酒精度较低，微甜，果味多）也是当地特色。洛蒂的其他葡萄酒品种还有赤霞珠、美乐、霞多丽等。

【产区名片】

产区位置：纵贯美国加利福尼亚州中部的平原，南北长约 720 千米

气候特点：海岸山脉阻挡太平洋凉爽水气，夏季干燥，多阳光，冬季多雨，地中海气候

气象检测点：洛蒂（Lodi）

纬度 / 海拔：38.12° N/16 米

7 月平均气温：23.3℃

年均降雨量：432 毫米

9 月采摘季降雨：10 毫米

种植威胁：灰霉菌、霜霉菌

主要品种：增芳德、霞多丽、赤霞珠

二、俄勒冈州（State of Oregon）

俄勒冈州位于美国西北海岸，西邻太平洋，北接华盛顿，东邻爱达荷州，南邻加利福尼亚州和内华达州。该州葡萄酒历史虽然比较长，也是美国最优秀的葡萄酒产区之一，但并没有加州成熟。

【产区名片】

产区位置：位于太平洋西北部，主要葡萄酒产区位于海岸山脉与喀斯喀特山脉（Cascade）之间

气候特点：凉爽的海洋性气候的影响，海岸山脉提供雨影区，阻挡了太平洋向东吹来的风暴

主要品种：灰皮诺、霞多丽、雷司令、黑皮诺（70% 的种植量）

主要子产区：威廉米特谷（Willamette Valley）

土壤类型：火山岩、冲积层和黏土的混合物

气象检测点：威拉梅特谷麦克明维尔镇（McMinnville）

纬度 / 海拔：45.14° N/40 米

7 月平均气温：18.8℃

年均降雨量：1097 毫米

9 月采摘季降雨：40 毫米
种植威胁：真菌类疾病、成熟度不足

（一）风土环境

俄勒冈州温度适宜，濒临大西洋，整体的气候受到了太平洋影响，产区主要位于沿岸地区，是海洋性气候，潮湿会导致葡萄品质出现年份差异。在俄勒冈的北部，最为知名的威廉米特谷（Willamette Valley）相对干燥，该地占俄勒冈 90% 以上的产量，它也是俄勒冈酒庄和葡萄园最密集的产区。这里昼夜温差明显且日照充足的气候，使得葡萄能很好地发展风味和香气的复杂性，同时保持酸度。这里与法国勃艮第有非常相似的气候条件，因此成为黑皮诺葡萄酒的重要产区，出产的黑皮诺葡萄酒在世界上频频获奖，为它赢得了不少的声誉。黑皮诺需要精心地栽培和酿造，这里更加注重质量而不是产量。葡萄园整体产量较小，修剪方式也更多。该地的杜鲁安酒庄（Domaine Drouhin）出产非常优质的黑皮诺。另外，该地区也是美国灰皮诺的诞生地，莎当妮和雷司令在俄勒冈州也有出色表现，俄勒冈州的温暖地带还出产优质的西拉、赤霞珠、美乐等葡萄酒。

（二）栽培与酿造

俄勒冈的葡萄园主要位于海岸山脉（Coast Range）和瀑布山（Cascade）之间。总体来说，该产区气候较为凉爽，夏季温和漫长，秋季较为潮湿，更偏向南方（更靠近加利福尼亚州）的地区气候略显干燥，土壤主要是花岗岩，带有少量的火山岩和黏土。俄勒冈西邻太平洋的地理优势以及不同的海拔为产区创造了一系列不同的微气候，虽然气候条件每年都会有变化，但是该产区的葡萄种植者会依据气候调整栽培技术，并选择性地匹配种植葡萄，保证该州的葡萄酒品质始终如一。

（三）主要品种

因为这里气候凉爽，非常适合黑皮诺的种植，生产的黑皮诺葡萄酒单宁丝滑，风格优雅，被认为是除勃艮第外的适宜种植黑皮诺产区之一。黑皮诺自然成了这里最主要的品种，种植面积超过 50%。该州的红葡萄品种还包括美乐、赤霞珠、西拉和仙粉黛等。白葡萄方面，灰皮诺是俄勒冈州最主要的白葡萄品种，此外还有霞多丽和雷司令等。

（五）主要子产区

俄勒冈州有 5 个子产区，分为哥伦比亚峡谷（Columbia Gorge AVA）、哥伦比亚河谷（Columbia Valley AVA）、蛇河谷（Snake River Valley AVA）、南俄勒冈州（Southern Oregon AVA）和威拉米特河谷（Willamette Valley AVA）。

 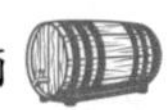

其中最著名的产区是威拉米特河谷法定种植区，山谷和海岸山脉下的丘陵地带都是葡萄生长的理想环境，该州大约70%的酒庄都位于此。这里出产的顶级黑皮诺酒，很多品酒师认为可以媲美勃艮第的一流好酒。俄勒冈州的酒庄规模普遍不大，出产的葡萄酒均为纯手工，小批量酿制葡萄酒。在俄勒冈即使最大的一家酒庄，也比通常的欧洲酒庄小很多。

三、华盛顿（Washington D.C.）

华盛顿邻近太平洋，位于马里兰州和弗吉尼亚州之间的波托马克河与阿纳卡斯蒂亚河的交汇处。尽管该州葡萄酒产业相对较年轻，但目前已经成为美国第二大葡萄酒产区，有接近900家酒庄，葡萄酒产业发展迅速。

【产区名片】

产区位置：位于太平洋西北部，大部分葡萄园位于喀斯喀特山脉（Cascade Mountains）以东

气候特点：喀斯喀特山脉形成的雨影区，保护该州整个东部地区免受来自太平洋的阴雨和冷凉天气影响，为当地创造了典型的大陆性的高沙漠气候，夏季炎热，冬季寒冷，降水量少

主要品种：霞多丽、雷司令、赤霞珠、美乐及西拉等

气象检测点：华盛顿普罗瑟市（Prosser）

纬度/海拔：46.15° N/270米

7月平均气温：21℃

年均降雨量：199毫米

9月采摘季降雨：11毫米

种植威胁：冬季严寒

（一）风土环境

该地位于美国西北部，阳光充足，非常适宜葡萄生长。北部紧靠加拿大，晚上较为凉爽的天气为葡萄保留了天然的酸度。核心产区在哥伦比亚谷（Columbia Valley），这里属于半干旱的大陆性气候，拥有沙漠地貌，年降雨量仅200毫米，白天气温较高，夜间气候凉爽。葡萄酒占到华盛顿99%的产量。河水灌溉是必需的，这里的酿造者利用充足的日照，生长季每日日照超过加州2小时。稳定的夏季气温来确保果实成熟，同时凉爽的夜晚（昼夜温差可超过20℃）又保证了酸度和果香的新鲜。这里80%的葡萄采用机械化采

收。哥伦比亚谷主要种植的品种红白各占一半，包括霞多丽、美乐、赤霞珠。霞多丽是该地最广泛种植的葡萄，雷司令也受到重视，种植量开始显著增加，类型包括干型、甜型甚至贵腐。此外，其他白葡萄品种有赛美容、白诗南、琼瑶浆、维欧尼和长相思等，红葡萄品种以波尔多品种为主，也种植了越来越多的西拉，风格深邃浓郁。这里有 4 个主要的 AVA 产区，分别是普吉特海湾（Puget Sound）、红山（Red Mountain）、亚基马谷（Yakima Valley）、瓦拉瓦拉谷（Walla Walla Valley）。

（二）栽培与酿造

华盛顿位于北纬 46°，葡萄生长期的每天平均日照时间达 17 个小时，比加利福尼亚州还要多 2 个小时，充足的阳光可使葡萄得以充分地生长和成熟。华盛顿的昼夜温差大，夜晚的低温有助于保持葡萄的酸度和新鲜度，因而酿造出的葡萄酒拥有丰腴的香气与味道，且结构均衡。土壤条件上，冰河时期的洪水造就了哥伦比亚盆地，而华盛顿就处于哥伦比亚盆地之中。这里有层次丰富的花岗岩、沙土和淤泥，还混有少量火山岩。这种含有沙质土壤的混合土，排水性好。在喀斯喀特山脉（Cascade Mountains）的遮挡下，华盛顿东部的主要葡萄酒产区是非常干旱的，加上寒冷的冬季，可以防御葡萄根瘤蚜的侵袭。该产区葡萄种植得益于水系众多，当地河流不仅解决了灌溉问题，在调节夏季和冬季的温度方面也发挥了重要的作用。在水系作用下，炎热的夏季更凉爽，寒冷的冬季更温和。应对高纬度的霜冻危害，一些葡萄园会使用风机和搭棚来解决。华盛顿的地貌造就了多种局部气候区域，适合不同葡萄品种的生长。该产区主要的葡萄品种有霞多丽、雷司令、美乐、赤霞珠和西拉等。

（三）主要子产区

华盛顿主要的子产区是瓦拉瓦拉谷（Walla Walla Valley）、红山（Red Mountain）和雅基马谷（Yakima Valley）。这些产区大量种植优质波尔多葡萄品种、罗讷河谷葡萄品种，以及越来越多的意大利葡萄品种和西班牙葡萄品种。

华盛顿的葡萄酒产业是从气候温和、土壤肥沃的哥伦比亚谷（Columbia Valley）开始的，该种植区夏季气候温和，温度适中，白昼较长，夜晚凉风习习，温和的天气成就了良好的葡萄酒原料。另外，来自奇兰湖（Lake Chelan）、斯耐珀斯山（Snipes Mountain）、哥伦比亚大峡谷（Columbia Gorge）等比较凉爽的产区的葡萄酒也越来越受欢迎。

四、纽约州（State of New York）

纽约州位于美国东北部，葡萄产量紧随加州和华盛顿之后，该州排名

美国葡萄酒产量第三位，目前约有250家酒庄。葡萄种植历史悠久，最早可以追溯到17世纪。荷兰移民和法国胡格诺派教徒在哈德逊山谷（Hudson Valley）种植了葡萄。19世纪，这个产区开始商业化酿酒。位于哈蒙兹波特（Hammondsport）的快乐谷酒庄（Pleasant Valley Wine Company）是美国第一个保税酒厂，而位于哈得孙山谷的兄弟酒庄（Brotherhood Winery）是至今仍在运作的美国最古老的酒庄，拥有近200年的历史。

【产区名片】

产区位置：美国东北部

气候特点：大陆性气候，内陆地区受湖泊和河流影响，沿海地区受大西洋影响

主要品种：雷司令/琼瑶浆/霞多丽/黑皮诺/美乐/品丽珠；杂交：康科德（Concord）、威代尔（Vidal）

葡萄种植：在严冬季节，保护葡萄藤免受冰冻影响；温暖潮湿的夏季，需保护葡萄藤不受霉菌的影响

年均温度：22℃

年均降雨量：460毫米

纬度坐标：北纬34°

土壤类型：多样

（一）风土环境

纽约州地形非常多样，不仅有冰川形成的峭壁深谷，还有五指湖群（Finger Lakes）和哈得孙河带来的流水地貌。这里的土壤类型包括排水性较好的花岗岩和页岩，还有肥力强的淤泥和土壤。这里白天温暖，夜间凉爽，因为受到湖泊、河流以及大西洋的影响（该州葡萄酒产地都受此影响），夏季则更为凉爽，冬季更为温和。该州年降雨量在30至50英寸（760至1270毫米）。不过，这里也常受到飓风的影响。伊利湖地区和芬格湖群地区的葡萄生长期较短（170至200天），而长岛地区的葡萄平均生长期则相对更长（220天），这是因为长岛的湿度和降雨量比前两者要高。

（二）栽培酿造

该州从东海岸的长岛（Long Island）到中西部的伊利湖（Lake Erie）之滨，分布着广泛的葡萄种植区。该州大多数酿酒厂都以家族模式经营且规模较小，生产的葡萄酒大多年轻时就适合饮用。纽约州种植的葡萄80%以上是本土的美洲葡萄品种，其中比例较高的是康科德（Concord）葡萄。美洲本土

葡萄品种更能适应严酷的气候，不过亚欧葡萄品种酿造出来的葡萄酒的品质更好一些。其中，雷司令（Riesling）葡萄酒最为著名，霞多丽（Chardonnay）和黑皮诺（Pinot Noir）葡萄被用来酿造静止葡萄酒或起泡葡萄酒。该州还有大量欧美杂交葡萄品种，主要有卡托巴（Catawba）、特拉华（Delaware）、黑巴科（Baco Noir）、德索娜（De Chaunac）、卡玉佳（Cayuga）、威代尔（Vidal）和维诺（Vignoles）等。

（三）主要子产区

这里主要有 5 个 AVA 产区，分别是长岛（Long Island）、五指湖（Finger Lakes）、哈得孙河（Hudson River）、尼亚加拉峡谷（Niagara Escarpment）和伊利湖（Lake Erie）。其中五指湖产量最高，占该州总产量的 85%，气候受湖水影响，湿润有余。主要以白葡萄品种为主，芳香的雷司令及霞多丽在这里表现突出。纽约州不同于其他主要葡萄酒产区，该地主要葡萄品种以当地本土葡萄为主，占总产量的 85% 以上，欧亚葡萄只占少数。雷司令、霞多丽、黑皮诺表现较好，用于酿造优质干白葡萄酒或起泡酒。

五、其他（Others）

美国除以上区域生产葡萄酒外，目前在俄亥俄州、弗吉尼亚州以及宾夕法尼亚州也有少量生产，这些产区多以满足当地消费为主，外销少。

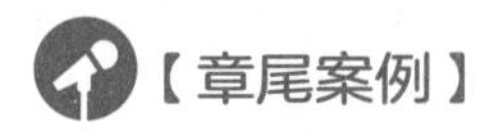

丝绸之路上的“佳酿”

丝路酒庄位于新疆天山南麓伊犁河谷，地处新疆西部，西临哈萨克斯坦，是丝绸之路的必经之地，也是中国最西部的葡萄酒庄。伊犁地形呈“三山夹一谷”的态势，向西的喇叭形敞开的独特地形，一方面抵御了西伯利亚寒流的南下，并阻挡了塔克拉玛干沙暴干风的北上，另一方面接纳了大西洋的暖湿气流，使之成为名副其实的“塞外江南”。

“丝路酒庄收获”干红由美乐、赤霞珠和小味尔多混酿而成，葡萄均来自丝路酒庄位于新疆伊犁河谷产区 67 团精品限葡萄园 10 年以上树龄葡萄，使用法国橡木桶陈年 12 个月酿制而成。伊犁河谷是全国唯一受到大西洋暖湿气流影响的地方，被称为西域湿岛，年均降水量 418 毫米，年日照时数 3100 小时左右，年有效积温 3178~4100℃，昼夜温差可达 20℃。葡萄生长周期长达 200 天，光照充足，糖分积累充分，葡萄酚类物质单宁成熟度高；土壤为砂砾

砂石，土壤有利于葡萄根系深扎，吸收更多的矿物质和养分。

67团产区位于伊犁河南岸，背靠乌孙山，面向伊犁河，海拔600~1200m，天然呈千分之15度坡度，排水性好。白天温暖，夜晚却沐浴在清凉的河风中。昼夜温差让成熟的葡萄依然保有天然的酸度，土壤上部覆盖着大小石头碎石沙土。其凉爽的气候，使葡萄享有较长的成熟期，生长期达180天以上。

来源：新疆丝路酒庄

案例思考：

美国加州与中国新疆伊犁河谷风土及波尔多混酿风格对比。

分析新疆伊犁河谷产区风土环境独特之处表现于哪些方面。

【章节训练与检测】

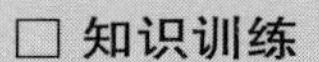

□ **知识训练**

1. 绘制加州葡萄酒产区分布示意图，掌握加州葡萄酒产区中英文地理名称。
2. 简述美国加州葡萄酒产区风土环境、主要品种、种植酿造及葡萄酒风格。
3. 分析比较纳帕谷重要子产区葡萄酒风格特征及差异点。
4. 分析比较索诺玛谷重要子产区葡萄酒风格特征及差异点。

□ **能力训练**（参考《内容提要与设计思路》）

□ **章节小测**

【拓展阅读】

加拿大葡萄酒

第十一章
智利葡萄酒 *Chilean Wine*

第一节　智利葡萄酒概况　*Overview of Chilean Wine*

【章节要点】

- 了解智利葡萄酒历史发展阶段与葡萄种植主要的环境影响因素
- 了解智利 DO 体系，并掌握酒标识别方法
- 掌握智利主要葡萄品种、栽培酿造与葡萄酒风格

一、地理概况

智利位于南美洲西南部，安第斯山脉西麓。东与阿根廷为邻，北与秘鲁、玻利维亚接壤，西邻太平洋，南与南极洲隔海相望，是世界上地形最狭长的国家。地处南纬 18°~57° 之间。智利气候类型多样，智利国境内至少包括了七种主要的气候亚类型，包括北部的沙漠到东部和东南部的高山苔原和冰川，复活节岛上的湿润亚热带性气候，智利南部的海洋性气候以及智利中部的地中海气候。北部沙漠区的中段冬季多雨、夏季干燥，为亚热带地中海型气候，南部则为多雨的温带阔叶林气候。

智利气候变化幅度大，秘鲁寒流为沿海地区带来了凉爽多雾气候；内陆与海岸山脉之间，气候温暖为地中海式气候。智利地形地貌复杂，东为安第斯山脉西坡，约占全境东西宽度的 1/3；西为海岸山脉，海拔约为 300~2000 米，大部分地带沿海岸伸展，向南入海，形成众多的沿海岛屿；北为沙漠，南为冰川，中部是由冲积物所填充的陷落谷地，海拔平均为 1200 米左右。智利境内多火山，地震频繁。位于智利、阿根廷边境上的奥霍斯−德尔萨拉多峰海拔 6885 米，为全国最高点。智利河流众多，全国有河流 30 余条，较重要的有比奥比奥河等，主要岛屿有火地岛、奇洛埃岛、惠灵顿岛等。

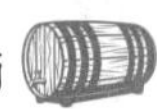

二、自然环境

智利的自然环境可以用极其优越来形容，作为世界上最狭长的国家，这里拥有得天独厚的自然条件。由于国土横跨38个纬度，各地区地理条件不一，气候复杂多样。气候可分为北、中、南三个明显不同的地段：北段主要是沙漠气候，智利最北部延伸至南纬 20° 左右，多为高山和沙漠，为世界上最干燥的地区，阻断了病虫害的滋生；中段是冬季多雨、夏季干燥的亚热带地中海型气候，这里干旱少雨，日照充沛，优质的葡萄酒来自山谷海拔较高地带，有利于保持酸度平衡；南部一直延伸至南极附近，为多雨的温带阔叶林气候（部分表现为海洋性气候），气候凉爽，是优质黑皮诺的重要来源地。东部的安第斯山积雪的融化成为葡萄园的天然灌溉源。东部受海拔影响，昼夜温差大，总体气候比较凉爽，谷底则相对温暖。西部受海洋海风的调节，气候凉爽，诞生了很多优质白葡萄酒胜地。中央多山谷，形成众多微气候。多样的气候和地质条件为葡萄生长提供了最理想的环境。

三、分级制度与酒标阅读

智利作为新世界葡萄酒产国的一员，葡萄酒相关的法规制度比较宽松。1995 年，智利根据新修改的葡萄酒法制定了葡萄酒原产地分级制度 DO（Denominacion de Origen），很大程度上提升了消费者对葡萄酒的市场信赖度，提高了智利葡萄酒品质。该制度把全国葡萄酒产区分为几个区域，产地（Regions）、亚产地（Sub regions）以及地域（Zones）。智利葡萄酒产区共划分为 4 个大区（Region），14 个法定产区（Denominación de Origen / DO）。2011 年，智利为推进现有原产地命名系统，设立了三种新的葡萄酒区域（Area）名称，称为“Complementary Denominations of Quality”，将葡萄园的地理位置从东到西划分为安第斯山脉葡萄园（Andes）、安第斯山脉和海岸山脉之间葡萄园（Entre Cordilleras）和沿海葡萄园（Costa），作为法定产区的补充信息。2012 年，智利农业部颁布法令通过了这三个新的命名，并添加进该国的 1994 年葡萄酒法律之中，新命名并非强制性，而是补充性的。

（一）安第斯山脉葡萄园（Andes）

安第斯山脉葡萄园覆盖了地市较高的东部产区，包括艾尔基（Elqui）、峭帕（Choapa）、迈坡（Maipo）、卡恰布（Cachapoal）、库里科（Curico）、莫莱（Maule）。安第斯山脉是世界上最长的山脉，无疑是定义智利地理的因素之一，创造了东部的自然边界，从北部干燥的沙漠延伸到南部巴塔哥尼亚郁郁葱葱的森林。清新山风从高处输送到山谷，为安第斯山脉葡萄园提供新鲜度、凉爽温度。这些气候影响有助于葡萄缓慢成熟，保留果实的酸度，酿造出具有非常好的天然酸度、极佳的色泽和平衡感的葡萄酒。

（二）沿海葡萄园（Costa）

沿海葡萄园涵盖位于西部的产区，包括利马里（Limari）、卡萨布兰卡（Casablanca）、圣安东尼奥（San Antonio）、空加瓜（Colchagua）和伊塔塔（Itata）。来自太平洋的凉爽微风与来自安第斯山脉的凉风相遇，在沿海地区形成了一种特殊而有益的凉爽气候，适宜白葡萄和耐寒的红葡萄生长，土壤富含矿物质，多晨雾，葡萄缓慢成熟，葡萄酒风格复杂，优雅，带有矿物味和天然高酸度。

（三）山脉之间葡萄园（Entre Cordilleras）

山脉之间葡萄园涵盖中部各产区，智利60%葡萄酒在此酿造。这里拥有智利葡萄栽培历史浓墨重彩的一笔，历史上葡萄栽培一直集中在中央山谷，这是一条狭长的地域，东面是安第斯山脉，西面是科迪勒拉山脉，提供了众多风土条件。地中海气候、充足的光照、沉积土和凉爽的夜晚促进了葡萄栽培和具有特色的红葡萄酒的发展。

智利葡萄酒酒标上最常见的产区就是亚产区名称，酒标上出现的产区越小，酒质通常越好。同时，该制度对酒标上的一些信息做了简单的限定，它规定酒标上出现品种、年份及产地标识的，要求至少有75%的含量为标示品种、年份及产区（出口欧盟为85%）。另外，智利还借鉴使用了西班牙部分酒标常用语，不过这些均不受法律的约束，酒庄可根据葡萄酒质量情况自主划分。

（1）Varieties（品种），只标有葡萄品种，基础款。

（2）Reserva（珍藏），橡木桶陈年，通常需要至少6个月的熟成时间。

（3）Gran Reserva（特级珍藏），比上一级陈年时间长，酒质更优。

（4）Reserva de Familia（家族珍藏），最优质的葡萄酒。

四、栽培酿造

目前，智利葡萄种植面积高达11万公顷（其中超过半数进行人工灌溉），根据2020年统计数据，全国葡萄酒产量达5.7亿升，其中超过半数用于出口，在全球葡萄酒出口国位居第五。

智利地形独特，气候多样，被誉为“酿酒师的天堂”。狭长的智利各地

的土壤和气候条件东西差异竟比南北差异更大，因此在种植区划分上又分为沿海（Costa）、山脉之间（Entre Cordilleras）和安第斯（Andes）的由西向东划分。其中沿海地区得益于太平洋和寒冷的秘鲁洋流，清爽的海风为智利海岸的葡萄园带来雾气。因此，这里比同纬度的其他国家气候更加凉爽，普遍属于温暖的地中海气候，南部地区则会更加清凉潮湿；山脉之间，是智利葡萄种植历史最悠久的中央山谷，这片狭长的地带被两座山脉包围，提供了高海拔特有的强烈阳光和寒冷的夜晚；而在最接近安第斯山脉的地区，受到夜间山脉冷空气下沉的降温影响，昼夜温差更是高达20℃，白天阳光充足，晚上冷凉，造就了果味浓郁、品质优异的葡萄酒。

在智利，可以发现世界各地的不同种植与生产方式。主要为篱壁式整形，也可见棚架和头状整形。种植者会依据整形方式以及当地土壤与气候条件来确定种植的密度。另外，葡萄园可以进行人工灌溉（发源于安第斯山脉的众多河流为葡萄园带来了水源），该国酿酒葡萄园超过三成进行人工灌溉，完全靠自然降雨而不进行人工灌溉的酿酒葡萄园仅占该国不到一成。灌溉大多为滴灌方式，并且严格控制灌水时期，最后一次灌水在果实转色期前。近几年，有许多种植者开始应用行间植草技术，以有效地控制树体长势，防止由于葡萄藤蔓长势过旺而造成的葡萄品质下降。

五、主要品种

智利受其历史的影响，基本上没有自己的本土葡萄品种，智利葡萄品种的发展与其历史发展有着紧密的联系。第一阶段，西班牙作为最初的新大陆发现者进行了200多年的殖民统治，西班牙人为智利带来了黑葡萄派斯（Pais），这一品种也成为智利从当时到现在一直被广泛种植的葡萄。第二阶段是19世纪中期，这一时期可以称得上是智利葡萄酒历史的“黄金期”。智利大量引进法国的葡萄品种，特别是波尔多葡萄品种，同时效仿学习法国的葡萄栽培及酿酒技术，赤霞珠、品丽珠、美乐、佳美娜、马尔贝克、霞多丽、长相思等都是这一时期引进的。第三阶段，为了满足多样葡萄酒市场的需要，适应葡萄酒多元化的发展趋势，智利又引进了黑皮诺、西拉、维欧尼、佳丽酿、桑娇维塞等品种。所以综合来看，智利是一个收录了世界主要种植葡萄的宝库，总体特点上，主要以波尔多品种为主，辐射其他品种，白葡萄品种与红葡萄品种的比例约为25%和75%，品种丰富多样。智利最具特色的品种当属佳美娜，经证实它与我国蛇龙珠同属于一类品种，晚熟，喜好温暖，黑色水果、绿色植物以及香料味道浓郁。

（一）派斯（Pais）

派斯直到20世纪90年代末期都占据着主要的种植量，主要在莫莱谷（Maule Valley）和比奥比奥谷（Bio Bio Valley），供应本地市场。

（二）赤霞珠（Cabernet Sauvignon）

赤霞珠如今占到了红葡萄品种近一半的种植量，风格从简单果香型到饱满高端型都有，常与美乐、佳美娜和西拉调配，有浓郁的浆果和青椒风味。

（三）美乐（Merlot）

美乐在出口市场最成功的风格为廉价的果香为主、酒体适中的风格，也以浆果和植物香气为主。

（四）佳美娜（Carmenere）

佳美娜作为葡萄根瘤蚜之后在波尔多被逐渐抛弃的一个品种，却在智利迅猛发展。佳美娜是个晚熟的品种（比赤霞珠晚），喜欢温暖而阳光充沛的环境，在未完全成熟的情况下会显得生青味过重，但保证单宁成熟和避免植物性香气又会导致过高的酒精度。出色的佳美娜有着漂亮的黑色果香和一些植物、红辣椒的香气，佳美娜已成为智利的一个特色品种。

（五）西拉（Syrah）

西拉种植时间不长，但发展迅速。西拉在智利被种植在各个产区，呈现出不同的风格。最出色的西拉产地，包括温暖的空加瓜谷（Colchagua），尤其在凉爽的沿岸区域或北部区域，这里出产的西拉被视作智利最出色的葡萄酒之一，有着成熟的黑色浆果和胡椒风味。

（六）黑皮诺（Pinot Noir）

黑皮诺在圣安东尼奥（San Antonio）、卡萨布兰卡（Casablanca）等凉爽的地区有着出色的表现。

（七）佳丽酿（Carignan）

有些老藤分布在中央山谷（Central Valley）南部，能酿造高品质的佳丽酿，颜色深，拥有高单宁、高酸度。

（八）霞多丽（Chardonnay）

霞多丽品种主要是有着成熟果香和橡木风味（烘烤、焦糖）的现代国际风格霞多丽。

（九）长相思（Sauvignon Blanc）

长相思种植量与霞多丽相当，在一些新建的凉爽葡萄园有着最出色的表现，进步迅速，如卡萨布兰卡和圣安东尼奥产区等。如今在这些沿海的葡萄园里出产果香十足的长相思，生产商常会避免过多的植物风味，因此得到的常是果香成熟、酒精度较高的风格，有的甚至会通过酒泥接触和橡木桶熟化

增加其饱满度和质感。

【知识链接】

智利“波尔多风格”的转变

智利于1810年从西班牙的殖民统治下独立。1851年，根瘤蚜虫病爆发前夕，智利刚好成立了国家农业研究所，并且从法国引入了一批葡萄藤，正式规模化地发展葡萄酒业。不久之后，1863年，法国人第一次发现了根瘤蚜虫病的踪迹，但这个时候根瘤蚜虫病已经发生了大规模的感染。由于智利相对封闭的地理位置，根瘤蚜虫病爆发后智利成为少数未受此病感染的国家。在这次虫害中，大部分的法国葡萄园被毁，幸存的葡萄藤则通过砧木嫁接技术嫁接到对根瘤蚜虫病有耐病性的美国葡萄根上，所以在根瘤蚜虫病爆发前就引进法国葡萄藤的智利就成了拥有最多法国原生葡萄树种的国家。

正因如此，在根瘤蚜虫病肆虐的年代，智利成为法国酒庄转移阵地的首选。在全世界的葡萄酒业都因根瘤蚜虫病而衰退时，智利葡萄酒凭借自身的地理优势与法国人的酿酒技术输出，成为那个年代唯一在不断向前“跃进”的葡萄酒产国。同时，产酒风格也从那个时候开始，由“西班牙风格”转变为“波尔多风格”。

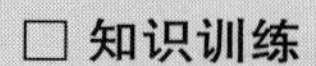

【章节训练与检测】

□ **知识训练**

1. 绘制智利葡萄酒产区示意图，掌握主要产区位置与中英文名称。
2. 介绍智利风土环境、分级制度、主要品种及葡萄酒风格。

□ **能力训练**

智利酒标阅读与识别训练

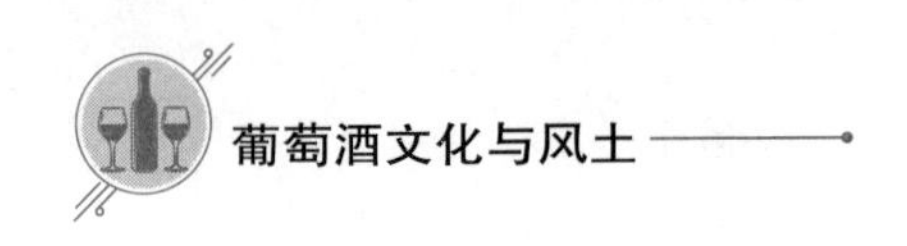

第二节　主要产区 *Main Regions*

【章节要点】

- 识别智利主要产区名称及地理坐标
- 归纳智利主要产区名称、风土环境及葡萄酒风格

智利具有南北狭长、东西窄小的特点，地理条件独特，葡萄酒产地主要分布在以首都圣地亚哥为中心的南北走向山谷带上，自北向南葡萄酒产区依次排开，这里习惯上被划分为北、中、南三个区，大部分葡萄种植区域主要分布于智利中央山谷。智利葡萄酒产区见表 11-1。

表 11-1　智利葡萄酒产区

产地	亚产地	地域
科金博区 Coquimbo Region	艾尔基谷 Elqui Valley	
	利马里谷 Limari Valley	
	峭帕谷 Choapa Valley	
阿空加瓜区 Aconcagua Region	阿空加瓜谷 Aconcagua Valley	
	卡萨布兰卡谷 Casablanca Valley	
	圣安东尼奥谷 San Antonio Valley	利达谷 Layda valley
中央谷区 Central Valley Region	迈坡谷 Maipo Valley	
	拉佩尔谷 Rapel Valley	卡恰布谷 Cachapoal Valley
		空加瓜谷 Colchagua Valley
	库里科谷 Curico Valley	特诺谷 Teno Valley
		隆特谷 Lontue Valley
	莫莱谷 Maule Valley	克拉罗谷 Claro Valley
		兰克米亚谷 Loncomilla Valley
		图图温谷 Tutuven Valley
南部区 South Region	伊塔塔谷 Itata Valley	
	比奥比奥谷 Bio Bio Valley	
	马勒科谷 Malleco Valley	

一、科金博区（Coquimbo Region）

科金博是智利最靠北的产区，也是较为年轻的葡萄酒产区。北靠阿塔卡玛（Atacama）沙漠，气候炎热干燥。这里传统上主要种植的是一些鲜食葡萄和制作皮斯科（Pisco）蒸馏酒的葡萄，但也出产不少智利的高端葡萄酒。

（一）地理风土

科金博包括三个重要的子产区，分别是艾尔基谷（Elqui Valley）、利马里谷（Limari Valley）和峭帕谷（Choapa Valley），位于河谷的三个产区气候条件有些差异，但都受到充足的日照和凉爽因素（海风或山风）的影响，一些葡萄园建立在非常高的海拔上，昼夜温差大，葡萄酒表现优异。西拉是这里渐渐崛起的明星品种，赤霞珠、美乐、长相思等都有很好的发展。这里最大的挑战是缺水，年降雨量低至 80 毫米，灌溉是必需的。由于水源不多，灌溉的成本较高，这一点也限制了这里未来的发展。

（二）栽培酿造

科金博北邻沙漠，是智利最北的葡萄酒产区。由于环境恶劣，在 20 世纪 90 年代末才被开发。虽然这里的葡萄园面积只占到整个智利的 2%，却在优质葡萄酒市场中占据重要地位。这里的土壤以岩石和黏土为主，河流附近有大量的冲积石。长久以来，科金博产区都是以生产日常餐酒而出名。但近年来，随着酿酒商和投资商们不断挖掘和开发太平洋海岸至安第斯山脉的高海拔地区，并建立起新兴葡萄园，高质量葡萄酒不断增加。究其原因是这个区域海拔高，气候干燥，阳光充足，山风带来夜晚寒凉，西拉葡萄在这里种植发展得很出色。此外，很多波尔多葡萄品种也在这里长势良好，酿造出美味可口、酒体丰满的红葡萄，令人期待。

科金博产区主要红葡萄品种为赤霞珠和西拉，它们多被用来混酿；白葡萄品种则主要以长相思和霞多丽为主，也常常用来混酿。

（三）主要子产区

1. 艾尔基谷（Elqui Valley）

艾尔基谷是智利最北端的葡萄酒产区，也是地势最高的产区，接近沙漠，干燥少雨。此产区内大量栽培麝香，主要用来酿造智利著名的传统蒸馏酒皮斯科（Pisco）。1988 年翡冷翠酒庄（Vina Falernia Winery）的入驻，带动了其他品种的种植，西拉表现最佳，其他还有佳美娜、仙粉黛、长相思等，不乏优质酒的出现。这里的葡萄种植范围不断从海岸向海拔更高的地方拓展，一直到达了安第斯山脉（海拔 2000 米）。

【产区名片】

地理位置：接近于沙漠性气候
气候特点：气候炎热干燥，略微多风
海拔高度：0~2000 米
年均降雨量：70 毫米
土壤类型：该产区的土壤被称作“棕土”

2. 利马里谷（Limari Valley）

该地位于南纬 30°，气候炎热。利马里谷是一个既古老又年轻的葡萄酒产区。16 世纪中叶，这里就已经种植葡萄，而技术上的革新又让挑剔的酿酒商们重新审视这一片神奇的土地。由于临近阿塔卡马沙漠的边缘，利马里谷的葡萄园多为半干旱的海洋性气候。毗邻安第斯山脉，使得利马里谷的海拔偏高，气候相对凉爽。葡萄园主要分布在安第斯山雪水形成的利马里河流两岸谷地，由太平洋吹来的海风在利马里谷的葡萄园中形成浓湿雾，有效地调节了葡萄园的气温，非常有利于葡萄的生长。利马里谷整个地区只有少于五分之一的葡萄被用来酿制优质葡萄酒，其最主要的品种是霞多丽和西拉。表现最好的是赤霞珠、霞多丽、西拉等，葡萄酒风格一般浓郁饱满。

【产区名片】

地理位置：智利北部产区，距离智利首都圣地亚哥 320 千米
气候特点：近似于沙漠性气候与半干旱的海洋性气候
年均降雨量：95 毫米
纬度坐标：南纬 30°
土壤类型：石灰岩
主要水源：冰川融水的利马里河（Limari River）

3. 峭帕谷（Choapa Valley）

峭帕谷位于利马里谷南部，该产区主要以酿造蒸馏酒皮斯科（Pisco）的白葡萄为主。在多岩石的山麓上有着一些葡萄园种植着西拉和赤霞珠，这些用来酿酒的葡萄虽然产量有限，但质量很好。赤霞珠、西拉非常适应当地风土，近年来西拉种植大量增加，葡萄园位于 800 米海拔之上，有利于维持较高的酸度，同时有利于酚类物质的成熟，该地葡萄酒黑色浆果风味足。

【产区名片】

地理位置：距离智利首都圣地亚哥 400 千米

气候特点：与利马里谷相似

年均降雨量：95 毫米

纬度坐标：南纬 30°

平均海拔：800 米

土壤类型：多石的丘陵土壤

二、阿空加瓜区（Aconcagua Region）

该产区因阿空加瓜山而得名，是智利北部与中部的分界线。这里有着较为稳定的地中海式气候，阳光充足，以出产色泽较深、单宁丰富的红葡萄酒而著称，主要品种为赤霞珠。该区白葡萄与红葡萄的种植比例约为 15% 和 85%，白葡萄多种植在山谷或凉爽的海岸线边，有很好的潜力。

（一）阿空加瓜谷（Aconcagua Valley）

阿空加瓜谷位于首都圣第亚哥北 70 千米处，东邻安第斯山。阿空加瓜谷是智利最古老的葡萄酒产区之一，1870 年，这里便开始了葡萄的种植。这是一片陡峭而狭窄的河谷地带，以冲积土为主，受到海洋和山脉的影响气候相对凉爽，但靠近内陆则炎热干燥，山体融雪为葡萄种植提供了水源。这里生产许多经典的红葡萄酒，赤霞珠是这里最主要的品种，西拉在智利也是首先被栽培在这里，此外这里还有不少的佳美娜。该地红葡萄酒传统上有着饱满成熟的果香，单宁和酒精度均比较高。近年来，生产商开始有意识地控制酒精度，酿造果香突出、新鲜复杂的风格，葡萄也开始从肥沃的河谷平原逐渐被栽培到斜坡上或者凉爽的河谷西侧，甚至是一些无法接收到午后阳光的地块中。智利著名的酒庄伊拉苏（Errazuriz）位于该产区内，旗下桑雅（Sena）葡萄酒获得 2004 年柏林盲品第二名，因而名声大噪。

【产区名片】

地理位置：智利首都圣地亚哥以北 70 千米处

气候特点：地中海式气候，夏季十分炎热，冬季比较温暖

土壤类型：东部的土壤类型主要是黏土和砂岩，而西部主要是花岗岩和黏土

年均降雨量：215 毫米

纬度坐标：南纬 32°
平均海拔：50~1000 米

（二）卡萨布兰卡谷（Casablanca Valley）

此产区是智利葡萄酒产业革命开始的地方，位于圣地亚哥西北方向，靠近海岸，因而时常伴有雾气，降雨量较高，凉爽的自然环境使得这里非常适合白葡萄的生长，是智利白葡萄占主导地位的产区。智利顶级霞多丽与长相思葡萄酒大都出自该产区。黑皮诺也相当出色，西拉是被种植在东部海拔稍高且更为温暖的区域，有着出色的结构感和植物性香料的风味。寒流和晨雾对这里影响巨大，阴天也多。虽然 1982 年这里才开始建立酒庄，但如今葡萄园面积已超过 5000 公顷，产量低但价格高。代表酒庄有卡萨伯斯克酒庄（Casas del Bosque）、玛德帝克酒庄（Matetic Vineyard）等。

【产区名片】

地理位置：智利首都圣地亚哥西北 100 千米处
气候特点：凉爽的海洋性气候，晨雾频发，常年潮湿，较为凉爽
主要品种：长相思、霞多丽、黑皮诺
年均降雨量：540 毫米
土壤类型：冲积土，包括壤土、沙土、黏土和砾石

（三）圣安东尼奥谷（San Antonio Valley）

该产区紧邻卡萨布兰卡，面积较小，是智利一个新兴产区。这里靠近海边，位于沿岸山脉和海岸线之间。和卡萨布兰卡一样受秘鲁寒流的影响，圣安东尼奥谷气温低，气候凉爽。土壤类型和朝向具有多样性，但由于晨雾和午后凉风的影响，这里整体环境较为凉爽，延长了成熟时间，增加了风味的复杂度。长相思、霞多丽等白葡萄酒拥有极佳名声，高酸，有矿物质风味。另外，黑皮诺、西拉也成了该产区的明星品种，广受国际市场青睐。卡萨玛丽酒庄（Casa Marin Vineyard）、加尔斯酒庄（Vina Garces Silva Vineyard）是该地的代表性酒庄。

【产区名片】

地理位置：智利首都圣地亚哥以西 100 千米处
气候特点：气候受到秘鲁寒流的强烈影响，清凉的晨雾，温度较低
主要品种：长相思、霞多丽、黑皮诺

 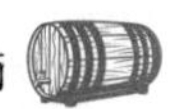

年均降雨量：350 毫米
葡萄园海拔：200 米
土壤类型：风化的花岗岩和红黏土构成的土层稀薄多石的土壤

三、中央谷区（Valle Central Region）

中央谷区位于智利中心地区，大中央山谷一带包括了很大一块面积，从北部的首都圣地亚哥开始一直往南延伸。这一带温暖平坦，安第斯山脉的水源充足，是智利葡萄园的主要集中地。智利出口的葡萄酒中 90% 都来自这里。这里的葡萄健康成熟，性价比极高，此外许多生产商也在积极寻找山谷里更好的地块栽培葡萄。这里大多属于地中海气候，主要生产红葡萄酒，如赤霞珠、佳美娜等。该区域葡萄种植历史非常悠久，聚集了该国大批顶尖酿酒厂。中央山谷被分为四个子产区，分别是迈坡谷（Maipo Valley）、兰佩谷（Rapel Valley）、库里科谷（Curico Valley）和莫莱谷（Maule Valley）。

（一）迈坡谷（Maipo Valley）

迈坡谷是智利传统的葡萄酒中心，19 世纪中期便成了智利最具代表性的产区，历史名庄大多汇集于此，如安杜拉加（Vina Undurraga）、桑塔丽塔（Santa Rita）、库奇诺（Cousino Macul）、干露（Concha y Toro）等。这里靠近首都圣地亚哥，产区南北长 300 千米。该地几乎完全被群山环绕，不受海洋性气候影响。夏季干燥少雨，日照量充足，产区由一系列山谷组成，昼夜温差较大，晚上葡萄可获得充分的休养。土壤多为冲积土，砾石多，利于排水，这些为葡萄生长提供了非常好的条件。这里最优秀的葡萄园位于安第斯山脚下，受到山上冷风的调节。迈坡谷最出色的品种为赤霞珠，有许多老藤，单宁成熟柔和，有着典型的薄荷等植物性香气。此外这里也有不少霞多丽、美乐、佳美娜和长相思。其他著名酒庄有活灵魂酒庄（Almaviva Winery，1997 年由法国木桐酒庄与干露酒庄合作建立）、卡门酒庄（Carmen Winery）等。

【产区名片】

地理位置：中央山谷的最北处，首都圣地亚哥的南面
气候特点：地中海式气候，夏季干旱炎热，冬季短暂温和
主要品种：赤霞珠、霞多丽、美乐、佳美娜等
土壤类型：沉积土、碎石
气象检测点：圣地亚哥

纬度 / 海拔：33.23° N/470 米
1 月平均气温：20.8℃
年均降雨量：330 毫米
3 月采摘季降雨：5 毫米

（二）拉佩尔谷（Rapel Valley）

拉佩尔谷面积广阔，主要集中在两个河谷产区，两条河流向西最终合并为拉佩尔河，以种植红葡萄品种为主。这里的葡萄酒以国际风格为主，有许多精品酒庄，旅游业发达。拉佩尔谷又由官方分为两个子产区——卡恰布谷（Cachapoal Valley）和空加瓜谷（Colchagua Valley）。卡恰布谷是位于北边的河谷，十分温暖，几乎不受海洋影响，能很好地使佳美娜成熟，同时东边的一些相对凉爽的区域出产十分优质的赤霞珠和西拉。比较有名的酒庄有卡米诺（Camino Real）酒庄、罗莎（La Rosa）酒庄、冰川（Ventisquero）酒庄等；空加瓜谷位于南边的河谷，其面积比卡恰布谷大得多，中部区域温暖，但受一定海洋影响，葡萄园多坐落在朝海岸的山丘的温暖西侧。拉佩尔谷以出产酒体饱满的赤霞珠、美乐、西拉等红葡萄酒闻名。在最西边，由于受到较多来自太平洋气流的影响，气候凉爽，出产优质的白葡萄酒。此产区内也汇集了很多名庄，如埃德华兹（Luis Felipe Edwards）、蒙特斯（Vina Montes）、圣塔克鲁（Santa Cruz）等。

【产区名片】

地理位置：首都圣地亚哥以南
气候特点：地中海气候，降雨量普遍偏低，干燥，温暖
年均降雨量：215 毫米
葡萄园海拔：600~1000 米
纬度坐标：南纬 34°
主要水源：拉佩尔河
土壤类型：沉积物、碎石

（三）库里科谷（Curico Valley）

库里科谷位于圣地亚哥南 190 千米处，靠近中央谷南端，葡萄种植与酿造工业非常发达，是智利重要的农业中心。库里科谷由几个子产区共同组成，火山土为主，受到一定纬度和云层影响，凉爽潮湿，种植了大量品种，赤霞珠和长相思相对较多。在东部，受到安第斯山脉冷风的影响，比较凉爽。西

边沿岸山脉挡住了海洋的影响，比较温暖干燥。这里旅游项目众多，葡萄酒多以物美价廉而著称。

【产区名片】

地理位置：位于圣第亚哥南 220 千米处
气候特点：地中海式气候，冬季受到太平洋地区的高压影响，降雨较多
年均降雨量：650 毫米
主要水源：特诺河（Teno）、隆特河（Lontue）
土壤类型：黏土、黏质壤土和砂质壤土

（四）莫莱谷（Maule Valley）

莫莱谷是中央谷最靠近南部的产区，历史悠久，是智利最大的葡萄酒产区，产区内有众多老藤葡萄。气候相比北部产区相对凉爽，土壤肥沃，水源充足，生产大量便宜而健康的葡萄果实，果实酸度会更高，适合参与调配，种植了不少赤霞珠和派斯，其他品种还有佳美娜、美乐、马尔贝克、佳丽酿、霞多丽等。

【产区名片】

地理位置：位于圣第亚哥南 250 千米处
气候特点：地中海式气候，比其北部的同类地区稍冷，年降雨量较高
年均降雨量：730 毫米
纬度坐标：南纬 35°
土壤类型：花岗岩、红黏土、壤土和砾石

四、南部产区（South Region）

南部产区为智利四个大产区中最南部的一个区域，越往南下，气候越凉，这里整体温度不高，气候凉爽，降雨量比北部区域大，有一定病虫害风险。葡萄品种以派斯与亚历山大麝香为主导，但近年来，霞多丽、黑皮诺、雷司令等芳香品种发展势头强劲。该产区分为三个子产区。

（一）伊塔塔谷（Itata Valley）

该产区距离圣第亚哥 400 千米，是智利传统葡萄酒产区，是西班牙殖民时期最初带入的葡萄品种派斯（Pais）的主要栽培地。由于受法国葡萄品种的影响，派斯渐渐失去了旧日光辉，但此地仍然以此品种以及亚历山大麝香为

主，主要供给本地消费，产量很大，多为日常餐酒。

【产区名片】

地理位置：位于圣第亚哥南 400 千米处

气候特点：地中海式气候，夏季比较凉爽、多风，冬季多雨

年均降雨量：1100 毫米

主要水源：伊塔塔河（Itata）

土壤类型：天然的沙土和多石的土壤，河流沉积带来的矿物质和有机物质，肥沃

（二）比奥比奥谷（Bio Bio Valley）

比奥比奥谷为智利靠近南端的葡萄酒产区，降雨量较大，所以有时葡萄采摘期很受影响。这里气候相对凉爽，葡萄生长期长。产区与伊塔塔相似，以传统的派斯与麝香为主，产量大。近几年有新锐酒庄开始种植优质的黑皮诺、霞多丽和芳香型品种以适应其凉爽气候，黑皮诺以其新鲜的酸度、饱满的果香受到消费者的关注，长相思、雷司令、霞多丽等也有突出表现。

【产区名片】

地理位置：位于圣第亚哥南 500 千米处

气候特点：温和的地中海气候，多风，冬天多雨

年均降雨量：1275 毫米

土壤类型：砂砾土为主

（三）马勒科谷（Malleco Valley）

该产区位居智利最南端，降雨量大，昼夜温差大。对葡萄种植者来说有很大挑战，很多葡萄品种还在试验种植的阶段。其中霞多丽、黑皮诺、长相思等有上佳表现。该产区出产的高品质霞多丽葡萄酒，口感清新爽口，酸味突出，受到国际市场关注，近年来吸引了不少顶级生产商。

【产区名片】

地理位置：智利最南端的葡萄酒产区，距离圣地亚哥以南 640 千米

气候特点：凉爽的地中海气候，多风，多雨，昼夜温差大

年均降雨量：1300 毫米

土壤类型：冲积土、黏土和沙砾

【章节训练与检测】

☐ **知识训练**

1. 简述智利葡萄酒产区风土环境、主要品种、种植酿造及葡萄酒风格。
2. 简述智利 13 个子产区风土条件及葡萄酒风格。
3. 简述智利葡萄酒产区的三个新的地理命名名称及风土特性。
4. 对比分析我国蛇龙珠葡萄酒风格。

☐ **能力训练**（参考《内容提要与设计思路》）

☐ **章节小测**

第十二章 阿根廷葡萄酒 *Argentine Wine*

第一节　阿根廷葡萄酒概况 *Overview of Argentine Wine*

【章节要点】

- 了解阿根廷的葡萄酒历史、气候特征
- 理解阿根廷葡萄园灌溉的作用、灌溉方式、海拔对葡萄酒风格的影响
- 掌握阿根廷主要的葡萄品种、栽培与酿酒特征

一、地理概况

阿根廷位于南美洲东南部，安第斯山脉东侧，地处南纬 21°~55°，是南美最大的葡萄酒生产国。阿根廷东濒大西洋，南与南极洲隔海相望，西同智利以安第斯山脉为界拥有绵长的交界线，北部和东部与玻利维亚、巴拉圭、巴西、乌拉圭接壤。阿根廷北部属热带气候，中部属亚热带气候，南部为温带气候，安第斯山脉为阿根廷抵御了西风，这里气候异常干燥。该国地势西高东低，阿空加瓜山海拔 6964 米，是安第斯山脉最高峰，也是南美第一高峰，山地面积占全国面积的 30%。阿根廷东部和中部的潘帕斯草原是著名的农牧区，号称“世界粮仓”，集中了全国 70% 的人口、80% 的农业和 85% 的工业。在北部的查科平原，多沼泽洼地，有大面积森林。向南到达南部是有名的巴塔哥尼亚高原。 阿根廷是世界上综合国力较强的发展中国家之一，也是世界粮食和肉类的主要生产国和出口国之一。

二、自然环境

气候与土壤决定了葡萄的品质。巍峨的安第斯山脉阻碍了来自西部大西洋的潮湿季风，圣胡安（San Juan）、门多萨（Mendoza）一带荒漠贫瘠，多

为砾石，终日烈日当头，干燥少雨（通常每年降雨量为 150~220 毫米），造就了这里天然有机的大环境，阿根廷葡萄园病虫害非常少。因为气候炎热，葡萄大多种在 300~2400 米的海拔之上，昼夜温差的增加，可以很好地调节葡萄的糖分、酸度的平衡，高海拔是阿根廷葡萄种植成功的关键。另外，阿根廷葡萄园多依赖灌溉，安第斯山冰雪融化为靠近山体的葡萄园带来了天然水源。

三、分级制度与酒标阅读

阿根廷像其他新世界产国一样，没有特别复杂严格的葡萄酒分级制度。1999 年国家农业技术研究院 INTA（Instituto Nacional de Tecnologia Agropecuaria）提出了一系列方案，经政府核定而成为阿根廷法定产区标准（DOC）的法令，唯有符合资格的葡萄酒标签上才可以注明 DOC 法定产区的字样。该制度实施至今，已核定了四个法定产区，分别是路冉得库约（Lujan de Cuyo）、圣拉斐尔（San Rafael）、迈普（Maipu）和法玛提纳山谷（Valle de Famatina）。阿根廷酒标上除法定产区的相关标识外，还对酒标上出现的品种进行了相应的规范。一款酒如果有品种标示，该款葡萄酒须至少含有 80% 的标识品种。DOC 法定产区的基本规定如下：

（1）划定产区葡萄必需 100% 来自本产区。

（2）每公顷不得种植超过 550 株葡萄苗木。

（3）每公顷葡萄产量不得超过 1 万千克。

（4）葡萄酒须在橡木桶中培养至少 1 年，瓶储至少 1 年。

四、栽培酿造

安第斯山脉阻隔了太平洋的海风和水汽，加上阿根廷的葡萄园都整体纬度偏低，在南纬 23° 到 45° 之间，这里气候异常炎热、干燥，湿度低，葡萄园多种植于安第斯山脉前部，平均海拔高。由于特殊的风土环境，葡萄园无真菌问题，但灌溉是该国葡萄园的重要工作。过去阿根廷的葡萄园都采用漫灌法，干旱的葡萄园依靠来自安第斯山脉消融的雪水灌溉。漫灌法对预防葡萄病虫害很有好处，加上土壤含砂量高，即使遭到感染，葡萄很容易复原并长出健康的新根。所以即使阿根廷后来引入了赤霞珠、霞多丽等欧洲品种，葡萄根瘤蚜的感染率依旧很低。不过近些年来葡萄园面积增大，积雪减少，水源需求与葡萄种植的矛盾越发突出。再加上漫灌法存在容易导致葡萄藤疯长，从而造成葡萄品质降低的问题，现在越来越多的现代葡萄园都改用了滴灌法。滴灌法通过控制水源，可以让葡萄更缓慢地成熟，从而孕育出风味更复杂的葡萄。

阿根廷与智利隔山相望，拥有相同的优势条件。阿根廷通过几十年的努力，改变了原来只供内需的局面，开始进入国际市场。众多国际酒业大亨纷纷在阿根廷投建酿酒厂，给阿根廷带来了先进的酿酒技术与设备，为该国葡萄酒产业注入了新的活力。阿根廷果味浓郁的红葡萄酒以及优质白葡萄酒一直深得国际市场青睐，世界著名的葡萄酒评论家罗伯特·帕克将阿根廷称为“世界上最令人兴奋的新兴葡萄酒地区之一”。据国际葡萄与葡萄酒组织（OIV）统计，2017 年阿根廷在世界葡萄酒产量排名中位居第六位。

五、主要品种

为了迎合消费者的需要，阿根廷很早就开始引进欧洲葡萄品种，如马尔贝克、赤霞珠、霞多丽、美乐、长相思等，它们在阿根廷的栽培面积正在扩大。阿根廷是以出产果味突出的红葡萄酒为主的国家，红葡萄大约占总种植面积的三分之二。红葡萄品种主要为马尔贝克，马尔贝克在这里的知名度已经远远超过了其在原产地的知名度，马尔贝克葡萄酒是阿根廷葡萄酒的代名词。白葡萄品种中特浓情在阿根廷表现突出，用其酿造的葡萄酒呈中等酸度，异常芬芳的果香受到年轻消费者的喜爱。

（一）马尔贝克（Malbec）

马尔贝克是阿根廷种植量最大的葡萄品种，在阿根廷有着完美的种植环境。传统上酿造酒体饱满，颜色极深，单宁丰富，有着成熟黑色果香和香料风味的红酒，但近年来有越来越多更加优雅的风格出现，同时马尔贝克也是阿根廷最重视的品种。自 1850 年从波尔多被带入阿根廷后，其种植量就比较大，最初用于和赤霞珠、美乐等品种调配，但现在更主要地是酿造单一品种酒。在不同产区不同气候下，阿根廷的马尔贝克有着不同的特色。总的来说，低海拔的风格更加饱满成熟，黑色浆果风味更浓；高海拔的气候下则更加优雅新鲜，有着更多的花香。该葡萄品种主要分布在门多萨产区 800~1600 米海拔的安第斯山脉上。

（二）伯纳达（Bonarda）

伯纳达是阿根廷种植量第二的红葡萄品种，起源于意大利，但在阿根廷的种植量要大得多，其在全球市场上仍有潜力待开发。作为一个阿根廷特色品种，其颜色深，产量较大，容易栽培。

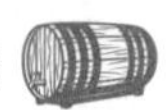

（三）特浓情（Torrontes）

特浓情是阿根廷特色白葡萄品种，也是萨尔塔（Salta）地区种植量最大的品种，在拉里奥哈（La Rioja）、圣胡安（San Juan）和卡法亚特地区（Cafayate）也有种植。传统上这个品种酿的酒质感粗糙，缺乏酸度且单宁过高，但近年来的酒庄投资和酿酒技术的提升让它品质大为提升，成为阿根廷的代表性白葡萄品种。优质的特浓情有着浓郁的花果类香气，与麝香葡萄相似，酒体和酸度均适中。

除了上述三种最主要的品种之外，阿根廷也有不少其他葡萄品种。红葡萄品种还有赤霞珠、美乐和西拉种植量也比较大，还有一些丹魄、黑皮诺和品丽珠。白葡萄品种霞多丽、长相思、白诗南、维欧尼和赛美蓉也都有部分种植。

【知识链接】

阿根廷的海外投资者

高海拔葡萄酒已经成为阿根廷葡萄酒的代名词，特殊的风土赋予葡萄酒多变的风格，加上相对低廉的成本，这里吸引了一大批外国投资者涌入。

酩悦香槟（Moët）早在1959年就在阿根廷建设了夏桐酒庄（Bodegas Chandon）酒厂。1999年，酩悦轩尼诗又与法国白马庄合作，在阿根廷共同创建了安第斯台阶酒庄（Terrazas de los Andes），并推出由白马庄酿酒师皮埃尔·卢顿（Pierre Lurton）亲自主持酿造的安第斯白马红葡萄酒（Cheval des Andes），可谓一举成名。此外，还有许多海外投资者：

诺顿酒庄 Bodega Norton：奥地利施华洛世奇（Swarovski）家族于1989年买下；

科沃斯酒庄 Vina Cobos：美国加州保罗·霍布斯（Paul Hobbs）于1989年创办；

佳乐美酒庄 Bodega Colome：美国加州唐纳德·赫斯（Donald Hess）收购；

勒顿酒庄 Bodegas Lurton：由法国波尔多的卢顿家族酒庄（Francois Lurton）于1996年创建；

阿尔塔维斯塔 Alta Vista：由法国香槟区的德奥兰家族（d'Aulan）创建于1998年；

鹰格堡酒庄 Clos De Los Siete：位于尤克山谷（Valle de Uco），现由米歇尔·罗兰带领管理；

安第斯之箭酒庄 Flechas de los andes：Rothschild 家族于 2003 年始建尤克谷的维斯塔弗洛雷（Vista Flores）子产区内。

来源：[英]休.约翰逊，简西斯.罗宾逊著《世界葡萄酒地图》

【章节训练与检测】

□ 知识训练

1. 绘制阿根廷葡萄酒产区示意图，掌握主要产区位置与中英文名称。
2. 归纳阿根廷风土环境、分级制度、主要品种及葡萄酒风格。

□ 能力训练

阿根廷酒标阅读与识别训练

第二节　主要产区 *Main Regions*

【章节要点】

- 识别阿根廷主要产区名称及地理坐标
- 归纳阿根廷主要产区地理风土环境及酒的风格

阿根廷葡萄种植面积十分广阔，其中最重要的产区是门多萨（Mendoza），其葡萄酒产量占全国总产量的 60% 左右。葡萄酒主要产区从北到南共分为三个大产区，分别是北部地区（North）、库约地区（Cuyo）、巴塔哥尼亚（Patagonia）。阿根廷主要产区及品种见表 12-1。

表 12-1 阿根廷主要产区及品种

地区	产区	子产区	主要品种
北部地区 North	萨尔塔 Salta	卡尔查奇思山谷 Valles Calchaquíes	白：特浓情、霞多丽 红：马尔贝克、赤霞珠、丹那
	卡达马尔卡 Catamarca	提诺加斯塔区 Tinogasta	白：特浓情 红：赤霞珠
	图库曼 Tucuman		白：特浓情 红：丹那、马尔贝克、西拉、伯纳达、赤霞珠
库约地区 Cuyo	拉里奥哈 La Rioja	法玛提纳山谷 Valle de Famatina	白：麝香、特浓情 红：伯纳达、赤霞珠、马尔贝克、西拉
	圣胡安 San Juan	图伦谷 Tulum Valley	白：特浓情、霞多丽 红：马尔贝克、伯纳达、美乐、西拉
	门多萨 Mendoza	路冉得库约 Lujan de Cuyo	白：霞多丽 红：马尔贝克、赤霞珠
		圣拉斐尔 San Rafael	红：马尔贝克
		迈普 Maipu	红：马尔贝克、赤霞珠、黑皮诺
		乌科谷 Uco Valley	红：马尔贝克、赤霞珠、西拉
巴塔哥尼亚 Patagonia	拉帕玛 La Pampa		白：霞多丽 红：美乐、马尔贝克、赤霞珠
	黑河 Río Negro		白：白霞多丽 红：马尔贝克、黑皮诺、美乐
	内乌肯 Neuquen		红：黑皮诺

一、北部地区（North）

阿根廷北部产区，是阿根廷海拔最高的产区，这里海拔通常在 750 米以上，高海拔地貌造就了独一无二的葡萄酒风格。

（一）萨尔塔（Salta）

该产区地处阿根廷最西北部位，萨尔塔靠近玻利维亚，有阿根廷最古老的酒庄，很多酿酒厂保留了传统的酿酒方法，17 世纪由传教士带来了葡萄苗木，19 世纪欧洲移民者开始在卡尔查奇思山谷（Valles Calchaquíes，属于卡法亚特子产区内）栽培葡萄。萨尔塔葡萄园最显著的特点是低纬度、高海拔，产区内葡萄园大多在南纬 25° 至 26° 之间。葡萄园主要集中在这里的卡法亚特（Cafayate，约 70% 产量，海拔 1500~2000 米）与莫利诺斯（Molinos，海拔 1900~2300 米）两个子产区。这里降雨量小，年降雨量约为 200 毫米，一年几乎有 300 天以上的晴朗艳阳天，该地平均海拔约 1500 米，有些葡萄园甚至建在了 3000 米海拔之上，成为阿根廷乃至全球最高的葡萄园。这里昼夜温差大，极端的天气造就纯净天然的葡萄酒，风味纯净浓缩、口感独特，保持着葡萄的酸度。种植的主要品种是特浓情，口感圆润，果香饱满，酒质出众，此外还有霞多丽、长相思等；红葡萄酒中表现最好的是赤霞珠，其他为马尔贝克、美乐、丹娜等，最近意大利的巴贝拉，法国的伯纳达、西拉等都表现出了不俗的品质，获得了较高的评价。此外马尔贝克、赤霞珠、西拉是这里主要的红葡萄品种。该产区主要酒庄有圣佩德罗酒庄（Bodega San Pedro De Yacochuya）、艾斯德科酒庄（Bodega EI Esteco）、佳乐美酒庄（Bodega Colome）等。

【产区名片】

地理位置：阿根廷最北部产区，西北部边境省，西邻智利，北同玻利维亚、巴拉圭接壤

气候特点：夏季非常炎热，降雨稀少，葡萄种植在高海拔区域，气温较低

主要品种：特浓情、马尔贝克

子产区名称：卡法亚特（Cafayate）

葡萄园海拔：1700~2400 米

年均降雨量：70 毫米

纬度坐标：南纬 24°

土壤类型：土壤类似沙土，表面覆盖沙层

主要水源：积雪融水

（二）卡达马尔卡（Catamarca）

卡达马尔卡主要的酿造区位于提诺加斯塔区（Tinogasta），该产区占据了该省近 70% 的葡萄种植量。这些地区最典型的葡萄品种是特浓情和赤霞珠。其中，里奥诺特浓情白葡萄酒香气浓郁，酒体中等，拥有高酒精度和中等酸度，并且带有明显的果香味和花香味。

（三）图库曼（Tucuman）

图库曼是世界最高谷之一，该地区从萨尔塔区域向北延伸，从卡达马

尔卡向南延伸，主要种植的葡萄品种有丹娜、马尔贝克、西拉、伯纳达（Bonarda）、赤霞珠和特浓情。

二、库约地区（Cuyo）

库约夹在高大的安第斯山和古老的断层山科尔多瓦山（Cordoba）之间，为该国中西部的一片干旱高原。地形上，作为安第斯山东麓的缓坡谷地，切割强烈的山原与冲积河谷相间分布。与科尔多瓦山东侧水草丰美的潘帕斯草原相比，这里极度干燥的气候并不宜于大宗农牧产品的生产。但充足的阳光、疏松的土壤和安第斯山冰川融水汇聚的河流，加上四季分明，使得这里依靠灌溉发展了成熟的园艺农业，盛产种类繁多的瓜果蔬菜，尤其是这里的葡萄种植和葡萄酒的酿造驰名世界。

（一）拉里奥哈（La Rioja）

该产区位于阿根廷西部，酿酒历史非常悠久。1995 年被指定为 DOC 法定产区，葡萄酒酿酒厂大多都是法人公司，遵循着严格的品质管理制度。由于该产区适宜的气候条件，这里是阿根廷最成功的特浓情白葡萄酒的主产地。红葡萄品种有伯纳达、品丽珠、西拉与丹娜等，其中伯纳达与西拉表现最佳。著名的酒庄神猎者（Bodegas San Huberto）位于该产区内，以出产高品质葡萄酒闻名。此产区内还有一个特别有名气的子产区——法玛提纳山谷（Valle de Famatina），这里有更优质的风土条件，拉里奥哈娜酒庄（La Riojana）位于该产区内。该产区与西班牙里奥哈（Rioja）产区重名，为了加以区别，该产区出口葡萄酒的酒标上多会标记 Famatina DOC 进行发售。

【产区名片】

地理位置：阿根廷西北部

气候特点：大陆性干旱气候，降雨稀少，气温炎热干燥，光照强烈，夏季昼夜温差较大

海拔高度：800~1400 米

年均降雨量：130 毫米

纬度坐标：南纬 29°

土壤类型：沙质冲积土壤

（二）门多萨（Mendoza）

门多萨是阿根廷最具代表性的葡萄酒产区，葡萄栽培面积高达 16 万公

顷，产量占阿根廷总产量的70%左右，出口量占90%，是该国葡萄酒产业的领头羊，同时它也是阿根廷重要的DOC产区。该产区葡萄栽培历史也是相当悠久，从16世纪便出现了葡萄栽培的记录，但葡萄酒质的全面提升却是在19世纪后半期。由于门多萨深居阿根廷内陆，不便的交通阻碍了葡萄酒产业的发展。直到1885年，随着门多萨直达阿根廷首都布宜诺斯艾利斯（Buenos Aires）铁路的铺设，门多萨作为重要优质葡萄酒产区才被揭开神秘面纱，也正是从这个时期门多萨葡萄酒开始受到市场关注，门多萨的很多葡萄酒渐渐成了海外酒商的最爱。门多萨名庄云集，主要有诺顿酒庄（Bodega Norton）、卡氏家族酒庄（Bodega Catena Zapata）、风之语酒庄（Trivento）、凯洛酒庄（Bodega Caro，拉菲集团注资）、安第斯白马酒庄（Cheval des Andes，酩悦轩尼诗集团与白马庄联合打造）等。

【产区名片】

地理位置：门多萨省首府，西依安第斯山支脉帕拉米约斯山

气候特点：大陆性气候，以及半干旱的荒漠环境，气温取决于海拔高低

种植酿造：阿根廷最大种植区域，强烈的佐达（Zonda）风降低了病虫害的发生，灌溉是必要的，传统法灌溉一直被沿用，新式滴灌技术应用正逐渐增加；大部分生产商使用法国或美国橡木桶陈年

主要子产区：路冉得库约（Lujan de Cuyo）、乌科谷（Uco Valley）

主要品种：马尔贝克、赤霞珠、伯纳达、巴贝拉、桑娇维塞

土壤类型：冲积土，黏土上面覆盖着松散的沙土

气象检测点：门多萨

纬度/海拔：32.5° S/760米

1月平均气温：23.9℃

年均降雨量：200毫米

3月采摘季降雨：30毫米

种植威胁：夏季冰雹、佐达（Zonda）风

1. 风土环境

该产区地处安第斯山脚下，纬度位置与智利首都圣第亚哥相近，西距大西洋1000千米左右，葡萄园主要分布在门多萨河上游海拔600~1600米的气候带上，风土条件优越。这里的葡萄园处于沙漠的环境下，有着四季分明的大陆性气候，西侧的安第斯山脉挡住了雨水，而东侧则是宽广的阿根廷大草原。这里能种植葡萄完全依赖两点，山上的融雪和高海拔。融雪为这里提供

了灌溉所必需的充足水资源，高海拔为这里降低了温度，增加了昼夜温差，保证了白天阳光的强度，从而创造了门多萨独特的风土条件。这里的土壤层多由矿物质含量丰富的冲积土、吸水性良好的砂土及石灰质与湿土构成。

2. 主要品种

门多萨以红葡萄品种为主，占 70%，饱满柔和果香甜美；白葡萄酒则酸度适中，果香甜美。这里非常适合法国品种马尔贝克的生长，色泽幽深、果味丰富，赤霞珠、丹魄、伯纳达与桑娇维塞等也都有突出表现。葡萄酒色泽浓郁，口感细致柔滑，具有成熟果味和甜美的单宁。白葡萄品种主要有霞多丽、白诗南、长相思及特浓情等。

3. 主要子产区

此产区包括几个知名的 DOC 子产区，分别是路冉得库约（Lujan de Cuyo）、迈普（Maipu）、圣拉斐尔（San Rafael）以及乌科谷（Uco Valley）。

（1）路冉得库约（Lujan de Cuyo）

路冉得库约位于阿根廷门多萨北部地区，出产酸度良好的葡萄，是阿根廷精品葡萄酒的摇篮地。它坐落于安第斯山脚下，海拔 900~1100 米。受高海拔的影响，葡萄园在白天接收的光照更多，而在夜晚，来自安第斯山的山风又使得气温趋于凉爽，较大的昼夜温差减缓了夜间葡萄的成熟速度，从而延长了葡萄的生长时间，葡萄果实既能很好地成熟，又能保持酸度。气候十分干燥，接近于沙漠性气候，土壤类型主要为冲积土。马尔贝克是该产区最重要的品种，这里以老藤葡萄而著名，葡萄酒风味集中，口感圆润柔和。

（2）迈普（Maipu）

迈普是阿根廷历史悠久的知名葡萄酒产区，被认定为阿根廷最精华的葡萄酒产区。该产区位于门多萨产区北部，距离门多萨市仅有 10 千米的距离。迈普山谷的葡萄园大多位于海拔 800 米，土壤为少见的砾石地。这里同样种植大量的老藤葡萄，西拉、赤霞珠、马尔贝克都有突出表现，单宁强劲，酒体平衡细腻，层次复杂，一致被认定为阿根廷最精华的葡萄酒产区。

（3）圣拉斐尔（San Rafael）

圣拉斐尔位于门多萨以南约 200 千米处。葡萄园通常位于海拔 500 至 700 米，属于半干旱气候，山上流下的融雪水为葡萄园提供了丰富的灌溉水源。这里也是高品质葡萄酒出产区，马尔贝克是当地最好的红葡萄酒。波尔多风格的混合酒是该地区最受欢迎的葡萄酒之一，单一品种的葡萄酒也用赤霞珠、西拉和不太常见的黑皮诺酿造。伯纳达（也称沙邦乐 Charbono）也有种植。

（4）乌科谷（Uco Valley）

乌科谷位于门多萨西南 100 千米处，葡萄园所处海拔较高，多处于

900~1500 米，昼夜温差大，有利于葡萄结构平衡，葡萄酒陈年潜力大，主要白葡萄品种为长相思、特浓情，红葡萄品种为马尔贝克、赤霞珠、美乐、丹魄等。

（三）圣胡安（San Juan）

圣胡安是阿根廷继门多萨产区后的第二大葡萄酒产区，葡萄园面积接近 5 万公顷。土壤以砂土与砾石为主，排水性好，紧靠圣胡安河，为葡萄提供了良好的灌溉条件。这里大多比门多萨气候更为炎热，葡萄园分布在 600~1300 米的海拔上，主要品种有伯纳达、品丽珠、赤霞珠、马尔贝克、霞多丽、白诗南、维欧尼等，丰富多样。其中，维欧尼与西拉表现出较强的发展势头。最好的葡萄酒来自子产区图伦谷（Tulum Valley），靠近圣胡安河，出产优质的霞多丽与特浓情。此外，这里还是阿根廷白兰地和苦艾酒的主要原产地。另外，该产区还有另外两个酿造半甜酒的葡萄品种，分别是克里奥拉（Criolla）、瑟雷莎（Cereza），克里奥拉（Criolla）与智利的派斯（Pais）、加利福尼亚州的弥生（Mission）同属于一类红葡萄品种，由西班牙人传入，产量大。

【产区名片】

地理位置：门多萨的北部

气候特点：非常干燥的大陆性气候

葡萄园海拔：600~1300 米

年均降雨量：250 毫米

纬度坐标：南纬 31°

土壤类型：含有黏土和沙子的冲积土

主要水源：安第斯山脉向西流淌的融水，贝尔梅霍河、哈查尔河和圣胡安河

三、巴塔哥尼亚（Patagonia）

巴塔哥尼亚位于阿根廷南部，它的南部非常寒冷，是一片冰川，北部的情况要好一些，属于平原地带。在过去的 20 年里，它的三个子产区拉帕玛、内乌肯和黑河谷，由于灌溉条件得到改善，一些优质葡萄酒庄园开始发展起来，这里最重要的品种为特浓情、马尔贝克与黑皮诺等。

（一）拉帕玛（La Pampa）

拉帕玛位于扇形的山谷，谷内主要种植的葡萄品种有美乐、马尔贝克、

赤霞珠和霞多丽等。

（二）黑河谷（Río Negro）

黑河谷是阿根廷最南部的葡萄酒产区，位于南纬39°。这里除大量出产葡萄外，还是苹果等多种水果的栽培区，葡萄种植面积约2万公顷。气候呈现大陆性气候特点，相对凉爽，昼夜温差大，这里以出产酸甜平衡的白葡萄酒出名，同时也是酿造起泡酒的优质产区。黑皮诺、马尔贝克、美乐等红葡萄品种也表现出众。施语花酒庄（Bodega Chacra）是当地代表性酒庄。

（三）内乌肯（Neuquen）

内乌肯省的北部山区气候干燥，非常适合种植葡萄，该产区的降雨量仅仅7毫米，昼夜温差高达20℃，这样的天气条件就使得葡萄在成熟季不但能够更好地生长，而且可以聚集更多的风味物质。该产区酿造的葡萄酒拥有浓郁的果香，酒体厚重，口感复杂。而凉爽的气候能够使酿造出来的葡萄酒细致优雅，比如黑皮诺。

【拓展对比】

香格里拉高原产区：北纬28°，世界上最高海拔葡萄园之一

云南迪庆藏族自治州地处青藏高原横断山脉南延部分，属大陆性气候。地势南低北高，是典型的低纬度、高海拔区域。香格里拉葡萄酒高原产区就分布在这里。葡萄园位于平均海拔800~2800米的澜沧江和金沙江河谷流域，是世界最高海拔葡萄园之一。这里南北纵横，海拔5000米以上的雪山有20多座，形成了香格里拉高原生态葡萄园独特风土和小气候特征。

香格里拉高原产区位于喜马拉雅山东南麓，是“三江并流”的核心区域。这里光照充足，紫外线强，气压低，空气极为清新。降雨适中，年均200~600毫米，蒸发量较高，达1240毫米，葡萄园降雨多集中在葡萄转色期前，葡萄生长期长。同时，产区海拔较高，无污染，PM2.5全年平均小于15，PM2.5数值5~10居多，PM2.5最低达5以下，空气纯净度高于欧洲生态标准要求。在气候环境上，冬无严寒，夏无酷暑，葡萄无需埋土防寒，更加有利于老藤葡萄树的生长。另外，土壤类型多样，以带砾石沙质、褐壤土、钙质黏土为主，土层深厚，砾质棕褐壤土及富含有机质和微量元素，有利于葡萄发育生长和营养吸收。由于高原地势变化大，葡萄园分布较为零散，葡萄园呈现典型的立体式分布，河谷上、中、底部因海拔变化产生了立体气候类型，同时，由于光照、温度、降水及土壤的不同，使葡萄果实的潜在酿酒品质显著不同，葡萄园地块差异大，葡萄酒风格多变，适合单一园管理。

2018年8月香格里拉酒业股份有限公司牵头起草的《迪庆高原酿酒葡萄种植技术规程》正式颁布，标志着我国首个单一葡萄园标准正式建立。

来源：云南香格里拉酒业

对比思考：

分析阿根廷高原产区与我国云南高原产区风土及人文环境不同之处。

分析高原产区与其他产区相比在葡萄栽培方面优劣势条件及葡萄酒风格的不同之处。

知识链接：

中国云南葡萄酒产区主要集中在迪庆与弥勒两地，这里是世界又一极具发展潜力的高原酿酒区，具备所有高原产区葡萄栽培的风土优势因素，葡萄酒风格具有独特性。近年来更是吸引了一众的葡萄酒投资者的到来，葡萄酒产业魅力开始显现。同时，这里还是藏、彝、傣、苗、回、壮等我国众多少数民族的聚集区，民风淳朴，历史人文底蕴深厚，为当地发展葡萄酒产业带来了极具特色的人文环境。

【章节训练与检测】

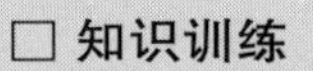

□ **知识训练**

1. 简述阿根廷葡萄酒产区风土环境、主要品种、种植酿造及葡萄酒风格。
2. 简述阿根廷主要子产区风土条件及葡萄酒风格。
3. 简述高海拔对阿根廷葡萄酒风格形成的影响。
4. 对比分析我国高原产区葡萄酒风格。

中国云南产区酒标图例

□ **能力训练**（参考《内容提要与设计思路》）

□ **章节小测**

第五篇
大洋洲葡萄酒
Oceania Wine

本篇导读

本篇主要讲述了大洋洲葡萄酒，包含澳大利亚与新西兰两个国家，内容包括该国葡萄酒概况与主要产区。深入讲解了大洋洲各国产区葡萄酒风格、形成因素及特征。章节之中另附加知识链接、产区名片、拓展案例、拓展对比（中国葡萄酒知识）、拓展阅读（葡萄酒＆旅游、葡萄酒＆美食）及章节训练与检测等内容。

思维导图

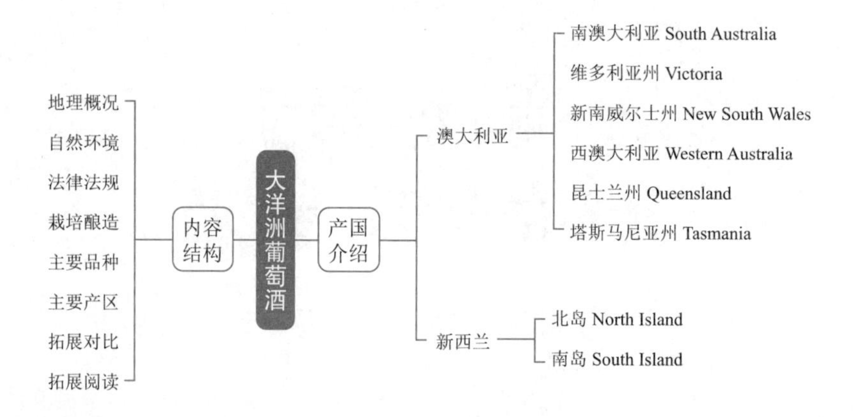

学习目标

知识目标：了解大洋洲葡萄酒历史发展的人文环境、自然环境、葡萄酒旅游环境、当地美食及代表性酒庄等内容；掌握其葡萄酒法律法规、主要品种、栽培酿造及主要子产区地理坐标及风格特征，理解各产区葡萄酒风格形成的主客观因素，构建知识结构体系。

技能目标：能识别大洋洲主要产区产国名称与地理坐标，运用所学理论，能对大洋洲葡萄酒的理论知识进行讲解与推介；能够科学分析大洋洲重要产区葡萄酒风格形成的风土及人文因素；能够对大洋洲代表性产区葡萄酒风格进行对比辨析与品尝鉴赏，具备一定的质量分析与品鉴能力；能在工作情境中掌握对大洋洲葡萄酒的识别、选购、配餐与服务等技能性应用能力。

思政目标：通过学习大洋洲新兴产酒国在产品创新、技术创新与生态农业等方面的经验，树立学生绿色环保理念和可持续发展观；通过对该篇代表性产区葡萄酒的对比品鉴，厚植学生的职业精神与职业素养，促使学生养成敬业、勤业与创业的优良品质，扎根我国葡萄酒产业，培养强国人才。

第十三章
澳大利亚葡萄酒 *Australian Wine*

第一节 澳大利亚葡萄酒概况 *Overview of Australian Wine*

【章节要点】

- 了解澳大利亚的地理位置及其气候影响
- 了解澳大利亚葡萄酒的GI系统
- 掌握澳大利亚风土环境、主要品种与栽培酿造特点

一、地理概况

澳大利亚位于南太平洋和印度洋之间，西、北、南三面临印度洋及其边缘海，地处南纬10°~43°。澳大利亚东部山地，中部平原，西部高原。全国最高峰科修斯科山海拔2228米，在靠海处是狭窄的海滩缓坡，缓斜向西，渐成平原。东北部沿海有大堡礁。澳大利亚地处南半球，12至来年2月为夏季，3至5月为秋季，6至8月为冬季，9至11月为春季。年平均气温北部27℃，南部14℃。气候上约70%的国土属于干旱或半干旱地带，中部大部分地区不适合人类居住。澳大利亚北部属于热带；南部属于温带；中西部多为荒无人烟的沙漠，干旱少雨；沿海地带雨量充足，气候湿润。墨累河和达令河是澳大利亚最长的两条河流，成为当地农业的重要灌溉水源。

二、自然环境

澳大利亚有得天独厚的自然条件，大部分的葡萄酒主产地位于南纬30°~35°，阳光充足，大部分葡萄园位于东南部、墨累河与达令河两岸、大分水岭（Great Dividing Range）西侧以及西部沿海地区。气候多属于地中海气候，降雨量较少，气温常年温和，葡萄易于成熟。澳大利亚还拥有非常多样、独特的土壤类型，这些都有利于葡萄的生长。但部分产区面临干旱问题，需要人工灌溉。澳大利亚地跨两个气候带，可分为两个气候区。西澳大利亚（Western Australia）、南澳大利亚（Southern Australia）、维多利亚州（Victoria）和塔斯马尼亚州（Tasmania）冬春两季降雨较多，夏季和初秋较为炎热，秋季来临较早。这些地区受海洋影响较大，昼夜温差较小，热量的积累有利于提高葡萄的成熟度。而昆士兰州（Queensland）与新南威尔士州（New South Wales）由于受热带气候的影响，温度较高，湿度较大，全年降雨分布比较均衡。

三、分级制度与酒标阅读

澳大利亚像其他新世界产酒国一样，基本上没有葡萄酒法律法规，只采取了一种命名体系，用来确保酒标上所标示信息来源的真实性，对葡萄种植及酿造方法并没有限制。这个体系称为产地标示（Geographical Indication，简称 GI），于 1993 年引入。澳大利亚 GI 制度为官方制定，规定指明了产地标识，把葡萄酒产区分为三级，即大区（Zone）、产区（Region）和次产区（Sub Region）。产区 GI 与次产区 GI 必须有明显的不同，具有特征鲜明的历史、气候及土壤等风土特征才会得到官方认证。大区级产区（Zones）代表了最大的范围，可以是一个州的一部分，也可以是一个州（如新南威尔士州），也可以是东南澳跨州大区域。地区级产区（Regions）比大区级的范围小，但也需要有一定面积的产量，需要在质量上有稳定性和突出的特点。次产区（Sub Regions）是在地区级产区里比较出色和独特的地理范围，次产区必须属于单一的产区。澳大利亚是新世界葡萄酒代表国之一，其酒标上除上文中有关地理标识之外，还包含酒庄、生产商、容量、酒精含量及地址等常规信息。有关澳大利亚酒标上出现的年份，其法规上并不具有强制性。但若标示年份，则要求至少 85% 的葡萄采自该年份。产区来源地的标示最少含量要求也是 85%。另外，葡萄品种标示也未在限制之内，但若标示则必须遵循有关规定：

- 标示单一葡萄品种的，要求至少 85% 的葡萄为该品种所酿。
- 如果为多品种混酿，要求最多标示 5 个品种，标示品种须超过总量的 95%，单品种含量至少为 5%。
- 标示 3 个品种的，标示品种须超过总量的 85%，单品种至少含有 20%。

四、栽培酿造

澳大利亚是世界上最干燥的有人居住的大陆，内陆沙漠炎热，不适合葡

萄种植。大多数葡萄酒产区集中在澳大利亚大陆的东南部，靠近主要城市的温带纬度地区。澳大利亚大部分葡萄酒产区属于地中海式气候，年份差异不大（Region 级年份之间略有差异）。葡萄园多处于温暖至炎热的栽培条件，加上全球变暖显著减少了降雨量，因此，对澳大利亚许多产区来说，葡萄园灌溉必不可少。墨累河在过去一直被视为河地产区及墨累河岸产区最重要的灌溉水源，但因为水资源匮乏，部分葡萄园在干旱年份里灌溉成为一大难题，这促使很多葡萄生产者开始向更加凉爽的产区迁移。一些高海拔地带与塔斯马尼亚岛成为种植者新的家园。另外，澳大利亚地广人稀，这里大部分的葡萄园地势较为平坦，这为机械化作业提供了条件。现代化设备配置高，产业效率高，成本得以降低。

酿造方面，澳大利亚与其他新世界国家一样由于没有严格法律法规，酿酒环境相对自由，他们善于把握市场脉搏，更多创新，优异的酿酒技术是葡萄酒产业的基石，我们所熟知的“飞行酿酒师”（Flying Winemaker），这个词汇正是在这种大环境下诞生的，每到酿酒季节，这些飞行酿酒师从旧世界产国赶往这里，市场活跃程度可见一斑。根据国际葡萄与葡萄酒组织（OIV）2017 年的统计信息，目前澳大利亚葡萄酒产量位于全球第五位。

五、主要品种

由于历史原因，澳大利亚几乎没有本土品种，大部分品种都是从欧洲等地流传过来的。这些葡萄品种中最耀眼的当属于设拉子（Shiraz）。关于设拉子，现在比较公认的说法是其原产于法国的罗讷河谷地区，在法国被称为“西拉”（Syrah），在澳大利亚等一部分新世界里被称为“设拉子”（Shiraz），在澳大利亚总种植面积中约占 25%，种植非常广泛。按照种植比例大小，依次是霞多丽、赤霞珠、美乐、赛美蓉，其他品种还有歌海娜、马尔贝克、品丽珠、黑皮诺、桑娇维塞、仙粉黛、雷司令、长相思、慕合怀特等。得益于多元的人文环境及优质的自然条件，世界上大部分葡萄品种在澳大利亚几乎都有分布。

（一）设拉子

设拉子是澳大利亚最知名的红葡萄品种，也是种植量第一的品种。由于在过去这个品种并不流行，且供过于求，导致一些老藤在 20 世纪 80 年代被拔除。如今保留下来的老藤十分珍贵，出产低产量而极高质量的西拉葡萄酒。温暖的产区有猎人谷和巴罗萨谷等，产出的酒有着甘草、黑巧克力、黑色水果的风味。在凉爽一些的产区，西拉表现得更加清瘦和充满胡椒风味，比如玛格丽特河、维多利亚州等。西拉同时可能会用来和赤霞珠调配，提供柔和的口感和酒体，如同美乐在波尔多的作用一样。与罗第丘（Côte-Rotie）一样，这里的西拉和维欧尼的调配也比较常见。

澳大利亚的设拉子有几大优势：第一是有不少 80~150 年的老藤；第二是有很长的栽培和酿造设拉子的历史经验；第三是有不少高端旗舰级葡萄酒的品牌效应；第四是新兴产区的发展和丰富的风格。

（二）赤霞珠与美乐

赤霞珠相比设拉子颜色更深，有着更强的单宁和更高的酸度。不少的澳大利亚赤霞珠会与美乐或者设拉子混合，以达到复杂的风味和柔和的口感。最经典的产区为库纳瓦拉（Coonawarra），有着成熟的黑色浆果、薄荷、桉树叶等风味，该地类似波尔多的温和气候最适合赤霞珠的生长。此外，在玛格丽特河、克莱尔谷也生产出色的赤霞珠。

（三）黑皮诺

澳大利亚的黑皮诺增长速度虽然不快，但种植量也不小，而且一半左右用于酿造起泡酒。最出色的产区包括墨尔本周边产区，如雅拉谷、莫宁顿半岛（Mornington Penninsula）、吉隆（Geelong）和吉普史地（Gippsland）以及澳大利亚南端的塔斯马尼亚产区（Tasmania）。

（四）霞多丽

霞多丽是澳大利亚最广泛种植的白葡萄品种，占白葡萄比例的 50% 以上，在几乎所有产区种植，风格多样。许多澳大利亚的霞多丽都会混合各产区的葡萄，融合各种气候下的果味和各式酿造手段（橡木桶、酒泥接触、苹果酸乳酸发酵）带来的风味，不过近几年风格开始由浓郁饱满厚重转向内敛优雅。

（五）雷司令

澳大利亚的雷司令在年轻时常有着明显的柑橘类水果（青柠、柠檬、西柚）的风味，而且能很快地发展出陈年所带来的蜂蜜和汽油味。雷司令常为干型或近乎干，也有一些甜型的风格。经典的产区包括南澳的伊甸谷和克莱尔谷。此外塔斯马尼亚以及西澳等产区也在建立其声望。总体来说质量很高，平均产量控制得很好，很少有大批量的种植。

（六）赛美蓉

赛美蓉种植量广泛，最经典的产区是猎人谷，这里制作不过橡木桶的轻酒体、低酒精、高酸度的赛美蓉，其风味一开始比较平淡，但随着瓶中陈年（可长达十年以上），会发展出烘烤、坚果和蜂蜜等风味。在西澳，也酿制更具植物味的风格，还经常使用橡木桶发酵和熟化，有时与长相思进行调配。

除以上品种外，歌海娜和慕合怀特（Mourvedre，当地叫 Mataro）表

 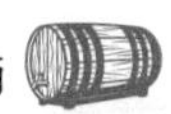

现突出，在麦克拉伦谷和巴罗萨谷一些超过百年的老藤受到了全世界的关注，它们往往是调配型的，虽然也有部分生产商酿造单一品种风格。除了这些常见品种，也有越来越多的西班牙和意大利的葡萄品种，比如桑娇维塞（Sangiovese）、丹魄（Tempranillo）、巴贝拉（Barbera）和内比奥罗（Nebbiolo）等，它们能很好地适应这里的温暖气候。白葡萄品种里，罗讷河谷的品种在这里有不少栽培，如玛珊（Marsanne）和维欧尼（Viognier）等。

澳大利亚葡萄酒产业印象

澳大利亚是地球上适合人居的最干燥的地区，因此，如何有效地利用水资源是当地葡萄园需要优先考虑的必要因素之一。如何利用水资源及控制用水一直以来都是澳大利亚葡萄酒产业的永恒的话题，如果经济成本合理，人们通常会采用净化废水进行葡萄树灌溉。南澳大利亚的所有地区都非常注意绿色环保。具体的表现为节约用水，水的循环再利用，有效利用酒窖的径流，葡萄园施行地膜覆盖，在喷涂和存储农药时秉承 IPW 准则以及生物动力法及有机栽培的应用。许多酒窖都会将绿色环保作为营销战略的一部分，如班洛克酒庄（Banrock Station）。

在南澳大利亚，一般气候较凉爽的地区，如迈拉仑维尔和克莱尔谷等生产的葡萄酒价格更高，这些产区葡萄园通常采用 VSP 管理。在较温暖的地区，如河地和兰好乐溪，其葡萄园则尽可能多地采用机械化操作（机械化操作所花费的成本比人力成本低），因为如果葡萄园的生产成本过高，最终可能导致酒商入不敷出。值得一提的是，南澳葡萄园中所采用的许多机械，如拖拉机、喷雾器、除草机等都相当庞大，因此葡萄树之间的行距通常为 3 米宽，最窄时也有 2.75 米。

井然有序和高效率是澳大利亚葡萄酒业留给人们最深刻的印象，他们拥有专业的葡萄园管理技术，能有效且合理地解决水资源利用、劳动力成本控制、产品创新及技术创新等方面的难题。

摘自：红酒世界网，2014-04-11.

案例思考：

澳大利亚在解决葡萄酒产业水资源利用与技术创新发展方面具体做法有哪些？

案例启示：

通过案例思考，提高学生对生态农业种植的认知，加强对学生的节约资源、保护环境等生态文明教育。同时，深入体会创新、善于突破的发展理念，培育学生葡萄种植及酿造的科学精神及探索创新精神。

【章节训练与检测】

□ **知识训练**

1. 绘制澳大利亚葡萄酒产区示意图，掌握十三大产区位置与中英文名称。
2. 介绍澳大利亚风土环境、分级制度、主要品种及葡萄酒风格。

□ **能力训练**

澳大利亚酒标阅读与识别训练

【拓展阅读】

澳大利亚葡萄酒 & 旅游

第二节　主要产区 *Main Regions*

【章节要点】

- 能够将主要葡萄酒产区与气候和葡萄品种关联起来
- 识别澳大利亚主要葡萄酒产区名称及地理坐标
- 归纳澳大利亚主要葡萄酒产区风土特征及葡萄酒风格

澳大利亚国土广阔，主要葡萄酒产区划分为多个范围区域，每个区域下

面又包含了众多知名的产区。澳大利亚葡萄酒产区划分见表 13-1。

表 13-1 澳大利亚葡萄酒产区划分

省份	区域	产区
南澳大利亚州 South Australia	巴罗萨 Barossa zone	巴罗萨产区 Barossa valley/ 伊顿谷产区 Eden valley
	洛夫蒂山脉大区 Mount Lofty Ranges Zone	阿德莱德山产区 Adelaide Hills/ 阿德莱德平原 Adelaide Plains/ 克莱尔谷产区 Clare Valley/ 南福林德尔士山区 Southern Flinders Ranges
	福雷里卢大区 Fleurieu Zone	麦克罗伦产区 Mclaren Vale 南福雷里卢 Southern Fleurieu/ 兰好乐溪 Langhorne Creek/ 金钱溪 Currency Creek/ 南澳袋鼠岛 Kangaroo Island
	石灰岩沿岸大区 Limestone Coast Zone	库纳瓦拉产区 Coonawarra/ 帕史维产区 Padthaway Gegion/ 本逊山 Mount Benson/ 拉顿布里 Wrattonbully/ 罗布 Robe/ 甘比亚山 Mount Gambier
	下墨累区 Lower Murray	河地产区 Riverland Region
维多利亚州 Victoria	菲利普港区大区 Port Phillip Zone	雅拉谷产区 Yarra Valley / 马斯顿山区 Macedon Ranges、山伯利 Sunbury、莫宁顿半岛产区 Mornington Peninsula / 吉朗产区 Geelong
	中维多利亚大区 Central Victoria Zone	西斯寇特 HeathCôte/ 班迪戈 Bendigo/ 高宝谷 Goulburn Valley/ 上高宝 Upper Goulburn/ 史庄伯吉山区 Strathbogie Ranges
	东北部维多利亚大区 Northeast Victoria Zone	阿尔派谷 Alpine Valleys/ 比曲尔斯 Beechworth/ 格林罗旺 Glenrowan/ 路斯格兰 Rutherglen/ 国王谷 King Valley
	西北部维多利亚大区 Northwest Victoria Zone	墨累河岸地区 Murray Darling/ 天鹅山 Swan Hill
	西部维多利亚大区 West Victoria Zone	格兰皮恩斯 Grampians/ 亨提 Henty/ 帕洛利 Pyrenees
	吉普史地大区 Gippsland	
新南威尔士州 New south Wales	猎人谷大区 Hunter valley Zone	猎人谷 Hunter Valley
	其他产区	新英格兰 New England Australia/ 哈斯汀河 Hastings River/ 满吉 Mudgee/ 奥兰治 Orange/ 考兰 Cowra/ 滨海沿岸 Riverina/ 希托扑斯 Hilltops/ 南部高地 Southern Highlands/ 刚达盖 Gundagai/ 堪培拉地区 Canberra District/ 肖海尔海岸 Shoalhaven Coast/ 唐巴兰姆巴 Tumbarumba / 佩里库特 Perricoota

续表

省份	区域	产区
西澳大利亚州 West Australia	西南澳大区 South West Australia Zone	天鹅地区 Swan District/ 珀斯山区 Perth Hills/ 皮尔 Peel / 吉奥格拉菲 Geographe/ 玛格利特河 Margaret River/ 黑林谷 Blackwood Valley/ 潘伯顿 Pemberton/ 满吉姆 Manjimup/ 大南部地区 Great Southern
昆士兰州 Queensland	南伯奈特 South Burnett 格兰纳特贝尔 Granite Belt	
塔斯马尼亚州 Tasmania	塔斯马尼亚大区 Tasmania Zone	塔斯马尼亚岛产区 Tasmania Region

表 13-1 中，还有一个产区未能标识在该表内，即为东南澳（South East Australia），这一 GI 酒标名称实际为若干产区的统称，葡萄的来源为南澳大利亚州、维多利亚州及新南威尔士州。澳大利亚一些大型酒厂的部分葡萄酒广泛使用了东南澳的产区名称，如奔富洛神山庄（Penfolds Rawson’s Retreat）系列、黄尾袋鼠（Yellow Tail）及杰卡斯（Jacob’s Creek）等酒厂的部分系列等。

一、南澳大利亚州（South Australia）

（一）巴罗萨谷产区（Barossa Valley Region GI）

巴罗萨谷位于南澳大利亚州首府阿德莱德市的东北部约一小时车程的地方，由于该地历史上是德国人的移民区，这里具有浓厚的德国风情。巴罗萨谷地处南纬 34° 线上，属于明显的地中海气候，环境炎热而干燥，降雨量也很少，需要借助灌溉来避免干旱，这与美国加利福尼亚州气候特点非常相似。巴罗萨谷昼夜温差大，土壤贫瘠，以黏土和褐色砂土为主。正是由于这种天时、地利条件，这里成了世界上赫赫有名的设拉子（Shiraz）葡萄酒产地。巴罗萨谷是澳大利亚最古老的葡萄酒产区之一，产区拥有非常多的老藤设拉子，有的葡萄藤龄达 150 年，十分珍贵。该地区气候炎热，典型的巴罗萨设拉子酒体饱满，口感柔和而浓郁，有着成熟的黑色浆果和甜美的美国橡木桶风味。随着陈年，其口感进一步柔和并能发展出皮革和香料等风味。一些新派的生产商会选用最成熟的设拉子葡萄，做出酒精度极高，有熟透水果、显著橡木桶风味、强劲单宁风格的酒。该地其他品种还有歌海娜、慕合怀特以及赤霞珠等，其中歌海娜在当地不管是单一品种，还是 GSM 混合酿造都有不俗的表现。该地还有一些白葡萄品种，其中赛美蓉最为重要，有传统的略饱满风格，也有现代不过桶的新鲜风格。巴罗萨谷酒庄众多，除了当地的产量在上升以外，这些酒庄也酿造来自南澳各个产区的葡萄酒。著名的酒庄有奔富（Penfolds）、御兰堡酒庄（Yalumba）、禾富（Wolf Blass）、彼德利蒙（Peter Lehmann）、杰卡斯（Jacob's Creek）、双掌（Two Hands）等。

【产区名片】

地理位置：南澳州首府阿德雷德市的东北部
气候特点：地中海式气候
主要品种：设拉子、歌海娜、赤霞珠、霞多丽、赛美蓉
土壤类型：土壤深厚，多铁矿石和石灰岩
气象检测点：巴罗萨谷努伊提帕（Nuiootpa）镇
纬度 / 海拔：34.29° S/274 米
1 月平均气温：21.1℃
年均降雨量：501 毫米
3 月采摘季降雨：25.4 毫米
种植威胁：旱灾

（二）伊顿谷产区（Eden Valley Region GI）

伊顿谷紧挨着巴罗萨谷东部，这里位于巴罗萨山脉较高的地区，海拔约为 400~600 米，随着海拔的不同有着从温和到温暖的气候，昼夜温差大，对葡萄的成熟非常有利。这里深受德国人的移民文化影响，雷司令表现不凡。在较凉爽的葡萄园出产顶级的雷司令，有着浓郁的青柠香气。它们大部分酒体适中，干型或半干，有很高的酸度。优质的雷司令能陈年 10 年以上并发展出橘皮酱、烤面包和汽油等风味。这里也种植一些设拉子（有许多老藤）、美乐、赤霞珠和霞多丽，均有不错的表现。代表酒庄有翰斯科神恩山（Henschke Hill of Grace）、普西河谷酒庄（Pewsey Vale Vineyard）。

【产区名片】

地理位置：巴罗萨谷东部，距离阿德莱德市北部 70 多千米
气候特点：较高的海拔，气候相对凉爽，葡萄成熟期十分漫长
主要品种：雷司令、霞多丽、设拉子
年均降雨量：生长季 280 毫米
土壤类型：土壤结构浅，多岩石，多石黏土

（三）阿德莱德山产区（Adelaide Hills Region GI）

阿德莱德山是南澳大利亚州葡萄产量最大的产区，葡萄种植有非常悠久的历史。北靠巴罗萨谷和伊顿谷，南与麦克拉伦相接，大部分葡萄园分布在400米左右的海拔之上，气候非常凉爽。多山的环境导致微气候众多，总体气候温和偏凉爽，适合早熟的品种。这里是众多白葡萄品种生长的乐园，白葡萄占总产量的60%。这里以出产复杂而优雅的霞多丽而闻名，酸度较高，有着浓郁的柑橘和白桃等果香。这里也种植一些黑皮诺，生产静止酒的同时也会和霞多丽混合制作起泡酒，品质很高。近年来这里的长相思也取得了很好的声望，种植量跃居第一，有热带果香、醋栗和植物风味。在北边的一些海拔较低的斜坡上气候比较温暖，还可以种植设拉子和赤霞珠，酿酒酒体饱满。

【产区名片】

地理位置：阿德莱德市周围

气候特点：温暖干燥，温度较其他产区偏凉爽

主要品种：霞多丽、长相思、赤霞珠、设拉子

土壤：风土条件多样，包括灰色和棕色的壤土、风化片岩、粗骨石英岩、砂岩和灰化土

气象检测点：阿德莱得山区伦斯伍德村（Lenswood）

纬度 / 海拔：34.57° S/480 米

1 月平均气温：19.05℃

年均降雨量：1030 毫米

4 月采摘季降雨：73 毫米

种植威胁：结果不良、春霜

（四）克莱尔谷产区（Clare Valley Region GI）

此谷被认为是南澳大利亚州最独特的地区之一，有“澳大利亚雷司令的故乡”之称。该产区位于巴罗萨谷以北的山谷之内，气候凉爽，非常适宜雷司令的生长。克莱尔谷生长季的夜晚很冷，许多葡萄园位于海拔 300~400 米。这里的土壤类型多样，朝向也不一。这里以出产雷司令而闻名，主要为干型，有浓郁的柑橘和青柠风味，酸度很高。这里的雷司令常在年轻时就发展出汽油的风味，有着不俗的陈年能力，充满了汽油、蜂蜜和烘烤的风味。克莱尔谷出色的昼夜温差也能出产极佳的有陈年能力的红葡萄酒。这里的设拉子芳香而强劲，富有结构感。同时这里生产极为出色的赤霞珠和马尔贝克，根据葡萄园的情况不同而有着不同的风格。

【产区名片】

地理位置：洛夫蒂山脉以北，阿德莱德以北 96 千米

气候特点：温暖的大陆性气候，昼夜温差大

主要品种：雷司令、设拉子、赤霞珠

年均降雨量：生长季 232 毫米

土壤类型：红色石灰土、砂质壤土、板岩和肥沃的冲积土

（五）麦克拉伦谷产区（Mclaren Vale Region GI）

麦克拉伦谷位于阿德莱德市以南的海岸边，下午这里会受到海洋的冷风影响，以降低温度。这里以生产红酒为主，包括设拉子、歌海娜、赤霞珠和美乐。这里的酒风味浓郁，有着黑色浆果的特点，单宁成熟而柔和。特别是一些老藤设拉子和歌海娜，出产浓郁复杂的酒。这里的设拉子、歌海娜混合风格被认为是澳大利亚最好的罗讷河风格的葡萄酒。当地赤霞珠、美乐也同样表现不俗。白葡萄品种有霞多丽、长相思、赛美蓉和雷司令等。著名的葡萄酒酿酒厂有哈迪婷塔娜（Hardys Tintara）、天瑞酒庄（Tyrrell's Vineyard）、威拿庄教堂酒庄（Wirra Wirra Vineyards）等。

【产区名片】

地理位置：阿德莱德市以南的海岸边

气候特点：低海拔的地中海气候，温暖、凉爽的海洋空气使温度有所缓和

主要品种：设拉子、歌海娜

年均降雨量：生长季 226 毫米

土壤类型：棕红色沙质黏土，棕灰色黏质沙土，还有混杂石灰石的黄色黏土

（六）库纳瓦拉产区（Coonawarra Region GI）

该产区位于阿德莱德东南方向 400 千米处，葡萄酒产业的成形得益于该地区独特的地质及气候条件，土壤石灰石上面形成一层矿物质丰富的特殊红土层，红土养分丰富，易于透水，赤霞珠尤其适宜在这种土壤中成长。该地距离海岸线只有 80 千米，夏季温暖干燥、秋季漫长，这种特殊的地质与气候条件造就了这里别具一格的赤霞珠。用它酿造的葡萄酒酒体浓郁，又有明显的黑醋栗、桉树和薄荷的香气，酸度理想，为本地赢得了不少美誉。这里出

产着不少澳大利亚最优质和最有陈年潜质的红葡萄酒。除此品种外，美乐、小味尔多、马尔贝克等波尔多品种都长势良好，白葡萄品种霞多丽、长相思等也都多有种植，酒质佳。酝思酒庄（Wynns）是该产区最有代表性的酒庄之一。

【产区名片】

地理位置：南澳石灰岩海岸地区

气候特点：地中海气候

主要品种：赤霞珠、西拉、美乐、霞多丽

气象检测点：库纳瓦拉镇

纬度 / 海拔：37.17° S/50 米

1 月平均气温：18.9℃

年均降雨量：570 毫米

4 月采摘季降雨：35 毫米

种植威胁：成熟度不够、春霜、采收季降雨

土壤类型：最好的葡萄园位于一条约 14 千米的狭长地带上，独特的石灰石风化形成的红色土壤

（七）帕史维产区（Padthaway Region）

帕史维是南澳大利亚州石灰岩海岸大区的一个产区，位于库纳瓦拉北部的狭长地带上，气候温和，土壤条件和库纳瓦拉相似。设拉子种植面积最大，其次为赤霞珠、美乐及马尔贝克等。霞多丽、雷司令也有上好表现，通常具有纯净、清爽的果味，深受欢迎，该产区于 1999 年获得 GI 地理标志。

（八）河地产区（Riverland Region GI）

河地位于巴罗萨谷的东北部，处于整个南澳大利亚州的中东部地区，地势平坦，非常适合机械化作业，葡萄酒产量高。墨累河是当地重要的水资源，很好地满足了葡萄灌溉的需要，土壤多为砂质，气候温暖干燥。主要的葡萄品种为设拉子、赤霞珠、美乐及霞多丽等，所产的葡萄酒果香突出，口感浓郁，单宁成熟，甜美圆润，是南澳大利亚州非常理想的物美价廉的优质产区，吸引了众多酒商在此建厂。葡萄酒多输送给大型知名品牌酒商是这里葡萄酒市场的主要运作方法，这些酒通常以“South Eastern Australia”标识进行上市销售。当地著名的酒商有赛琳娜庄园（Salena Estate）、王都酒庄（Kingston Estate）、安戈瓦酒庄（Angove Estate）等。

二、维多利亚州（Victoria）

（一）雅拉谷产区（Yarra Valley Region GI）

雅拉谷是维多利亚州最著名的葡萄酒产区，也是澳大利亚最古老的葡萄酒商业产区之一。雅拉谷位于墨尔本正北方，历史悠久，最早的葡萄园出现在1838年。该地拥有凉爽的气候，以出色的黑皮诺而知名，酒体饱满，果香浓郁，有着浓郁的草莓、李子、黑樱桃等果香，但没有过熟或果酱般的痕迹，单宁成熟柔和，适当使用橡木桶可以增加复杂性，优质的生产商能酿出有陈年能力的黑皮诺。霞多丽是当地种植得最广泛的白葡萄品种，这里的霞多丽酸度清爽，常有明显的瓜类、无花果和白桃的风味，其风格和质量多种多样，展现了不同葡萄园、酿酒工艺以及年份的差异。当地也使用黑皮诺与霞多丽酿造起泡酒，隶属法国酩悦香槟酒厂的香桐酒厂及德保利酒庄是当地著名的起泡酒厂。其他白葡萄品种还有琼瑶浆、雷司令、灰皮诺以及维欧尼等。红葡萄品种方面，赤霞珠、设拉子等种植广泛，这里的赤霞珠有着直接的单宁和明显的酸度，而设拉子则有更多的胡椒风味，比南澳风格更精细优雅。意大利的内比奥罗也在试验性种植，并渐渐受到消费者的青睐。该地著名的酒庄有候德乐溪酒庄（Hoddles Creek Estate）、雅拉雅拉酒庄（Yarra Yarra Estate）、塞维尔酒庄（Seville Estate）、温特娜酒庄（Wantirna Estate）等。

【产区名片】

地理位置：维多利亚州，墨尔本东北方大约50千米
气候特点：气候凉爽，受南大洋影响，气候温和潮湿
主要品种：霞多丽、黑皮诺、设拉子、赤霞珠
葡萄酒酿造：生产静止与起泡酒
气象检测点：雅拉谷希尔斯维尔镇（Healesville）
纬度/海拔：37.41° S/130米
1月平均气温：18.6℃
年均降雨量：1010毫米
3月采摘季降雨：65毫米
种植威胁：成熟度不足、霉病、霜害
土壤类型：灰棕色砂壤土混合多石黏土，还有红色火山壤土

【知识链接】

雅拉谷起泡酒的酿造开始于1987年，当时法国的Moet & Chandon香槟厂在此建立Domaine Chandon酒庄，才催生了澳大利亚品质较高的起泡酒市场。现在夏桐（Chandon）酒厂也以Green Point为品牌酿造红、白葡萄酒，而其起泡酒所用的原料，50%都产自雅拉谷较高处的葡萄园。后来，陆续有许多大酒厂跟进，他们也都在雅拉谷购置葡萄园，其中由家族经营的De Bortoli酒庄建立了令人羡慕的好名声，现在雅拉谷的酿酒水平前所未有。

来源：[英]休·约翰逊，杰西斯·罗宾逊著《世界葡萄酒地图》

（二）莫宁顿半岛产区（Mornington Peninsula Region GI）

该产区属于菲利普港大区下的子产区。受菲利普海湾及附近巴斯海峡的影响，这里呈现凉爽的海洋性气候特点，纬度偏高，气候十分清爽，聚集了一众喜好冷凉气候的品种。莫宁顿半岛以栽培黑皮诺和霞多丽而知名，有许多小型的精品葡萄酒庄。这片在海岸边的产区有着凉爽的海洋性气候，凉爽潮湿又多风的天气时常出现在花期和采收时节，因此年份差异较大。出色的年份有着较长的生长季，能生产精致优雅细腻的葡萄酒。这里的黑皮诺有轻柔细腻、果香纯粹的风格，也有更具结构感但不失品种特色的风格，大部分适合在两三年内饮用，一些酒庄出产澳大利亚顶级黑皮诺葡萄酒。这里的霞多丽则反映了凉爽环境下的柑橘类、梨子和苹果的香气，酸度较高，有时会使用苹果酸乳酸发酵以平衡酸度。

美乐、马尔贝克、雷司令、灰皮诺等在此处都有非常突出的表现，所产的葡萄酒一般呈现酒体中等、果味丰富、单宁细致优雅的特点。该产区于20世纪70年代发展起来后，很快吸引了众多酒商在此驻足建厂，成为一个精品酒庄的聚集区，主要有杜玛纳酒庄（Dromana Estate）、红丘陵酒庄（Red Hill Estate）、梅里溪酒庄（Merricks Creek Estate）等。

【产区名片】

地理位置：距离首府城市墨尔本南侧约1小时车程

气候特点：凉爽的海洋性气候

年均降雨量：492毫米

土壤类型：沙质土壤、二层黏土和肥沃的红色火山岩

（三）吉朗产区（Geelong Region GI）

该产区位于墨尔本西侧，南靠巴斯海峡，与莫宁顿半岛产区同属于一个大区，两者具有非常相似的风土条件，但该地气候偏向温和。主要葡萄品种有黑皮诺、设拉子、赤霞珠等。白葡萄品种主要为雷司令、维奥尼、长相思和灰皮诺等。该产区包括金达利酒庄（Jindalee Estate）、佰德福酒庄（Pettavel Winery）、苏格兰人山酒庄（Scotchmans Hill Winery）和捷影酒庄（Shadowfax Wines）等。

（四）西斯寇特产区（Heathcôte Region GI）

西斯寇特位于维多利亚州中部地区，地处墨尔本北 100 千米处。这里有着温带气候，有一定的海拔和昼夜温差，葡萄生长期长，有利于葡萄酚类物质的积累。设拉子是当地的明星品种，浆果气息浓郁，单宁成熟，口感圆润饱满，质量上乘，在澳大利亚设拉子葡萄酒中占有一席之地。赤霞珠、美乐、品丽珠等葡萄酒在当地也表现优异，其他葡萄品种还有歌海娜、桑娇维塞、内比奥罗、丹魄、玛珊、瑚珊等。当地著名的酒庄有野鸭溪酒庄（Wild Duck Creek Estate）、库伯湖酒庄（Lake Cooper Estate）、阿斯马拉酒庄（Domaine Asmara Wines）、威鹰酒庄（Whistling Eagle Wines）等。

（五）墨累河产区（Murray-Darling Region GI）

该地是澳大利亚葡萄种植面积较大、产量较高的产区，横跨新南威尔士州与维多利亚州两地，西接南澳大利亚州的河地产区。这里远离海洋，有着典型的大陆性气候，夏季炎热干燥，葡萄种植普遍依赖水源灌溉，墨累河、达令河为本产区提供了充足的水源，为葡萄种植提供了强有力的保障。地势平坦，适合机械化作业，出产大量质优价廉的桶装酒，葡萄酒普遍呈现果香甜美、口感圆润的特点。霞多丽是当地最重要的葡萄品种，设拉子、赤霞珠和美乐紧跟其后，近几年来，意大利、西班牙一些品种在当地开始种植，非常适应这里温暖的气候，表现优异。当地代表酒庄有塞纳斯酒庄（Shinas Estate）、苗圃岭酒庄（Nursery Ridge Estate）、罗宾韦尔酒庄（Robinvale Wines）等。

三、新南威尔士州（New South Wales）

（一）猎人谷产区（Hunter Valley Region GI）

猎人谷产区是新南威尔士最重要的子产区，属于澳大利亚最古老的葡萄酒产区，有澳大利亚葡萄酒产业摇篮之称。由于离悉尼只有两三个小时的路程，每到假期与周末都能吸引大量休闲度假的人们，是澳大利亚最成熟的葡萄酒旅游产区之一。葡萄品种主要以霞多丽、赛美蓉为主。赛美蓉是该产区最有特色的品种，不经橡木桶陈年，采收早，葡萄酒有非常好的酸度，酒体轻盈，主要呈现柠檬类果香。陈年后，会有很大的变化，发展出复杂浓郁的香气，有坚果、烤面包及蜂蜜的风味，色泽也会加深，变为浅黄金色，优质赛美蓉有很强的窖藏能力。产量较少，只占澳大利亚总产量的 5% 左右。

【产区名片】

地理位置：悉尼北部约 160 千米

气候特点：接近亚热带气候，与地中海气候有相似点，湿热，澳大利亚最温暖的气候区之一

葡萄品种：60% 生产白葡萄酒，赛美蓉、霞多丽、设拉子等

土壤类型：砂质冲积土、红色二层土和肥沃的淤泥壤土

气象检测点：下猎人谷塞斯努克（Cessnook）镇

纬度 / 海拔：32.49°S/60 米

1 月平均气温：23.7℃

年均降雨量：750 毫米

2 月采摘季降雨：95 毫米

种植威胁：采收季降雨、霉病

（二）滨海沿岸产区（Riverina Region GI）

滨海沿岸产区地处新南威尔士州，是该州最大的葡萄酒产区，仅次于南澳大利亚州的河地产区。该地属于大陆性气候，夏季炎热干燥，不过秋季时该地的部分地区受河流的影响，出现浓浓的雾气，为贵腐菌滋生创造了条件。这里的贵腐甜酒主要使用赛美蓉酿造而成，口味甜美，带有浓郁的甜香辛料的气息。该产区产量大，是澳大利亚餐酒酿造的集中地，主要白葡萄品种包括霞多丽、赛美蓉、长相思、灰皮诺等，主要红葡萄品种为设拉子、赤霞珠、美乐、桑娇维塞、丹魄、多姿桃等。德保利（De Bortoli）是当地著名的贵腐酒酿酒厂。

【产区名片】

地理位置：位于肥沃的河流土地上的遥远内陆

气候特点：炎热干燥的大陆性气候

葡萄种植：葡萄种植区域广，需要灌溉，秋季较温暖，雨水与湿气为酿造贵腐酒创造条件

葡萄酒酿造：主要生产散装葡萄酒，也出产加强型与贵腐甜酒
主要品种：赛美蓉、霞多丽、设拉子、美乐
年均降雨量：约 200 毫米
土壤类型：肥沃的钙质土，包括壤质沙土和沙质壤土

四、西澳大利亚州（Western Australia）

这里最重要的产区当数玛格利特河产区（Margaret River Region GI）。位于西澳大利亚州的玛格利特河产区起初并没有引起人们的注意，它的成名得益于一篇研究性的文献。该研究证实该地的土质、气候与法国波尔多的圣埃美隆和波美侯非常相似，玛格利特河产区开始名声大噪。该地土壤以砂砾土、砂质土壤为主，适合波尔多葡萄品种的种植，这里种植了大量赤霞珠和美乐。风格不一，从优雅内敛的风格到果香强劲的风格都有，这里的酒富有结构感和复杂性。波尔多经典干白风格的赛美蓉与长相思搭配在此处表现突出，有热带水果果香和清爽的酸度。霞多丽也有脱俗之处，展现了浓郁的核果香气和自然的高酸度，风格多样，常会通过桶中熟化或者苹果酸乳酸发酵来增加复杂性。著名的酒厂有露纹酒庄（Leeuwin Estate）、菲历士酒庄（Vasse Felix Estate）及慕丝森林酒庄（Moss Wood Wines）等。

【产区名片】

地理位置：西澳，位于该州首府城市佩斯以南 270 千米处
气候特点：温暖的海洋性气候，受印度洋和南太平洋影响较大
主要品种：霞多丽、赛美蓉、长相思、赤霞珠、设拉子、美乐
气象检测点：玛格丽特河镇
纬度 / 海拔：33.57° S/90 米
1 月平均气温：20.4℃
年均降雨量：1150 毫米
3 月采摘季降雨：25.4 毫米
种植威胁：风、鸟

五、塔斯马尼亚州（Tasmania）

塔斯马尼亚州位于澳大利亚最南端，纬度高，这里有着澳大利亚最凉爽的海洋性气候，非常适合冷凉葡萄品种的生长，特殊冷凉的海洋性气候使当

地葡萄酒具有天然的酸性，绿色果味浓郁，风格优雅，独具一格。塔斯马尼亚是澳大利亚最多山的州，最高的山脉是位于该州西北部的奥萨山（Mount Ossa），最高处海拔为1620米。大部分葡萄园集中在该岛北部的朗塞斯顿（Launceston）、南部的霍巴特（Hobart）和东部海岸的比切诺（Bicheno）周边地势较低的山坡上。全球变暖恰恰给这里带来了好处。原来仅仅作为优质起泡酒的基酒生产地，如今也出产许多优质的黑皮诺、霞多丽和阿尔萨斯风格的芳香型白葡萄。

【产区名片】

地理位置：维多利亚州以南240千米处

气候特点：温带海洋性气候，南冰洋海风，气候宜人，冬季有降雪

主要品种：黑皮诺、霞多丽、雷司令

土壤类型：辉绿岩和砂岩、冲积沉淀物以及火山形成的火成岩等

气象检测点：塔斯马尼亚朗塞斯顿市（Launceston）

纬度/海拔：41.32° S/170米

1月平均气温：17.7℃

年均降雨量：680毫米

4月采摘季降雨：55毫米

种植威胁：灰霉菌、落花病

【拓展对比】

2021年珍藏西拉采收情况报告

长和翡翠酒庄成立于2013年，酒庄坐落于中国宁夏贺兰山东麓。“2021年珍藏西拉”所采用的葡萄原料为宁夏长和翡翠葡萄园种植的树龄为7年的西拉，种植面积为60亩。酒庄位于宁夏贺兰山产区中心地带，属于典型温带内陆干旱气候，土壤类型主要为淡灰钙土，土质为沙壤带砾石，葡萄园采用引进自以色列的滴灌技术灌溉，亩产630千克，葡萄成熟度较好。2021年葡萄整个生长季降雨量较往年差异较大，降雨量仅为154.2毫米，比往年都少，昼夜温差较大，有利于葡萄糖分积累，且2021年7月持续高温，有三天出现最高气温38℃，葡萄健康状况良好，病害压力较小。手工采摘、人工粒选、惯性除梗、柔性破碎、温和发酵、橡木桶陈酿。发酵结束后酒精度为14.9%vol，总酸5.6g/L。

酒评：酒体呈深宝石红色，澄清透亮，带有淡雅的紫罗兰花香，具有优

雅的荔枝、蓝莓、樱桃、桑葚等果香，并伴有浓郁的香草、巧克力、椰奶等香气。入口圆润，单宁丰富细腻，酒体醇厚、饱满，结构平衡，回味悠长。

来源：宁夏长和翡翠酒庄

对比思考：

分析我国宁夏贺兰山东麓西拉葡萄栽培优势及与世界其他产区风格的不同之处。

知识链接：

我国宁夏产区得益于贺兰山的庇护，拥有发展酿酒葡萄的独特风土优势。充足的日照量（年日照 2799~3044 小时），干旱少雨的气候（降水 167~260 毫米）以及当地平均 1100 米海拔带来的昼夜温差，为酿酒葡萄生长提供了优越的环境，这里尤其适合中晚熟品种的栽培，西拉葡萄在这里的表现力具有一定优势。近些年，西拉的栽培面积有扩大趋势，经济收益理想，宁夏已成为我国重要的西拉栽培区。

【章节训练与检测】

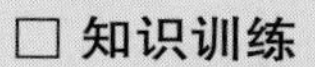

□ **知识训练**

1. 简述澳大利亚葡萄酒产区风土环境、主要品种、种植酿造及葡萄酒风格。

2. 简述澳大利亚主要子产区风土条件及葡萄酒风格。

3. 玛格丽特河与波尔多葡萄酒特性比较分析。

4. 简述澳大利亚三个以上设拉子葡萄酒产区风格特性。

□ **能力训练**（参考《内容提要与设计思路》）

□ **章节小测**

第十四章 新西兰葡萄酒 *New Zealand Wine*

第一节　新西兰葡萄酒概况 *Overview of New Zealand Wine*

【章节要点】

- 了解新西兰葡萄酒历史发展、地理位置及气候环境
- 了解南北岛气候差异及气候影响因素
- 掌握新西兰主要葡萄品种、栽培与酿造特征

一、地理概况

素有“白云之乡”美誉的岛国新西兰位于太平洋西南部，地处澳大利亚东南方约 1600 千米处，介于南极洲和赤道之间，地处南纬 34°~47°，西隔塔斯曼海与澳大利亚相望。新西兰境内多山，山地和丘陵占总面积 75% 以上。该国领土由南岛、北岛及一些岛屿组成，首都惠灵顿以及最大城市奥克兰均位于北岛。北岛多火山和温泉，南岛多冰河与湖泊，南岛的库克峰海拔 3754 米，为全国最高峰，海岸线长约 1.5 万千米。新西兰大部分属于典型的温带海洋性气候，北岛多呈现温暖、湿润海洋性气候，南岛个别地区呈现凉爽的大陆性气候，气候受四周环抱的海洋影响大。季节与北半球相反，新西兰的 12 月至次年 2 月为夏季，6 月至 8 月为冬季。夏季平均气温 20℃左右，冬季平均气温 10℃左右，全国各地年平均降雨量为 600~1500 毫米。

二、自然风土

新西兰是一个地处太平洋西南部的岛国，自然风光迷人，全境被海洋包围，气候凉爽，尤其适合白葡萄的生长。新西兰的葡萄园主要位于海岸地区，受海洋影响非常大，大部分产区属于凉爽到温和的海洋性气候，昼夜均有海

风吹拂。其国土分为南北两岛，南北两岛由于地理的差异，形成了不同的气候特点，南岛寒冷，北岛较为温暖，这给各产区葡萄酒风格的多样性创造了条件。春夏温差超过 10℃，两岛葡萄采收期从 2 月开始，直到 6 月才能全部完成。该国葡萄生长期最常遇到的一个主要问题就是过度充沛的雨水。雨水不仅会降低葡萄的含糖量，也会影响葡萄的成熟度。新西兰整体呈现海洋性气候，拥有多山地貌，昼夜温差大，葡萄可以慢慢成熟，葡萄酒酸度清新自然，果香新鲜丰富。

三、分级制度与酒标阅读

为了保障本国葡萄酒产业的稳定发展，提高葡萄酒出口竞争力，该国也实行了一定的葡萄酒法规。该法规与澳大利亚的葡萄酒法规相似，2006 年，新西兰建立了葡萄酒产区保护的地理标志制度（Geographical Indication，简称 GI），允许生产商根据缩小地理范围的方式来命名葡萄酒。为加强管理，新西兰于 2016 年通过《地理标志（葡萄酒和烈性酒）注册修正法案》，并于 2017 年 4 月 1 日起实施。该地理标志代表了被标识葡萄酒的特殊质量和文化象征，代表着优越品质和良好信誉，地理标志注册机制的实施将有利于保护葡萄酒和烈性酒原产地及消费者的双重权益。新西兰酒标术语基本以英语为主，葡萄品种一般在非常突出的位置标识出来，多采用品种命名法。如果在酒标上标注品种，该标记品种比例需达到 75% 以上，如果出口至欧盟国家，则要求 85% 以上的比例。另外，酒标上还需要标注该款酒的产区，该产区葡萄酒的比例需达到 75% 以上。

四、栽培酿造

新西兰是新世界产国之一，注重葡萄品种特性及品种标识。新西兰在葡萄种植方面并没有太严格的法律法规，允许灌溉，对栽培方式和产量也没有限制。葡萄种植的一大挑战是长势过旺，由于新西兰在 150 年前几乎都为森林覆盖，土壤肥沃，葡萄常与其他植物一样，长势过快，多雨的气候让这种情况更严重，所以葡萄园需要严格管理，修枝剪叶是工作常态。新西兰也有根瘤蚜、霉病困扰，葡萄需要嫁接在抗根瘤蚜的美洲葡萄树根上。此外，新西兰很重视葡萄园的发展，自 2012 年起，新西兰所有葡萄园和酿酒厂都参与到可持续发展项目中（Sustainable Winegrowing NewZealand Program，简称 SWNZ），以可持续方式生产酿造，并接受全方位独立评估。目前，有 94%

甚至更高比例的葡萄园面积（出产近 90% 的葡萄酒）已获得新西兰葡萄酒可持续发展项目（SWNZ）的认证。另有 7% 的葡萄园面积是依据经认证的有机及生物动力法运营。至 2020 年，将有约 20% 的葡萄园实现有机化。

新西兰葡萄酒发展相对较晚，且专注于出口市场，因此酿酒理念非常先进。酿酒风格上追随国际脚步，温控、厌氧技术运用广泛，葡萄酒多为果香型。另外，新西兰葡萄酒产业一直惯用螺旋盖封瓶（2001 年开始推广），这有利于葡萄酒保持纯净果味，使用率高达 85%，位列世界第一。

五、主要品种

新西兰分南北两个岛，自然环境、土壤及气候特点都有很大不同，整体气候受海洋影响较大，呈现出明显的海洋性气候特点。正因如此，这里一直以来就大量种植与凉爽气候相适应的长相思、霞多丽等白葡萄品种。近年来，新西兰正大力开发红葡萄品种的栽培及酿造，其中表现最好的是黑皮诺，该品种在 20 世纪 70 年代首次出产于奥克兰，随后很快成为新西兰第二大出口酒款（仅次于长相思），之后中奥塔哥、马尔堡和马丁堡等产区都纷纷出产了各具特色的黑皮诺。美乐、西拉、马尔贝克、霞多丽、雷司令、灰皮诺等也有较多种植，葡萄酒的类型也从干型、半干型到甜型一应俱全，新西兰葡萄酒的风格日渐丰富。

（一）长相思（Sauvignon Blanc）

新西兰葡萄园在过去十多年内增长了不止 1 倍，其中长相思占到了四分之三的总产量。长相思最初在 1973 年被栽培在马尔堡，一炮而红。新西兰的长相思有着浓郁的青椒和醋栗的风味，同时也有一些百香果、番石榴和矿物质气息，有的还有一些橡木以及酒泥接触带来的奶油质感、烟熏、坚果的口感。不过风格的过于稳定和相似也使得其价格受到制约，所以新西兰近年来开始宣传产区之间的风格差异，甚至是马尔堡子产区之间的风格差异。

（二）霞多丽（Chardonnay）

霞多丽种植量的增长相对稳定。与其他新世界国家一样，常见酿造方法如橡木桶陈年、苹果酸乳酸发酵和酒泥接触都被使用，其风格也多种多样，不过桶的风格也越来越多。另外，在这里也被用来酿造起泡酒，南北岛在果香和酸度上能体现气候差异。

（三）黑皮诺（Pinot Noir）

新西兰黑皮诺的种植量约占 10%，排在第二位，其风格在国际上广受认可，新西兰也成为勃艮第以外的一个极为重要的黑皮诺产区，有新西兰“明

日之星”的美誉。虽然有各种风格的存在，如马尔堡酸度清爽、更多红果香气，而中奥塔哥等较热的产区则显现出更加饱满的酒体、成熟浓郁的果味，单宁也更强。总体上，这里的黑皮诺以浓郁而纯净的红色果味为主，充沛的日照导致酒精度较高。马尔堡的黑皮诺还常常被用来酿造起泡酒。

（四）赤霞珠与美乐（Cabernet & Merlot）

赤霞珠与美乐混酿在新西兰已有较长的历史，可追溯至19世纪中期。20世纪60年代末和70年代早期，赤霞珠成为新西兰最主要的红葡萄品种，而美乐则是到了20世纪80至90年代才渐渐崭露头角。如今，90%的赤霞珠和美乐在霍克斯湾和奥克兰栽培。在新西兰北部较温暖的地区，酿酒师会将赤霞珠坚实的骨架、细腻的口感与美乐鲜活成熟的果味相融合，创造出不但优雅且强劲有力的混酿。美乐在这些组合中越发占有主导地位，其纯净的果味显露无疑，这些混酿在年轻时就可饮用且极具吸引力，当然同样值得陈年，展现出复杂的一面。

其他白葡萄品种方面，芳香型的白葡萄近年来种植量大增，引起了国际的关注。灰皮诺的种植量增加显著，常见的是阿尔萨斯风格，酸度较低，糖分略高。雷司令风格多样，从干型到甜型至贵腐的风格都有，90%集中在南岛。此外还有琼瑶浆和维欧尼，新西兰的凉爽气候很适合栽培这些品种。

【知识链接】

霍克斯湾（Hawke's Bay）

对新西兰来说，霍克斯湾算是一个历史产酒区，在19世纪中期时，圣母会的传教士就开始在这里种葡萄，不过却迟至20世纪60年代才因赤霞珠显露了本地葡萄酒业值得长期投资的潜力。此后，这里就成为新西兰波尔多式红葡萄酒的首要代表。20世纪90年代晚期，本地的酒农开始熟识学会如何善用霍克斯湾非常丰富且多变的土壤条件。在更早之前，这个位处新西兰北岛东边的广阔海湾区就已经被发现拥有相当优异的气候条件，西边有鲁瓦希尼（Ruahine）山脉和卡威卡（Kaweka）山脉挡住水气，形成了一个降雨量相对较少且温度较高的绝佳的葡萄种植气候。

霍克斯湾以贫瘠的河积地形为主，砾石地从山区直接冲刷堆积到海湾边。淤泥、壤土以及砾石的保水性都不同，这使得区内有些葡萄园因为土壤肥沃潮湿而有产量过高的问题，但有些却又太干燥而需要人工灌溉。显然，最成熟的葡萄园产自那些最贫瘠的葡萄园，这些地方不仅限制葡萄的产量，也可通过人工灌溉精确控制每棵葡萄树可以获得多少水量（即使现在霍克斯湾的夏天似乎愈来愈热，红酒品种的葡萄更易成熟，但贫瘠的地区仍是首选）。

来源：[英]休·约翰逊，简西斯·罗宾逊著《世界葡萄酒地图》

【章节训练与检测】

□ 知识训练

1. 绘制新西兰葡萄酒产区示意图，掌握主要产区位置与中英文名称。
2. 归纳新西兰风土环境、分级制度、主要品种及葡萄酒风格。

□ 能力训练

新西兰酒标阅读与识别训练

第二节　主要产区 *Main Regions*

【章节要点】

- 掌握霍克斯湾、马尔堡产区风土条件及葡萄酒风格
- 识别新西兰主要产区名称及地理坐标
- 归纳新西兰各产区主要葡萄品种及酒的风格

新西兰分南北两岛，该国主要的葡萄酒产区分布于两岛内，北岛主要有奥克兰、吉斯伯恩、北部地区、怀拉拉帕和霍克斯湾等，南岛主要有尼尔森、马尔堡、坎特伯雷、中奥塔哥等。

一、马尔堡（Marlborough）

马尔堡产区是新西兰规模最大、知名度最高的葡萄酒产区，葡萄种植占总量的60%左右，是新西兰的旗舰产区，是新西兰最负盛名的长相思聚集地。该产区位于南岛的东北方向，气候凉爽，干燥。昼夜温差大，葡萄可以慢慢

成熟，积累风味物质。土壤富含砂石，良好的排水性，充沛的阳光，适中的气温，以及强烈的昼夜温差，造就了马尔堡葡萄酒极具穿透力的果味和强烈的品种表现力，同时能在漫长的成熟期保持高酸度。该地的长相思风格鲜明，高酸，常带有青草、柑橘、百香果的香气，清新迷人。大多适合早饮，部分会在橡木桶内陈年。大部分马尔堡的长相思是混合了不同子产区的葡萄酿造而成，但也有单一葡萄园的风格。霞多丽和黑皮诺也在这里广泛种植，可以做静止酒和起泡酒。雷司令、灰皮诺和琼瑶浆也在这里表现不错，特别是雷司令可以做成贵腐风格。

该产区东面向海，拥有凉爽的海风；南阿尔卑斯山脉形成雨影效应，保护了南岛不受塔斯曼海吹来的强风，使其免遭极端的降雨和大风。延续到初秋的暑气虽偶尔会带来干旱，却使得葡萄酒的风格变得多种多样。该产区不同区域土壤、河谷等风土条件不一，这里的葡萄酒风味也丰富多变，香气从植物型草本香到浓郁的热带果香，风格多样。这一地区追求葡萄酒多样化，有单一园葡萄酒，品质优异。阿沃特雷谷（Awatere Valley）、怀劳谷（Wairau Valley）是其子产区名称，代表酒庄有新玛利酒庄（Villa Maria Estate），新西兰最古老、规模最大的蒙大拿酒庄（Montana Estate）以及云雾之湾（Cloudy Bay），其他还有蚝湾酒庄（Oyster Bay Wines）、亨利酒庄（Clos Henri）、灰瓦岩酒庄（Greywacke Winery）、布兰卡特酒庄（Brancott Wines）等。

【产区名片】

地理位置：新西兰南岛东北角，惠灵顿正西方
气候特点：温暖的海洋性气候，凉爽、干燥
主要品种：长相思、黑皮诺、霞多丽
土壤类型：较多的石质、砂质壤土，表层是易于排水的粗砾
气象检测点：马尔堡布兰尼姆市（Blenheim）
纬度 / 海拔：40.31° S/20 米
1 月平均气温：17.7℃
年均降雨量：730 毫米
4 月采摘季降雨：60 毫米
种植威胁：秋雨

二、尼尔森（Nelson）

尼尔森位于南岛的最北端，其景色远近闻名，这里终年阳光普照，金色

沙滩受到旅行者的大加赞赏。土壤多为冲积土，砾石较多，排水性好；夏季时间长，秋季凉爽宜人，是新西兰日照时间最长的地区，葡萄种植面积大。主要葡萄品种有长相思、霞多丽及黑皮诺等，以及雷司令、琼瑶浆、灰皮诺等芳香型品种。代表酒庄有鲁道夫酒庄（Neudorf Vineyard）、思菲酒庄（Seifried Estate）、威美亚酒庄（Waimea Winery）。

三、中奥塔哥（Central Otago）

中奥塔哥地靠新西兰南岛的南端，是世界上最南端的葡萄酒产区，也是新西兰海拔最高的产区。产区位于山谷深处，是新西兰葡萄酒产区中唯一的大陆性气候的产地，与南岛各产区气候相比，这里相对温和。昼夜温差明显，充足的光照和短暂炎热的夏天为葡萄藤提供了一块看似恶劣却充满机会的土地。干燥的秋季和总体的低湿度是重要的有利条件，有助于形成令人惊艳的纯净度和复杂度。葡萄园分散在不同的山谷里，有着不同的朝向和海拔，土壤类型多样。黑皮诺占到超过 80% 的产量，果味芬芳而丰盈，单宁丝滑，伴随着紧致的结构、丝滑且浓郁的口感。各个子产区的风格各异。此外还有灰皮诺、霞多丽和雷司令等。

这里土壤多为片岩、黄土和冲积土，下层为砾石，排水性好。葡萄园多分布在 200~400 米海拔的朝北的山坡上，葡萄成长季长，成就了红葡萄品种黑皮诺的发展，果味浓郁，葡萄酒酒精度偏高，酒体也较为厚重。该品种种植面积占总面积的 70% 之多，地位极其重要，其他品种有霞多丽、长相思、雷司令、灰皮诺等。代表酒庄有飞腾酒庄（Felton Road Wines）、海格特酒庄（Gibbston Estate）等。

【产区名片】

地理位置：南岛东南部，全球最靠南的葡萄酒产区

气候特点：大陆性气候，夏季短暂，干燥炎热，冬季寒冷

葡萄园海拔：200~400 米

年均日照量：1973 小时

年均降雨量：400 毫米

平均纬度：南纬 45°

土壤类型：片岩、碎石、冲积土等，上层多为黄土和冲积淤泥，下层为砂砾

四、坎特伯雷（Canterbury）

该产区位于新西兰南岛中部地区，紧邻中奥塔哥产区，日照时间长，气候干燥凉爽，非常适宜长相思、黑皮诺、灰皮诺等品种的种植，是近几年发展速度较快的产区。长相思是这里表现最突出的品种，其次为黑皮诺、灰皮诺等，一些芳香型品种也表现优异。这里出产的葡萄酒多呈现果香馥郁、酸度活跃、平衡感较强的特点。该产区包括三个子产区，分别是怀帕拉谷（Waipara Valley）、坎特伯雷平原（Canterbury Plains）和怀塔基谷（Waitaki Valley）。主要酒庄有黑飞马湾酒庄（Pegasus Bay Estate）、金字塔谷酒庄（Pyramid Valley Vineyard）、灰石酒庄（Greystone Winery）、钟山酒庄（Bell Hill Vineyard）等。

五、霍克斯湾（Hawke's Bay）

霍克斯湾为新西兰第二大葡萄酒产区，酿酒众多，新西兰著名的罗德·麦当劳酒庄（Rod McDonald Estate）、德迈酒庄（Te Mata Estate）、维达尔酒庄（Vidal Estate）等都位于此产区。该产区于1851年由马里斯特传教士带来了葡萄苗木，葡萄种植历史由来已久，当地酒庄、葡萄园、美食、旅游等项目众多，是一个较为成熟的葡萄酒产区。

霍克斯湾气候温和，日照充沛，长久以来就是一片水果生长的理想之地。这里已形成了成熟的葡萄酒旅游线路，出现了一些小众精品葡萄酒生厂商。这里有着丰富的土壤、朝向和海拔条件，所以葡萄酒的风格也十分多样。金布利特砾石区（Gimblett Gravels）作为其中一个特别的子产区，有着排水性很好同时能吸收和反射热量的砾石土壤，以出产顶级的赤霞珠和美乐而闻名，这种波尔多风格的葡萄酒让霍克斯湾得以成名。这里有大量的霞多丽，同时这里的西拉也十分出色。霍克斯湾的红葡萄酒常为美乐、赤霞珠混合，还时常加入品丽珠和马尔贝克，有着浓郁的黑色浆果风味和轻柔的草本植物味，并伴以明显的橡木桶影响。这里的长相思则更加成熟和充满果味。西拉、霞多丽、黑皮诺、马尔贝克、维欧尼等也有大量种植。代表酒庄有明圣酒庄（Mission Estate）、三圣山酒庄（Trinity Hill Winery）等。

【产区名片】

地理位置：新西兰北岛北部，奥克兰以南360千米，新西兰东海岸

气候特点：海洋性气候，新西兰日照时间最长的产区
土壤类型：肥沃的淤泥壤土及易于排水的粗砾石
主要品种：赤霞珠、美乐、长相思等
气象检测点：霍克斯湾纳皮尔市（Napier）
纬度 / 海拔：39.28° S/20 米
1 月平均气温：18.9℃
年均降雨量：890 毫米
4 月采摘季降雨：75 毫米
种植威胁：秋雨、真菌类疾病

六、吉斯伯恩（Gisborne）

吉斯伯恩位于北岛的东海岸，地处新西兰北岛最东端。这里全年有充足的光照，气候温暖（与南岛相比，北岛气候相对较热）。这里拥有长时间日照和温暖的气候，葡萄常常是全国最早采收的，葡萄酒风味更加成熟浓郁。葡萄种植面积大，是仅次于马尔堡、霍克斯湾的第三大葡萄酒产区。夏末初秋的降雨是对生产商们的考验，不过先进的葡萄栽培技术和葡萄园选址都能缓解这一问题。周边的山脉为内陆提供了庇护。该地区主要种植白葡萄品种，霞多丽最为出众，这里的霞多丽芳香十足，具有饱满、丰盈的口感，果味浓郁。简单怡人的早饮款是这里的特色，而高端浓郁的类型则具有良好的陈年潜力。这里的琼瑶浆葡萄酒以其丰富的口感和浓郁的芳香、香料味而闻名；也出产一些极为优质的雷司令和白诗南；灰皮诺和维欧尼也日渐流行；长相思充满了成熟的热带水果味，风格饱满，口感浓郁，较早采收的葡萄酒酒体更加轻盈，有草本植物的香气，清爽怡人。代表酒庄有维诺堤玛酒庄（Vinoptima Estate）、布什梅酒庄（Bushmere Estate）等。

【产区名片】

地理位置：北岛东海岸地区
气候特点：温带海洋性气候，气候温暖潮湿
年均降雨量：810 毫米
年均日照量：2200 小时
纬度坐标：南纬 38°
土壤类型：粉质土壤、黏土

 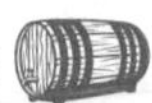

七、怀拉拉帕（Wairarapa）

该产区位于北岛的最南端，新西兰首都惠灵顿的东侧。怀拉拉帕的葡萄种植面积仅占新西兰的3%，产量也仅占新西兰的1%，但是它拥有一些新西兰最具代表性和最受追捧的生产商。该产区包括三个子产区，分别是马斯特顿（Masterton）、中部的格拉德斯通（Gladstone）和南部的马丁堡（Martinborough），三个产区有着不同的风土，葡萄酒风格富有变化。怀拉拉帕最重要的子产区是马丁堡，尽管面积不大，但黑皮诺获得了极高的声誉。这里土壤排水性好且贫瘠，相对凉爽，温差显著，土壤中富含矿物质及碎砂，这让黑皮诺获得很好的成熟度的同时能保持风味的复杂和浓郁。这里以精品酒庄为主。此外这里也有不错的长相思和其他芳香型白葡萄品种。产区代表酒庄有新天地酒庄（Ata Rangi Estate）、枯河酒庄（Dry River Estate）、悬崖酒庄（Escarpment Vineyard）、马丁堡酒庄（Martinborough Vineyard）

八、奥克兰（Auckland）

奥克兰是新西兰最新崛起的产区，位于北岛偏北地区，气候温暖，阳光充足，地域广阔、地形多样，无论是规模宏大的酒厂还是精品精致的小酒厂都建厂在此。当地的子产区围绕新西兰最大的城市而建，统一都具有火山岩土壤，黏土含量高，享有温和的海洋性气候，但该地降雨量较大，是困扰酒农的一大难题。这里有出色的设拉子、霞多丽、浓郁的赤霞珠混酿和精致的芳香型白葡萄酒，波尔多式混酿是最常见的酿酒形式。此外，皮诺塔吉是当地特色。著名酒庄有新玛利庄园（Villa Maria Estate）、百祺酒庄（Babich Wines）、库姆河酒庄（Kumeu River Winery）、石脊酒庄（Stonyridge Vineyard）、库伯斯溪酒庄（Coopers Creek Vineyard）、瑟勒斯酒庄（Selaks Estate）、阿克尼酒庄（Askerne Estate）等。

九、北部地区（Northland）

该产区位于北岛的最北端，自然风光迷人，名声远扬。虽然葡萄种植面积较小，但这里的葡萄酒历史却由来已久。1819年传教士塞缪尔·马斯丹（Samuel Marsden）首先在这一地区的凯利凯利（Kerikeri）进行了葡萄苗木的栽培。从历史角度来看，这一地区是新西兰葡萄酒诞生的摇篮，对新西兰葡萄酒历史有重要意义。这里有着亚热带气候，气候温暖，阳光充足。北部产区的主打产品是霞多丽，其他白葡萄品种有灰皮诺、维欧尼，近年来许多葡萄酒园开始种植设拉子、皮诺塔吉、马尔贝克、赤霞珠等红葡萄品种。新西兰南北岛主要产区风土环境见表 14-1。

表 14-1　新西兰南北岛主要产区风土环境

区分	主要产区	主要品种	风土环境
北岛	奥克兰 Auckland	赤霞珠 Cabernet Sauvignon 美乐 Merlot 霞多丽 Chardonnay	温暖、多雨、湿润的海洋性气候。有出色的设拉子、霞多丽（主导白葡萄）、浓郁的赤霞珠混酿和精致的芳香型白，波尔多式混酿最常见
	怀拉拉帕 Wairarapa	黑皮诺 Pinot Noir 长相思 Sauvignon Blanc 霞多丽 Chardonnay	北岛最南端，包括三个子产区：马斯特顿、中部的格拉德斯通和南部的马丁堡，黑皮诺获得了极高的声誉
	吉斯伯恩 Gisborne	美乐 Merlot 赤霞珠 Cabernet Sauvignon 霞多丽 Chardonnay 灰皮诺 Pinot Gris	充足的光照，气候温暖（与南岛相比，北岛气候相对炎热），霞多丽最为出众，芳香十足，具有饱满、丰盈的口感，果味浓郁
	霍克斯湾 Hawke's Bay	赤霞珠 Cabernet Sauvignon 美乐 Merlot 设拉子 Syrah 霞多丽 Chardonnay 长相思 Sauvignon Blanc	温暖的海洋性气候，子产区为吉布利砾石区，温暖的内陆地区，有典型的砂砾土壤，大部分种植的葡萄为波尔多红及设拉子品种
南岛	马尔堡 Malborough	长相思 Sauvignon Blanc 黑皮诺 Pinot Noir	南岛最北端，凉爽、干燥，日照充沛
	坎特伯雷 Canterbury	黑皮诺 Pinot Noir 长相思 Sauvignon Blanc 雷司令 Riesling 灰皮诺 Pinot Gris 霞多丽 Chardonnay	马尔堡产区南端，沿着南岛东海岸分布，增长最快的产区。凉爽的大陆性气候，漫长、干燥的夏季
	中奥塔哥 Central Otago	黑皮诺 Pinot Noir 霞多丽 Chardonnay 雷司令 Riesling	世界上最南端葡萄园，部分种植在南纬 45° 凉爽的大陆性气候，低潮湿度有新西兰最高海拔的葡萄园

相比法国、西班牙和美国等头号葡萄酒生产大国来说，新西兰葡萄酒的产量非常少，但一直在稳步发展。新西兰善于制造精品，葡萄酒整体质量优越，平均单价较高，葡萄酒风格通常清新自然，有着活泼的酸度，果味感十足。在葡萄酒大师休·约翰逊和杰西斯·罗宾逊共同撰写的《世界葡萄酒地

图》一书中这样评价新西兰葡萄酒："很少有一个产酒国如新西兰一样拥有十分清晰的形象，这里的'清晰'是对新西兰葡萄酒贴切的描述，新西兰葡萄酒很少出错，它们的风味善于打动人心而且清澈，它们的酸度令人心旷神怡。"

【拓展案例】

新西兰可持续葡萄种植协会

新西兰可持续葡萄种植协会（Sustainable Winegrowing New Zealand）成立于2012年，新西兰一向把可持续发展作为最高指导原则，已有超过95%的新西兰葡萄园通过了可持续种植认证（SWNZ）。该认证葡萄园每隔三年，会从生物多样性、土壤、水源、能源、化学药剂使用和社会影响、可持续商业运作等多个方面重新进行考核认证。

所谓"可持续葡萄种植"，指的是实施最适合酒庄葡萄园内自然环境的管理措施。这些措施能够保证葡萄园内自然环境的整体性不被破坏，进而保持自然环境的绿色无污染，最终提升酒庄葡萄酒的品质。"可持续栽培方法"具有灵活性，强调个性。其最大的特点是环保，以及基于回收和再利用原则的许多方面的葡萄园管理，如水的循环利用，能源和太阳能的使用，葡萄酒残渣和其他肥料的生产。在这种培养方法中使用人造化合物不像有机栽培那样严格，但强调尽可能少或尽可能少地使用无害化合物。因此，一些实施"可持续栽培方法"的葡萄园可能尚未达到"有机栽培"标准，但从整体上看，"可持续栽培方法"更有利于环境和葡萄园，以及葡萄本身的品质，能够更全面地考虑葡萄园的整体改善，更好地落实环保理念。

案例思考：

新西兰"可持续葡萄种植"具体表现是什么？世界主要的葡萄酒可持续发展认证有哪些?

案例启示：

可持续发展是全球人类生存之道，这一做法体现了当地葡萄酒产业为保护自然环境而做出的努力。通过对世界主要葡萄酒可持续发展认证的拓展学习，加强学生对葡萄酒产业所体现的人与自然和谐共生的生态发展观的认识，树立学生的绿色环保理念，培育学生的可持续发展观。

【章节训练与检测】

□ **知识训练**

1. 简述新西兰风土环境、主要品种、种植酿造及葡萄酒风格。
2. 简述新西兰主要子产区风土条件及葡萄酒风格。
3. 新旧世界主要长相思、黑皮诺产区葡萄酒风格特性比较分析。

□ **能力训练**（参考《内容提要与设计思路》）

□ **章节小测**

附　录

附录 1　世界主要葡萄酒产区中英对照
Key Regions of the World in Chinese and English

世界主要葡萄酒产区中英对照表

产国	产区	主要子产区
法国	波尔多 Bordeaux	- 梅多克 Médoc - 上梅多克 Haut-Médoc - 圣爱斯泰夫村 Saint-Estèphe - 波雅克村 Pauillac - 圣朱利安村 Saint-Julien - 利斯塔克村 Listrac - 莫里斯村 Moulis - 玛歌村 Margaux - 两海之间产区 Entre-Deux-Mers - 圣艾美隆 Saint-Emilion - 波美侯 Pomerol - 佛萨克 Fronsac - 格拉夫 Graves - 碧沙—里奥南 Pessac-Leognan - 苏玳 Sauternes - 巴尔萨克 Barsac - 西隆 Cerons
	勃艮第 Bourgogne	- 夏布利 Chablis - 金丘区 Côte d' Or - 夜丘 Côte de Nuits - 伯恩丘 Côte de Beaune - 夏隆内丘 Côte Chalonnaise - 马贡 Mâconnais

续表

产国	产区	主要子产区
法国	博若莱 Beaujolais	– 圣阿穆尔 Saint-Amour – 朱丽娜 Julienas – 谢纳 Chenas – 风车磨坊 Moulin-a-Vent – 希露薄 Chiroubles – 富乐里 Fleurie – 墨贡 Morgon – 雷尼 Regnie – 布鲁伊丘 Côte de Brouilly – 布鲁伊 Brouilly
	罗讷河谷 Cote du Rhône	北罗讷河： – 罗帝丘 Côte Rôtie – 孔德里约 Condrieu – 葛里叶堡 Château Grillet – 埃米塔日 Hermitage – 克罗兹—埃米塔日 Crozes-Hermitage – 圣约瑟夫 Saint-Joseph – 科尔纳斯 Cornas – 圣佩雷 Saint-Peray 南罗讷河： – 吉恭达斯 Gigondas – 利哈克 Lirac – 塔维勒 Tavel – 瓦给拉斯 Vacqueyras – 新教皇城堡 Châteauneuf-du-Pape
	阿尔萨斯 Alsace	– 从马莲汉（Marlenheim）到米路斯（Mulhouse）的当恩（Thann）一带
	普罗旺斯 Provence	– 普罗旺斯地区 Cotes de Provence – 班多尔 Bandol – 艾克斯区 Coteaux d’Aix -Coteaux des Baux，Pallette – 瓦尔区 Coteaux Varois/Cassis/Bellet
	朗格多克 / 鲁西荣 Languedoc/ Roussillon	– 朗格多克山坡 Coteaux du Languedoc – 米纳服阿 Minervois – 科比挨 Corbieres – 利穆 Limoux – 菲图 Fitou – 科利乌尔 Collioure

续表

产国	产区	主要子产区
法国	卢瓦尔河 Loire	- 南特区 Nantes - 安茹—索米尔 Anjou-Saumur - 都兰 Touraine - 普伊芙美 Pouilly-Fume - 桑塞尔 Sancerre - 中部卢瓦尔 Centre-Loire
	香槟区 Champagne	- 马恩河谷 Vallee de la Marne - 白丘 Côte des Blancs - 赛萨纳丘 Côte de Sezanne - 巴尔坡地（Côte des Bar） - 兰斯山脉 Montagne de Reims - 奥布产区 The Aube
	西南产区 Sud-Ouest	- 卡奥尔 Cahors - 马迪朗 Madiran - 朱朗松 Jurangon
德国	13 个子产区	- 阿尔 Ahr - 黑森林道 Hessische Bergstrasse - 中部莱茵 Mittelrhein - 摩泽尔 Mosel - 那赫 Nahe - 莱茵高 Rheingau - 莱茵黑森 Rheinhessen - 普法尔茨 Pfalz - 弗兰肯 Franken - 符腾堡 Wurttemberg - 巴登 Baden - 萨勒—温斯图特 Saale Unstrut - 萨克森 Sachsen
奥地利	下奥地利州 Niederoesterreich	- 瓦豪 Wachau - 威非尔特 Weinviertel DAC - 坎普谷 Kamptal DAC - 克雷姆斯谷 Kremstal DAC - 特莱森谷 Traisental DAC - 卡农顿 Carnuntum - 瓦拉格姆 Wagram - 温泉区 Thermenregion

续表

产国	产区	主要子产区
奥地利	布尔根兰州 Burgenland	- 锡德尔湖 Neusiedlersee DAC - 雷德堡 Leithaberg DAC - 罗萨莉亚 Rosalia DAC - 中布尔根兰 Mittelburgenland DAC - 艾森伯格 Eisenberg DAC
	施泰尔马克 Steiermark	- 南施泰尔马克 Sudsteiermark - 西施泰尔马克 Weststeiermark - 东南施泰尔马克 Sudoststeiermark
	维也纳 Vienna	- 维也纳 Vienna
匈牙利	北部外多瑙 Northern Transdanubia	- 索普朗 Sopron - 巴达科索尼 Badacsony - 巴拉顿 Balaton PDO
	大平原 Alfold	- 昆赛格 Kunsag - 桑如艾德 Csongrad
	北部山区	- 艾格 Eger PDO - 托卡伊 Tokaj PDO
	南部外多瑙 Southern Transdanubia	- 塞克萨德 Szekszard PDO - 迈克塞卡拉 Mecsekalja - 维接尼 Villany PDO
意大利	北部产区 North Regions	- 皮埃蒙特 Piemonte DOC - 巴巴莱斯克 Barbaresco DOCG - 巴罗洛 Barolo DOCG - 朗格 Langhe DOC - 阿斯蒂 Asti DOCG
		- 伦巴第 Lombardy
		- 威尼托 Veneto - 索阿维 Soave - 普罗塞克 Prosecco DOC - 瓦尔波利切拉 Valpolicella DOC - 瓦尔波利切拉阿玛罗尼 Amarone della Valpolicella DOC - 瓦尔波利切拉雷乔托 Recioto della Valpolicella DOC - 瓦尔波利切拉里帕索 Ripasso della Valpolicella
		- 特伦蒂诺—上阿迪杰 Trentino-Alto Adige
		- 弗留利—威尼斯—朱利亚 Friuli-Venezia Giulia

续表

产国	产区	主要子产区
意大利	中部产区 Central Regions	艾米利亚—罗马涅 Emilia-Romagna
		- 托斯卡纳 Tuscan - 基安蒂 Chianti DOCG - 基安蒂经典 Chianti Classico DOCG - 保格利 Bolgheri DOC - 蒙塔奇诺布鲁奈罗 Brunello di Montalcino DOCG - 蒙特布查诺贵族酒法定产区 Vino Nobile di Montepulciano DOCG - 超级托斯卡纳葡萄酒 Super-Tuscan
		- 马尔凯 Marche
		- 翁布里亚 Umbria
		- 拉齐奥 Lazio
		- 阿布鲁佐 Abruzzo
	南部产区 South Regions	- 卡帕尼亚 Campania - 普利亚 Puglia - 巴斯利卡塔 Basilicata - 卡拉布里亚 Calabria - 西西里岛 Sicily - 撒丁岛 Sardinia
西班牙	上埃布罗 The Upper Ebro	- 里奥哈 Rioja DOCa - 纳瓦拉 Navarra DO
	西北部产区 Northwest Spain	- 下海湾地区 Rias Baixas DO - 比埃尔索 Bierzo DO
	杜罗河谷 The Duero River Valley	- 杜罗河畔 Ribera del Duero DO - 托罗 Toro DO - 卢埃达 Rueda DO
	加泰罗尼亚 Catalunya	- 佩内德斯 Penedes DO - 普里奥拉托 Priorat DOCa
	中部地区 Central	拉曼恰 La Mancha DO
	莱万特 Lewante	- 瓦伦西亚 Valencia DO - 胡米亚 Jumilla DO - 伊克拉 Yecla DO
	南部地区 South Regions	- 赫雷斯 Herres DO

续表

产国	产区	主要子产区
葡萄牙		– 绿酒 Vinho Verde DOC – 杜罗河 Douro DOC – 杜奥 DãoDOC – 拉福斯 Lafões DOC – 百拉达 Bairrada DOC – 里斯本 Lisboa – 特茹 Tejo – 塞图巴尔半岛 Peninsula de Setubal – 阿连特茹 Alentejo – 马德拉群岛 Madeira
希腊		– 纳欧萨 Naoussa OPAP – 尼米亚 Nemea OPAP – 曼提尼亚 MantiniaOPAP – 圣托里尼 Santorini OPAP – 克里特岛 Crete
中国	山东产区 Shandong	– 烟台 Yantai – 青岛 Qingdao
	河北产区 Hebei	– 怀来 Huailai – 昌黎 Changli
	宁夏产区 Ningxia	– 银川 Yinchuan（金凤区 / 西夏区 / 永宁县 / 贺兰县） – 吴中 Wuzhong（青铜峡 / 利通 / 红寺堡 / 同心县） – 中卫 Zhongwei（沙坡头） – 石嘴山 Shizuishan（大武口 / 惠农 / 平罗县） – 农垦集团 Nongken
	新疆产区 Xinjiang	– 天山北麓 Tianshan – 吐哈盆地 Tuha – 焉耆盆地 Yanqi – 伊犁河谷 Yili
	云南产区 Yunnan	– 弥勒 Mile – 德钦 Deqin – 维西 Weixi
	东北产区 Dongbei	– 桓仁 Huanren – 通化 Tonghua – 东宁 Dongning
	北京产区 Beijing	– 房山 Fangshan – 密云 Miyun – 延庆 Yanqing

续表

产国	产区	主要子产区
中国	山西产区 Shanxi	- 清徐县 Qingxu - 太谷县 Taigu - 乡宁县 Xiangning
	其他产区 Qita	- 陕西产区 Shaanxi - 甘肃产区 Gansu - 黄河故道 Huanghe Gudao
南非	西开普区域 Western Cape	- 斯坦伦博斯 Stellenbosch - 罗伯森 Robertsun - 帕尔 Paarl - 康士坦提亚 Constantia - 沃克湾 Walker Bay - 达令 Darling - 黑地兰 SwartlandFranschhoek
美国	纳帕县 Napa County	奥维尔 Oakville AVA 卢瑟福 Rutherford AVA 鹿跃区 Stags'Leap AVA 豪威尔山 Howell Mountain AVA 央特维尔 Yountville AVA 卡内罗斯 Carneros AVA
	索诺玛县 Sonoma County	索诺玛谷 Sonoma Valley AVA 亚历山大谷 Alexandra Valley AVA 干溪谷 Dry Creek Valley AVA 俄罗斯河谷 Russian River Valley AVA 白垩山 Chalk Hill AVA
	门多西诺县 Mendocino County	- 安德森山谷 Anderson Valley AVA
	中部海岸 Central Coast	- 蒙特利县 Monterey County - 圣芭芭拉郡 Santa Barbara County
	中央谷 Central Valley	- 洛蒂 Lodi AVA
	华盛顿州 State of Washington	- 普吉特海湾 Puget Sound AVA - 红山 Red Mountain AVA - 亚基马谷 Yakima Valley AVA - 哥伦比亚谷 Columbia Valley AVA - 瓦拉瓦拉谷 Walla Walla Valley AVA

续表

产国	产区	主要子产区
美国	纽约州 State of New York	– 长岛 Long Island AVA – 五指湖 Finger Lakes AVA – 哈得逊河 Hudson River AVA – 尼亚加拉峡谷 Niagara Escarpment AVA – 伊利湖 Lake Erie AVA
	俄勒冈州 Oregon State	– 亚姆山—卡尔顿 Yamhill-Carlton – 邓迪山脉 Dundee Hills – 南俄勒冈 Southern Oregon – 麦克迷你威尔 Mc Minnville – 北威拉麦狄谷 North Willamette Valley AVA – 南威拉麦狄谷 South Willamette Valley AVA – 阿姆丘山谷 Umpqua Valley（AVA） – 红苹果门山谷 Rogue&Applegate Valley AVA – 哥伦比亚峡谷 Columbia Gorge AVA – 哥伦比亚山谷 Columbia Valley AVA – 哇啦哇啦山谷 Walla Walla Valley AVA
加拿大	安大略省 Province of Ontario	– 伊利湖北岸 Lake Erie North Shore – 百利岛 Pelee Island – 尼阿盆 Niagara Peninsular
	英属哥伦比亚省 British-Columbia	– 欧康那根河谷 Okanagan Valley – 温哥华岛 Vancouver Island – 西米卡密山谷 Simikameen Valley – 弗来莎山谷 Fraser Valley
智利	科金博 Coquimbo Region	– 艾尔基谷 Elqui Valley – 利马里谷 Limari Valley – 峭帕谷 Choapa Valley
	阿空加瓜 Region de Aconcagua	– 阿空加瓜谷 Aconcagua Valley – 卡萨布兰卡谷 Casablanca Valley – 圣安东尼奥谷 San Antonio Valley
	中央谷 Region del Valle Central	– 迈坡谷 Maipo Valley – 拉佩尔谷 Rapel Valley – 卡恰布谷 Cachapoal Valley – 空加瓜谷 Colchagua Valley – 库里科谷 Curico Valley – 莫莱谷 Maule Valley

续表

产国	产区	主要子产区
智利	南部产区 South Region	- 伊塔塔谷 Itata Valley - 比奥比奥谷 Bio Bio Valley - 马勒科谷 Malleco Valley
阿根廷	北部地区 North	- 萨尔塔 Salta - 卡达马尔卡 Catamarca - 图库曼 Tucuman
	库约地区 Cuyo	- 拉里奥哈 La Rioja - 圣胡安 San Juan - 门多萨 Mendoza： - 路冉得库约 Lujan de Cuyo - 圣拉斐尔 San Rafael - 迈普 Maipu - 优克谷 Uco Valley
	巴塔哥尼亚 Patagonia	- 拉帕玛 La Pampa - 黑河 Río Negro - 内乌肯 Neuquen
南澳大利亚	南澳大利亚 South Australia	- 巴罗萨 Barossa valley - 伊顿谷 Eden valley - 阿德莱德山区 Adelaide Hills - 阿德莱德平原 Adelaide Plains - 克莱尔谷 Clare Valley - 麦克罗伦 Mclaren Vale - 库纳瓦拉 Coonawarra - 帕史维 Padthaway Gegion - 河地 Riverland Region
	维多利亚 Victoria	- 雅拉谷 Yarra Valley - 马斯顿山区 Macedon Ranges - 山伯利 Sunbury - 莫宁顿半岛 Mornington Peninsula - 吉朗产区 Geelong - 西斯寇特 Heathcote - 墨累河岸 Murray Darling - 天鹅山 Swan Hill
	新南威尔士州 New south Wales	- 猎人谷 Hunter Valley/ - 新英格兰 New England Australia - 哈斯汀河 Hastings River

续表

产国	产区	主要子产区
澳大利亚	西澳大利亚 West Australia	- 天鹅地区 Swan District - 珀斯山区 Perth Hills - 皮尔 Peel - 吉奥格拉菲 Geographe - 玛格利特河 Margaret River
	昆士兰州 Queensland	- 南伯奈特 South Burnett - 格兰纳特贝尔 Granite Belt
	塔斯马尼亚州 Tasmania	- 塔斯马尼亚岛 Tasmania Region
新西兰	北岛 North Island	- 北部地区 Northland - 奥克兰 Auckland - 吉斯伯恩 Gisborne - 霍克斯湾 Hawkes Bay - 怀拉拉帕 Wairarapa
	南岛 South Island	- 尼尔森 Nelson - 马尔堡 Marlborough - 坎特伯雷 Canterbury - 中部奥塔哥 Central Otago

附录 2　世界主要酿酒葡萄品种中英对照
Key Grape Varieties in Chinese and English

世界主要产国代表性酿酒葡萄品种中英对照表

国家	红葡萄品种 Red grape varieties	白葡萄品种 White grape varieties
中国	蛇龙珠 Cabernet Gernishct 北醇 Bei Chun 北冰红 Bei Bing Hong 双优 Shuang You 双红 Shuang Hong 公酿 2 号 Gong Niang No.2 北玫 Bei Mei 北红 Bei Hong 凌丰红 Ling Feng Hong 玫瑰蜜 Rose Honey（原产法国）	龙眼 Longyan 爱格丽 Ecolly 熊岳白 Xiongyuebai 泉白 Quan Bai 泉玉 Quan Yu
法国	赤霞珠 Cabernet Sauvignon 美乐 Merlot 黑品诺 Pinot Noir 西拉 Syrah 品丽珠 Cabernet Franc 佳美 Gamay 马尔贝克 Malbec 小味尔多 Petit Verdot 佳美娜 Carmenere 马瑟兰 Marselam 神索 Cinsault 丹娜 Tannat	霞多丽 Chardonnay 灰皮诺 Pinot Gris 白皮诺 Pinot Blanc 阿里高特 Aligote 长相思 Sauvignon Blanc 赛美蓉 Semillon 小芒森 Petit Manseng 白诗楠 Chenin Blanc 维欧尼 Viognier 瑚珊 Roussanne
意大利	内比奥罗 Nebbiolo 巴贝拉 Barbera 多姿桃 Dolcetto 科维纳 Corvina 桑娇维塞 Sangioves 蒙特布恰诺 Montepulciano 艾格尼科 Aglianico 仙粉黛 Zinfandel（Primitivo） 内洛马洛 Negromaro 马尔维萨奈拉 Nerello Mascalese 黑珍珠 Nero d'Avola 马斯卡斯奈莱洛 Nerello Mascalese	琼瑶浆 Gewurztraminer 麝香 Muscat 柯蒂斯 Cortese 格雷拉 Glera 卡尔卡耐卡 Garganega 维蒂奇诺 Verdicchio 白玉霓 Ugni Blanc 棠比内洛 Trebbiano） 阿里亚尼科 Aglianico 白克雷克 Greco Bianco 菲亚诺 Fiano 格雷克 Greco 白莱拉 Biancolella 卡塔拉托 Catarratto

续表

国家	红葡萄品种 Red grape varieties	白葡萄品种 White grape varieties
西班牙	丹魄 Tempranillo 歌海娜 Grenache 慕合怀特 Mourvedre 佳丽酿 Carignan 门西亚 Mencia	阿尔巴利诺 Albarino 艾伦 Airen 沙雷洛 Xarel-lo 帕雷亚达 Parellada 马卡贝奥 Macabeo 弗德乔 Verdejo 玛尔维萨 Malvasia
葡萄牙	国产多瑞加 Touriga Nacional 罗丽红 Tinta Roriz 卡斯特劳 Castelao 巴格 Baga 特林加岱拉 Trincadeira	阿兰多 Arinto 洛雷罗 Loureiro 安桃娃 Antao Vaz 华帝露 Verdelho 菲娜玛尔维萨 Malvasia Fina 塔佳迪拉 Trajadura 费尔诺皮埃斯 Fernao Pires
德国	丹菲特 Dornfelder 葡萄牙人 Portugieser 特罗灵格 Trollinger	雷司令 Riesling 米勒-图高 Müller-Thurgau 西万尼 Silvaner
奥地利	茨威格 Zweigelt 蓝弗朗克 Blaufrankisch 圣劳伦 St Laurent	绿维特利纳 Grüner Veltliner 贵人香 Italian Riesling（一说原产意大利）
匈牙利	卡达卡 Kadarka	富尔民特 Furmint 哈斯莱威路 Hárslevelű 萨格穆斯克塔伊 Sárga Muscotály
希腊	黑喜诺 Xinomavro 艾优依提可 Agiorghitiko 曼迪拉里亚 Mandelaria 黑月桂 Mavrodaphne	阿斯提可 Assyrtiko 阿斯瑞 Athiri 拉格斯 Lagorthi 玫瑰妃 Moschofilero
其他国家	皮诺塔吉 Pinotage	特浓情 Torrentes

附录 3　中国主要产区红白葡萄品种统计

Grape Varieties in Main Producing Areas in China

中国主要产区代表性酿酒葡萄品种一览表

类型	山东半岛产区	怀来产区	昌黎产区	宁夏产区	新疆产区	桓仁产区
红	赤霞珠 Cabernet Sauvignon 美乐 Merlot 品丽珠 Cabernet Franc 黑比诺 Pinot Noir 马瑟兰 Marselan 西拉 Syrah 小味尔多 Petit Verdot 蛇龙珠 Cabernet Gernishct 丹菲特 Dornfelder 黑歌海娜 Grenache 桑娇维塞 Sangiovese 马尔贝克 Malbec 紫大夫 Dunkelfelder 阿娜 Arinarnoa 莱弗斯科 Refosco 丹娜 Tannat 汉堡麝香 Muscat Hamburg 北醇 Bei Chun 公酿 1 号 Gong Niang No.1 灰皮诺 Pinot Gris（培育中） 卡拉多克 Caladoc（培育中）	赤霞珠 Cabernet Sauvignon 美乐 Merlot 马瑟兰 Marselan 蛇龙珠 Cabernet Gernishct 西拉 Syrah 品丽珠 Cabernet Franc 小味尔多 Petit Verdot 黑皮诺 Pinot Noir 丹魄 Tempranillo 小西拉 Petit Sirah 仙粉黛 Zinfandel 桑娇维塞 Sangiovese 马尔贝克 Malbec 佳美 Gamay 烟 73/74 Yan73/74 马奎特 Marquette	赤霞珠 Cabernet Sauvignon 美乐 Merlot 马瑟兰 Marselan 西拉 Syrah 小味尔多 Petit Verdot 宝石解百纳 Ruby Cabernet 瑚珊 Roussanne 紫大夫 Dunkelfelder 北冰红 Bei Bing Hong 北红 Bei Hong 北玫 Bei Mei	赤霞珠 Cabernet Sauvignon 美乐 Merlot 品丽珠 Cabernet Franc 黑比诺 Pinot Noir 马瑟兰 Marselan 西拉 Syrah 小味尔多 Petit Verdot 蛇龙珠 Cabernet Gernishct 桑娇维塞 Sangiovese 马尔贝克 Malbec 丹菲特 Dornfelder 紫大夫 Dunkelfelder 北玫 Bei Mei 北红 Bei Hong	赤霞珠 Cabernet Sauvignon 美乐 Merlot 品丽珠 Cabernet Franc 黑皮诺 Pinot Noir 马瑟兰 Marselan 西拉 Syrah 丹魄 Tempranillo 小味尔多 Petit Verdot 蛇龙珠 Cabernet Gernishct 桑娇维赛 Sangiovese 丹菲特 Dornfelder 烟 73/74 Yan73/74 北醇 Bei Chun 晚红蜜 Saperavi 佳美 Gamay 北红 Bei Hong 北玫 Bei Mei	北冰红 Bei Bing Hong 双优 Shuang You 双红 Shuang Hong 公酿 2 号 Gong Niang No.2 北玫 Bei Mei 北红 Bei Hong 凌丰红 Ling Feng Hong

续表

类型	山东半岛产区	怀来产区	昌黎产区	宁夏产区	新疆产区	桓仁产区
白	霞多丽 Chardonnay 贵人香 ItalianRiesling 小芒森 Petit Manseng 小白玫瑰 Muscat Blanc 维欧尼 Viognier 白比诺 Pinot Blanc 玛尔维萨 Malvasia 阿里高特 Aligote 克莱雷 Clairette 灰比诺 Pinot Gis 长相思 Sauvignon Blanc 白诗南 Chenin Blanc 赛美蓉 Semillon 白比诺 Pinot Blanc（培育中） 熊岳白 Xiongyuebai（培育中）	霞多丽 Chardonnay 龙眼 Longyan 雷司令 Riesling 贵人香 Italian Riesling 小芒森 Petit Manseng 长相思 Sauvignon Blanc 赛美蓉 Semillon 威代尔 Vidal 琼瑶浆 Gewürztraminer 维欧尼 Viognier 瑚珊 Roussanne 阿拉奈尔 Aranelle 白诗南 Chennin Blanc 灰皮诺 Pinot Gris 白玫瑰香 Muscat Blanc 白玉霓 Ugni Blanc 鸽笼白 Colombard 白福尔 Folle Blanche	霞多丽 Chardonnay 小芒森 Petit Manseng 小白玫瑰 Muscat Blanc 维欧尼 Viognier 贵人香 ItalianRiesling 威代尔 Vidal 白玉霓 Ugni Blanc	霞多丽 Chardonnay 贵人香 ItalianRiesling 小芒森 Petit Manseng 雷司令 Riesling 长相思 Sauvignon Blanc 琼瑶浆 Gewürztraminer 白诗南 Chennin Blanc 白玉霓 Ugni Blanc 维欧尼 Viognier 威代尔 Vidal	长相思 Sauvignon Blanc 霞多丽 Chardonnay 贵人香 ItalianRiesling 雷司令 Riesling 长相思 Sauvignon Blanc 白玉霓 Ugni Blanc 小忙森 Petit Manseng 维欧尼 Viognier 小白玫瑰 Muscat Blanc 白羽 Rkatsiteli 威代尔 Vidal 瑚珊 Roussanne 亚尔香 Clovine Muscat 柔丁香 Muscat	威代尔 Vidal

附录 4　中国主要精品酒庄葡萄品种统计
Grape Varieties in Main Premier Wineries in China

中国代表性酒庄葡萄种植情况表

主要产区	酒庄名称	主要品种	面积约数	建庄时间
蓬莱	君顶酒庄	丹菲特 / 美乐 / 泰纳特 / 小味尔多 / 赤霞珠 / 品丽珠 / 马瑟兰 / 霞多丽 / 威欧尼 / 贵人香 / 小芒森	6000	1998
	苏各兰酒庄	阿娜 / 小味尔多 / 赤霞珠 / 品丽珠 / 桑娇维塞 / 黑歌海娜 / 梅鹿辄 / 马瑟兰 / 西拉 / 维欧尼 / 霞多丽 / 小白玫瑰	270	2004
	国宾酒庄	泰纳特 / 玛娃斯亚 / 小味尔多 / 品丽珠 / 蛇龙珠 / 赤霞珠 / 霞多丽 / 贵人香 / 小芒森	2000	2006
	瓏岱酒庄	西拉 / 品丽珠 / 赤霞珠 / 马瑟兰 / 美乐 / 紫北塞	450	2009
	龙亭酒庄	品丽珠 / 马瑟兰 / 霞多丽 / 小芒森 / 小味尔多 / 威代尔	500	2009
	逃牛岭酒庄	佳丽酿 / 卡拉多克 / 科特 / 赤霞珠 / 佳美 / 马瑟兰 / 小味尔多 / 马瑟兰 / 佳美 / 麝香 / 克莱雷 / 长相思 / 维欧尼	600	2012
	安诺酒庄	美乐 / 马瑟兰 / 小味尔多 / 赤霞珠 / 霞多丽 / 小芒森	400	2013
	中粮长城	马瑟兰 / 赤霞珠 / 小味尔多 / 霞多丽 / 贵人香 / 小味尔多	8000	2008
	嘉桐酒庄	黑品诺 / 桑娇维塞 / 霞多丽 / 小芒森 / 贵人香 / 威代尔	500	2015
	仙岛酒庄	赤霞珠 / 品丽珠 / 美乐 / 小味尔多 / 霞多丽	242	2008
青岛	九顶庄园	赤霞珠 / 品丽珠 / 美乐 / 小味多 / 西拉 / 马瑟兰 / 蛇龙珠 / 霞多丽 / 小芒森 / 阿里波特	2000	2008
烟台	瀑拉谷酒庄	马瑟兰 / 赤霞珠 / 小味尔多 / 美乐 / 霞多丽 / 小芒森 / 贵人香 / 威代尔	20 000	2014
	张裕卡斯特	蛇龙珠 / 马瑟兰 / 廷托雷拉	2000	2001
	张裕工业基地	赤霞珠 / 蛇龙珠 / 西拉 / 美乐 / 马瑟兰 / 白玉霓	1650	2011

续表

主要产区	酒庄名称	主要品种	面积约数	建庄时间
怀来	桑干酒庄	西拉/赤霞珠/美乐/黑比诺/宝石/品丽珠/马瑟兰/雷司令/霞多丽/赛美蓉/琼瑶浆/白诗南/长相思	1122	1979
	马丁酒庄	赤霞珠/美乐/蛇龙珠/黑比诺/马瑟兰/霞多丽/雷司令	200	1997
	红叶庄园	赤霞珠/美乐/西拉/马瑟兰/霞多丽/琼瑶浆	1350	1998
	中法酒庄	赤霞珠/美乐/品丽珠/小味尔多/马瑟兰/小芒森/马尔贝克/丹魄/黑比诺	360	2005
	瑞云酒庄	赤霞珠/西拉	600	2009
	贵族酒庄	赤霞珠/美乐/西拉/马瑟兰/龙眼/	1800	2009
	紫晶庄园	赤霞珠/西拉/美乐/品丽珠/小味尔多/霞多丽/琼瑶浆/小芒森	600	2008
	迦南酒业	赤霞珠/美乐/西拉/丹魄/黑比诺/雷司令/长相思/霞多丽	4500	2008
昌黎	华夏酒庄	赤霞珠/美乐/西拉/马瑟兰/霞多丽/小白玫瑰/小味尔多	1700	1988
	仁轩酒庄	赤霞珠/马瑟兰/小味尔多/霞多丽/白玉霓/小芒森	1900	1998
	朗格斯酒庄	赤霞珠/美乐/西拉/马瑟兰/霞多丽/维欧尼/阿拉奈尔/胡桑/小白玫瑰/宝石解百纳/紫大夫/小味尔多/小芒森	1800	1999
	茅台凤凰庄园	赤霞珠/马瑟兰/霞多丽/小芒森/威戴尔	500	2002
	金士酒庄	马瑟兰/小味尔多/小芒森/霞多丽/贵人香/马尔贝克/威代尔/小白玫瑰	200	2009
	海亚湾酒庄	赤霞珠/西拉/马瑟兰/威戴尔	300	2011
	柳河山庄	马瑟兰/北冰红/玫瑰香	300	2013
	燕玛酒庄	赤霞珠/马瑟兰/小白玫瑰/小芒森/小味尔多	550	2015
	龙灏酒庄	北红/北玫/赤霞珠/马瑟兰	1165	2016
石嘴山	贺东庄园	赤霞珠/蛇龙珠/美乐/黑皮诺/西拉/品丽珠/马瑟兰北玫/北红/霞多丽	2000	1997

续表

主要产区	酒庄名称	主要品种	面积约数	建庄时间
永宁县	巴格斯酒庄	赤霞珠 / 西拉 / 美乐 / 威代尔	1000	1999
	类人首酒庄	赤霞珠 / 美乐 / 蛇龙珠 / 西拉 / 黑比诺 / 紫大夫 / 马瑟兰 / 贵人香 / 霞多丽	1200	2002
	长城天赋酒庄	赤霞珠 / 美乐 / 西拉 / 马瑟兰 / 丹菲特 / 品丽珠 / 小味尔多 / 黑比诺 / 马尔贝克 / 霞多丽 / 雷司令 / 长相思 / 白玉霓	5000	2012
	保乐力加贺兰山	赤霞珠 / 美乐 / 霞多丽（1997 年建园）	2044	2012
	长和翡翠酒庄	赤霞珠 / 霞多丽 / 美乐 / 黑比诺 / 马瑟兰 / 品丽珠 / 西拉 / 小味尔多 / 紫大夫 / 马尔贝克 / 小芒森	1236	2013
	轩尼诗夏桐酒庄	霞多丽 / 黑皮诺	1020	2013
	新慧彬酒庄	赤霞珠 / 霞多丽 / 美乐 / 蛇龙珠 / 黑比诺 / 马瑟兰 / 品丽珠 / 西拉	2000	2014
	宁夏鹤泉	赤霞珠 / 蛇龙珠 / 美乐 / 霞多丽 / 贵人香 / 雷司令	430	2002
西夏区	留世酒庄	赤霞珠 / 美乐 / 马瑟兰 / 霞多丽	450	1997
	志辉源石	赤霞珠 / 品丽珠 / 蛇龙珠 / 西拉 / 马瑟兰 / 小味尔多 / 美乐 / 紫代夫 / 霞多丽 / 贵人香 / 威代尔 / 小芒森 / 小白玫瑰	2000	2007
	贺兰晴雪	霞多丽 / 赤霞珠 / 美乐 / 马瑟兰 / 品丽珠 / 马尔贝克 / 黑皮诺	400	2005
	迦南美地	赤霞珠 / 美乐 / 霞多丽 / 和雷司令 / 等	252	2011
	美贺庄园	赤霞珠 / 美乐 / 西拉 / 马瑟兰 / 霞多丽 / 维欧尼 / 雷司令	1800	2011
	博纳佰馥	赤霞珠 / 霞多丽	100	2012
	张裕龙谕酒庄	赤霞珠 / 美乐 / 西拉 / 马瑟兰 / 蛇龙珠	1000	2012
	贺兰亭酒庄	赤霞珠 / 美乐	1000	2012
贺兰县	银色高地	赤霞珠 / 美乐 / 霞多丽	1500	2007
	原歌酒庄	赤霞 / 美乐 / 马瑟兰	200	2010
	嘉地酒庄	赤霞珠 / 美乐 / 品丽珠 / 小味尔多 / 马瑟兰 / 霞多丽	225	2013
青铜峡	华昊酒庄	赤霞珠 / 美乐 / 西拉 / 马瑟兰 / 蛇龙珠	200	2013
	西鸽酒庄	赤霞珠/蛇龙珠/美乐/黑皮诺/马瑟兰/马尔贝克/小味尔多/西拉 / 霞多丽 / 贵人香 / 白玉霓 / 白诗楠 / 琼瑶浆 / 长相思	30 000	2017

续表

主要产区	酒庄名称	主要品种	面积约数	建庄时间
天山北麓石河子多	新雅酒业	赤霞珠 / 美乐 / 西拉 / 霞多丽 / 威代尔	5000	2004
	张裕巴保男爵	赤霞珠 / 美乐 / 西拉 / 霞多丽 / 贵人香 / 雷司令	6000	2012
	沙地酒庄	赤霞珠 / 美乐 / 霞多丽 / 雷司令	6000	2012
	大唐西域酒庄	赤霞珠 / 美乐 / 霞多丽	10 000	2013
焉耆盆地和硕焉耆	芳香庄园	赤霞珠 / 美乐 / 霞多丽 / 雷司令	34 000	2001
	国菲酒庄	赤霞珠 / 西拉 / 霞多丽 / 雷司令	2000	2016
	乡都酒业	赤霞珠 / 西拉 / 美乐 / 霞多丽等	40 000	1998
	轩言酒庄	赤霞珠 / 西拉 / 美乐 / 霞多丽 / 贵人香 / 马瑟兰	2000	2010
	天塞酒庄	赤霞珠 / 西拉 / 美乐 / 霞多丽 / 马瑟兰 / 马尔贝克 / 小味尔多 / 雷司令 / 维欧尼 / 麝香	2000	2010
	元森酒庄	赤霞珠 / 霞多丽 / 美乐 / 品丽珠 / 等	655	2010
	中菲酒庄	赤霞珠 / 西拉 / 美乐 / 品丽珠 / 霞多丽 / 味尔多 / 马瑟兰等	3000	2012
伊犁河谷	丝路酒庄	赤霞珠 / 蛇龙珠 / 美乐 / 晚红蜜 / 马瑟兰 / 小味尔多 / 雷司令 / 霞多丽 / 贵人香 / 威代尔	3000	2000
	伊珠葡萄酒庄	赤霞珠 / 蛇龙珠 / 美乐 / 白玉霓 / 霞多丽 / 雷司令 / 贵人香 / 佳丽酿 / 晚红蜜 / 白羽	12 000	2000
吐哈盆地	蒲昌酒庄	北醇 / 赤霞珠 / 黑皮诺 / 晚红蜜 / 白羽 / 雷司令 / 亚尔香等（2008 年建）	1500	1975
	楼兰酒业	赤霞珠 / 美乐 / 贵人香等（2007 年建立酒庄）	8000	1976
	驼铃酒庄	赤霞珠 / 美乐 / 蛇龙珠 / 霞多丽 / 玫瑰香 / 北醇 / 柔丁香	1600	1998
云南	香格里拉酒业	霞多丽 / 赤霞珠 / 西拉 / 威代尔		2000
山西	怡园酒庄	赤霞珠 / 美乐 / 马瑟兰 / 西拉 / 阿里亚尼考 / 品丽珠 / 霞多丽		1997
	戎子酒庄	赤霞珠 / 品丽珠 / 美乐 / 霞多丽 / 玫瑰香	5800	
陕西	玉川酒庄	黑皮诺 / 赤霞珠 / 美乐 / 霞多丽		
北京	莱恩堡	霞多丽 / 莱恩堡公主 / 莱恩堡王子 / 赤霞珠	600	2010

附录 5　2021 年宁夏贺兰山东麓列级酒庄
2021 Classification of East Helan Mountain

附录 6　1855 梅多克列级酒庄
1855 Classification of Médoc

附录 7　1855 苏玳 - 巴萨克分级
1855 Classification of Sauternes and Barsac

附录 8　1959 格拉夫列级酒庄
1959 Crus Classes de Grave

附录 9　2022 圣爱美隆列级酒庄
2022 Classification of St-Emilion

附录 10　2020 年梅多克中级庄名单
2020 Classement des Crus Bourgeois du Médoc

附录 11　勃艮第特级葡萄园
Grands Cru of Bourgogne

鸣谢

以二维码形式呈现的所有中国葡萄酒标均为所属酒庄提供，共 43 家，分别为：九顶庄园、龙亭酒庄、瓏岱酒庄、逃牛岭酒庄、嘉桐酒庄、国宾酒庄、安诺酒庄、君顶酒庄、苏各兰酒庄、波龙堡酒庄、仁轩酒庄、贵族酒庄、迦南酒业、中法庄园、紫晶庄园、怀谷酒庄、桑干酒庄、保乐力加贺兰山酒庄、贺东庄园、贺兰晴雪酒庄、迦南美地酒庄、留世酒庄、美贺庄园、西鸽酒庄、新慧彬酒庄、银色高地酒庄、原歌酒庄、长城天赋酒庄、博纳佰馥酒庄、嘉地酒庄、长和翡翠酒庄、巴格斯酒庄、类人首酒庄、天塞酒庄、丝路酒庄、国菲酒庄、蒲昌酒业、紫轩酒庄、戎子酒庄、怡园酒庄、玉川酒庄、香格里拉酒庄、梅卡庄园。

以二维码形式呈现的所有国外葡萄酒标均为韩国波尔多葡萄酒学院崔燻院长提供。

特别鸣谢以上企业（中 / 韩）、酒庄及个人提供图片。

图书在版编目（CIP）数据

葡萄酒文化与风土 / 李海英，陈思，李晨光编著
. -- 北京 : 旅游教育出版社，2022.8
葡萄酒文化与营销系列教材
ISBN 978-7-5637-4465-7

Ⅰ. ①葡… Ⅱ. ①李… ②陈… ③李… Ⅲ. ①葡萄酒－酒文化－中国－教材 Ⅳ. ①TS971.22

中国版本图书馆CIP数据核字(2022)第128026号

葡萄酒文化与营销系列教材
葡萄酒文化与风土
李海英　陈　思　李晨光　编著

总 策 划	丁海秀
执行策划	赖春梅
责任编辑	赖春梅
出版单位	旅游教育出版社
地　　址	北京市朝阳区定福庄南里 1 号
邮　　编	100024
发行电话	（010）65778403　65728372　65767462（传真）
本社网址	www.tepcb.com
E - mail	tepfx@163.com
排版单位	北京旅教文化传播有限公司
印刷单位	唐山玺诚印务有限公司
经销单位	新华书店
开　　本	710 毫米 × 1000 毫米　1/16
印　　张	24.5
字　　数	365 千字
版　　次	2022 年 8 月第 1 版
印　　次	2022 年 8 月第 1 次印刷
定　　价	59.80 元

（图书如有装订差错请与发行部联系）